EXPERIMENTELLE BEITRÄGE ZU EINER THEORIE DER ENTWICKLUNG

VON

HANS SPEMANN

FREIBURG I. BR.

MIT 217 ABBILDUNGEN

DEUTSCHE AUSGABE DER SILLIMAN LECTURES
GEHALTEN AN DER YALE UNIVERSITY
IM SPÄTJAHR 1933

BERLIN
VERLAG VON JULIUS SPRINGER
1936

ISBN-13:978-3-642-90421-9 e-ISBN-13:978-3-642-92278-7
DOI: 10.1007/978-3-642-92278-7

SOFTCOVER REPRINT OF THE HARDCOVER 1ST EDITION 1936

DEM ANDENKEN AN

THEODOR BOVERI

GEWIDMET

Vorwort.

Im Spätjahr 1931 erhielt ich die ehrenvolle Aufforderung, an der Yale-Universität in New Haven im Rahmen der Silliman Lectures über mein engeres Arbeitsgebiet zu berichten. Die zwei Jahre darauf gehaltenen Vorträge liegen diesem meinem Buche zugrunde, welches gleichzeitig in englischer Sprache erscheint. Vorträge sind es auch geblieben, wenn nicht der äußeren Form, so doch dem inneren Aufbau nach. Ein Lehrbuch daraus zu machen, hätte mich zu viel der mir noch gebliebenen Arbeitszeit und Arbeitskraft gekostet. So fehlt dem Buche zunächst Vollständigkeit im Stoff, und dann Gleichmäßigkeit in der Berücksichtigung all der zahllosen Arbeiten, welche gerade auf diesem Gebiete in den letzten Jahrzehnten erschienen sind. Vieles konnte nur angedeutet, vieles mußte ganz übergangen werden, wenn nicht die Form des Vortrags völlig gesprengt werden sollte. Dafür strebte ich etwas anderes an, was mir auch nach Neigung und Vergangenheit näher lag; nämlich eine kurze Strecke wissenschaftlicher Gedankenentwicklung darzustellen, an welcher ich selbst mit einem großen Teil meiner Lebensarbeit beteiligt bin. So mag das Buch dem jungen biologischen Forscher weniger durch Vermittlung von Kenntnissen dienen — diese findet er in schwer zu übertreffender Vollständigkeit und Ordnung an verschiedenen anderen Orten gesammelt — als durch Einführung in die Methode des experimentellen Forschens überhaupt.

Wenn ich dieses Buch dem Andenken des großen Forschers THEODOR BOVERI, meines unvergeßlichen Lehrers und Freundes, widme und zugleich den Wunsch ausspreche, daß es meinen eigenen Schülern und Freunden eine Erinnerung an die Kameradschaft der Arbeit sein möge, die uns verbindet, so fühle ich mich dabei als Glied in der Reihe derer, welche ihr Leben der reinen, zweckfreien Forschung widmeten, weil sie nicht anders konnten; die aber darin auch den Dienst erblickten, durch welchen sie ihr Volk am besten fördern zu können glaubten.

Freiburg i. Br., im November 1936.

H. SPEMANN.

Inhaltsverzeichnis.

Einleitung.

Auf den folgenden Seiten handelt es sich um Probleme, Untersuchungen und Ergebnisse der Entwicklungsphysiologie, also um die kausale Erforschung von Entwicklungsvorgängen. Daß diese als natürliche Vorgänge dem Kausalprinzip unterstellt werden müssen, versteht sich eigentlich von selbst. So war auch schon seit langem und immer wieder da und dort der Versuch gemacht worden, einzelne Entwicklungsvorgänge mit anderen und mit äußeren Verhältnissen in feste Beziehung zu bringen. In der Botanik ist diese Forschungsweise längst anerkannt und ausgebildet. In der Zoologie dagegen hat, vielleicht zum Teil aus zufälligen, persönlichen Gründen, die deszendenztheoretische Spekulation jahrzehntelang jedes andere Interesse überwogen und zurückgedrängt. Hier bedurfte es des Anstoßes durch einen originalen Denker, um jene Forderung, die uns heute selbstverständlich erscheint, wieder in Erinnerung zu rufen. WILHELM ROUX ist es, dem wir dies verdanken; er wird immer als Begründer einer neuen Forschungsrichtung der tierischen Embryologie gefeiert werden.

Die spezifische Methode, um kausale Beziehungen zu ermitteln, ist das Experiment. Beim experimentellen Eingriff verhält sich der Forscher nicht mehr nur rein beobachtend, sondern er schaltet sich handelnd in den Gang des Geschehens ein. Er verändert einen Teil des Geschehensablaufs an selbst gewählter Stelle, in selbst gewählter Weise, und schließt aus den folgenden Veränderungen auf den inneren Zusammenhang.

Dem Entwicklungsgeschehen gegenüber gibt es nun, so viel ich sehe, zwei grundsätzlich verschiedene Wege der fortschreitenden Analyse.

Bei der einen Methode sucht man das ungeheuer verwickelte Gesamtgeschehen gewissermaßen von außen her abzubauen, indem man einen möglichst einfachen Vorgang nach dem andern absondert und herauslöst, in der festen Erwartung, daß der übrig bleibende Rest immer kleiner werden und schließlich auch der Auflösung anheim fallen werde. Äußerlich kennzeichnet sich diese Art des Vorgehens dadurch, daß man physikalische und chemische Vorgänge auf den werdenden Organismus einwirken läßt. Die Natur des Eingriffs ist also verhältnismäßig durchsichtig; die Art seiner Wirkung aber dafür meist um so undurchsichtiger.

Bei der anderen Methode sucht man das Gesamtgeschehen zunächst in größere Teilgeschehen zu zerlegen und diese selbst fortschreitend weiter aufzulösen. Man bleibt dabei zunächst ganz im Bereich des Vitalen und dringt schrittweise vorwärts, unbekümmert darum, wie weit die Auflösung ins Nicht-Vitale möglich sein wird.

Beide Wege sind gangbar und haben letzten Endes dasselbe Ziel. Förderlicher als darüber zu streiten, auf welchem Wege man dem Wesen des Lebens näherkommen wird, scheint es mir, den einen oder anderen zu beschreiten, je nach Veranlagung und zufällig sich bietendem Ausgangspunkt, und mit Nachdruck und kritischer Umsicht vorzudringen.

Die Experimente, über welche ich zu berichten haben werde, gehören fast alle der zweiten Gruppe an. Es handelte sich bei ihnen um die ganz allgemeine Frage, ob und in welcher Weise die Einzelvorgänge der Entwicklung untereinander zusammenhängen; ob einer den anderen hervorruft und bedingt, oder ob sie selbständig nebeneinander herlaufen. Zur Entscheidung dieser Frage dienten grundsätzlich zwei Methoden: die Methode der Isolation und diejenige der Transplantation. Wenn ein Entwicklungsvorgang unabhängig von seiner Umgebung ablaufen kann, so muß er auch ablaufen können, wenn die Umgebung wirklich entfernt, wenn also der Keimteil, an dem er abläuft, isoliert wird. Wenn andererseits ein Entwicklungsvorgang durch einen anderen bedingt ist, so muß er unterbleiben, wenn der bedingende Einfluß entfernt wird, und es ist unter Umständen zu erwarten, daß er an anderer Stelle eintritt, wenn der bedingende Einfluß an dieser Stelle zur Wirkung gelangt.

Drei Gruppen solcher Experimente sollen zur Darstellung kommen:

1. Die Isolationsversuche ganz zu Beginn der Entwicklung; die Trennung der ersten Blastomeren, die Zerteilung der jüngsten Entwicklungsstadien, wie sie zuerst von W. Roux und H. Driesch vorgenommen wurden. Diese Versuche zeitigten einige grundlegende Begriffe, wie den Begriff der *Selbstdifferenzierung*, der *Regulation*, des *harmonisch-äquipotentiellen Systems*. Die jahrelang oft heftig geführte Diskussion, welche sie hervorriefen, brachte die Arbeit in dieser Forschungsrichtung in Gang und hat darüber hinaus unsere allgemeinen biologischen Anschauungen aufs tiefste beeinflußt.

2. Die Isolations- und Transplantationsversuche am Wirbeltierauge und an einigen anderen Organen von zusammengesetztem Bau. An ihnen wurde der Begriff der induktiven Entwicklung gewonnen; ferner wurde durch sie das seltsame Verhalten bestätigt, welches mit dem Namen „doppelte Sicherung" bezeichnet worden war.

3. Die Transplantationsversuche zu Beginn und während der Gastrulation, ermöglicht durch eine neue Technik; also die Versuche, welche sich um die Begriffe des „Organisators", des „Organisationszentrums" gruppieren.

All die genannten Versuche wurden an den Eiern und frühesten Entwicklungsstadien von Amphibien ausgeführt; entweder original oder in Wiederholung älterer an anderen Tierarten angestellter Versuche. Diese Beschränkung beim ersten Vorstoß war eine durchaus bewußte und nicht nur durch praktische Erwägungen veranlaßt. Die meisten Tatsachen erhalten ihre volle Bedeutung erst im Zusammenhang mit anderen, die aber nun für dasselbe Objekt festgestellt sein müssen.

Denn es steht von vorneherein keineswegs fest, daß die Entwicklung bei allen Tierarten auch nur in den gleichen Grundlinien verläuft; daß z. B. für das Amphibienei dasselbe gilt, was für das Seeigelei gefunden worden ist. Spätere Erfahrung hat gezeigt, wie angebracht diese kritische Vorsicht war; ja daß sie noch viel weiter gehen muß, als vorausgesetzt werden konnte. Die merkwürdige Tatsache der „doppelten Sicherung" wäre auf keinem anderen Weg festzustellen gewesen. Aber freilich spielten bei dieser vorläufigen Einseitigkeit auch praktische Erwägungen eine große Rolle. Der Weg des Möglichen durch das weite Gebiet des Erwünschten ist schmal; nur eine sehr eingehende Kenntnis des Versuchsmaterials und all seiner Eigenheiten ermöglichte so tiefe Eingriffe in das lebendige Werden, wie sie zur Aufdeckung seiner ursächlichen Verknüpfung nötig waren.

Ebenso wünschenswert erscheint eine solche Beschränkung im Interesse der Darstellung. Experimente am werdenden Organismus setzen zu ihrem Verständnis die Kenntnis des äußeren Verlaufs dieses Werdens voraus; diesen für jede der verschiedenen zum Experiment verwendeten Tierarten neu beschreiben zu müssen wäre eine große Belastung des Vortrags. Auch aus diesem Grunde sollen zunächst nur Experimente an Amphibienkeimen herangezogen werden. Deren normale Entwicklung zu beschreiben, soweit es für das Verständnis der Experimente nötig ist, muß nun meine nächste Aufgabe sein.

I. Die normale Entwicklung des Amphibieneies bis zur Anlage der Hauptorgane des Embryos.

Die normale Entwicklung des Amphibieneies, also des Eies von Fröschen, Kröten, Molchen ist in ihren gröberen Zügen leicht zu beobachten und seit langem bekannt. Sie beginnt im unmittelbaren Anschluß an die Befruchtung mit einer durch längere Zeit fortgesetzten Teilung, welche wegen der an der Oberfläche auftretenden Furchen als *Furchungsprozeß* bezeichnet wird. Unter Bildung eines inneren Hohlraums, der *Furchungshöhle* oder des *Blastocoels*, entsteht die *Keimblase* oder *Blastula*. Ihre untere *vegetative* Hälfte, der dicke Boden der Keimblase, besteht aus großen dotterreichen Zellen, während die obere *animale* Hälfte, das dünne Dach, aus zahlreichen kleinen, dotterärmeren Zellen zusammengefügt ist. Den Übergang zwischen beiden bildet die *Randzone*, ein Ring von Zellen mittlerer Größe (Abb. 1a).

Nun setzt ein sehr verwickelter, in vieler Hinsicht rätselhafter Vorgang ein, die sog. *Gastrulation*. Ihr Endergebnis ist, daß das gesamte Material der Randzone und der vegetativen Keimhälfte ins Innere eingestülpt, also vom animalen Material überdeckt wird (Abb. 1b—c). Längs der Einstülpungsstelle, dem *Urmund* oder *Blastoporus*, geht dann das äußere Keimblatt, das *Ektoderm*, in die beiden ins Innere gebrachten Keimblätter, das *Mesoderm* (aus der Randzone entstanden) und *Entoderm* (der dotterreichen vegetativen Keimhälfte entsprechend) über. Der genauere Ablauf des Vorgangs wird nachher noch zu schildern sein.

Damit haben die Anlagen der wichtigsten Organe, der Haut und des Zentralnervensystems, des Achsenskelets und der Muskulatur, des Darms und der Leibeshöhle, im wesentlichen ihre endgültige Anordnung erreicht.

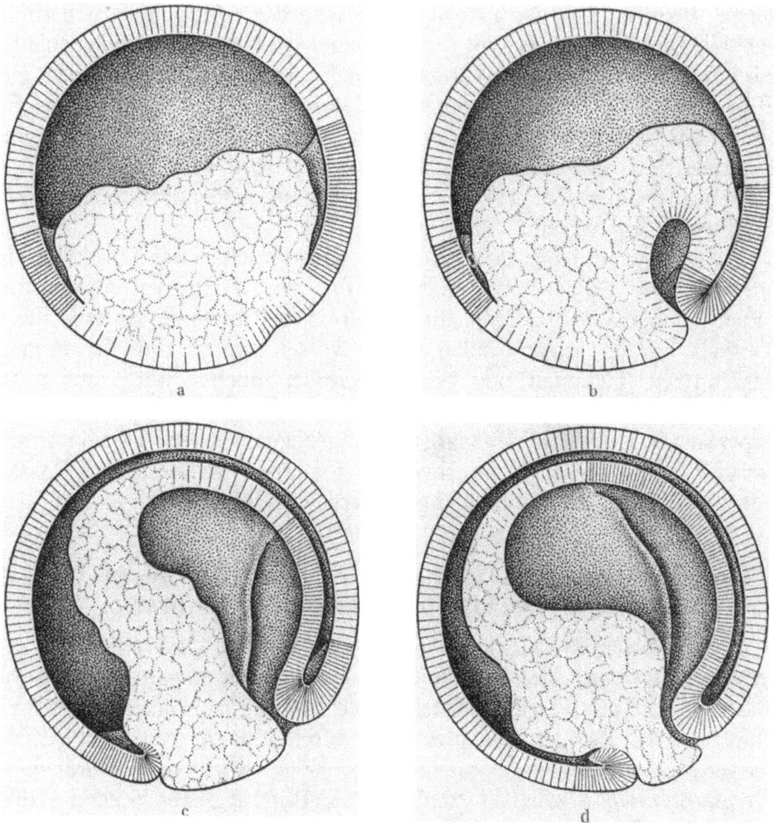

Abb. 1 a—h. Schematische Darstellung der Amphibiengastrulation. a Blastula, median durchschnitten; Blastocoel mit dünnem Dach und dickem Boden. Die präsumptiven drei Keimblätter schematisch bezeichnet: das Ektoderm durch weite, das Chorda-Mesoderm (Randzone) durch enge Schraffierung, das Entoderm durch Zellgrenzen. a—e allmähliche Einstülpung von Chorda-Mesoderm und Entoderm; Verschwinden des Blastocoels; Bildung der Darmmulde und ihre Ablösung vom Chorda-Mesoderm; f dasselbe wie e, quer durchschnitten; g und h Neurula vom Rücken und auf dem Querschnitt. (Nach einer Wandtafel, entworfen von V. HAMBURGER und B. MAYER.)

Ihre sichtbare Differenzierung beherrscht die nächste Phase der Entwicklung.

Die Anlage des *Zentralnervensystems* entsteht im Ektoderm der Rückenseite, vom Urmund aus nach vorn, als eine verdickte, schildförmige Platte, die in ihrer vorderen Hälfte breiter ist als in der hinteren. Es ist die *Medullarplatte*, deren Ränder zu Wülsten, den *Medullarwülsten*, erhoben sind (Abb. 1 g, h). Unter Zusammenrücken der Wülste schließt sich die Platte zum Rohr, dem *Medullarrohr*. Es schnürt sich von der Epidermis ab und sinkt in die Tiefe. Sein dickeres Vorderende, aus dem breiteren Vorderteil der Medullarplatte entstanden, wird zum Gehirn; seine dünnere hintere Hälfte zum Rückenmark.

Die Medullarplatte ist unterlagert vom Mesoderm (Abb. 1f). Während sie sich zum Rohre schließt, sich ablöst und in die Tiefe sinkt, gliedert

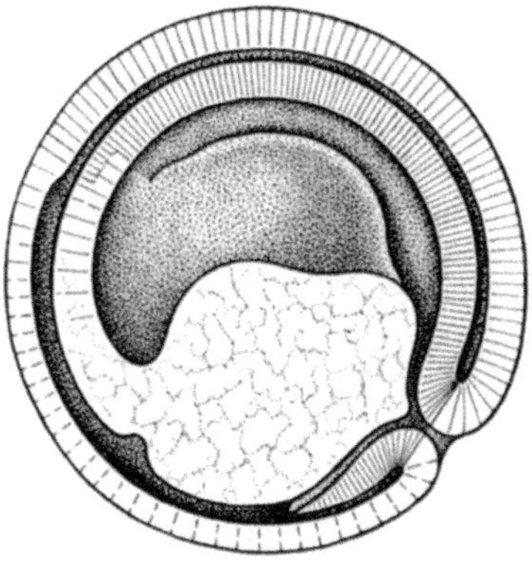

e

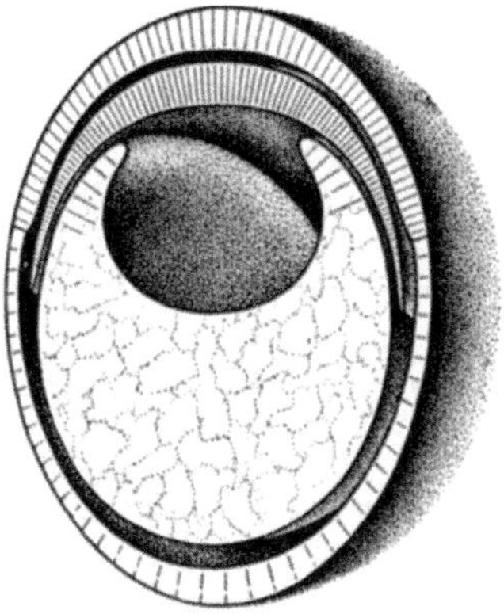

f

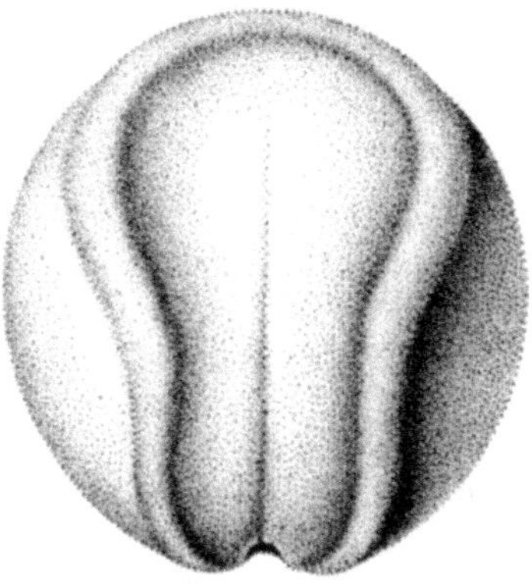

g

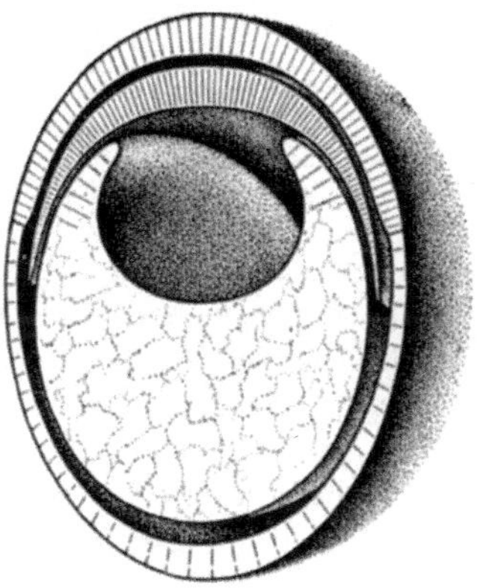

f

sich das Mesoderm in fünf nebeneinander liegende Streifen. Aus dem mittleren wird die Anlage des Achsenskelets, die *Chorda dorsalis.* Daran schließt sich rechts und links je eine Reihe von *Urwirbeln* oder *Somiten.* Von diesen hinwiederum setzen sich die *Seitenplatten* ab, d. h. die paarigen Anlagen der *Leibeshöhle* oder des *Coelums* (Abb. 1h).

Das Entoderm endlich bildet zunächst eine breite, nach oben offene Rinne (Abb. 1f), wie eine Wanne, deren Ränder sich nach der Mitte zusammenbiegen und in der Mittellinie, also gerade unter der Chorda, das Darmrohr zum Abschluß bringen (Abb. 1h).

All diese Vorgänge, welche bei günstiger Temperatur überraschend schnell ablaufen, beruhen im wesentlichen nicht auf Neuerzeugung von

Keimsubstanz, sondern auf Umordnung der schon vorhandenen. Die einzelnen Bezirke des älteren Keims sind daher schon im jüngeren vorhanden, aber in anderen Lagebeziehungen. Diese frühere Lage ließe sich feststellen, wenn es möglich wäre, die einzelnen Zellgruppen durch die Verschiebungen bei der Gastrulation hindurch genau zu verfolgen. Man könnte dann in die Blastula oder frühe Gastrula gewissermaßen eine topographische Karte der späteren Organsysteme einzeichnen.

Diese Aufgabe wurde zuerst von W. His (1874) aufgestellt und in Angriff genommen; er versuchte die „organbildenden Keimbezirke" in der Keimscheibe des Hühnereies schätzungsweise festzustellen.

W. Roux war der erste, welcher dieselbe Frage für das Froschei aufwarf und nun eine exakte Lösung versuchte.

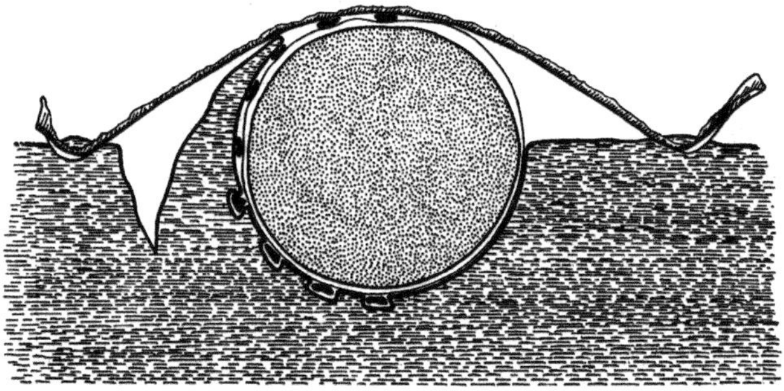

Abb. 2. Kombinierte Markierung mit versenkten Farbträgern, Wachsscholle und Stanniolstreifen. (Nach W. Vogt, 1925.)

Die Schwierigkeit liegt beim Amphibienei darin, daß weder die Furchung so charakteristisch verläuft noch die einzelnen Zellgruppen der Blastula so verschieden sind, daß man sie während der Gastrulation mit Sicherheit wieder erkennen und dauernd im Auge behalten könnte. Eine Verfolgung Zelle für Zelle, eine "cell-lineage", wie sie namentlich amerikanische Autoren in so bewunderungswürdiger Weise an Eiern mit festem Furchungstypus durchgeführt haben, ist also hier nicht möglich. Man muß zufällige natürliche Marken benützen, oder noch besser, man muß künstliche Marken anbringen, um jenen Zweck zu erreichen.

Als solche Marken benützte Roux (1888a) kleine Wunden, welche zu Beginn der Gastrulation durch Anstich gesetzt wurden. Die Methode ist unvollkommen; denn ist die Wunde klein, so vernarbt sie rasch bis zur Unkenntlichkeit, ist sie groß, so lenkt sie die Entwicklung in abnorme Bahnen. Die große Bedeutung des Experiments liegt daher weniger in seinem Ergebnis, als in dem mächtigen Anstoß, den es der Forschung gab. Roux' „virtueller Embryo" hatte eine ziemlich andere Lage im Ei, als sie jetzt mit Sicherheit nachgewiesen ist; aber die Aufgabe war gestellt und das allgemeinste methodische Prinzip für ihre Lösung gefunden.

Viele Forscher haben sich in der Folge um den Gegenstand bemüht, unter ihnen auch der Verfasser (vgl. W. Vogt 1929b); aber die Lösung der Aufgabe, welche mindestens in den Hauptzügen als endgültig betrachtet werden darf, hat W. Vogt in jahrelanger Mühe erarbeitet.

Vogts Methode der vitalen Farbmarkierung besteht bekanntlich darin, daß scharf begrenzte Keimbezirke während des Lebens mit einem unschädlichen Farbstoff, dem zuerst von amerikanischen Forschern (Goodale 1911) verwendeten Nilblausulfat oder auch mit Neutralrot, gefärbt werden. Als Farbüberträger dienen kleine Stückchen Agar, welche mit dem Farbstoff getränkt und dann für kurze Zeit auf den Keim aufgepreßt werden. Der Farbstoff wird rasch aufgenommen und ohne weitere Ausbreitung viele Tage lang festgehalten.

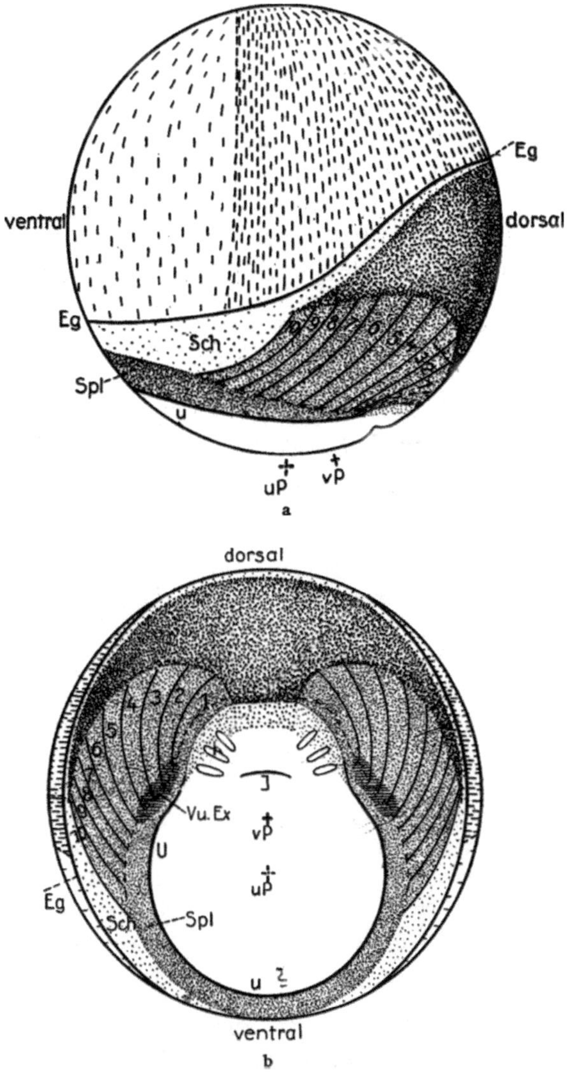

Abb. 3 a und b. Schema der Anordnung der präsumptiven Organanlagen am Urodelenkeim zu Beginn der Gastrulation. *J* Invaginationsgrube, *U* spätere Urmundrinne, *Eg* Einstülpungsgrenze, *vP* vegetativer Pol, *uP* unterer Pol dieses Stadiums. — Medullaranlage dicht gestrichelt; Hautektoderm weit gestrichelt; Chorda dicht punktiert; Mesoderm fein punktiert; das erste nach Blastoporusschluß einwandernde Material hell punktiert. *Sch* Hauptmasse des Schwanzknospenmaterials, *K* Kiemenektoderm, 1—10 Ursegmente, *Spl* Seitenplatten. Schraffierter Bezirk im 2.—5. Ursegmentmaterial der Vorniere und des Mesoderms der vorderen Extremität (*V* und *Ex*). (Nach W. Vogt, 1929 b.)

Auf diese Weise ließe sich z. B. die ganze Medullarplatte blau färben. Wenn es nun möglich wäre, die Entwicklung wie in einem Trickfilm wieder zurücklaufen zu lassen, so würde sich ein bestimmter, scharf begrenzter Bezirk etwa der frühen Gastrula als Material für die spätere Medullarplatte scharf gegen die Umgebung abgrenzen. So einfach geht das nun leider nicht; man muß einen Umweg machen und das frühe Entwicklungsstadium, z. B. die beginnende Gastrula, in kleinste Bezirke aufteilen und deren späteres Schicksal durch Farbmarkierung verfolgen. VOGT hat das bis ins einzelne mit großer Genauigkeit durchgeführt, zuerst für die Keime der Urodelen, neuerdings auch für diejenigen der Anuren (Abb. 3 a u. b).

Es ist eine Frage der Definition, ob man eine solche lokalisierte Farbmarkierung als experimentellen Eingriff bezeichnen will oder nicht. Sie ist es jedenfalls nicht und soll es nicht sein in dem Sinn, daß dadurch etwas am normalen Ablauf der Entwicklung geändert wird. Deshalb gehören die Feststellungen, die so gemacht werden, rein ins Gebiet der deskriptiven Embryologie; über die kausalen Beziehungen sagen sie nichts aus.

Dagegen ergeben sich daraus unmittelbar wichtige Fragestellungen über solche kausale Verhältnisse. Um sie scharf zu formulieren, führen wir zwei kurze Bezeichnungen ein. H. DRIESCH nennt das Schicksal, welches irgendein Keimbezirk im normalen Fortgang der Entwicklung haben wird, seine *„prospektive Bedeutung“*. Die VOGTschen Karten zeigen also die prospektive Bedeutung der einzelnen Bezirke in der beginnenden Gastrula; sie zeigen, wie man es auch ausdrücken kann, Umfang und Lage der *„präsumptiven“* Organanlagen.

Die Frage, die sich unmittelbar aufdrängt, ist nun die, ob diesem Muster präsumptiver Anlagen in der beginnenden Gastrula eine wirkliche Verschiedenheit dieser Teile entspricht; ob sie schon mehr oder weniger fest zu ihrem späteren Schicksal bestimmt, „determiniert“, oder ob sie noch indifferent sind und ihre Bestimmung erst später aufgeprägt erhalten. In dieser ganz bestimmten Fassung, mit Beziehung auf die präsumptiven Anlagen in der Gastrula, werden wir die Frage erst bei einer späteren Gruppe dieser Experimente wieder aufnehmen; aber im Prinzip liegt sie schon den ersten Experimenten von ROUX und DRIESCH zugrunde, zu deren Besprechung wir uns nun zu wenden haben.

II. Einige Experimente und Grundbegriffe aus den Anfängen der Entwicklungsphysiologie.

Am Eingang zur kausalen Erforschung der Entwicklung stehen zwei Werke, in welchen das neue Ziel scharf ins Auge gefaßt, aber der Weg zu ihm noch nicht beschritten wurde: die Abhandlung „Über unsere Körperform“ von WILHELM HIS, und AUGUST WEISMANNs berühmtes Buch über „das Keimplasma“

Als WILHELM HIS im Jahre 1874 sein inhaltsreiches kleines Buch schrieb, waren erst 15 Jahre seit dem Erscheinen von DARWINs „Entstehung der Art“ verflossen. Die namentlich in Deutschland blühende morphologische Forschung war von den neuen Ideen erfaßt worden;

ihr großer Führer CARL GEGENBAUR hatte die vergleichende Anatomie aus ihrer idealistischen Periode in die historische übergeleitet. Vergleichende Betrachtung der erwachsenen Formen, immer genauere Untersuchung der werdenden wetteiferte nun in dem Bestreben, die natürliche Verwandtschaft der Tiere und ihren Stammbaum festzustellen. Diese Sammlung aller Kräfte auf ein fernes hohes Ziel hatte eine Einengung des Blickfelds zur Folge. Man hatte vielfach vergessen, daß die Formwandlungen während der Entwicklung, ganz abgesehen von ihrer hypothetischen Herleitung von Zuständen vergangener Zeiten, ihre unmittelbaren physischen Ursachen haben müssen, welche festzustellen auch ein wichtiges und vielleicht das näherliegende Ziel der Forschung sein könnte. So geschah es in bewußtem Gegensatz zur herrschenden Richtung, als W. HIS den Versuch machte, die Gestaltung des Hühnerembryos aus Faltungen der ausgebreiteten Keimblätter mechanisch zu erklären und diese hinwiederum auf verschiedenes Wachstum der einzelnen Keimbezirke zurückzuführen. Die Medullarplatte z. B. sollte sich deshalb zum Rohre zusammenfalten, weil sie durch die sich ausbreitenden, seitlichen Keimpartien zusammengeschoben würde oder bei eigener Ausbreitung an den in Ruhe bleibenden seitlichen Teilen einen Widerstand fände.

Als Fragestellung, nicht als Behauptung genommen wäre dies der erste Schritt entwicklungsphysiologischer Forschung gewesen, welchem als zweiter die experimentelle Prüfung hätte folgen müssen. Daß elastische Platten sich auffalten, wenn sie von der Seite her zusammengedrückt werden oder wenn sie bei eigener Ausdehnung einem seitlichen Widerstande begegnen, lehrt die alltägliche Erfahrung; es läßt sich jederzeit wieder durch den Versuch aufzeigen. Solche und andere „Modellversuche" hat W. HIS auch angestellt. Es fehlte aber noch der entscheidende Versuch am lebenden Objekt selbst. Es könnte ja sein, daß die Medullarplatte sich auch dann zusammenfaltet, wenn der seitliche Schub oder das seitliche Widerlager fehlt, d. h. also, wenn sie ausgeschnitten worden ist und sich isoliert weiter entwickelt. Es war nicht W. HIS, sondern W. ROUX, der diesen zweiten, entscheidenden Schritt tat, indem er erkannte, daß sich nach dem Lauf der ungestörten Entwicklung kausale Beziehungen zwar ausschließen, sonst aber nur vermuten lassen; daß die reine Beobachtung nur bis zur Fragestellung führt, während die sichere Antwort dem Experiment vorbehalten bleibt. So hat W. HIS wohl das große Verdienst, in anders gerichteter Zeit eine neue Denkweise vertreten zu haben; bis zur Begründung eines neuen Zweiges der Wissenschaft aber ist er nicht durchgedrungen.

In anderer Weise und noch viel wirksamer hat AUGUST WEISMANN der entwicklungsphysiologischen Forschung vorgearbeitet. Seine bis ins einzelne durchdachte Theorie der Vererbung und Entwicklung ist Ausgangspunkt einer allgemeinen Diskussion und Anlaß von Experimenten geworden, durch welche die kausale Forschung in vollen Gang gebracht wurde.

WEISMANNs *Keimplasmatheorie.* Der zentrale Begriff der WEISMANNschen Theorie ist die Determinante, ein korpuskuläres Gebilde, welches die Eigenschaften und Tätigkeiten der Zelle bestimmt, in der es enthalten ist. Die Determinante besitzt die Grundeigenschaften des Lebendigen, die Fähigkeit zu Wachstum und Vermehrung durch Assimilation und Teilung. In ungeheuer kompliziertem Aufbau zusammengefügt setzen diese Determinanten das Keimplasma zusammen, welches in den Chromosomen des Kerns lokalisiert ist. In seiner Vollständigkeit wird es nur den Keimzellen überliefert und bedingt dadurch die immer gleiche Wiederholung der aufeinanderfolgenden Lebenszyklen. In den Zellen des Körpers dagegen zerfällt es bei den Zell- und Kernteilungen nach und nach in seine einzelnen Determinanten, bis jede Zellart nur noch diejenige Determinante enthält, durch welche ihr eigener Charakter bestimmt wird. Voraussetzung dafür ist die „erbungleiche Teilung", die gesetzmäßige Spaltung der Chromosomen in ungleiche Spalthälften. Dabei liegt die Führung durchaus beim Kern. Der Zerfall selbst ist nicht von außen, vom Zellplasma her, bestimmt, sondern ergibt sich in streng gesetzlicher Folge aus dem inneren Aufbau des Keimplasmas. Hier fehlt also jede Wechselwirkung zwischen den einzelnen Teilen des Keims. Jeder wird einmalig und unwiderruflich bestimmt durch die Determinanten, welche ihm zugeteilt sind, und diese Zuteilung selbst erfolgt auf Grund eines feststehenden Verteilungsmechanismus, der einmal in Gang gesetzt ganz aus inneren Ursachen abläuft.

Es ist vielleicht kein ganz richtiger Sprachgebrauch, wenn man diese scharfsinnige Spekulation eine Theorie nennt. Es ist keine „Zusammenschau" aller im damaligen Zeitpunkt bekannter Tatsachen, was WEISMANN hier gab, sondern ein System versuchsweise gemachter Annahmen, welche nun direkt oder in ihren notwendigen Folgerungen an der Erfahrung zu prüfen wären. WEISMANN selbst hat diesen Schritt nicht mehr getan, aber seine theoretischen Aufstellungen trafen zusammen mit einem Strom der Forschung, welcher aus eigener Quelle entspringend seinen eigenen Weg nahm.

W. ROUX eröffnete die entwicklungsphysiologische Forschung mit einer Reihe von Experimenten, deren klar erfaßtes Ziel es war, die allgemeinsten Ursachen für die bestimmte Richtung der Entwicklung und den Sitz dieser Ursachen zu ermitteln.

ROUX *gegen* PFLÜGER. Der Physiologe PFLÜGER (1883) hatte geglaubt nachweisen zu können, daß, wie bei der wachsenden Pflanze, so auch beim sich entwickelnden Froschei, eine von außen angreifende Kraft, die Schwerkraft, die Richtung des Geschehens mitbestimme. Wenn er nämlich Froscheier in Zwangslage schief stellte, so daß also der animale Pol nicht genau oben, über dem vegetativen lag, so fand er, daß die Medianebene der sich entwickelnden Keime eine ganz bestimmte Lage einnimmt; sie entspricht der senkrechten Ebene, welche durch die geneigte Eiachse geht. PFLÜGER erklärte sich dies daraus, daß allein in dieser

Ebene die kleinsten Eiteilchen mit Beziehung auf die Eiachse symmetrisch zur Richtung der Schwerkraft stehen.

Roux (1884) widerlegte diese Hypothese, indem er nach dem Vorgang der Botaniker das Ei rotieren und dadurch seine Einstellung zur Schwerkraft beständig wechseln ließ. Er konnte zeigen, daß auch dann normale, also bilateral-symmetrische Entwicklung des Eies erfolgt. Sie muß also im Ei selbst, in seinem bilateral-symmetrischen Bau, begründet sein. Er entsteht nach Roux (1887) bei der Befruchtung und durch sie; nämlich durch eine Strömung der Eisubstanzen, welche symmetrisch zur Eintrittsstelle des Spermiums erfolgt.

Beim Pflügerschen Versuche würden im schief gestellten Ei die nach ihrem spezifischen Gewicht geschichteten Massen aufs neue in Strömung geraten, am stärksten in der Ebene, in welcher die Eiachse geneigt ist, und würden dann in neuer bilateral-symmetrischer Anordnung zur Ruhe kommen. Dadurch würde die endgültige Medianebene bestimmt (W. Roux 1884, O. Hertwig 1884). G. Born (1884) wies experimentell die Richtigkeit dieser Erklärung nach.

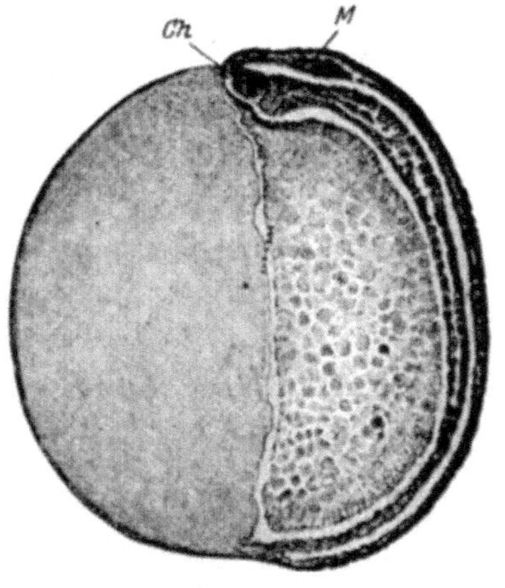

Abb. 4. Seitlicher Halbembryo, aus der überlebenden 1/2 Blastomere nach Abtötung der anderen entstanden (Roux' Anstichversuch). Querschnitt mit halber Medullarplatte (*M*), kleiner Chorda (*Ch*) und Seitenplatten. Scharfe Demarkationslinie zwischen lebender und toter Hälfte. (Nach Brachet, 1927.)

Indem Roux durch denselben Rotationsversuch nachweisen konnte, daß auch die übrigen in Betracht kommenden gerichteten Kräfte der Außenwelt für die normale Entwicklung als richtend entbehrlich sind, kam er zu dem Schluß, daß das Ei sich auf Grund seines Baues aus sich selbst differenziert, daß seine Entwicklung „*Selbstdifferenzierung*" ist.

Die nächste folgerichtig in Angriff genommene Frage war nun, ob das, was für das Ei als ganzes mit Rücksicht auf seine Umgebung festgestellt war, auch für seine Teile mit Rücksicht aufeinander gilt, ob und eventuell wieweit auch ihre Entwicklung Selbstdifferenzierung ist. Zur Beantwortung dieser Frage schaltete Roux einen Teil des Keims aus der Entwicklung aus und prüfte den verbliebenen Rest auf seine Entwicklungsfähigkeit. Das war der so ungemein folgenreiche Rouxsche Anstichversuch.

Roux' *Anstichversuch* (1888b). Von einem Froschei wurde nach der ersten Teilung die eine der beiden Blastomeren mit einer erhitzten Nadel angestochen, um sie womöglich zu töten und damit aus der weiteren Entwicklung auszuschalten. Das Ergebnis war, daß die am Leben gebliebene Eihälfte (zunächst wenigstens) sich so weiter entwickelte, als ob sie sich noch im Zusammenhang des Ganzen befände. Es entstand also eine Teilbildung, welcher die abgetötete Hälfte als zerfallende Masse anhaftete. Der Bau dieses halben Embryos war verschieden, je nach der Lage, welche die erste Furchungsebene eingenommen hatte. So entstand ein rein seitlicher Halbembryo bei medianer Lage der Furchungsebene (Abb. 4); ein seitlicher Embryo mit einem Überschuß am vorderen und einem Mangel am hinteren Ende bei schräger Lage dieser Ebene (BRACHET 1905); eine dorsale Keimhälfte, wenn die erste Furchungsebene transversal durchgeschnitten, also im wesentlichen eine dorsale und ventrale Eihälfte voneinander getrennt hatte. Daraus folgerte ROUX, daß die vorhandene Eihälfte die fehlende zu ihrer Differenzierung nicht nötig gehabt hat, und jedenfalls auch bei der normalen Entwicklung nicht nötig hat, daß ihre Entwicklung also unter *„Selbstdifferenzierung"* verläuft.

Dieser Begriff der Selbstdifferenzierung ist also nach ROUX' Fassung ein *kausal-topographischer Begriff* (1893, S. 823). Er soll die Tatsache bezeichnen, daß in einem abgegrenzten Keimbezirke in einem bestimmten Augenblick der Entwicklung alle spezifischen Bedingungen zur weiteren Differenzierung enthalten sind. Bei genügender Zufuhr von Sauerstoff, Wärme, eventuell Licht, bei richtigen osmotischen Verhältnissen, also bei Erfüllung der *„Vorbedingungen"* der Entwicklung (ROUX 1881) kann dieser Keimteil sich auch nach seiner Isolierung gerade so weiter entwickeln, als wäre er noch im Verbande des Ganzen. Es ist wichtig, sich diese Seite der Definition in voller Schärfe vor Augen zu halten. Selbstdifferenzierung eines Bezirks, Unabhängigkeit desselben von der Umgebung, schließt nicht aus, daß seine Entwicklung unter Wechselwirkung seiner Teile erfolgt. Nur wenn das Prinzip der Selbstdifferenzierung auch für diese Teile gilt, wenn es sich bis auf die letzten Einheiten erstreckt, kommt man zu einer Auffassung, welche als *Mosaiktheorie* der Entwicklung bezeichnet wird. Nach ihr stehen also die einzelnen Anlagen unvermittelt wie Mosaiksteinchen nebeneinander und entwickeln sich unabhängig voneinander, wenn auch aufs genaueste aufeinander abgestimmt, zu dem fertigen Organismus.

Die Entscheidung, ob diese Auffassung richtig ist, kann wieder nur das Experiment bringen; und zwar wird dasselbe Experiment, durch welches sich die Selbstdifferenzierungsfähigkeit des ganzen Keimbezirks, z. B. der einen Eihälfte, feststellen ließ, also das *Isolationsexperiment* in der einen oder anderen Form, auf immer kleinere Teile des Keims auszudehnen sein. ROUX war viel zu kritisch und besonnen, um nicht sein endgültiges Urteil bis nach dieser experimentellen Prüfung zurückzustellen; immerhin neigte er anfangs stark zu der Auffassung der Mosaiktheorie, vor allem wohl unter dem Eindruck der kurz zuvor von A. WEISMANN aufgestellten Keimplasmatheorie, deren Vorstellungen er sich zu eigen machte.

In der Tat hätte man vom Boden der WEISMANNschen Theorie aus das Ergebnis des ROUXschen Anstichversuchs voraussagen können. Nach ihr würde jeder der beiden ersten Furchungskerne den halben Determinantenbau enthalten, der durch seinen im Lauf der weiteren Entwicklung eintretenden, streng gesetzmäßigen Zerfall zur Bildung eines halben Embryos führen müßte.

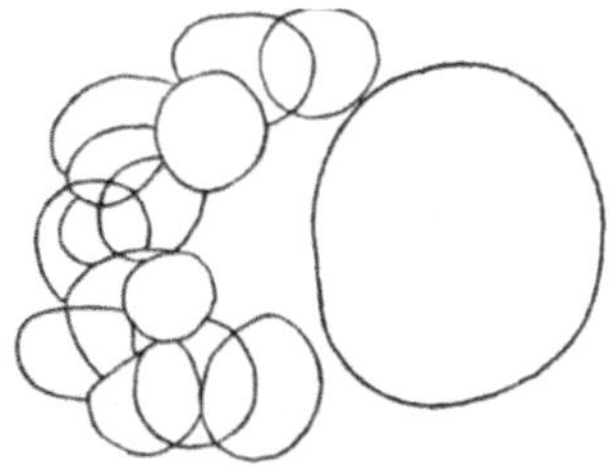

Abb. 5. Entwicklung einer $^1/_2$ Blastomere von Parechinus nach Abtötung der Schwesterzelle. (Nach DRIESCH, 1891.)

Nun wird ja aber durch das Eintreffen einer solchen Voraussage nur die Möglichkeit ihrer Voraussetzung erwiesen, während sie durch das Nichteintreffen ausgeschlossen würde. Nach der WEISMANNschen Theorie in ihrer strengen Fassung darf eine $^1/_2$ Blastomere nicht mehr bilden als eine Hälfte des Keims und jede folgende Blastomere nichts anderes, als was ihrem mit der Zellgeneration gegebenem Kernbestand entspricht. Beide Folgerungen treffen aber, wie wir sehen werden, nicht zu.

DRIESCHs *Zerteilungsversuch.* Es war von Anfang an bemerkt worden, daß bei dem ROUXschen Anstichversuch eine völlige Isolierung der überlebenden Zelle nicht erreicht wird. Die tote Masse der angestochenen

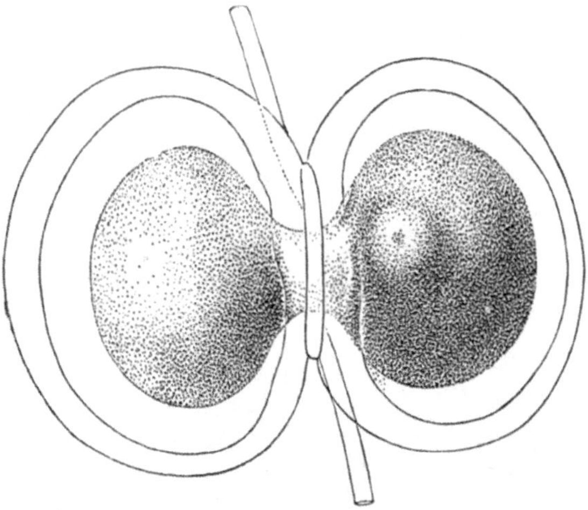

Abb. 6. Ei des gewöhnlichen Molchs (Triton taeniatus), einige Zeit nach der Befruchtung innerhalb seiner Eikapsel mit einer Haarschlinge stark eingeschnürt. (Nach SPEMANN, 1919.)

Zelle bleibt in Zusammenhang mit der lebenden, und wenn man ihr auch keine komplizierten „vitalen" Wirkungen mehr zutrauen kann, so könnten doch solche einfacherer rein mechanischer Art von ihr ausgehen. Es ist daher sehr bald an anderem Material versucht worden, die beiden ersten Blastomeren völlig voneinander zu trennen, zuerst und mit Erfolg von H. DRIESCH (1891) an Seeigeleiern. Das Ergebnis, das er erhielt, und die Schlüsse, die er daraus zog, waren das zweite große Ereignis in der jungen Wissenschaft der Entwicklungsphysiologie.

Die Methode der Durchtrennung war zunächst eine recht rohe. Die Seeigeleier wurden im Zweizellenstadium einige Minuten lang sehr heftig geschüttelt, bis ihr Verband sich löste. In derselben Weise hatten schon früher O. und R. HERTWIG unbefruchtete Seeigeleier in mehrere Fragmente zerlegt. Später wurde die von C. HERBST (1900) erfundene Methode des Ca-freien Seewassers verwendet, um die ersten Furchungszellen, wie auch die Zellen späterer Stadien in schonendster Weise voneinander zu lösen. Eine solche isolierte $^1/_2$ Blastomere furcht sich nun zunächst gerade so weiter, wie wenn ihr die andere noch anhaftete; es entsteht eine halbe Blastula mit weit offener Furchungshöhle (Abb. 5). Dann aber krümmen sich die freien Ränder der Öffnung zusammen und aus der geschlossenen Blase geht ein normal proportionierter Embryo von halber Größe hervor.

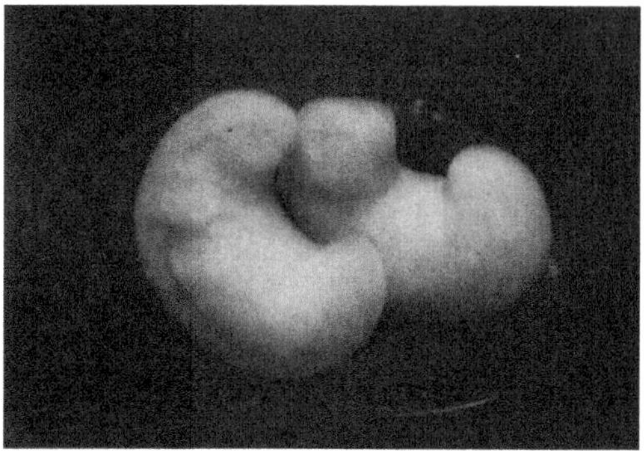

Abb. 7. Zwillinge aus einem median durchgeschnürten Triton-Ei. (Nach SPEMANN, 1928.)

Bald stellte sich heraus, daß sich das Amphibienei gerade so verhält, wenn es nur gelingt, die beiden ersten Blastomeren völlig voneinander zu trennen.

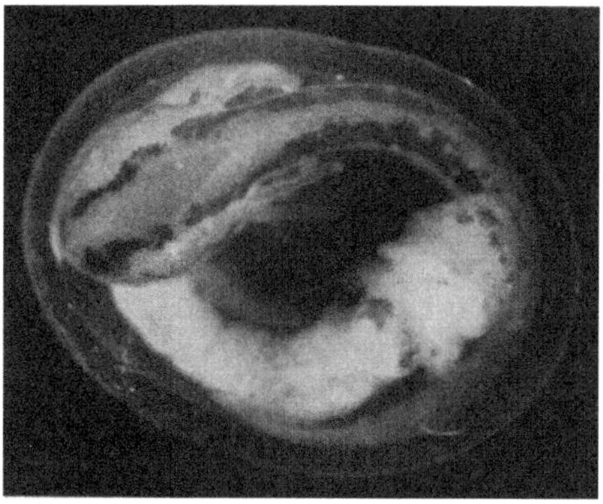

Abb. 8. Dasselbe wie Abb. 7, älter. (Nach SPEMANN, 1928.)

Schnürungsversuche an Tritoneiern. Im Anschluß an den ROUXschen Isolierungsversuch stellte O. HERTWIG (1893) ein Experiment an, welches zwar ihm selbst keinen Erfolg brachte, aber wegen der erstmaligen Verwendung einer neuen Methode und der Einführung eines hervorragend geeigneten Versuchsobjekts sehr bedeutungsvoll wurde. Er schnürte Eier des gewöhnlichen Molches, Triton taeniatus, im Zweizellenstadium längs der ersten Furche mit einer Haarschlinge ein, um die beiden ersten Blastomeren womöglich ganz voneinander zu trennen. Ein Ergebnis wurde, wie gesagt, nicht erreicht, wahrscheinlich wegen der zu geringen Zahl der ausgeführten Experimente. Einige Jahre später jedoch gelang es ENDRES (1895) und HERLITZKA (1897) auf diese Weise,

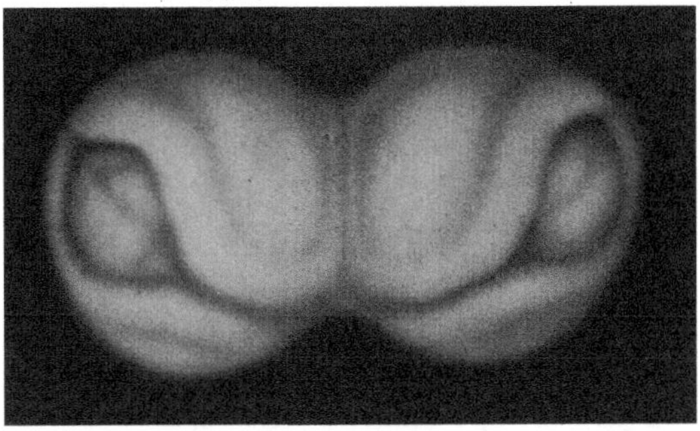

Abb. 9. Duplicitas cruciata im Neurulastadium, durch mediane Einschnürung im Zweizellenstadium hervorgerufen. (Nach SPEMANN, unveröffentlicht.)

aus den getrennten Blastomeren Zwillinge zu erzielen, ganz entsprechend denen von DRIESCH aus Seeigeleiern; wohl ausgebildete Embryonen von halber Größe, aber normalen Proportionen. Dieses Experiment wurde später von mir (1901/03) aufgenommen (Abb. 6) und in größerem Maßstabe weitergeführt. Außer einer Bestätigung der älteren Angaben (Abb. 7, 8) ließ sich zeigen, daß bei schwächerer medianer Schnürung, welche die Blastomeren nicht völlig trennt, partielle Verdoppelungen auftreten. Sie betreffen entweder nur das Vorderende (Duplicitas anterior) oder aber den ganzen Keim, jedoch in der eigentümlichen Form jener kreuzweisen Verwachsung (Abb. 9, 10), welche man als Duplicitas cruciata bezeichnen kann.

Zerteilungsversuch an Froscheiern. Durch verschiedene Experimente ließ sich nun zeigen, daß dasselbe für ROUX' eigenes Objekt, das Froschei, gilt.

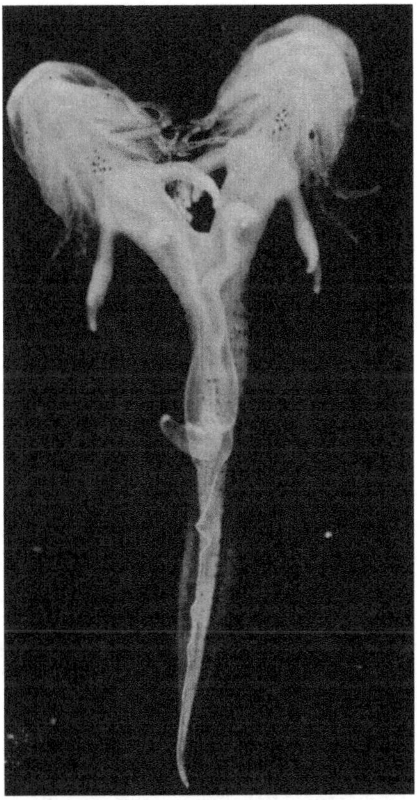

Abb. 10. Ebenso wie Abb. 9, älter; der sekundäre Rücken nur an dem kleinen sekundären Schwänzchen zu erkennen. Das rechte Vorderende (links vom Beschauer) zeigt Situs inversus viscerum. (Nach SPEMANN, 1919.)

Wenn man die beiden ersten Furchungszellen des Froscheies völlig isoliert oder wenn man nach Anstich der einen von ihnen die andere völlig selbständig macht, so erhält man Zwillinge, bzw. einen ganzen Embryo von halber Größe, wie bei den Tritoneiern. Beim letzteren Versuch wurde die durch Anstich abgetötete Zelle abgesaugt (McClendon 1910) oder durch Druck vollends von der überlebenden getrennt, die sich nun als Ganzbildung weiter entwickelte. Die Trennung der beiden lebenden Keimhälften wurde in neuester Zeit in meinem Institut durch G. A. Schmidt (1933) ausgeführt, durch Schnürung mit einer feinen Kunstseidenfaser (Abb. 11). Auf ältere Versuche von O. Schultze (1894) und T. H. Morgan (1895), bei denen Ganzbildung durch Umordnung der Eisubstanz erzielt wurde, wird später zurückzukommen sein.

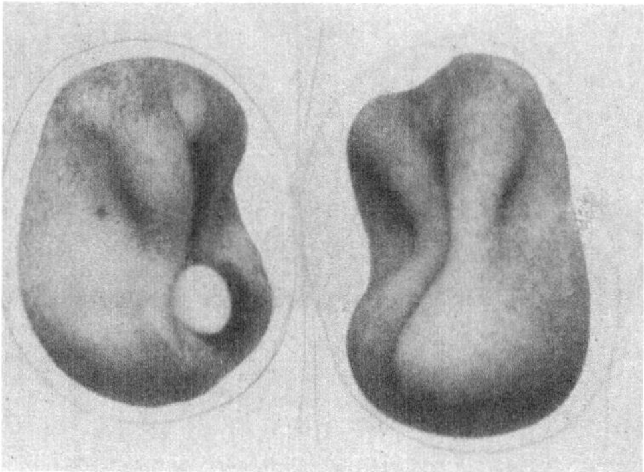

Abb. 11. Zwillinge der Unke (Bombinator pachypus), nach medianer Durchschnürung. (Nach G. A. Schmidt, 1933.)

Verzögerte Kernversorgung. Bei diesen Versuchen hat also eine Blastomere, deren Kern nach Weismann nur noch die Determinanten für einen halben Embryo enthalten sollte, einen ganzen Embryo geliefert. Noch eindrucksvoller vielleicht ist es, wenn sich dieselbe Fähigkeit für noch geringere Bruchteile des Furchungskerns nachweisen läßt, dadurch, daß man die Kernversorgung der einen Eihälfte verzögert. Auch dieses Experiment ist an Seeigel- und Amphibieneiern mit übereinstimmendem Erfolge angestellt worden.

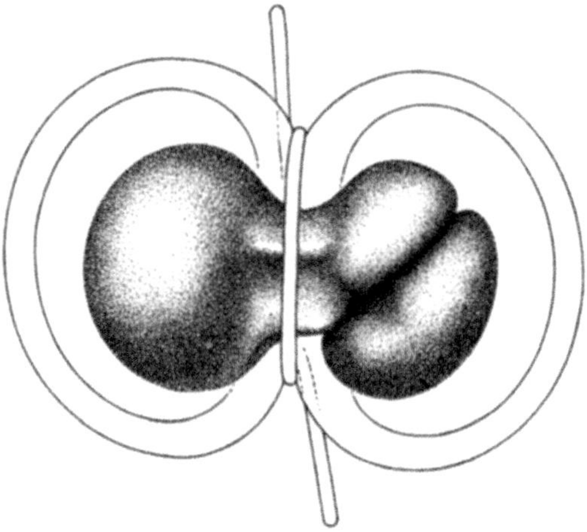

Abb. 12. Verzögerte Kernversorgung. Befruchteter Eikern durch Schnürung auf die Seite gedrängt; erste Teilung der kernhaltigen Eihälfte. (Nach Spemann, 1928.)

J. Loeb (1894) hat befruchtete Seeigeleier für einige Zeit in verdünntes Seewasser gebracht. Infolge von Wasseraufnahme aus dem hypotonischen Medium platzt dann die Eimembran und ein Teil des Eiplasmas tritt bruchsackartig aus. Enthält letzteres keinen Kern, so bleibt es zunächst von der Entwicklung ausgeschlossen. Erst nach einigen Teilungen der kernhaltigen Hälfte wandert ein Tochterkern durch die Plasmabrücke in die kernlose Hälfte hinüber und setzt ihre Entwicklung in Gang. Nach Weismann dürfte dieser Kern nur noch einen Bruchteil des Keimplasmas enthalten, also auch nur ein Keimfragment entstehen lassen. Statt dessen entwickelt sich eine Ganzbildung, bzw. die mit der anderen Seite zusammenhängende Hälfte einer Doppelbildung.

Genau dasselbe läßt sich an Tritoneiern erzielen (SPEMANN 1914, 1928; SCHÜTZ 1924, FANKHAUSER 1925, 1930), welche kurz nach der Befruchtung mit einer Haarschlinge eingeschnürt worden sind (Abb. 6). Auch hier furcht sich zunächst nur die kernhaltige Eihälfte (Abb. 12); die andere bleibt unentwickelt (Abb. 13), bis je nach dem Maße der Schnürung ein früherer oder späterer Abkömmling des Furchungskerns durch die weitere (Abb. 14) oder engere (Abb. 15) Plasmabrücke hinüberwandert und die andere Eihälfte mit einem Kerne versorgt. Diese entwickelt sich dann gerade so, als besäße sie einen ganzen Furchungskern; also nach medianer Schnürung

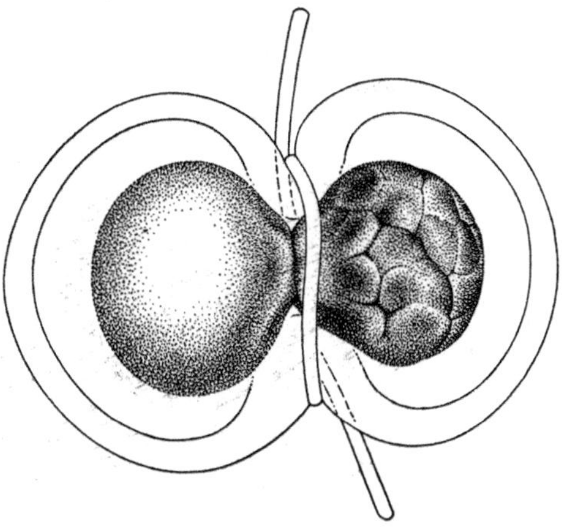

Abb. 13. Wie Abb. 12, später. Ein Abkömmling des Furchungskerns ist unter der Ligatur hindurch in die kernlose Eihälfte hinübergewandert; diese hat sich abgeschnürt. (Nach SPEMANN, 1928.)

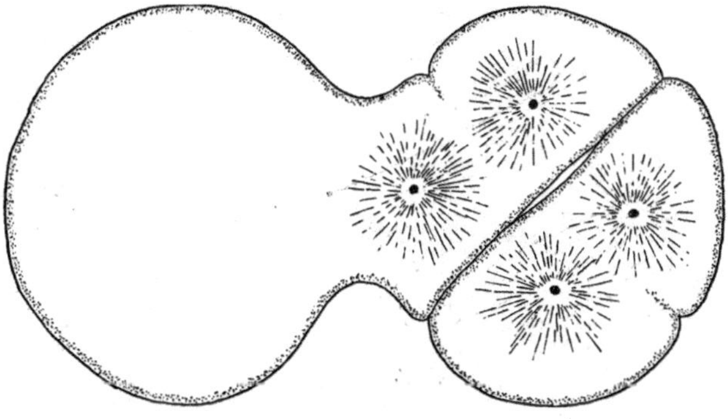

Abb. 14. Dasselbe auf einem Schnitt. Die kernhaltige Eihälfte hat sich zweimal geteilt; der Kern an der Plasmabrücke wird bei seiner nächsten Teilung einen Tochterkern in die kernlose Eihälfte hinüberschicken. (Nach FANKHAUSER, 1930 a.)

zu einem Embryo (Abb. 16a u. b), welcher selbständig oder mit dem anderen zu einer Doppelbildung vereinigt sein kann.

Besonders eindrucksvoll ist das Ergebnis dann, wenn die Schnürung nicht in einer annähernd medianen (Abb. 17a, sondern in einer annähernd frontalen Ebene (Abb. 17b) erfolgt war. Schon die Ein- und Durchschnürung im Zweizellenstadium hatte ein verschiedenes Ergebnis gezeitigt, je nachdem die erste Furchungsebene median oder frontal oder annähernd in einer dieser Richtungen stand (SPEMANN 1901/03). Während im ersteren Fall je nach dem Grade der Schnürung Doppelbildungen oder Zwillinge entstanden, wurde im zweiten Fall eine dorsale Keimhälfte mit Achsenorganen von einer ventralen getrennt. Diese Trennung ist bei schwacher Schnürung unvollständig; dann hängt die ventrale Hälfte wie ein Dottersack an der dorsalen. Bei starker Schnürung dagegen oder bei völliger Durchschnürung entwickelt sich aus der dorsalen Hälfte ein kleiner, normal proportionierter Embryo, während die ventrale Hälfte nur ein rundliches Bauchstück liefert (Abb. 18), aus den drei Keimblättern zusammengesetzt, aber ohne Achsenorgane. Derartig verschiedene Stücke können nun auch nach Schnürung des ungefurchten Eies entstehen. Und zwar kann dabei diejenige Keimhälfte, welche nur einen Bruchteil des Furchungskerns erhält, den vollständigen Embryo liefern, während die andere trotz ihres fast vollständigen Kernbestands nur ein Bauchstück bildet. Es liegt also am Eiplasma, nicht am Kern, welche Entwicklung ein Keimteil einschlägt (SPEMANN 1914, 1928).

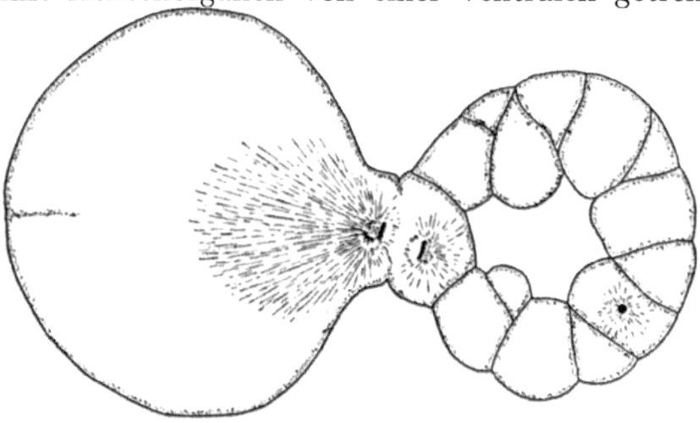

Abb. 15. Dasselbe nach starker Schnürung, entspricht Abb. 13. Der Kern an der Plasmabrücke hat einen Tochterkern in die kernlose Eihälfte hinübergeschickt, die im Begriff ist, sich abzuschnüren. (Nach FANKHAUSER, 1930 a.)

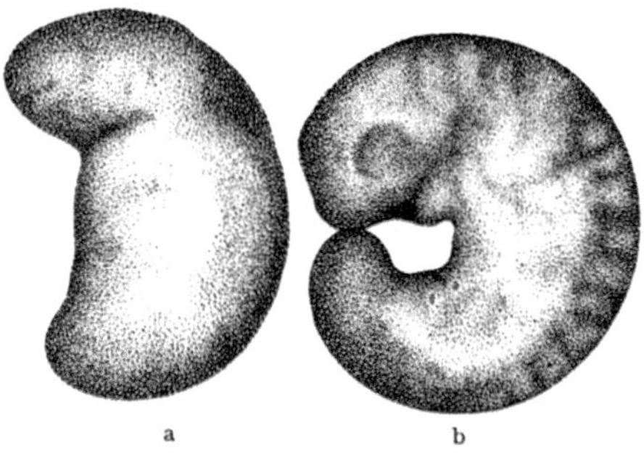

Abb. 16 a und b. Zwillinge, welche nach medianer Schnürung eines ungefurchten Eies entstanden sind. Die Hälfte mit verzögerter Kernversorgung (16 a) erheblich jünger. Dasselbe ist auch in Abb. 7 links und in Abb. 8 unten zu erkennen. (Nach SPEMANN, 1928.)

Solche Bauchstücke, nebst anderen symmetrischen und asymmetrischen Defektbildungen, erhielt FANKHAUSER (1930b) auch aus kernhaltigen Fragmenten von Eiern, welche ganz kurz (10—50 Minuten) nach der Befruchtung durchgeschnürt worden waren; er folgerte daraus mit Recht, daß die typische Verteilung des Eiprotoplasmas schon so früh hergestellt ist. Diese überraschenden Befunde setzt FANKHAUSER in Beziehung zu Defektversuchen, welche BRACHET (1906) an ungefurchten Froscheiern angestellt hat. Sie sind für unsere Auffassung von der Struktur des Amphibieneies, ihrer Entstehung und Regulationsfähigkeit von großer Wichtigkeit; doch würde ein näheres Eingehen den Rahmen überschreiten, der mir hier gesteckt ist.

Abnorme Kernverteilung. In anderer Weise als soeben geschildert, läßt sich eine abnorme Verteilung der Kerngenerationen erzielen und dabei prüfen, ob die im Fall ihrer Verschiedenheit zu erwartende abnorme Entwicklung sich einstellt. Wenn man ein Seeigel- oder Amphibienei zwischen parallelen Glasplatten stark preßt, so stehen die ersten Furchungsebenen, statt zuerst in rechten und dann in wechselnden Winkeln zueinander, nunmehr alle senkrecht zu den gepreßten Oberflächen, und statt eines kugeligen Zellhaufens entsteht zunächst eine einschichtige Zellplatte. Dadurch sind auch die Zellkerne in einer Ebene angeordnet, also offenbar abnormen Stellen des Eiplasmas zugeteilt. Wären sie unter sich erbungleich verschieden und bestimmten hernach die weitere Entwicklung und das endgültige Schicksal ihrer Zellen, wie die WEISMANNsche Theorie es verlangt, so müßten die Teile des entwickelten Keims in abnormer Weise durcheinandergeschoben sein. Statt dessen entstehen aber nach Aufhebung der Pressung völlig normale Embryonen, wie H. DRIESCH (1892) für Seeigeleier, G. BORN (1893) und O. HERTWIG (1893) für Froscheier nachwiesen.

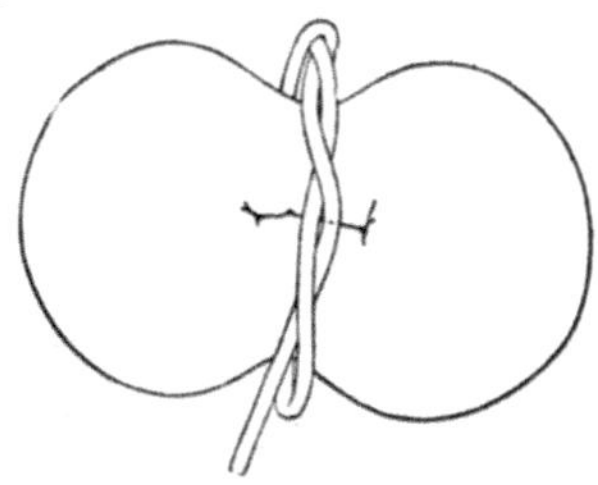

a

Abb. 17 a und b. Zwei Keime von Triton taeniatus am Anfang der Gastrulation, im Zweizellenstadium längs der ersten Furche schwach eingeschnürt; a bei medianem Verlauf, b bei frontalem Verlauf der ersten Furche. (Nach SPEMANN, 1902 und 1903.)

Endlich hat BOVERI (1910) gezeigt, daß auch bei der normalen Entwicklung häufig eine falsche Zuteilung erbungleicher Chromosomenhälften vorkommen müßte, da der Teilungs-

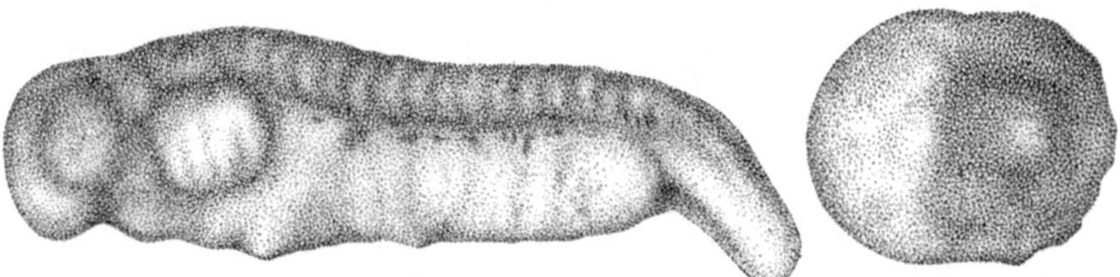

a b

Abb. 18 a und b. „Zwillinge“ von verschiedener Ausbildung, nach frontaler Schnürung des befruchteten Eies. Die dorsale Hälfte entwickelt sich zu einem wohl proportionierten Embryo, die ventrale zu einem äußerlich ungegliederten Bauchstück. (Nach SPEMANN, unveröffentlicht.)

apparat der Zelle gar nicht die Eignung besitzt, die richtige Verteilung zu gewährleisten.

Kritik der WEISMANN*schen Theorie.* Mit all diesen Tatsachen läßt sich die WEISMANNsche Theorie nicht vereinigen oder doch nur bei Ergänzung durch eine Zusatzhypothese, welche ihr jeden erklärenden Wert nimmt. Jede Furchungszelle soll nämlich neben den aktivierten Determinanten noch etwas unzerlegtes Keimplasma für Notfälle, sog. Reserveidioplasma, zugeteilt bekommen, von welchem dann im Fall des Experiments die Entstehung der Ganzbildung geleitet würde. Aber abgesehen davon, daß eine solche ad hoc ersonnene Hypothese (DRIESCH nannte sie eine „Photographie des Problems“) wenig erklärenden Wert besitzt, erhebt sich die neue Schwierigkeit, daß dieses Reserveidioplasma, wenn es das jeweils Erforderliche veranlassen soll, nicht rein aus inneren Gründen aufgeteilt werden kann, sondern den Anforderungen der Situation entsprechend aktiviert werden muß. Man muß also dem Reserveidioplasma gerade die Fähigkeiten zuschreiben, welche die Theorie dem ursprünglichen, unzerlegten Keimplasma, mit dem es doch identisch sein soll, nicht zugestehen will. So ist denn diese Seite der WEISMANNschen Theorie wohl allgemein aufgegeben.

Aber die geschilderten Experimente haben über dieses negative Ergebnis weit hinaus geführt und ganz neue Probleme aufgeworfen. Ehe jedoch auf diese Frage eingegangen werden kann, müssen noch die verschiedenen einander scheinbar widersprechenden Ergebnisse des Anstich- und des Zerteilungsversuchs gegeneinander gehalten und erörtert werden.

Diskussion der verschiedenen Folgen von Anstich und Durchtrennung. Daß der Unterschied nicht am Material liegt, ist schon erwähnt worden. Nicht nur beim Seeigel- und Tritonei, sondern auch beim Froschei entsteht aus der völlig isolierten Blastomere ein ganzer Embryo. Dieselbe Blastomere aber liefert, wenigstens zunächst, einen halben Embryo, falls die andere Blastomere, wenn auch abgetötet, mit ihr im Zusammenhang geblieben ist. Dies ist nicht nur beim Froschei der Fall, sondern, wie nun hinzugefügt werden kann, nach D. BARFURTHs (1893) Feststellung auch beim Ei von Axolotl. Die Verschiedenheit der Methode muß also am verschiedenen Ergebnis schuld sein. Die Einstellung auf Halbbildung wie die Fähigkeit zur Ganzbildung ist bei beiden Eiarten in gleicher Weise in der $^1/_2$ Blastomere vorhanden; aber bei völliger Isolation tritt eine Umstellung auf „Ganz“, eine Regulation ein, bei unvollkommener Isolation unterbleibt sie. Der Grund hiervon läßt sich aus einem Experiment von O. SCHULTZE und T. H. MORGAN erschließen.

Das Experiment bestand darin, daß Froscheier im Zweizellenstadium in Zwangslage umgedreht wurden, von O. SCHULTZE (1894) nach Pressung senkrecht zur Eiachse, von T. H. MORGAN (1895) nach Anstich der einen Blastomere. Jede der beiden, bzw. die überlebende Blastomere entwickelte sich dann zu einem ganzen Embryo. Bei SCHULTZEs Versuch hingen diese in verschiedener Weise zusammen, d. h. es entstanden Doppelbildungen verschiedener Art. Der SCHULTZEsche Versuch wurde von G. WETZEL (1895) wiederholt, dann noch mehrfach, vor allem sehr gründlich von W. SCHLEIP und A. PENNERS (1925, 1926). Es stellte sich dabei heraus, daß die geschichteten, verschieden schweren Eisubstanzen nach der Umdrehung in Strömung geraten, in verschiedener, durch kleine Zufälligkeiten bedingter Weise, aus ihrer Neuordnung ergeben sich dann, nach W. SCHLEIP und PENNERS auf mehr indirektem Wege, die oft recht komplizierten Doppel- und Mehrfachbildungen.

Danach läßt sich der Tatbestand wohl folgendermaßen auffassen Das befruchtete Ei hat einen bilateral-symmetrischen Bau, der nach ROUX durch den Eintritt des Spermiums und die darauf folgende Strömung des Eiplasmas entsteht. Dieser Bau überträgt sich auf die beiden ersten Blastomeren, von denen also jede auf „halb" eingestellt ist. Die Abtötung der einen Blastomere hebt den Halbbau der anderen nicht auf. Wie auf Grund des bilateral-symmetrischen Baues des ganzen Eies ein bilateral-symmetrischer Embryo entsteht, so aus dem halben Ei ein halber Embryo (vgl. S. 219; W. Vogt 1927, 1928a und b). Bei Wegfall der einen Blastomere aber findet in der anderen eine innere Umordnung der Struktur statt, welche auch durch künstlich erzeugte Strömung hervorgerufen werden kann. Sie hat eine Regulation des Halben zum Ganzen im Gefolge, woraus sich der bilaterale Zwillingsembryo ergibt.

DRIESCHs *harmonisch-äquipotentielles System.* DRIESCH hat nun, über die Kritik der WEISMANNschen Theorie hinaus, das Ergebnis seiner Versuche auch positiv ausgewertet. Er faßt den Seeigelkeim auf — und dasselbe würde auch für den Amphibienkeim gelten — als ein System von Teilen, welche alle dasselbe leisten können, dieselbe Potenz haben, „äquipotentiell" sind, als ein „äquipotentielles System". Dieses System gleichwertiger Teile gliedert sich nun nach einer ihm eigentümlichen Proportion harmonisch (es ist „harmonisch-äquipotentiell") in kleinere Systeme, an denen sich, wie DRIESCH aus späteren Versuchen schloß, derselbe Vorgang wiederholt, also in harmonisch-äquipotentielle Teilsysteme, und so fort, bis jedem Keimteil seine Rolle in der Entwicklung zugewiesen ist. Den Rahmen, gewissermaßen das Koordinatensystem, bildet dabei eine allgemeinste polare, bilateral-symmetrische Feinstruktur des Keims, welche sich wie bei einem Magneten in den kleinsten Teilchen wiederholt. Mit Bezug auf diese Struktur des Keims ist das Schicksal seiner Teile „eine Funktion ihrer Lage im Ganzen".

Diese Art der Entwicklung gilt nicht nur für den Fall des Experiments, also nach Störungen; vielmehr enthüllt sich eben dabei ein Prinzip, nach welchem auch die normale, ungestörte Entwicklung verläuft. Grund dieses sehr wichtigen Satzes ist wohl das Prinzip der Sparsamkeit. Wenn sich im Keim eine Fähigkeit nachweisen läßt, welche zur Erklärung der normalen Entwicklung genügt, so ist man nicht berechtigt, noch ein weiteres Prinzip anzunehmen — es sei denn, daß Tatsachen vorliegen, welche dazu zwingen.

ROUX' *primäre und sekundäre Entwicklung, Postgeneration.* Bei ROUX drängte sich eine andere Tatsache in den Vordergrund, welche bei den Anstichversuchen beobachtet und in ihrer weittragenden Bedeutung voll erkannt wurde. ROUX fand nämlich, daß sich der Halbembryo, der aus der überlebenden Eihälfte hervorgegangen war, nachträglich zu einem ganzen Embryo vervollständigt, entweder aus seinem eigenen Material durch innere Umbildung, oder aber unter Verwendung der anderen durch den Anstich nur geschädigten, nicht völlig abgetöteten Eihälfte. ROUX verglich diesen Vorgang mit der Regeneration und nannte ihn im Unterschied von ihr „Postgeneration". Über die Einzelheiten dieser Erscheinung ist lange hin und her gestritten worden; ja selbst ihr Vorkommen wurde in Zweifel gezogen. Ganz klargestellt scheint sie mir, gerade bei dem ROUXschen Experiment, bis auf den heutigen Tag nicht, wegen der mit seiner Methode notwendig verknüpften Schwierigkeiten der genauen Beobachtung. Ich glaube aber, namentlich auf Grund eigener Experimente, daß ROUX in der Hauptsache richtig gesehen und gedeutet hat.

Es lassen sich nämlich dieselben Erscheinungen durch eine etwas andere Versuchsanordnung auch beim Tritonei leicht hervorrufen und hier nun sehr viel genauer verfolgen. Wenn man die mediane Durchtrennung nicht schon im Zweizellenstadium vornimmt, sondern erst zu Beginn der Gastrulation, so findet zwar auch noch eine Regulation zum Ganzen statt, doch wird sie von der fortschreitenden Entwicklung gewissermaßen überholt. Es entstehen auf diese Weise Embryonen mit schwächerer Ausbildung der innenständigen Seite, und diese Verkümmerung kann so weit gehen, daß genau dieselben Bilder zur Beobachtung kommen wie bei der Postgeneration der überlebenden Froschblastomere unter Verwendung ihres eigenen Materials. Wahrscheinlich werden beim Anstichversuch die Zellen der überlebenden Keimhälfte durch die anhaftende tote Masse zunächst in ihrer normalen Lage erhalten; erst durch die mit der Gastrulation einsetzenden ausgiebigeren Verschiebungen lösen sie sich von ihr ab, schließen sich zur Blase und erhalten dadurch den Anstoß zur Regulation. Es würde also auch beim Anstichversuch die eigentliche Isolierung der überlebenden Keimhälfte erst zu Beginn der Gastrulation erfolgen und die regulative Fähigkeit des Keims erwiese sich auch hierin beim Frosch als genau dieselbe wie beim Triton (H. SPEMANN und H. FALKENBERG 1919).

So trennt ROUX scharf zwischen primärer (normaler) und sekundärer (postgenerativer) Entwicklung. Die erstere verläuft nach ihm in den Hauptzügen unter Selbstdifferenzierung, beim Froschei zum mindesten der vier ersten Blastomeren; die letztere trägt mehr epigenetischen Charakter. All die regulativen Fähigkeiten, welche der Isolierungsversuch an den Keimfragmenten enthüllt hat, brauchten bei der ganz normalen Entwicklung nicht in Tätigkeit zu treten. Nur beim Ausgleich von Störungen würden sie eine Rolle spielen.

Für die Auffassung der normalen Entwicklung ist es natürlich von entscheidender Bedeutung, welche der beiden Ansichten richtig ist; für das rein theoretische Interesse der Regulationserscheinungen dagegen ist es ziemlich gleichgültig. Daß es so etwas überhaupt gibt, ist das theoretisch Interessante; ganz abgesehen davon, welche Rolle es im normalen Geschehen spielt.

Diskussion einiger Begriffe. Bewiesen ist für den Amphibienkeim sowohl die Selbstdifferenzierungsfähigkeit der zwei, vielleicht der vier ersten Blastomeren, als auch, innerhalb gewisser Grenzen, die Fähigkeit der harmonischen Gliederung seiner äquipotenten Teile. Wenn also beide Tatsachen irgendwie zusammen bestehen können, so müssen auch die Begriffe, in denen sie ihren Ausdruck gefunden haben, miteinander vereinbar sein. Das ist in der Tat der Fall. In einem Gegensatz steht der Begriff des harmonisch-äquipotentiellen Systems nur zur WEISMANNschen Theorie in ihrer reinen Fassung; nicht aber zum Begriff der Selbstdifferenzierung, nicht einmal notwendig zur Mosaiktheorie.

Die Feststellung der Selbstdifferenzierung bezieht sich nach der ROUXschen Definition immer auf einen scharf begrenzten Bezirk in einem bestimmten Stadium der Entwicklung, hier also z. B. auf die eine Hälfte des Keims im Zweizellenstadium. Aus der Unabhängigkeit dieses Bezirks von richtenden Einflüssen der Außenwelt folgt, wie gesagt, in keiner Weise, daß auch seine einzelnen Teile sich unabhängig voneinander entwickeln. R. G. HARRISON (1918) hat das einmal sehr prägnant dadurch ausgedrückt, daß er die Anlage der Gliedmaße als ein „sich selbst differenzierendes harmonisch-äquipotentielles System" bezeichnete.

Wenn ein Keimteil die Ursachen einer bestimmt gerichteten Weiterentwicklung in sich selbst trägt, so kann man sagen, daß er zu seinem Schicksal bestimmt, „determiniert", ist. Jedenfalls kann man mit FR. LILLIE (1929) den Begriff der Determination so fassen, daß man die Selbstdifferenzierungsfähigkeit zu seinem Kriterium macht. Danach wäre die seitliche $^1/_2$ Blastomere des Froscheies zur Bildung einer seitlichen Embryonalhälfte determiniert. Dieses Beispiel zeigt, daß Determination, so gefaßt, nicht unwiderruflich zu sein braucht, daß sie rückgängig gemacht werden und in neuer Richtung erfolgen kann.

Die Mosaiktheorie nimmt nun diese Determination für die kleinsten Keimbezirke an. Sollte sie auch hier nicht unwiderruflich, sondern „labil" sein, so brauchte selbst die Mosaiktheorie mit dem Begriff des harmonisch-äquipotentiellen Systems nicht notwendig im Widerspruch zu stehen. Denn dieser Begriff besagt nur, daß die einzelnen Teile des Keims noch die gleiche Potenz haben; dagegen schließt er nicht aus, daß sie schon in bestimmter Richtung determiniert sind. Aber allerdings würde dann die normale Entwicklung anders verlaufen als die gestörte. Das Experiment würde wohl „Fähigkeiten" des Keims enthüllen, aber nichts darüber aussagen, welche Rolle sie bei der normalen Entwicklung spielen. Das ist, wie wir gesehen haben, in der Tat die Stellung, welche ROUX gegen DRIESCH einnahm.

Um nun in dieser Frage zu einer Entscheidung zu gelangen, müssen wir den Isolierungsversuch auf immer kleinere Keimbezirke ausdehnen und sie auf ihre Fähigkeit zur Selbstdifferenzierung prüfen. Das läßt sich natürlich nicht im Zwei- und Vierzellenstadium, sondern erst in späteren vielzelligen Stadien ausführen; denn kleinere Teile als eine Zelle lassen sich nicht isoliert am Leben erhalten. Besonders wichtig dafür ist das Stadium zu Beginn der Gastrulation, in welchem schon eine Orientierung des Keimes möglich ist und in welchem, wie wir gesehen haben, zertrennte Keimhälften eben noch imstande sind, sich zum Ganzen zu regulieren.

Ehe wir jedoch näher auf diese Frage eingehen und auf die Experimente, welche zu ihrer Lösung unternommen wurden, empfiehlt es sich, den Gegenstand noch von einer anderen Seite her anzugreifen.

Man kann die regulative Entwicklung im Gegensatz zur Selbstdifferenzierung mit ROUX als „abhängige Differenzierung" bezeichnen, womit ausgedrückt sein soll, daß die einzelnen Teile des Keims sich nicht unabhängig voneinander entwickeln, sondern unter Wechselwirkungen; der eine die Entwicklung des andern hervorrufend, beschränkend oder unterdrückend und selbst wieder Gegenwirkungen von ihm empfangend.

Auf allen Stufen der Entwicklung läßt sich diese Art des Verhaltens vermuten und experimentell prüfen. Besonders nahe aber liegt sie bei der Entstehung zusammengesetzter Organe, wie z. B. des Wirbeltierauges, dessen Bestandteile in verschiedenen weit voneinander getrennten Mutterböden enthalten sind und durch gesetzmäßige Gestaltungsbewegungen zusammen kommen. Da auch die Forschung diesen Weg gegangen ist, so seien zunächst diese Experimente in großen Zügen geschildert.

III. Zur Entwicklungsphysiologie des Wirbeltierauges

(als Beispiel eines zusammengesetzten Organs).

Die Entwicklungsphysiologie des Wirbeltierauges, speziell des Auges der Amphibien, ist verhältnismäßig gründlich durchforscht (vgl. die vorzügliche Zusammenfassung von O. MANGOLD 1931c; seither sind noch erschienen Arbeiten von: H. B. ADELMANN 1934; N. DRAGOMIROW 1934; F. E. LEHMANN 1933a und b, 1934a; N. A. MANUILOWA und M. N. KISLOW 1934; P. PASQUINI 1931, 1932a und b; T. PERRI 1934; T. SATO 1931, 1933a und b; E. STELLA 1932). Dies erklärt sich einmal aus dem besonderen Interesse, welches die Entstehung eines so verwickelt gebauten, wunderbar zweckmäßigen Apparates billigerweise auf sich zieht; dann aber daraus, daß sich hier besonders klar einige Grundprobleme der Entwicklung ableiten und behandeln lassen. Nur zu diesem letzteren Zweck, zur Gewinnung tieferer Einsicht in das Wesen der tierischen Entwicklung, sollen hier einige wenige der grundlegenden Versuche ausgewählt und besprochen werden.

1. Äußerer Ablauf der Entwicklung des Amphibienauges.

Das Wirbeltierauge (Abb. 19) setzt sich, funktionell betrachtet, bekanntlich aus einem bilderzeugenden und einem bildempfangenden Apparat zusammen, dessen wichtigste Teile Linse und Retina sind. Im ausgebildeten Zustand zu einheitlicher Leistung genau zusammengefügt,

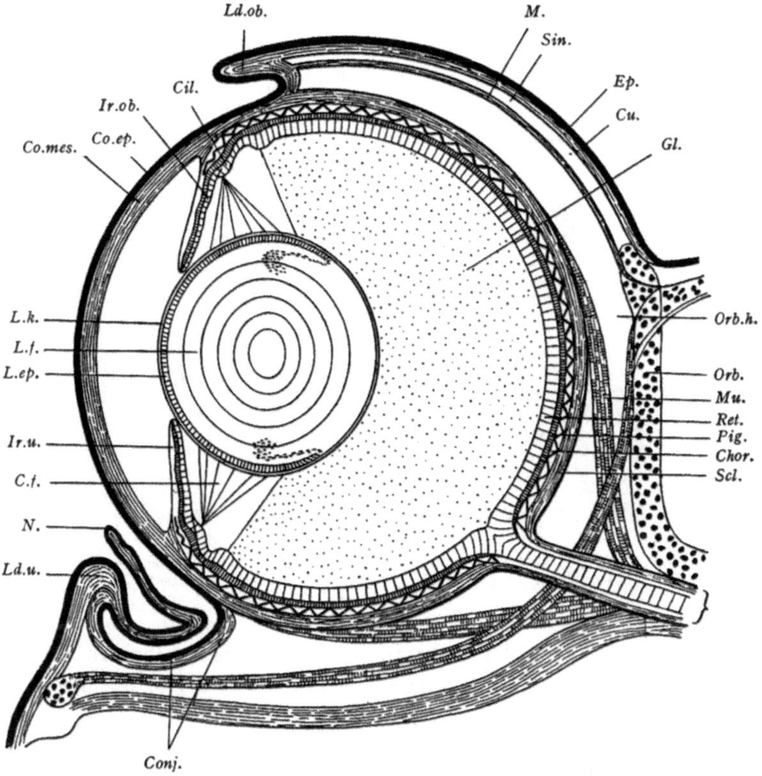

Abb. 19. Schematischer Schnitt durch das Froschauge. (Nach ECKER-GAUPP zusammengestellt.) *C.f.* Ciliarfasern; *Chor.* Chorioidea; *Cil.* Ciliarkörper; *Co.ep.* Corneaepithel; *Co.mes.* Cornea, mesodermaler Teil; *Conj.* Conjunctiva; *Cu.* Cutis; *Ep.* Epidermis; *Gl.* Glaskörper; *Ir.ob.* obere Iris; *Ir.u.* untere Iris; *L.ep.* Linsenepithel; *L.f.* Linsenfasern; *L.k.* Linsenkapsel; *Ld.ob.* und *u.* oberes und unteres Augenlid; *M.* Membran unter der dorsalen Haut; *Mu.* Augenmuskel (Rectus- oder Retractorsystem); *N.* Nickhaut; *N.opt.* Nervus opticus; *Orb.h.* Orbitahöhle; *Orb.* Orbitawand; *Pig.* Pigmentepithel (Tapetum); *Ret.* Retina; *Scl.* Sclera; *Sin.* Sinus zwischen Haut und Membran. (Nach O. MANGOLD, 1931 c.)

entstehen diese Teile aus verschiedenen voneinander getrennten Mutterböden und werden erst durch die Gestaltungsbewegungen der Neurulation zusammengebracht. Die Anlage von Retina und zugehörigem Pigmentepithel bildet sich aus dem primären Vorderhirn, die Anlage der Linse aus der bedeckenden Epidermis. Am Vorderende des sich eben schließenden Neuralrohrs wölben sich rechts und links die primären Augenblasen vor (Abb. 20a u. b), als hohle, blind endigende Ausstülpungen, die sich vom Gehirn abschnüren und nur durch einen immer dünner werdenden

Stiel, den Augenstiel, mit ihm in Zusammenhang bleiben. Die zuerst ziemlich gleich starke Wandung der Augenblase gliedert sich in die dickere Retina und das dünne Pigmentepithel (Abb. 21 a), unter gleichzeitiger Einbuchtung von außen und unten her; so wandelt sich die Augenblase in den Augenbecher um. Gleichzeitig nun mit dieser Einziehung der Retina gerät die ihr aufliegende Epidermis in Wucherung; aus ihrer tiefen Schicht bildet sich eine Verdickung (Abb. 21 a u. b), welche sich als Linsenbläschen (Abb. 21 c u. d) abschnürt. Die weitere Ausbildung dieser Teile, die Umwandlung des flachen Augenbechers mit ventral ansitzendem Augenstiel in die geschlossene Augenblase mit fötalem Augenspalt und zentral abgehendem Augennerv, mit Iris und

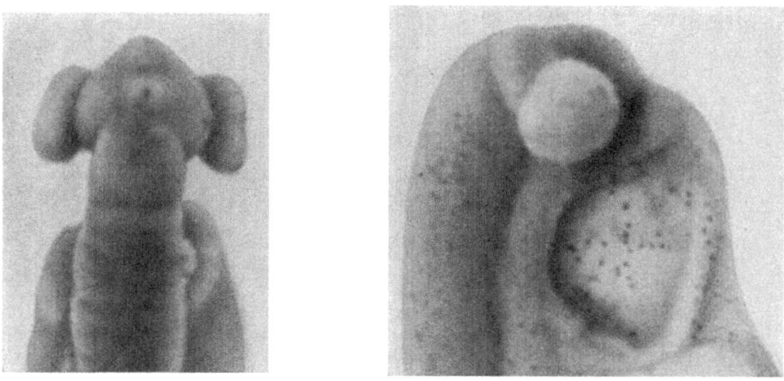

a b

Abb. 20 a und b. Anlage von Gehirn und Augenblasen von Bombinator, am konservierten Objekt mit Glasnadeln und Haarschlingen herauspräpariert; a von oben, b von der rechten Seite. (Nach SPEMANN, unveröffentlicht.)

Pupille, die Gliederung der Retina in die einzelnen Schichten (Abb. 21 e u. f), die Differenzierung der Linsenfasern (Abb. 21 e u. f), die Anlagerung der Hüllschichten des Auges — all diese Vorgänge, voll von wichtigen Fragen wie sie sind, interessieren uns in diesem Zusammenhang nicht weiter. Es beschäftigt uns jetzt nur die eine Frage: wie kommt dieses auffallende zeitliche und räumliche Zusammenpassen der einzelnen Entwicklungsprozesse zustande? Woher kommt es, daß die Linse gerade an derjenigen Stelle der Epidermis zu wuchern beginnt, wo sie vom Augenbecher berührt wird, gerade in dem Zeitpunkt, wo die Anlage der Retina sich einbuchtet? Üben beiderlei Vorgänge einen Einfluß aufeinander aus, etwa derart, daß die wuchernde Linse die Retina eindrückt oder doch wenigstens zur Einziehung veranlaßt, oder daß andererseits die sich einkrümmende Retina die Linsenwucherung nach sich zieht? Oder verlaufen vielmehr beiderlei Vorgänge unabhängig voneinander, unter Selbstdifferenzierung der getrennten Anlagen, und beruht ihr genaues Zusammenpassen auf einer vorher erfolgten genauen Abstimmung der Teile aufeinander?

Unsere Aufgabe ist also, zunächst das Muster der präsumptiven Anlagen zu bestimmen, die Lage des präsumptiven Augenbechers in

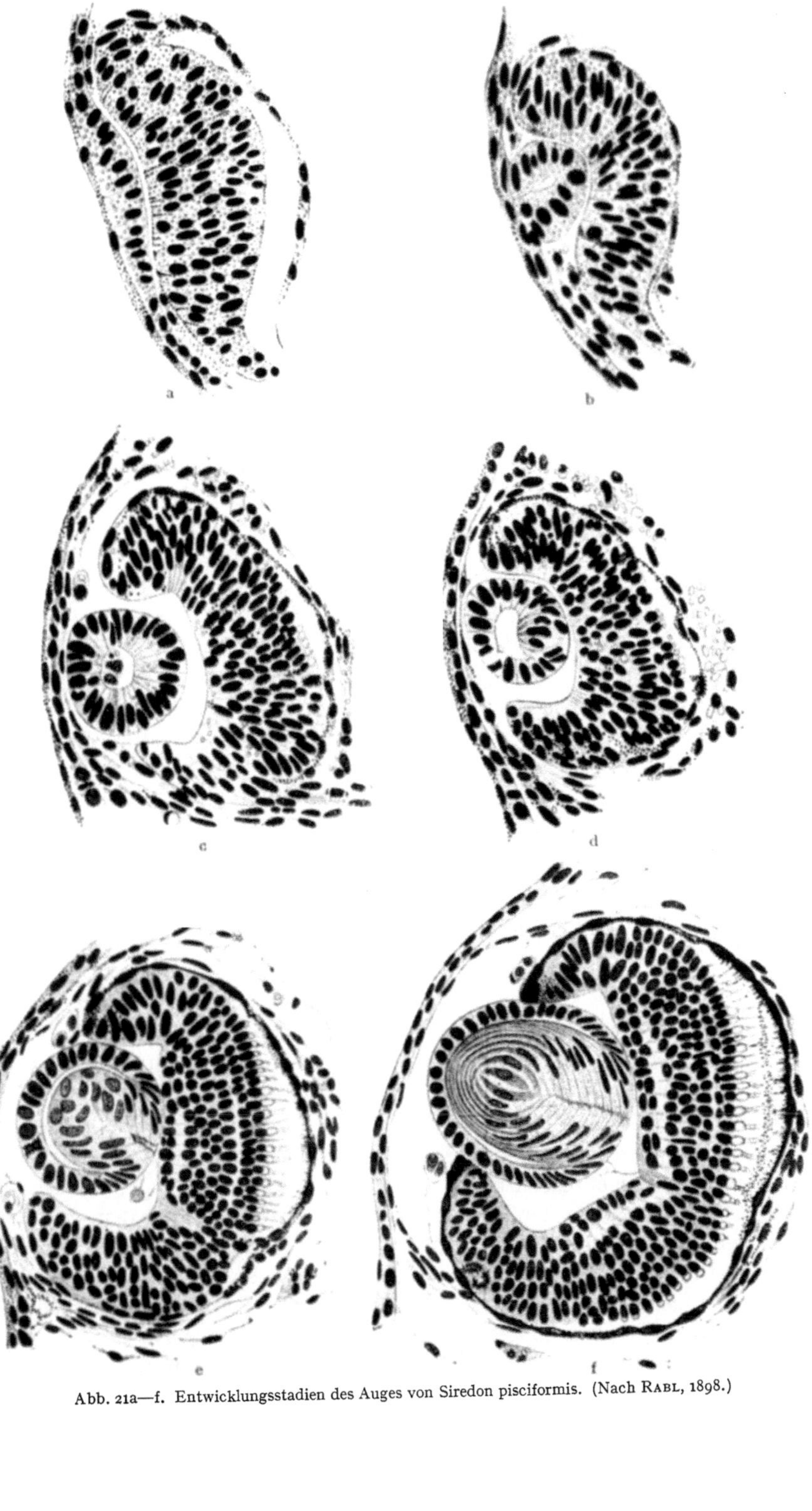

Abb. 21a—f. Entwicklungsstadien des Auges von Siredon pisciformis. (Nach RABL, 1898.)

der Medullarplatte, der präsumptiven Linse in der Epidermis. Darauf ist der Determinationszustand jener Teile in verschiedenen Stadien der Entwicklung festzustellen. Endlich ist zu prüfen, ob jene kausale Beziehung zwischen der Entwicklung des Augenbechers und derjenigen der Linse besteht, wie die normale Entwicklung sie nahezulegen scheint.

2. Die Lage von präsumptivem Augenbecher und Linse in frühen Entwicklungsstadien.

Die Feststellung des Anlagenplans in der offenen Medullarplatte ist von verschiedenen Forschern auf verschiedene Weise versucht worden; durch gedankliche Rückprojektion späterer Stadien, durch Rückschlüsse aus gewissen Mißbildungen (Zyklopie), durch embryonale Transplantation (vgl. die zusammenfassende Darstellung von O. MANGOLD 1931 c). Genauere und zugleich zuverlässigere Vorstellungen lieferte die Methode der vitalen Farbmarkierung; obwohl hier der Feststellung im einzelnen durch die Kleinheit der Teile bis jetzt gewisse Grenzen gesteckt sind. Untersuchungen mit dieser Methode sind gleichzeitig von E. MANCHOT (1929) und M. W. WOERDEMAN (1929) veröffentlicht worden; letztere besonders dadurch wertvoll, daß in größerer Menge Marken von verschiedener Farbe nebeneinander verwendet wurden. Durch diese Versuche wurden die älteren Vorstellungen in manchen Punkten bestätigt, in anderen mehr oder weniger modifiziert.

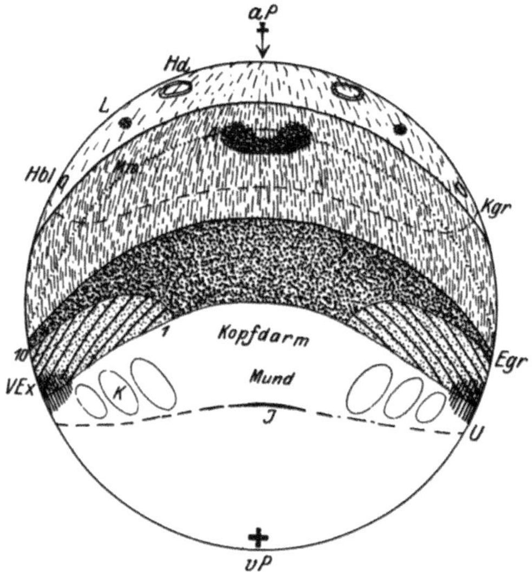

Abb. 22. Anlagenplan der frühen Blastula von Bombinator, von dorsal gesehen (vgl. Abb. 3). *A* Augenfeld, einschließlich Chiasma; *L* präsumptive Linsenanlage. (Nach VOGT, 1929 b.)

Danach liegt die präsumptive Augenanlage, also das Material für die späteren Augenblasen nebst Augenstiel (und verbindender Chiasmaregion) ganz vorne in der Medullarplatte, unmittelbar hinter dem queren Hirnwulst. Sie nimmt einen verhältnismäßig kleinen Raum ein, sowohl in der Breite wie in der Länge. In der Mitte scheint sie schon hantelförmig eingeschnürt zu sein, in den frühesten Stadien mit den seitlichen Teilen nach vorn umgebogen, später mehr gerade gestreckt. Ob man sie einheitlich oder paarig nennen will, hängt davon ab, ob man den schmalen Streifen zwischen dem Ansatz der Augenstiele, die spätere Regio chiasmatica, zum Auge rechnet oder zum Gehirn. Von irgendeiner Bedeutung ist das nicht.

In gleicher Weise läßt sich die Lage der späteren Linse feststellen. Das Schema von W. VOGT (1929b, S. 638) zeigt sie (in der beginnenden Gastrula von Bombinator) außerhalb der präsumptiven Medullarplatte, lateral *vor* der präsumptiven Augenanlage (Abb. 22). Im Neurulastadium würde sie nach demselben Autor und nach E. MANCHOT (1929) wohl etwas weiter hinten liegen, aber immer noch lateral *vor* dem Augenmaterial (W. VOGT 1929b, S. 593), nicht, wie v. UBISCH (1924a und b) angibt, lateral *hinter* demselben. Das Wesentliche für unsere jetzigen Überlegungen ist, daß die präsumptiven Anlagen der Augenblase und der Linse weit voneinander getrennt sind, ehe sie durch die Auffaltung und den Schluß der Medullarwülste übereinander zu liegen kommen.

3. Der determinative Zustand von präsumptivem Augenbecher und Linse bis zum Neurulastadium.

Auf Grund dieses Lokalisationsschemas erhebt sich nun wieder die Frage, ob dem festgestellten Muster präsumptiver Anlagen eine wirkliche Verschiedenheit dieser Teile entspricht; ob sie schon mehr oder weniger fest zu ihrem späteren Schicksal bestimmt, „determiniert", oder ob sie noch indifferent sind und ihre Bestimmung erst später aufgeprägt erhalten. Darauf antworten in erster Annäherung Versuche, in denen durch experimentellen Eingriff eine abnorme Verwendung des Keimmaterials erzwungen wird.

a) Determination der Augenanlagen bei Duplicitas anterior und zyklopischem Defekt.

Durch das einfache Mittel medianer Einschnürung läßt sich, wie wir gesehen haben, bei Amphibienkeimen erreichen, daß an Stelle eines Kopfes mit zwei Augen zwei Köpfe mit vier Augen entstehen (Abb. 23). Es wurde schon darauf hingewiesen, daß dabei die Verwendung des Keimmaterials eine wesentlich andere wird, daß der Anlagenplan stark abgeändert werden muß. In die Vorderenden von Zwillingsembryonen oder doppelköpfigen Monstren lassen sich die präsumptiven Augenbezirke, die präsumptiven Linsenanlagen gerade so einzeichnen, wie in normale Embryonen. Ist dieses Anlagenmuster also ein Ausdruck wirklicher Verschiedenheit der präsumptiven Bezirke gewesen, so müssen diese im Augenblick der Schnürung wieder rückgängig gemacht und durch neue Bestimmungen ersetzt worden sein. So lange also eine Verdoppelung des vorderen Körperendes möglich ist, so lange können die präsumptiven Augenanlagen höchstens labil determiniert sein. Das gilt bei Triton bis zum Anfang der Gastrulation (H. SPEMANN 1903a; G. RUUD und H. SPEMANN 1922).

Durch leichte Abänderung desselben Eingriffs läßt sich auch ein Vorderende mit verminderter Augenzahl, also mit zyklopischem Defekt,

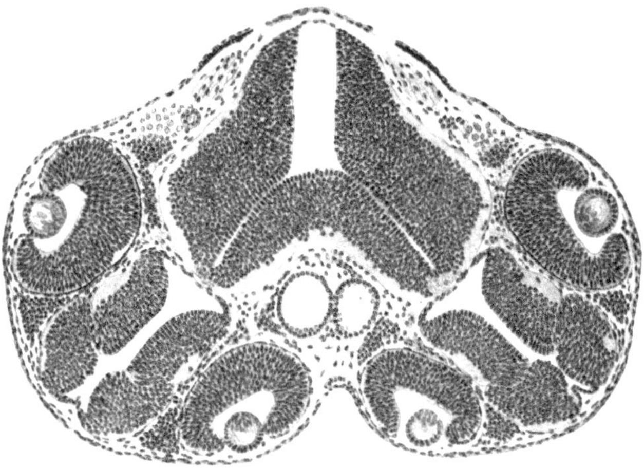

Abb. 23. Vorderende einer Duplicitas anterior von Triton taeniatus, mit vier Augenbechern und vier Linsen. (Nach SPEMANN, 1903.)

herstellen (SPEMANN 1904b). Wird nämlich der Keim nicht genau median geschnürt, so bilden sich bei nicht zu starker Schnürung die

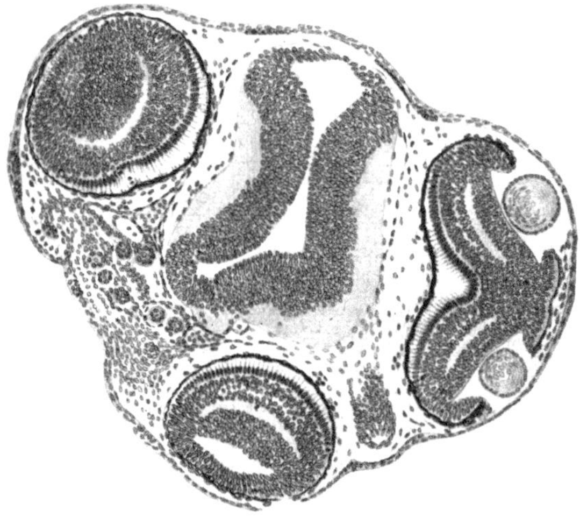

Abb. 24. Duplicitas anterior von Triton taeniatus, mit zyklopischem Defekt des einen Kopfes; die Lage der Linsen entspricht der Lage der Augenbecher. (Nach SPEMANN, 1904 b.)

beiden Vorderenden in ungleicher Vollständigkeit aus. Das bevorzugte, dessen Material vorne die Medianebene etwas überschreitet, erhält einen normal proportionierten Kopf; das benachteiligte dagegen einen solchen mit medianem Defekt. Die Augen sind einander abnorm genähert, bis zur Berührung, mehr oder weniger verschmolzen (Abb. 24); dieses einheitliche Auge kann verkleinert sein, ja vollständig fehlen. Aus dieser Defektbildung folgt dasselbe wie aus der Doppelbildung. Bis zu dem Entwicklungsstadium, in welchem sie erzeugt werden kann, ist die Determination von Auge und Linse, wenn überhaupt vorhanden, noch keine feste, sondern höchstens eine labile.

b) Isolation der präsumptiven Anlagen.

Auf geraderem Wege läßt sich der Determinationszustand durch isolierte Aufzucht der präsumptiven Anlagen feststellen; und zwar wird dies um so genauer möglich sein, je mehr alle äußeren Einflüsse ausgeschaltet sind, welche das Eigenvermögen des zu prüfenden Stückes überdecken könnten. So wird Transplantation im neuen Gewebsverband

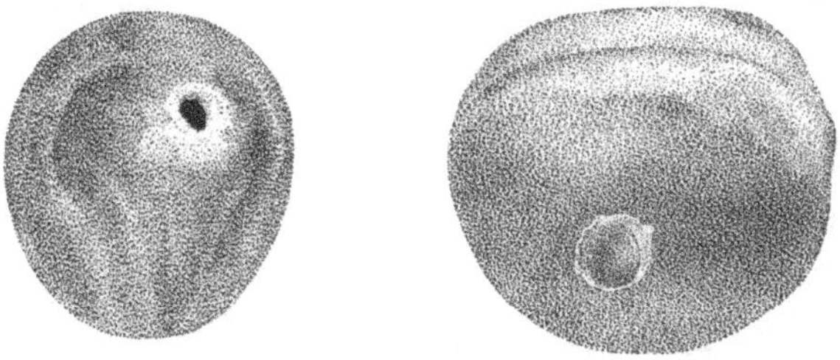

a b

Abb. 25 a und b. Keime der Unke (Bombinator pachypus) im Neurulastadium; rechts vorne aus der Medularplatte von a ein kleines Stück präsumptives Gehirn und Auge entnommen und einem andern gleich alten Keim b in die Haut der rechten Seite gepflanzt. (Nach SPEMANN, 1919.)

nur dann sichere Auskunft geben, wenn Selbstdifferenzierung stattfindet, wenn also die Determination des Implantats genügend befestigt ist, um sich auch gegen einen etwaigen Einfluß der Umgebung durchzusetzen. Der erste Eintritt der Determination wird sich dagegen nur bei völliger Isolierung erkennen lassen, also bei Aufzucht in Epidermissäckchen (H. BAUTZMANN 1929), in Leibeshöhlenflüssigkeit (J. HOLTFRETER 1925, 1929) oder noch besser in geeigneter indifferenter Salzlösung (J. HOLTFRETER 1931 b).

Isolation der präsumptiven Anlage des Augenbechers. Nach diesen letzteren Methoden liegen bis jetzt nur wenige Ergebnisse vor, und auch nur für den Augenbecher, nicht für die Linse. BAUTZMANN (1929) hat aus präsumptiver Medullarplatte von Bombinator Augenbecher mit Retina und Tapetum erhalten, aus Stadien mit mittelgroßem bis kleinem Dotterpfropf. Die dadurch festgestellte Fähigkeit zur Selbstdifferenzierung gilt aber, da Urdarm mitverpflanzt worden war, nur für das aus beiden Teilen kombinierte System.

Zu demselben Ergebnis kam O. MANGOLD (1928a, S. 175; 1929b, S. 637f.) für reine Medullarplatte verschiedener Tritonarten, aber in weniger vollkommener Isolierung. Aus seinen Experimenten „läßt sich schließen, daß vor dem Beginn der Neurulation die Determination der Augenanlage labil ist und während der Gastrulation sich allmählich festigt, um im Neurulastadium endgültig zu werden" (O. MANGOLD, 1931 c, S. 219).

Für das Neurulastadium wurde die Determination der Augenanlage (in Zusammenhang mit dem unterlagernden Mesoderm) schon früher festgestellt; durch Transplantation eines runden Stückchens von ihr (Abbildung 25 a und b) in die Epidermis (H. SPEMANN 1919) und durch Umdrehung eines rechteckigen Stückes (Abb. 27) der Medullarplatte (H. SPEMANN 1912 b). Im ersteren Fall entstand ein kleiner wohlgeformter Augenbecher mit Retina und Pigmentepithel (Abb. 26). Beim letzteren Versuch wurde ein hinteres Stück der Augenanlage abgetrennt und durch die Umdrehung nach hinten gebracht (Abb. 28). Es entwickelte sich zu einem Auge mit Retina und Pigmentepithel. Da die übers Kreuz zusammengehörenden Augen sich in ihrer Größe ergänzten, indem das nach hinten gebrachte um so kleiner war, je größer das vorne gebliebene, so wurde auf eine scharfe Begrenzung der Augenanlage nach hinten geschlossen. Da ferner Retina und Pigmentepithel nicht immer das richtige Verhältnis zueinander einhielten, indem z. B. in einem extremen Fall das hintere äußerst kleine „Auge" nur aus Pigmentzellen bestand, so wurde gefolgert, daß auch das Pigmentepithel schon determiniert und von der Retina gesondert sei. All diese Schlüsse gelten aber nur für Medullarplatte mit Unterlagerung; die Bedeutung der letzteren für die Differenzierung war damals von mir wohl vermutet (H. SPEMANN 1903, S. 602), aber nicht sicher erkannt, und wurde daher bei den Schlußfolgerungen übersehen.

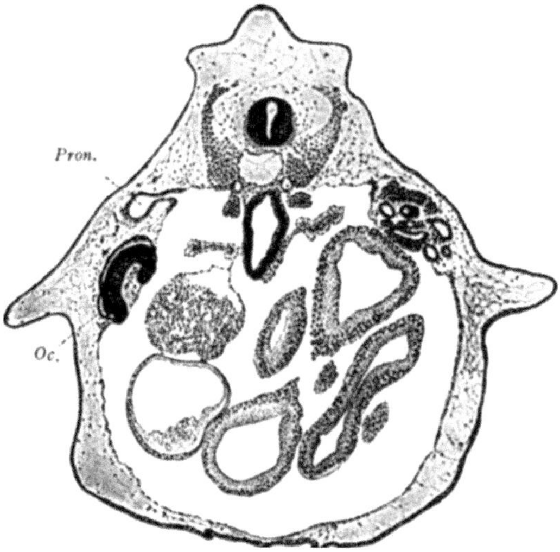

Abb. 26. Querschnitt durch Kaulquappe, welche aus Keim der Abb. 25 b entstanden ist. *Oc.* Augenbecher, aus Transplantat entstanden; *Pron.* Vornierentrichter. (Nach SPEMANN, 1919.)

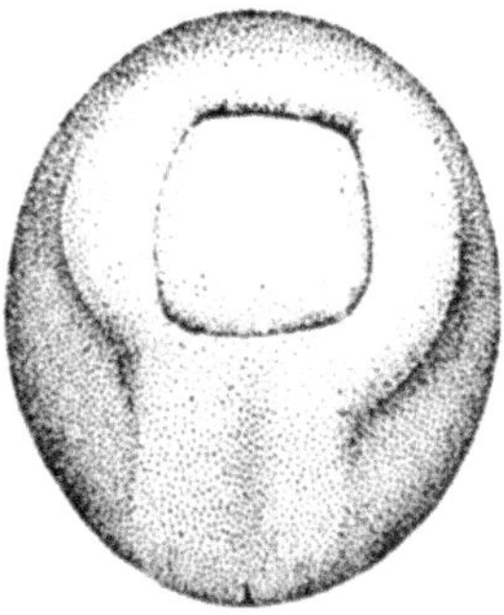

Abb. 27. Neurula von Rana esculenta; ein rechteckiges Stück der Medullarplatte samt Unterlagerung ausgeschnitten und umgedreht wieder eingepflanzt. (Nach SPEMANN, 1912 b.)

Noch in anderer Hinsicht kann ich die damals von mir gezogenen Schlüsse nicht mehr in vollem Umfang aufrechterhalten. Die soeben angeführten Tatsachen bewiesen wohl, daß das System „präsumptive

Augenanlage + Unterlagerung" als Ganzes fest determiniert und nach hinten abgegrenzt ist; sie machen es ferner wahrscheinlich, daß auch das Pigmentepithel, wenn schon nur labil, determiniert ist; sie sagen aber nichts sicheres aus über die determinative Abgrenzung des Materials für Augenbecher und Augenstiel gegeneinander. Namentlich die neueren Versuche von H. B. ADELMANN (1929) weisen in die Richtung der schon von LEPLAT (1919) vertretenen Auffassung, nach welcher „das Material für die beiden Augen, die beiden Augenstiele und das Chiasma zusammen die Optikookular-Anlage bilden, deren Teile mehr oder weniger äquipotent sind" (ADELMANN 1929, S. 288). Im selben Entwicklungsstadium nun, in welchem die Teile der normalen Anlage fest determiniert sind, werden es auch diejenigen der zyklopischen Anlage sein. Doch will ich diese schwierige Frage in diesem Zusammenhang nicht erörtern, sondern auf die Ausführungen von H. B. ADELMANN (1929a und b, 1930, 1934) und O. MANGOLD (1931c) verweisen, denen ich zustimme.

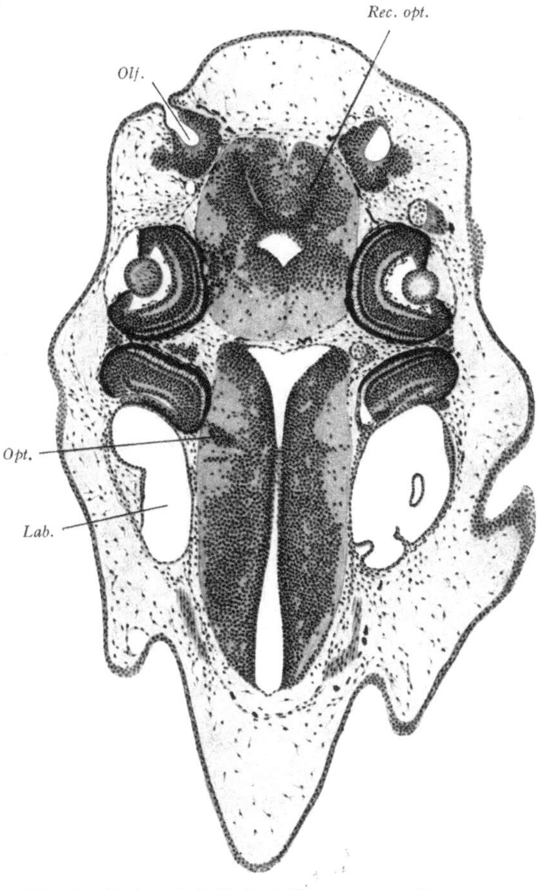

Abb. 28a. Horizontalschnitt durch Kaulquappe von Rana esculenta, nach der in Abb. 27 dargestellten Operation. Fast die Hälfte der beiden Augen durch Drehung ihrer Anlagen im Neurulastadium nach hinten gebracht. *Lab.* Labyrinth; *Olf.* Riechgrube; *Rec. opt.* Recessus opticus; *Opt.* Augenstiel oder Sehnerv. (Nach SPEMANN, 1912b.)

Isolation der *präsumptiven Linsenanlage.* Auch für die Linse sind die Daten bis jetzt spärlich. Reine Isolierungsversuche in RINGER-Lösung führte v. UBISCH (1927, S. 249) an Bombinator aus. Epidermis aus der Augengegend der geschlossenen Neurula bildete ein zweischichtiges Bläschen mit Riechgrube, aber ohne Linse. Alle übrigen Determinationsprüfungen wurden mittels Transplantation der Linsenbildungszellen ausgeführt. Ein positives Ergebnis hatten nur HARRISONs (1920, S. 200) Versuche an Amblystoma punctatum. Bei ihnen wurde die präsumptive

Linsenanlage der frühen und der vollendeten Neurula an eine andere Stelle der Kopfepidermis verpflanzt; sie lieferte dort, namentlich in den späteren Stadien, schön ausgebildete Linsen (Abb. 28b). Daraus folgt, daß die Linse bei diesem Objekt im Neurulastadium schon so fest determiniert ist, daß sich ihre Differenzierung auch in der fremden Umgebung durchzusetzen vermag. Es ist daher auffallend, daß sich bis jetzt bei keiner der anderen untersuchten Formen eine Selbstdifferenzierung verpflanzter Linsenzellen nachweisen ließ (vgl. O. MANGOLD 1931c, S. 249). Überraschend (aus Gründen, die wir bald kennenlernen werden) ist diese Unfähigkeit zur selbständigen Linsenbildung besonders bei Rana esculenta;

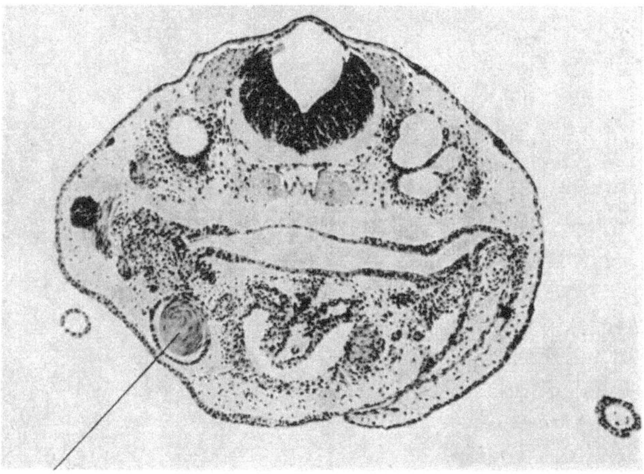

Abb. 28 b. Querschnitt in der Höhe der Hörblasen durch Larve von Amblystoma punctatum. *L* schöne Linse mit Linsenfasern, durch Selbstdifferenzierung aus verpflanzter präsumptiver Linsenanlage des Neurulastadiums entstanden. (Nach HARRISON, mit gütiger Erlaubnis veröffentlicht.)

doch ist sie an diesem Objekt auch von HARRISON festgestellt worden (nach mündlicher Mitteilung).

So lückenhaft also unsere Kenntnisse hier noch sind, so genügen sie doch zu der Feststellung, daß im Stadium der offenen Medullarplatte der Augenbecher und (wenigstens bei *einer* Form) auch die Linse determiniert sind; daß also dem präsumptiven Anlagenplan dieses Stadiums schon die tiefere Bedeutung eines Musters determinierter Bezirke zukommt.

4. Die kausalen Beziehungen zwischen Augenbecher und Linse.

Ableitung und Behandlung der Einzelfragen der Augenentwicklung sind bisher so gegeben worden, wie sie sich jetzt, nach gewonnenem Überblick, am einfachsten darstellen. Der Weg, den die Forschung genommen hat, ist ein anderer, weniger gerader gewesen. Zum Glück, kann man sagen. Wäre zuerst die Selbstdifferenzierungsfähigkeit von

Augenbecher und Linse festgestellt worden, so hätte man darin wohl die endgültige Antwort auf jene Frage gesehen, welche sich bei denkender Betrachtung der normalen Entwicklung aufdrängt; die Frage, woher jenes erstaunliche räumliche und zeitliche Zusammenpassen kommt, welches wir zwischen Linse und Auge bei ihrer Entstehung und Umwandlung beobachten. Man wäre schwerlich so bald darauf verfallen zu prüfen, ob dem Augenbecher trotz der Selbstdifferenzierungsfähigkeit der Linse seinerseits zu allem Überfluß die Fähigkeit zukommt, eine Linse aus indifferenter Epidermis hervorzurufen. Diesen Fragen müssen wir uns nunmehr zuwenden.

a) Wirkung der Linse auf die Augenblase und den Augenbecher.

Auf Grund zahlreicher Tatsachen läßt sich mit Sicherheit sagen, daß die Umwandlung der Augenblase in den Augenbecher von der

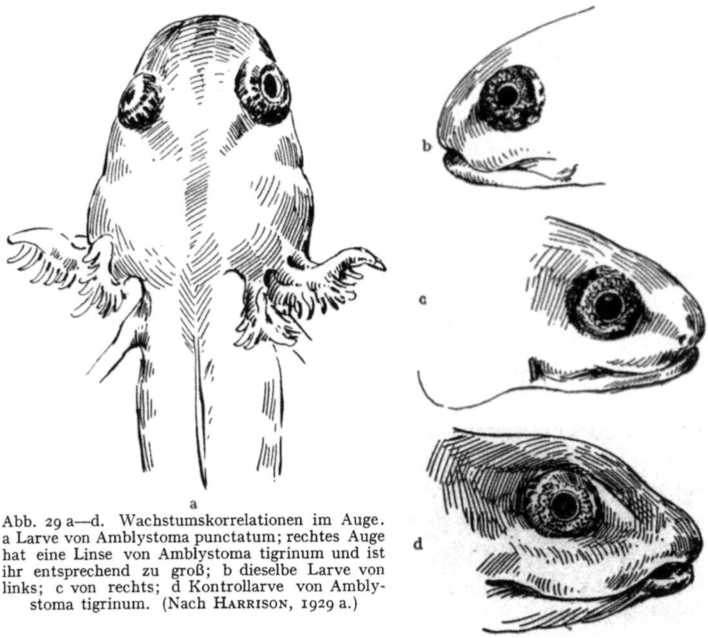

Abb. 29 a—d. Wachstumskorrelationen im Auge. a Larve von Amblystoma punctatum; rechtes Auge hat eine Linse von Amblystoma tigrinum und ist ihr entsprechend zu groß; b dieselbe Larve von links; c von rechts; d Kontrollarve von Amblystoma tigrinum. (Nach HARRISON, 1929 a.)

Einwirkung einer Linsenwucherung unabhängig ist, sei es nun eine rein mechanische oder eine irgendwie auslösende. Das folgt aus all jenen Fällen, in denen die Augenblase aus irgendeinem Grund die Epidermis nicht erreicht und doch die Umwandlung zum (linsenlosen) Augenbecher durchmacht. RABL (1898) beschrieb als erster einen solchen Fall und zog daraus den gegebenen Schluß. Jede Entwicklung der isolierten präsumptiven Augenanlage, vom späten Gastrulastadium an, beweist dasselbe. Ebenso die linsenlosen Augen, welche F. E. LEHMANN (1933) durch Einwirkung von Chloreton erzielte

Eine andere Frage ist es, ob solche linsenlosen Augen dieselbe Vollkommenheit der Ausdifferenzierung erreichen wie normale Augen. Denn während die erste Entwicklung des Augenbechers von der Linse unabhängig ist, wird ihr weiteres Wachstum tiefgehend von ihr beeinflußt. H. WACHS (1914, S. 400) fand für Urodelenlarven, WOERDEMAN (1922, S. 626) für die Larven von Rana fusca, daß ein Auge, dem die Linse exstirpiert wurde, hinter dem normalen im Wachstum zurückbleibt. Eindrucksvoller noch als dieses negative Ergebnis ist das positive von HARRISON (1925a, 1929a und b), daß die schneller wachsende Linse von Amblystoma tigrinum, durch Transplantation ihrer Anlage ins Auge von Amblystoma punctatum gebracht (Abb. 29), dessen Größenzunahme beschleunigt, und umgekehrt, daß ein Auge von Amblystoma tigrinum mit der langsamer wachsenden Linse von Amblystoma punctatum in der Größenzunahme zurückbleibt. — Dasselbe wurde neuerdings von E. ROTMANN (unveröffentlicht) durch Verpflanzung von ortsfremder präsumptiver Epidermis der frühen Gastrula auch für die Augen von Triton cristatus und taeniatus festgestellt.

b) Wirkung des Augenbechers auf die Entstehung der Linse.

Methoden der Feststellung. Schon früh ist die naheliegende Vermutung ausgesprochen worden, daß der Augenbecher in der Epidermis, da wo er sie berührt, die Wucherung der Linse hervorruft. Nach den mehr gelegentlichen Äußerungen der älteren Autoren (vgl. O. MANGOLD 1931c) hat C. HERBST (1901) die Gründe zusammengestellt, welche ihm die Abhängigkeit der Linsenentwicklung vom Augenbecher zu beweisen schienen. Eine besondere Rolle spielen in seiner Beweisführung Mißbildungen des Kopfes und der Augen, vor allem der zyklopische Defekt. „Entstünden Linse und Augenbecher vollkommen unabhängig voneinander, so müßten in den Fällen, wo eine einzige mediane Augenblase entsteht, rechts und links von derselben die beiden Linsen entstehen. Dies ist nun aber nicht der Fall; vielmehr wird auch hier, wo die Augenblase eine ganz andere Lage als normalerweise einnimmt, die Linse an der Berührungsstelle der letzteren mit dem Ektoderm gebildet. Dasselbe geschieht, wenn die beiden Augenblasen zwar getrennt, aber doch noch abnorm gelagert und einander mehr oder weniger genähert sind." Dieselbe Überlegung läßt sich auf die Entstehung der Linsen bei Verdoppelung des Kopfes anwenden. Auch hier entspricht die Zahl und Lage der Linsen fast immer genau der Zahl und Lage der Augen.

Jedoch ist dieser Schluß nicht bindend, „da man ja nicht weiß, ob nicht dieselbe Ursache, welche die Vermehrung oder Verminderung der Augenblasen nach sich zieht, auch die Vermehrung oder Verminderung der Linsenanlagen zur Folge hat. Auch die anderen Teile, Kopfdarm, äußere Kiemen, vordere Extremitäten, sind meist an Zahl vermehrt, ohne daß sich deshalb über die gegenseitige Abhängigkeit dieser Teile irgendetwas aussagen ließe" (SPEMANN 1901a, S. 64). Oder aber könnte die Linsenanlage irgendwie in Zusammenhang mit der Augenanlage in der noch offenen Medullarplatte bestimmt werden (SPEMANN 1904, S. 453); wenn sie dann später über den Augenbecher zu liegen kommt, wäre sie schon determiniert.

Diese Bedenken mochten früher gesucht erscheinen; wie berechtigt sie waren, haben die späteren Erfahrungen gezeigt. Sie gelten auch dann, wenn die Mißbildungen experimentell hervorgerufen worden sind, durch Einflüsse, welche den ganzen Keim und damit die Anlagen von Augenbecher und Linse gleichmäßig getroffen haben, wie das STOCKARD (1907 und später, vgl. O. MANGOLD 1931c), LEPLAT (1919) und neuerdings F. E. LEHMANN (1933a und b, 1934) und H. B. ADELMANN (1934) durch verschiedene chemische Mittel erreichten. So interessant diese Ergebnisse auch sind und so wichtig sie, namentlich methodisch, für das tiefere Eindringen werden können, so scheinen sie mir doch für den in Rede stehenden Zweck, die Erkenntnis des ursächlichen Verhältnisses zwischen Augenbecher und Linse, zunächst wenigstens nicht mehr zu lehren als jene in der Natur vorgefundenen Mißbildungen.

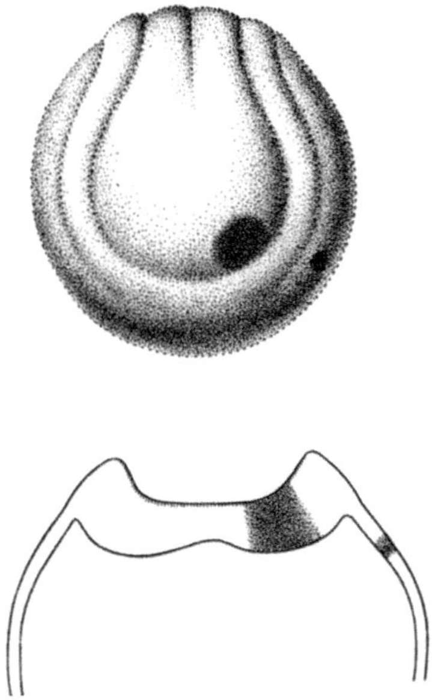

Abb. 30. Schema zur Erklärung des ersten Linsenversuchs. Ungefähre Lage der Anlagen von Augenbecher und Linse in Medullarplatte und Epidermis. (Nach SPEMANN, unveröffentlicht.)

Um den Einfluß eines Keimteils auf die Umbildung eines anderen festzustellen, gibt es, wie schon angedeutet, grundsätzlich zwei Methoden, den Defektversuch und die Transplantation. Beim Defektversuch wird der Teil, in welchem man den Sitz der Ursache vermutet, entfernt und dann wird geprüft, ob die sonst eintretende Veränderung im anderen Keimteil ausfällt. Tut sie es, ohne daß doch eine allgemeine Schädigung durch den Eingriff schuld daran sein könnte, so hat der entfernte Keimteil die (oder eine unersetzliche) Ursache für den ausfallenden Vorgang im anderen Keimteil enthalten. Tritt der Vorgang aber trotz des Defekts ein, so lag in dem entfernten Keimteil keine oder jedenfalls keine unersetzliche Ursache für ihn. Bei der Transplantation andererseits wird eine fremde Stelle des Keims unter den Einfluß des zu prüfenden Keimteils gebracht; tritt dann an ihr die fragliche Veränderung ein, so ist es sicher unter dem Einfluß jenes Keimteils geschehen.

Im Fall der Linse wäre also die Augenblase oder ihre Anlage in der offenen Medullarplatte zu entfernen und das Verhalten der normalen

Linsenbildungszellen zu untersuchen (Abb. 30); oder aber, es wäre dieselbe Anlage früher oder später mit ortsfremder Epidermis in Berührung zu bringen, indem man die Epidermis, oder noch besser, indem man die Augenanlage verpflanzt (SPEMANN 1901 a, S. 64/65). All diese Versuche sind seither von zahlreichen Forschern an den verschiedensten Wirbeltierembryonen ausgeführt worden. Hier sollen nur die wesentlichsten Ergebnisse mitgeteilt werden (für die Literatur vgl. O. MANGOLD 1931 c).

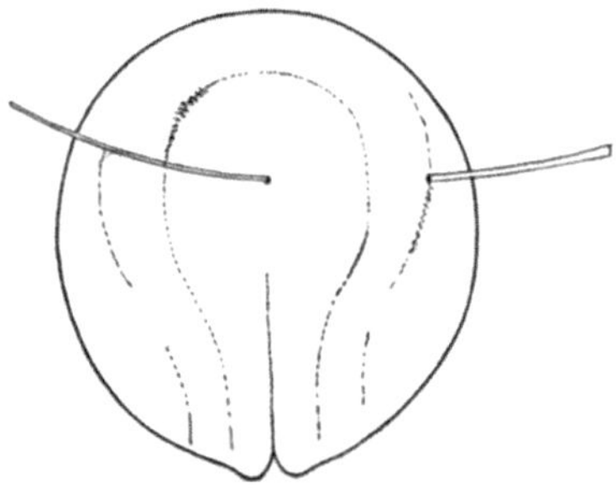

Abb. 31. Operation mit Glasnadel. Erster Schnitt zur Entfernung der rechten vorderen Hälfte der Medullarplatte. (Nach SPEMANN, 1912 a.)

Defektversuche. Die Augenanlage kann in der offenen Medullarplatte durch Anstich mit einer heißen Nadel zerstört, oder sie kann samt ihrer nächsten Umgebung mit einer Glasnadel ausgeschnitten werden (Abb. 31). Beides muß möglichst früh geschehen, sowie die Medullarplatte sich durch Pigmentierung abgrenzt, ehe die Augenplatten in die Tiefe sinken und von den vorrückenden Medullarwülsten bedeckt werden. Oder aber kann die Ausstülpung der primären Augenblasen abgewartet werden. Dann erfolgt der Eingriff von außen; die bedeckende Epidermis wird abgehoben (Abb. 32), die Augenblase an ihrer Basis abgeschnitten, und die Epidermis wieder aufgeheilt. Beide Eingriffe bewirken nicht genau dasselbe. Beim Anstich wird das unterlagernde Mesoderm mitzerstört; beim Ausschneiden der Augenanlage wurde es wohl immer mitentfernt. Beidemal schließt die frühzeitige Entfernung der Augenanlage ihre vorherige Einwirkung auf die Linsenanlage durch unmittelbaren Kontakt aus. Eine solche Einwirkung könnte dagegen sehr wohl stattgefunden haben, wenn die Augenblase auch nur für kurze Zeit die Linsenzellen unterlagert hatte. Bei noch mehr ins einzelne gehenden Untersuchungen wäre auf diese Unterschiede zu achten; für unseren jetzigen Zweck können sie vernachlässigt werden.

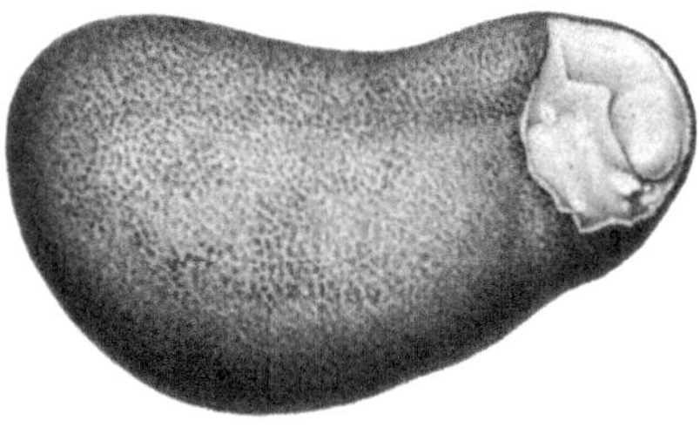

Abb. 32. Larve von Bombinator pachypus; rechte Augenblase frei gelegt. (Nach SPEMANN, 1912 a.)

Die allmähliche Entwicklung unserer Einsicht ist nicht ohne Interesse; aus den dabei gemachten Fehlern wäre manches zu lernen. Hier nur einige Punkte. Bei den ersten Versuchen an Rana fusca (SPEMANN 1901 a) unterblieb Linsenbildung und Aufhellung der tiefschwarzen Epidermis zur Cornea, wenn die Augenanlage in der Medullarplatte entfernt worden war. Da eine direkte Schädigung der primären Linsenbildungszellen sich durch ein Kontrollexperiment mit Sicherheit ausschließen ließ

(SPEMANN 1903b), so schien ihr Versagen zu beweisen, daß ihre Differenzierung nur unter dem Einfluß des Augenbechers möglich ist. Es lag nahe, dieses Ergebnis auf alle Wirbeltiere auszudehnen. Bald aber wurden Fälle von Linsenbildung bei völligem Fehlen des Augenbechers bekannt; bei Salmo spontan entstanden (MENCL 1903a und b), bei Rana palustris nach experimenteller Entfernung der Augenblase (H. D. KING 1905). Meiner Sache bei Rana fusca sicher, im Vorurteil von der Gleichartigkeit des Geschehens bei verwandten Formen befangen, ließ ich mich zunächst in meiner Überzeugung nicht erschüttern. Die Linsen in dem Experiment von KING waren nicht sehr deutlich; die Fälle von MENCL schienen eine andere Erklärung zuzulassen. Immerhin wiederholte ich meine Versuche an einem anderen Objekt, an Rana esculenta, und da stellte sich nun zu meiner größten Überraschung heraus, daß nach sauberer Entfernung der Augenanlage in der offenen Medullarplatte Linsen von großer Vollkommenheit entstehen können. In einem jungen Stadium war eine kugelige kompakte Linse noch im Zusammenhang mit ihrem Mutterboden, der Epidermis (Abb. 33); in einem beträchtlich älteren Stadium hatte eine solche deutliche Linsenfasern ausgebildet (Abb. 34).

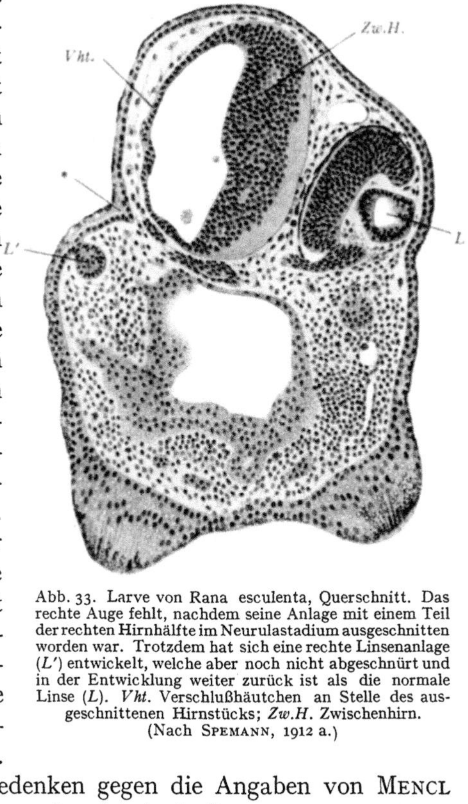

Abb. 33. Larve von Rana esculenta, Querschnitt. Das rechte Auge fehlt, nachdem seine Anlage mit einem Teil der rechten Hirnhälfte im Neurulastadium ausgeschnitten worden war. Trotzdem hat sich eine rechte Linsenanlage (*L'*) entwickelt, welche aber noch nicht abgeschnürt und in der Entwicklung weiter zurück ist als die normale Linse (*L*). *Vht.* Verschlußhäutchen an Stelle des ausgeschnittenen Hirnstücks; *Zw.H.* Zwischenhirn. (Nach SPEMANN, 1912 a.)

Damit schienen auch meine Bedenken gegen die Angaben von MENCL und H. D. KING nicht mehr angebracht (vgl. SPEMANN 1907, 1912, S. 38—40). Auf der anderen Seite aber führte eine Wiederholung der Versuche an Rana fusca mittels der schonenden Glasnadelmethode wieder zu dem früheren negativen Ergebnis. Ebenso ergaben Defektversuche bei Bombinator pachypus, an der Medullarplatte und an der primären Augenblase vorgenommen, keine oder höchstens schwache Andeutungen einer beginnenden Linsenwucherung (Abb. 35, 36).

Aus all diesem glaubte ich den Schluß ziehen zu müssen, daß sich die verschiedenen Wirbeltiere, ja sogar verschiedene Genera und Spezies einer engeren Gruppe, wie die der Anuren oder gar der Frösche im Mechanismus der Linsenbildung verschieden verhalten; zwar nicht grundsätzlich verschieden, aber doch graduell, nämlich der Bedeutung nach, welche dem Augenbecher bei der Linsenbildung zukommt. Bedeutungslos

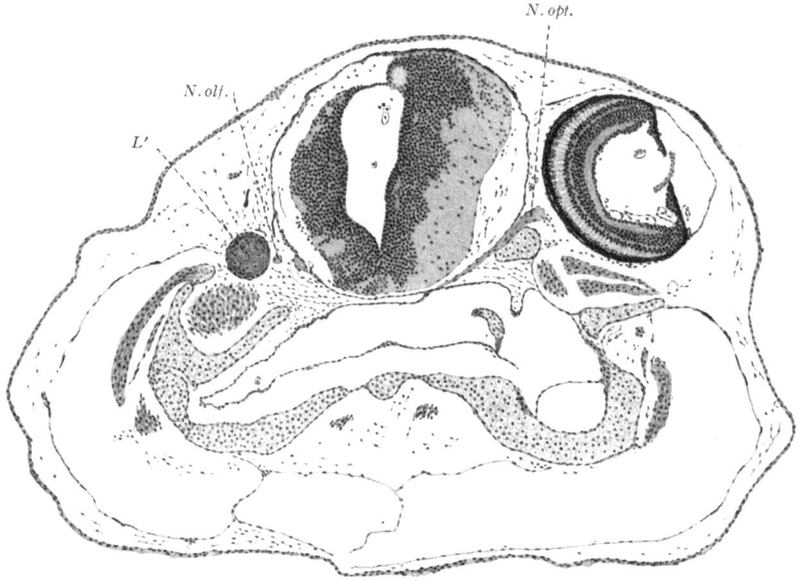

Abb. 34. Larve von Rana esculenta, wie Abb. 33, aber älter. Trotz Fehlens des rechten Augenbechers eine gut differenzierte Linse mit Fasern (*L'*), ganz in die Tiefe gerückt. *N. olf.* Nervus olfactorius; *N. opt.* Nervus opticus. (Nach SPEMANN, 1912 a.)

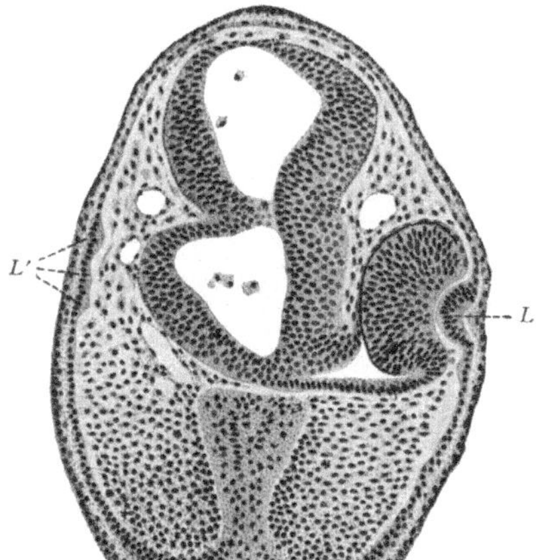

Abb. 35. Operation wie bei den vorigen. Larve von Bombinator pachypus, Querschnitt. Auf der einen Seite Augenbecher mit Linsenwucherung (*L*), auf der anderen Seite fehlt der Augenbecher, Wucherung in der Epidermis (*L'*), aber nicht zentriert. (Nach SPEMANN, 1912 a.)

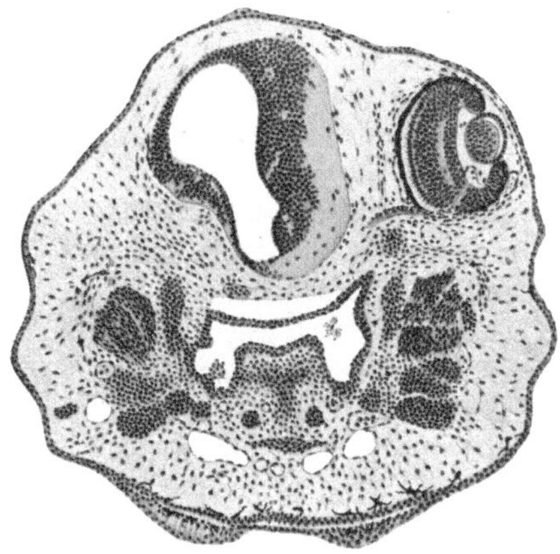

Abb. 36. Operation wie Abb. 35. Larve von Bombinator pachypus, älter. Auge und Linse der operierten Seite fehlen vollständig. (Nach SPEMANN, 1912 a.)

scheint er auch bei Rana esculenta nicht zu sein, denn die ohne ihn entstandene Linse ist weder so groß noch ganz so wohl ausgebildet wie die normale der anderen Seite; aber immerhin ist er für die Wucherung des Linsenbläschens an der richtigen Stelle, für seine Abschnürung und für die Ausdifferenzierung von Linsenfasern entbehrlich. Andererseits scheinen auch bei Bombinator die primären Linsenbildungszellen wenigstens labil determiniert zu sein; die wenn auch schwache Wucherung der tiefen Epidermisschicht dieser Gegend bei Fehlen des Augenbechers beweist es. Bei beiden Tierarten sind also die primären Linsenbildungszellen schon determiniert, aber verschieden fest; bei beiden wirkt der Augenbecher bei ihrer Entstehung mit, aber in verschieden hohem Maße (SPEMANN 1912a, S. 40).

In gleichem Sinne verschieden wie das Fehlen des Augenbechers wirkt auch seine Verkleinerung auf die Größe der zugehörigen Linse. Bei Rana esculenta, wo die Linse auch ohne Augenbecher entstehen kann, ist es nicht verwunderlich, wenn sie bei Anwesenheit eines kleinen Augenrestes (Abbildung 37) sich diesem in ihrer Größe nicht anpaßt (SPEMANN 1912a). Bei Bombinator dagegen zeigt sich die Abhängigkeit der Linse vom Augenbecher auch darin, daß sie sich bei Verkleinerung des Augenbechers (Abb. 38) entsprechend mitverkleinert (SPEMANN 1912a, S. 38; Fig. 30—36).

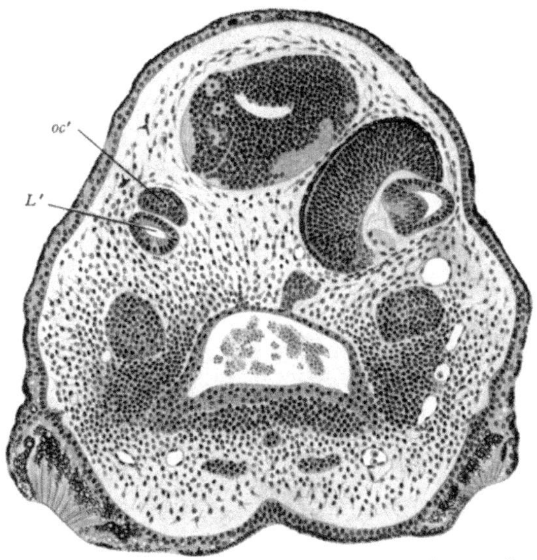

Abb. 37. Operation wie Abb. 35. Larve von Rana esculenta; rechter Augenbecher (*oc'*) stark verkleinert; Linse (*L'*) nicht entsprechend verkleinert, viel zu groß für den Augenbecher. (Nach SPEMANN, 1912 a.)

Welche Vorsicht aber negativen Ergebnissen gegenüber geboten ist, zeigt das je nach der Art des Eingriffs völlig verschiedene Verhalten der primären Linsenbildungszellen von Amblystoma punctatum. Während sie nach Entfernung der Augenanlage in der Medullarplatte (HARRISON 1920) oder der Augenblase (LE CRON 1906) sich in hohem Maße abhängig vom Augenbecher zeigen, konnte andererseits HARRISON (1920), wie schon oben mitgeteilt, ihre weitgehende Fähigkeit zur Selbstdifferenzierung, wenigstens nach kurzer Unterlagerung durch den Augenbecher, nachweisen, indem er sie samt der Epidermis in andere Stellen der Kopfgegend verpflanzte. Danach würde die Linsenentwicklung, wenigstens vom Stadium der Augenblase an, bei Amblystoma punctatum ebenso selbständig verlaufen wie bei Rana esculenta.

Entsprechende Versuche sind nun an den verschiedensten Amphibien angestellt worden. Nach den bisherigen Ergebnissen (vgl. O. MANGOLD 1931c) können die primären Linsenbildungszellen ohne Hilfe des Augenbechers liefern:

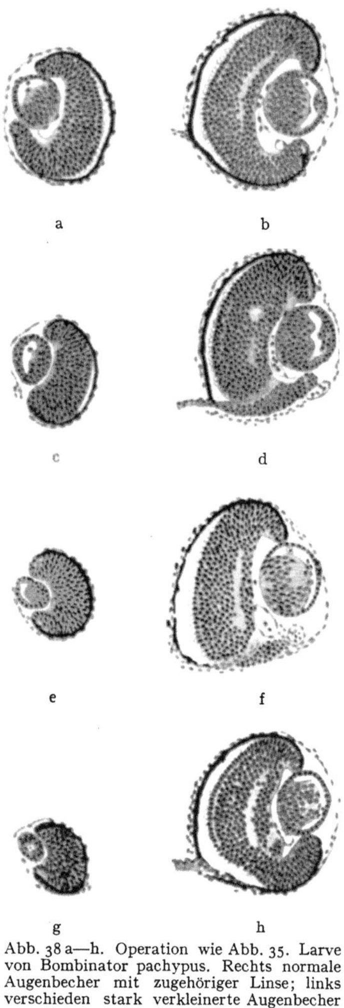

Abb. 38a—h. Operation wie Abb. 35. Larve von Bombinator pachypus. Rechts normale Augenbecher mit zugehöriger Linse; links verschieden stark verkleinerte Augenbecher mit entsprechend verkleinerter Linse. (Nach SPEMANN, 1912 a.)

Eine hoch differenzierte Linse bei Rana esculenta (SPEMANN 1907), Amblystoma punctatum (HARRISON 1920);

Ektodermverdickungen, bestenfalls Bläschen (von nicht immer ganz zweifelloser Bedeutung), bei Rana palustris (H. D. KING 1905), bei Bombinator pachypus (SPEMANN 1907, 1912a); v. UBISCH (1924a und b, 1927); bei Rana fusca (v. UBISCH 1923a, 1924a und b, 1925b, 1927); Rana catesbyana (P. PASQUINI 1931);

bis jetzt keine Andeutung einer Linse bei Pleurodeles Waltlii (PASQUINI 1927b); bei Triton taeniatus und alpestris (O. MANGOLD 1931c).

Damit ist nun die weitere Tatsache zusammenzuhalten, daß bei Rana esculenta (mit fast vollkommener Selbstdifferenzierung der Linse) eine Verkleinerung des Augenbechers keinen entsprechenden Einfluß auf die Größe der Linse ausübt (SPEMANN 1912b), während bei denjenigen Formen, wo Linsenbildung bei Fehlen des Augenbechers ausbleibt oder sehr unvollkommen ist, die Größe der Linse dem verkleinerten Augenbecher, und zwar oft sehr genau, entspricht. So bei Bombinator pachypus (SPEMANN 1912a; v. UBISCH 1924b), Rana fusca (H. WACHS 1919; v. UBISCH 1942b); Rana palustris und sylvatica (W. H. LEWIS 1907); Bufo vulgaris (D. FILATOW 1925); Triton taeniatus und alpestris (O. MANGOLD 1931).

Die beiden Versuchsreihen entsprechen sich also, wie mir scheint, auf das Beste und führen beide zu der Aufstellung einer graduellen Verschiedenheit der primären Linsenbildungszellen bezüglich ihrer Abhängigkeit vom Augenbecher (wegen der Einwände v. UBISCHs vgl. SPEMANN und GEINITZ 1927, S. 173; ferner O. MANGOLD 1931c, S. 288).

Transplantation. Deuten so die Defektversuche auf eine mehr oder weniger wichtige Rolle des Augenbechers bei der Weiterentwicklung der primären Linsenbildungszellen, so sagen sie nichts aus weder über die Art seiner Einwirkung noch über die Fähigkeit anderer Epidermisbezirke. Namentlich die letztere kann nur dadurch ermittelt werden, daß der Augenbecher mit fremden Teilen der Epidermis in Berührung gebracht wird, sei es, daß man ihn selbst verpflanzt, oder aber die Epidermis über ihm (SPEMANN 1901, S. 64/65).

Die einwandfreiesten Ergebnisse sind mittels der ersteren Methode zu erreichen, bei welcher also die Augenblase freigelegt, abgeschnitten und nach hinten unter die Epidermis geschoben wird. Dieser Versuch wurde zuerst von W. H. LEWIS (1904, 1907a und b) an Rana sylvatica und palustris ausgeführt, mit dem Erfolg, daß über dem verpflanzten Augenbecher in zahlreichen Fällen eine Linse entstand. Nach kurzer Dauer der Entwicklung war sie noch im Zusammenhang mit der Haut und zeigte so ihre Herkunft an; bei älteren Embryonen wurde ein hoher Grad von Differenzierung erreicht. Daraus folgt zunächst die Fähigkeit der Rumpfepidermis zur Linsenbildung; ebenso sicher aber auch die Fähigkeit des Augenbechers, diese Linsenpotenz zu aktivieren. Denn da sich an der Epidermis und ihrer Umgebung nichts geändert hatte als eben ihre Unterlagerung durch den Augenbecher, so muß in letzterer die Ursache zur Linsenbildung gelegen haben.

Wird Linsenbildung in transplantierter Epidermis veranlaßt, so ist das Ergebnis nicht ganz so eindeutig; denn hier ist die neue Situation für die Epidermis nicht nur durch die Berührung mit dem Augenbecher gegeben, sondern ebenso durch die Einfügung in einen neuen Gewebsverband. Man wird sagen können, daß die ursächliche Beziehung nur zur Augenblase um so wahrscheinlicher wird, je später das Epidermisstück eingesetzt wurde. Wenn der Ersatz der normalen Linsenbildungszellen etwa schon zu Beginn der Gastrulation vorgenommen wurde, so wird sich aus Entstehung einer Linse aus dem ortsfremden Stück für deren Determination nicht mehr schließen lassen, als aus Vermehrung oder Verminderung der Linsen bei experimentell hergestellter Verdoppelung und zyklopischem Defekt. Augen und Linsen könnten von denselben Ursachen gleichsinnig betroffen worden sein, gerade wie bei der normalen Entwicklung. Ja, alle Wahrscheinlichkeit spricht dafür, daß ein Keim von Rana esculenta oder Amblystoma punctatum, deren präsumptive Linsenregion zu Beginn der Gastrulation durch ein ortsfremdes Stück Ektoderm ersetzt worden war, genau wie normale Keime am normalen Ort unabhängige Linsen bekämen, wenn man die Augenanlage in der Medullarplatte oder die primäre Augenblase entfernte. Auch bei Ersatz der präsumptiven Linsenanlage im Neurulastadium könnte ein Einfluß der übrigen Umgebung (SPEMANN 1908, S. 102; SPEMANN und GEINITZ 1927, S. 173), der Medullarplatte, der benachbarten Epidermis, des unterlagernden Mesoderms für etwaige Linsenbildung verantwortlich sein. Sehr unwahrscheinlich ist dies dagegen, wenn das ortsfremde Stück erst nach Bildung des Medullarrohres auf die Augenblase gepflanzt wird, welche im Begriff steht, sich zum Augenbecher umzuwandeln und schon nach kurzer Zeit mit einer Linse versehen sein wird. Hier ist eine etwa entstehende Linse mit ziemlicher Sicherheit einer Einwirkung des Augenbechers zuzuschreiben.

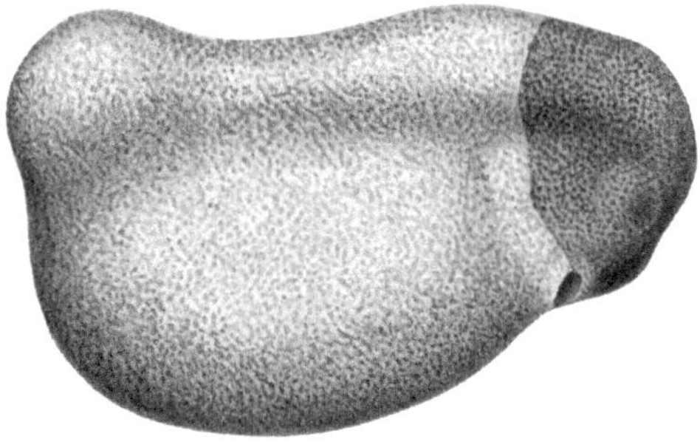

Abb. 39. Larve von Rana esculenta; Haut über der rechten Augenblase abpräpariert (vgl. Abb. 32) und durch Rumpfhaut ersetzt. (Nach SPEMANN, 1912 a.)

Versuche der letzteren Art wurden zuerst von W. H. LEWIS (1904, S. 531) an Rana palustris und sylvatica angestellt, mit positivem Erfolg; Rumpfhaut über dem Auge lieferte eine Linse.

Die Versuche wurden von mir auf Rana esculenta (Abb. 39) und Bombinator pachypus ausgedehnt (1912a), und zwar wurde teils Rumpfhaut, teils Kopfhaut auf die Augenblase gepflanzt. Letzteres durch Drehung eines

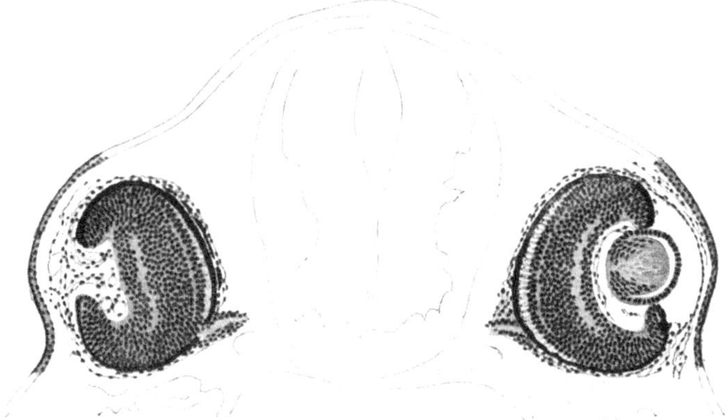

Abb. 40. Operation wie Abb. 39. Larve von Rana esculenta, Querschnitt. Im normalen linken Auge schöne Linse mit beginnender Faserbildung; im rechten Auge hat die transplantierte Rumpfhaut nicht die Spur einer Linse gebildet. (Nach SPEMANN, 1912 a.)

rechteckigen Stückes der die Augenblase bedeckenden Epidermis, welches so umschnitten war, daß die präsumptive Linsenanlage vor seiner Mitte lag (Abb. 41a), also durch Drehung hinter das Auge gebracht und durch weiter hinten liegende Zellen ersetzt wurde. Bei diesen Versuchen zeigte sich ein charakteristischer Unterschied zwischen den beiden Amphibienarten. Bei Bombinator bildete Rumpfhaut keine Linse, wohl aber Kopfhaut aus der Umgebung des Auges (Abb. 41b). Bei Rana esculenta dagegen nicht einmal diese (Abb. 40);

die Fähigkeit zur Linsenbildung scheint im Augenblasenstadium überhaupt nur den präsumptiven Linsenbildungszellen zuzukommen. Diese Verschiedenheit zwischen den beiden Arten wurde mit der verschieden starken Determination in der präsumptiven Linsenanlage in Verbindung gebracht. „Die weitgehende Determination der primären Linsenbildungszellen von Rana esculenta, welche sie zu selbständiger

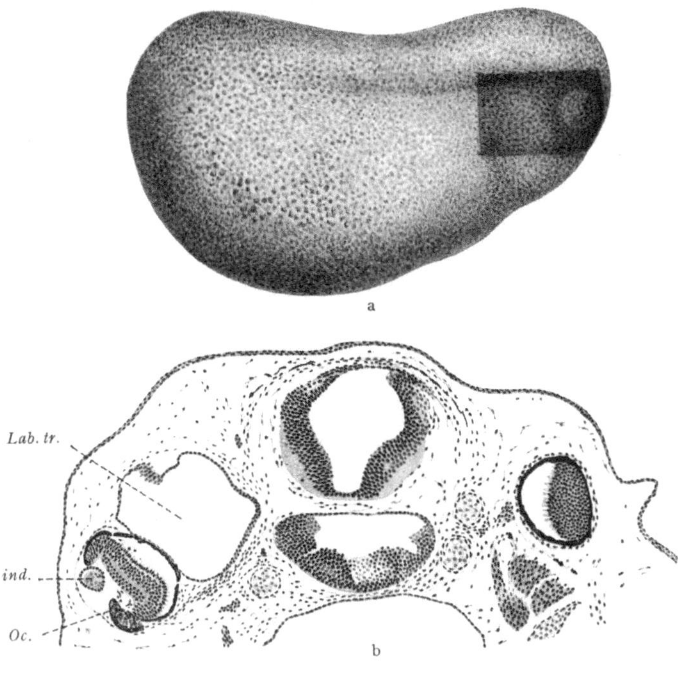

Abb. 41 a und b. a Keim von Bombinator pachypus. Rechteckiges Stück Epidermis über rechter Augenblase so umschnitten, daß Augenblase exzentrisch liegt; Stück abgehoben und umgedreht wieder aufgeheilt; b Schnitt durch Kopf einer so operierten Larve; rechtes Auge (*Oc.*) von Epidermis aus der Gegend der Hörblase (*Lab. tr.*) bedeckt; hat in ihr eine kleine Linse (*L. ind.*) induziert. (a nach O. MANGOLD, 1931 c; b nach SPEMANN, 1912 b.)

Entwicklung befähigt, bringt es wohl mit sich, daß die übrigen Epithelzellen, auch die der nächsten Umgebung, nicht mehr imstande sind, auf einen Reiz des Augenbechers mit Linsenbildung zu antworten" (SPEMANN 1912a, S. 67).

Bei dieser Art der Auffassung ist eine Möglichkeit außer acht gelassen, welche sehr zu erwägen ist. Die Unfähigkeit könnte auch auf Seiten des Augenbechers sein. An sich wäre es sogar das Nächstliegende, anzunehmen, daß beiderlei Fähigkeiten sich ergänzen; daß also die Fähigkeit des Augenbechers, eine Linse hervorzurufen, in gleichem Maße abnimmt, wie die Selbstdifferenzierungsfähigkeit der primären Linsenbildungszellen zunimmt. Ein schönes Experiment von D. FILATOW (1925 c), bestätigt von P. PASQUINI (1931), brachte hier die Entscheidung. Es wurde nämlich Bauchhaut einer Amphibienart mit weiter verbreiteter

Linsenpotenz (Bufo vulgaris) auf die Augenblase von Rana esculenta gepflanzt. Und in der Tat lieferte diese artfremde Epidermis eine Linse (Abb. 42) und offenbarte dadurch die Fähigkeit des Augenbechers. Dieser hätte also hier dieselben Fähigkeiten wie sonst, jedoch bei der Epidermis wäre sie auf den engen Bereich der normalen Anlage beschränkt.

In gleicher Weise wurde von zahlreichen Forschern an den verschiedensten Amphibienarten Kopf- und Rumpfepidermis auf ihre Fähigkeit zur Linsenbildung geprüft; die Ergebnisse sind von O. MANGOLD (1931c, S. 263) in Tabellenform übersichtlich zusammengestellt. Daraus scheint eine wichtige Beziehung hervorzugehen, nämlich zwischen dem Maße der Selbstdifferenzierung der Linsenanlage, wie die Defektversuche sie kennen gelehrt haben, und der Ausdehnung des Bereichs, der zur Linsenreaktion auf den Augenbecher befähigt ist. Dieser Bereich scheint bei Rana esculenta und Amblystoma punctatum auf die normale Linsenanlage beschränkt, den beiden Formen also, bei welchen die vollkommensten augenlosen Linsen entstanden. Bei den übrigen Formen, mit anscheinend geringerer Selbstdifferenzierungsfähigkeit, ist zum mindesten das Kopfektoderm reaktionsfähig.

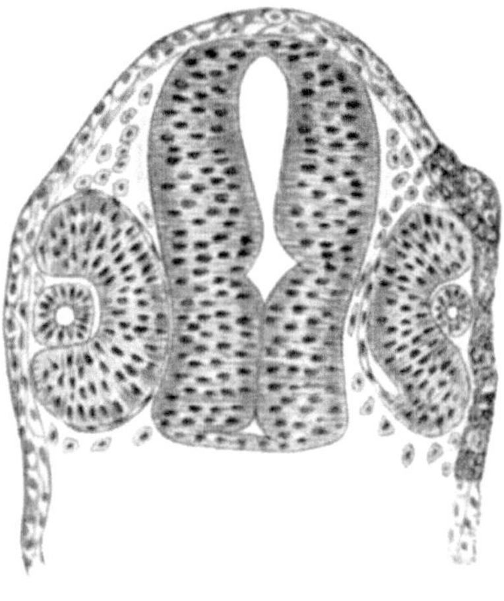

Abb. 42. Horizontalschnitt durch Larve von Rana esculenta, bei welcher auf der rechten Seite das linsenbildende Epithel durch Rumpfepithel eines Bufo-Embryos ersetzt worden war; letzteres hat eine Linse gebildet. (Nach FILATOW, 1925.)

v. UBISCH hat Einwendungen gegen diese Auffassung erhoben (zusammengefaßt 1927). Er glaubt die einzelnen Amphibienarten in ihrer Linsenentwicklung einander annähern zu können, und zwar von beiden Seiten her, indem er bei einigen Arten die Selbstdifferenzierungsfähigkeit der primären Linsenbildungszellen für größer, bei anderen die Reaktionsfähigkeit der Epidermis auf den Reiz des Augenbechers für ausgedehnter (W. BRÖER und LEOPOLD v. UBISCH 1935) hält als ich beides fand. Aber selbst alle seine Deutungen angenommen und alle namentlich bei Rana esculenta so ungemein schwer zu vermeidenden Versuchsfehler ausgeschlossen, scheinen mir auch nach seinen Ergebnissen noch genügend Unterschiede vorhanden zu sein, um eine graduelle Verschiedenheit des Verhaltens zu behaupten. Mehr habe ich nicht getan. v. UBISCH selbst nimmt sie an (l. c. S. 235), nur führt er sie auf verschiedene Empfindlichkeit gegen Eingriffe und Umweltsfaktoren zurück. Dafür scheinen mir viel weniger Anhaltspunkte gegeben als für die andere von v. UBISCH ebenfalls zugelassene Möglichkeit, „daß bei verschiedenen Arten die Induktionsfähigkeit des Auges oder die Induzierbarkeit der verschiedenen Hautbezirke in verschiedenen Entwicklungsstadien erlischt“. Das ist gerade meine Ansicht, und ich verstehe deshalb v. UBISCHs scharfe Oppositionsstellung nicht recht. Noch weniger freilich verstehe ich seine neueste Stellungnahme (W. BRÖER und L. v. UBISCH 1935, S. 504, Tabelle 2), wo auch dieser graduelle Unterschied verschwunden erscheint. Diese Gleichschaltung ist doch zu gewaltsam, um überzeugend zu sein. Wenn v. UBISCH bei Bombinator aus den primären Linsenbildungszellen nach Wegnahme des Augenbechers eine Linse mit Linsenfasern erzielt, welche so vollkommen ausgebildet ist, wie die von mir unter gleichen Verhältnissen bei Rana esculenta beobachteten, dann werde ich seiner Ansicht beitreten. — Gewiß behalten negative Ergebnisse, wie sie meiner Ansicht zugrunde liegen, immer etwas Unsicheres. Deshalb ist jedes neue Experiment zur Klärung der Lage willkommen.

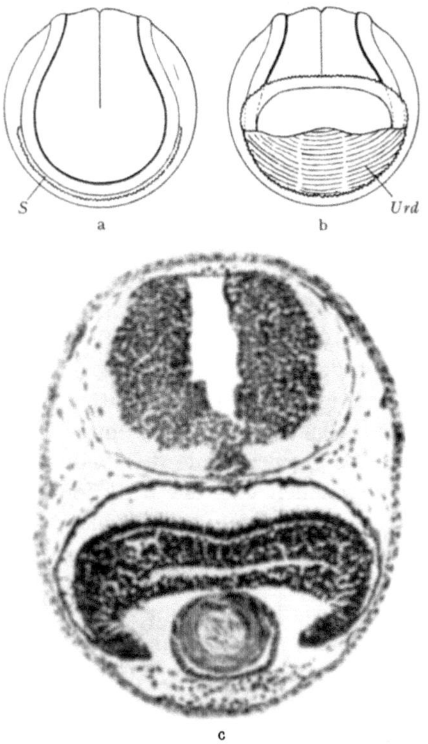

Abb. 43 a—c. Späte Erzeugung von Zyklopie bei Triton durch Entfernung des vorderen Urdarmdaches im Neurulastadium. a Umschneidung *S* des vorderen Viertels der Medullarplatte außerhalb des Wulstes; b Aufklappen des abgelösten Vorderendes der Medullarplatte; *Urd* Urdarmdach; c Querschnitt durch den Kopf mit dem großen, fast einheitlichen zyklopischen Auge. (Nach O. MANGOLD, 1931 c.)

Spät erzeugte Zyklopie. Ein solches Experiment ließe sich für Rana esculenta an eine interessante Entdeckung von O. MANGOLD (1931 c, S. 365) anknüpfen. Sein Experiment bestand darin, daß bei einem Tritonkeim in frühestem Neurulastadium das Kopfmesoderm unter dem vorderen Teil der Medullarplatte entfernt wurde (Abb. 43a und b). Die Folge war in der weit überwiegenden Mehrzahl der Fälle jene typische Abnormität des Kopfes, welche als Zyklopie bezeichnet wird. Die Augen waren einander mehr oder weniger genähert, bis zu völliger medianer Verschmelzung (Abb. 43c). Das Neue und Wichtige an diesem Experiment im Gegensatz zu allen früheren über Zyklopie liegt darin, daß hier der Eingriff erst in einem Stadium erfolgte, in welchem die Medullarplatte schon scharf abgegrenzt ist. Auch in den neuen Versuchen von F. E. LEHMANN (1933) und H. B. ADELMANN (1934) wurde eine starke Verkümmerung des prächordalen Mesoderms bei zyklopischem Defekt festgestellt und in ursächlichen Zusammenhang mit ihm gebracht; aber der chemische Einfluß, durch den beides hervorgerufen wurde, wirkte von frühen

Entwicklungsstadien an und traf gleichmäßig alle Teile des Keims. Deshalb kann das Experiment nichts Sicheres über das ursächliche Verhältnis zwischen den Teilen aussagen, weder zwischen der Abnormität in Unterlagerung und Medullarrohr noch zwischen Augenbecher und Linse. Bei dem Experiment von O. MANGOLD dagegen ist zunächst nur die Unterlagerung getroffen; erst durch ihre Vermittlung die Augenbecher und durch diese hinwiederum die Linsen. Denn da die präsumptiven Linsenanlagen in diesem Stadium rechts und links von der Medullarplatte liegen (vgl. S. 29) und durch den Eingriff unmöglich zur Verschmelzung gebracht sein können, so gelangen die Augenbecher hier wirklich „unter andere Stellen der Epidermis“ als normal. Die einander in gleichem Maße genäherten oder gar verschmolzenen Linsen müssen von ihnen hervorgerufen worden sein. Bei dem verwendeten Versuchsobjekt ist dies nicht weiter überraschend; denn wie ebenfalls O. MANGOLD nachgewiesen hat, sind bei Triton die Linsen vom Augenbecher abhängig (1931c, S. 254/255), und ist selbst die Epidermis des Rumpfes reaktionsfähig (1928a, S. 175/176). Es wäre höchst interessant, den Versuch auf andere Amphibienarten auszudehnen, besonders auf solche mit frühzeitig fester Determination der Linse, wie Rana esculenta und Amblystoma punctatum; unter Umständen ließe sich durch ein und dasselbe Experiment die Selbstdifferenzierungsfähigkeit der Linsenbildungszellen und die Reaktionsfähigkeit der benachbarten Epidermis nachweisen bzw. ausschließen.

In diesem Zusammenhang seien noch neueste Versuche von F. E. LEHMANN (1934) angeführt, in welchen alle soeben besprochenen Fragen berührt werden. Bei Larven von Rana fusca wurde durch Einwirkung von Chlorbutyl in wäßriger Lösung von verschiedener Konzentration während verschiedener Strecken der frühesten Entwicklung die Ausbildung einer Linse beeinträchtigt oder verhindert. Der chemische Einfluß, welcher den ganzen Keim und damit auch das Induktionssystem Augenbecher—Linse gleichmäßig trifft, ruft an beiden Bestandteilen des Auges äußerlich sichtbare Veränderungen hervor. In vielen Fällen entwickelt sich der Augenbecher mit starker Verzögerung und erreicht die Epidermis nicht immer mit seiner ganzen äußeren Fläche, vor allem aber wohl stets verspätet. Schon dies letztere könnte genügen, um die Linsenbildung zu beeinträchtigen oder selbst ganz zu verhindern; denn wie wir später sehen werden, ist die Reaktionsbereitschaft für den Induktionsreiz zeitlich begrenzt. Außerdem aber könnte auch die Reaktionsfähigkeit der Epidermis durch das Chlorbutyl geschwächt worden sein. LEHMANN selbst ist geneigt, darin den Hauptgrund für die Entwicklungshemmung zu sehen, weil diese dann besonders stark eintritt, wenn der chemische Einfluß zu Ende der Gastrulation und Beginn der Neurulation einwirkt, in einem Stadium also, wo wahrscheinlich die erste mehr oder weniger feste Determination der primären Linsenbildungszellen vor sich geht. Der Augenbecher würde dann bei seiner Induktion ein ungenügend oder gar nicht vorbereitetes („gebahntes") Material vorfinden. Auch hier wäre es wieder von Interesse, die Wirkung auf Keime mit festerer Determination der primären Linsenbildungszellen, wie Rana esculenta, zu prüfen.

c) Zusammenfassung.

Wenn auch die Ergebnisse im einzelnen noch vielfach der Überprüfung und Ergänzung bedürfen, so scheint doch so viel gesichert, daß bei mehreren, wo nicht bei allen Arten der Amphibien im Neurulastadium oder kurz nach Schluß der Wülste die präsumptive Anlage der Linse mehr oder weniger fest determiniert ist; ferner, daß die Epidermis der näheren und weiteren Umgebung in abgestuftem Maße die Potenz zur Linsenbildung besitzt; endlich, daß der Augenbecher die Fähigkeit hat, diese Linsenbildungspotenz zu verwirklichen, zu aktivieren.

IV. Erste Analyse des Induktionsvorgangs.

1. Diskussion einiger Begriffe.

Bei der Entstehung einer Linse aus fremder Epidermis liegen, wie wir gesehen haben, die Ursachen nur zum Teil in letzterer, zum Teil aber im Augenbecher, welcher ihre Bildung veranlaßt. Insofern fällt sie unter den ROUXschen Begriff der „*abhängigen Differenzierung*". Der Augenbecher ruft die Bildung der Linse hervor, welche ohne seine Einwirkung nicht entstanden wäre; er „*induziert*" die Linse, sie entsteht durch „*Induktion*". Um die beiden Teile, zwischen denen die Induktion stattfindet, in dieser Beziehung zu unterscheiden, kann man sie als „*Aktionssystem*" (V. HAMBURGER) und „*Reaktionssystem*" (O. MANGOLD) bezeichnen. Die Bezeichnung „*Induktionssystem*", welche O. MANGOLD an Stelle von Aktionssystem verwendet, scheint mir deswegen weniger treffend, weil sie an sich sowohl das System, welches induziert, bezeichnen könnte, als dasjenige, an welchem induziert wird. Eben wegen dieser Unbestimmtheit scheint aber der Ausdruck sehr geeignet, um unter ihm beide Systeme zusammenzufassen, also zu sagen, daß Aktions- und Reaktionssystem zusammen ein Induktionssystem bilden.

Solche Induktionssysteme sind nun seit jenen ersten Versuchen am Wirbeltierauge in größerer Anzahl entdeckt worden. Ganz abgesehen von ihrer Rolle im normalen Verlauf der Dinge gewährt ihre Analyse einen tiefen Einblick in das Wesen der tierischen Entwicklung. Die zahlreichen Fragen, welche sie anregen, sind zum großen Teil schon bei der Analyse der Linsenentwicklung zum erstenmal aufgeworfen worden und sollen daher zunächst an diesem Beispiel erörtert werden.

2. Ausdehnung und Bereitschaftsgrad des reaktionsfähigen Bereichs. Linsenpotenz.

Die Fähigkeit, alle die eigentümlichen gestaltlichen und stofflichen Umwandlungen durchzumachen, welche zur Bildung einer Linse führen, kann man kurz als *Linsenpotenz* (O. Mangold 1931 c) bezeichnen.

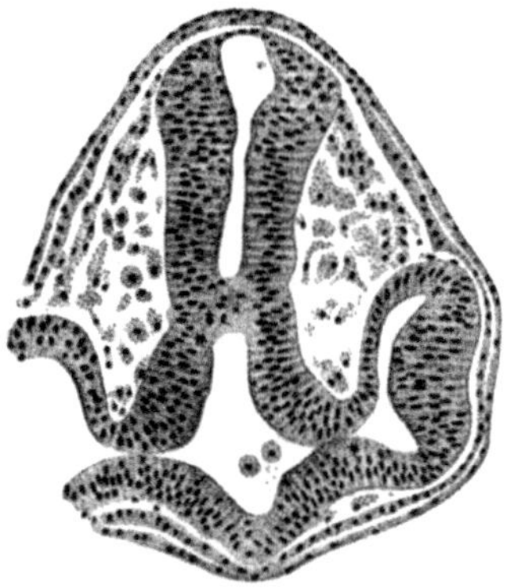

Abb. 44. Querschnitt durch Kopf von jungem Tritonkeim; rechte Augenblase mit primären Linsenbildungszellen abgeschnitten. (Nach Spemann, 1905.)

Es fragt sich nun, wie diese Linsenpotenz über den Keim verbreitet ist. Darüber läßt sich zunächst im allgemeinen sagen, daß sie sich auf das Ektoderm beschränkt. Experimentell ausgeschlossen ist das Mesoderm. Wenn sich nämlich nach Entfernung der präsumptiven Linsenanlage (Abb. 44) Mesodermzellen zwischen Epidermis und Augenblase eindrängen (Abb. 45), so fangen sie den von letzterer ausgehenden induzierenden Einfluß ab, ohne selbst auf ihn zu reagieren (Spemann 1905).

Im Bereich des Ektoderms kommt die Linsenpotenz merkwürdigerweise (wenigstens bei Urodelen) neben der Epidermis auch dem zerebralen Augenbecher zu, nach der wichtigen Entdeckung von Colucci (1891) und G. Wolff (1895). Nach operativer Entfernung der Linse zusammen mit dem größten Teil des Auges (Colucci) oder allein unter völliger Schonung des Auges (G. Wolff) bildet sie sich neu vom oberen Irisrande aus (Abb. 46a—f). Schneidet man die primäre Augenblase am Stiele ab und heilt sie um 180° gedreht wieder auf, so wird der präsumptive untere Rand zum oberen und regeneriert nun seinerseits die Linse (T. Sato 1933 b). Nimmt man die Drehung erst später vor, nach Determination der fötalen Augenspalte (T. Sato 1933 b) oder nach Ausbildung des Auges (H. Wachs 1920), so entsteht die Linse an der alten, nun nach unten gebrachten Stelle. Linsenähnliche Gebilde (Lentoide) wurden auch in der Retina beobachtet (Fischel 1900); doch ist deren Herkunft nicht ganz sicher. Nach diesen Feststellungen kann man wohl sagen, daß die Linsenpotenz sich anfangs auf alle Bezirke der Augenanlage erstreckt und sich mit fortschreitender Entwicklung auf den oberen Irisrand einengt. Dort kann sie aktiviert werden, wenn die Linse im Auge fehlt; also nicht nur nach Exstirpation der schon gebildeten Linse, sondern auch nach Entfernung ihrer Anlage,

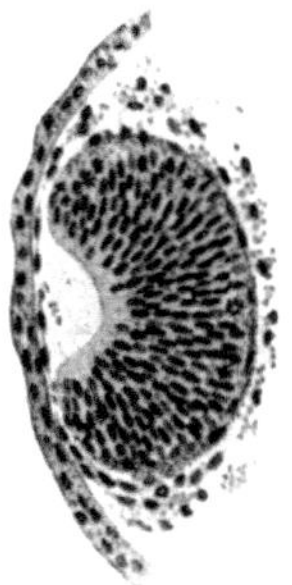

Abb. 45. Operation wie Abb. 44. Wiederhergestelltes Auge, das durch einwachsendes Bindegewebe von der Epidermis getrennt blieb und keine Linse erzeugte. (Nach Spemann, 1905.)

und zwar dann, wenn die Regeneration aus der Epidermis unmöglich gemacht ist (Abb. 47a—c). Letzteres kann dadurch geschehen, daß

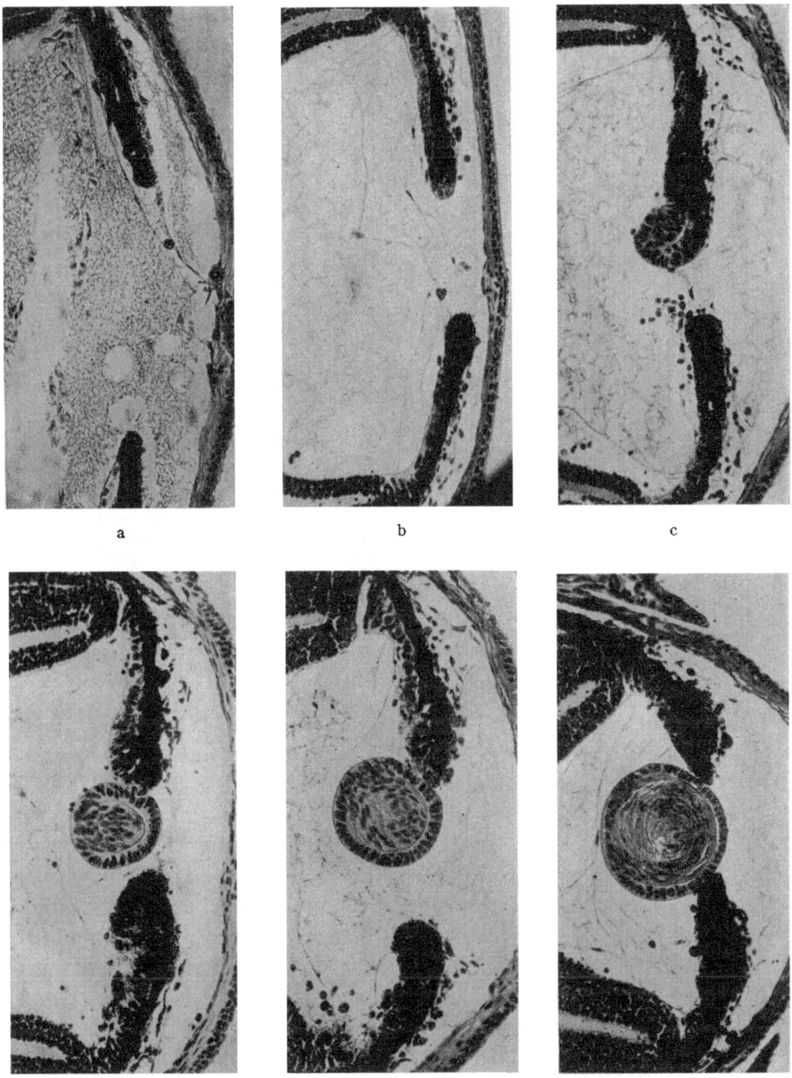

Abb. 46a—f. WOLFFsche Linsenregeneration aus dem oberen Irisrand. (Nach T. SATO, 1930.)

der induzierende Einfluß der Retina durch zwischengeschobenes Mesoderm (Abb. 45) von der Epidermis abgehalten wird (SPEMANN 1905), oder daß der bedeckenden Epidermis die Linsenpotenz fehlt (Abb. 48) (C. I. BECKWITH 1927). Bei Exstirpation der Linse des fertigen Auges kommt wohl beides zusammen. Weitere Literatur bei O. MANGOLD 1931c, S. 307.

Ob auch die übrigen Bezirke des Neuralrohrs, wenigstens in frühen Stadien, die Linsenpotenz enthalten, wird sich vielleicht nach einer Methode feststellen lassen, welche auf meine Anregung zuerst H. WACHS (1904) auf abgeschnittene Stückchen Irisrand anwandte, später T. SATO (1930) außerdem auch auf Stückchen Epidermis. Dabei wird das zu prüfende Gewebsstück in die hintere Kammer des seiner Linse beraubten Auges gebracht und den dort offenbar herr-

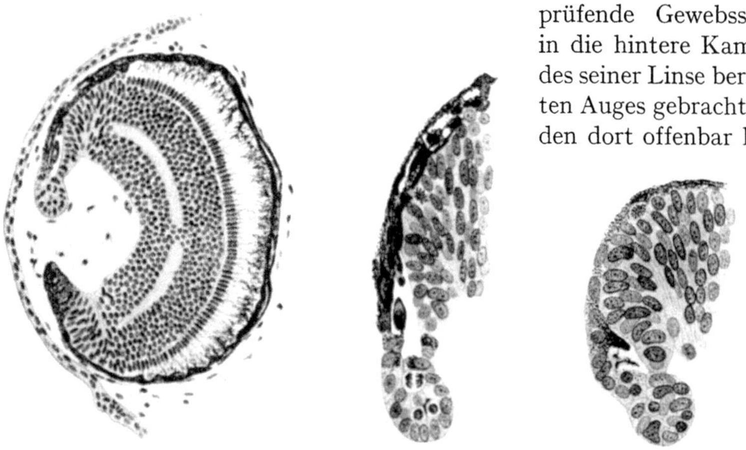

a b c

Abb. 47 a—c. Auge von Triton taeniatus in frühem Entwicklungsstadium. a WOLFFsche Linsenregeneration. aus dem oberen Irisrand nach Entfernung der ausgebildeten Linse (Vergr. 100 mal); b ebenso (Vergr. 200 mal); c Regeneration nach Entfernung der primären Linsenbildungszellen und Verhinderung der Linsenbildung aus den die Wunde schließenden Epidermiszellen. (Nach SPEMANN, 1905.)

schenden induzierenden Einflüssen ausgesetzt. O. MANGOLD (1931c, S. 261) schlägt Ausdehnung dieser Art von Potenzprüfung auf alle Keimteile in verschiedenen Entwicklungsstadien vor.

Für die jungen Stadien (Beginn der Gastrulation) ist eine solche Ausdehnung auf das ganze präsumptive Ektoderm bei dessen weitgehender Indifferenz oder Umstimmbarkeit von vorneherein sehr wahrscheinlich. Exakt bewiesen wurde sie von O. MANGOLD bei Triton für die präsumptive Medullarplatte (1929b, S. 647) wie für die präsumptive Epidermis (1926b; 1929b, S. 640; 1931c, S. 261). Für letztere dadurch, daß Augenplatten und primäre Augenblasen in das Blastocoel der Gastrula gesteckt wurden, wodurch sie später unter die verschiedensten Stellen der Epidermis zu liegen kamen und dort eine Linse induzierten (Abb. 49).

In späteren Entwicklungsstadien wird die Linsenpotenz, wie wir gesehen haben, auch in der Epidermis räumlich beschränkt, ja anscheinend bei manchen Amphibienarten sogar auf die präsumptive Anlage und höchstens ihre allernächste Umgebung eingeengt. Auch wo Rumpfhaut auf den Augenbecher reagierte, blieb die Linse an Größe und Ausbildungsgrad stets, und zwar meist sehr erheblich, hinter der normalen zurück. Größer ist die Reaktionsbereitschaft in der Epidermis des Kopfes, namentlich in der nächsten Umgebung des Auges; am größten im Bereich der präsumptiven Anlage selbst.

Dies scheint eine Tatsache von allgemeiner Bedeutung zu sein. Es ließe sich manches dafür anführen, daß die Organanlagen in solchen „Zerstreuungskreisen" nach außen abklingen (Spemann 1912a, S. 90). Die erste mir bekannte Beobachtung ähnlicher Art wurde schon vor vielen Jahren von Harrison (1898; mündliche Mitteilung) gemacht, bei der Regeneration der hinteren Gliedmaße von Froschlarven. Diese

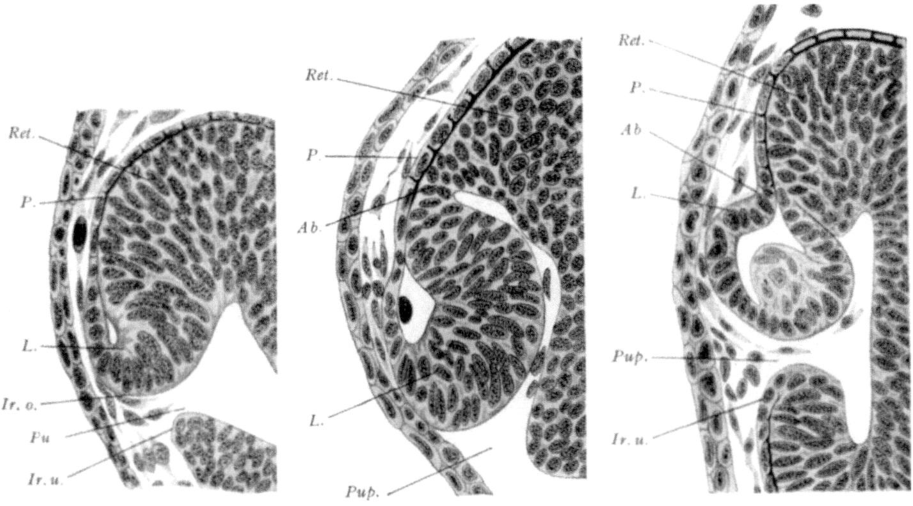

a b c

Abb. 48 a—c. Amblystoma punctatum; im späten Neurulastadium präsumptives Linsenektoderm durch präsumptives Kiemenektoderm ersetzt, welches keine Linse bildet; die Linse entsteht aus dem präsumptiven oberen Irisrand. *Ab.* Abschnürungsstelle der Linse; *Ir. o.* präsumptiver oberer Irisrand; *Ir. u.* präsumptiver unterer Irisrand; *P.* Pigmentepithel; *Pup.* Pupillenöffnung; *Ret.* Retina. (Nach Beckwith, 1927.)

ist bekanntlich im Gegensatz zum Verhalten der Urodelen nur in den frühesten Stadien der Anlage möglich. Die ausgeschnittene Gliedmaßenknospe wird regeneriert, aber nur von der nächsten Umgebung aus; wird auch diese mitentfernt, so unterbleibt die Neubildung. In noch jüngeren Stadien wurde die Anlage der vorderen Extremität von Amblystoma ebenfalls durch Harrison (1915, 1918) untersucht, mit einem ganz ähnlichen Ergebnis. Im Schwanzknospenstadium dieser Keime wurde ein kreisförmiges Stück Haut und Mesoderm in der Gegend der Anlage entfernt; überschritt dieses Stück eine bestimmte Größe, so unterblieb die Regeneration. Harrison (1918) zog daraus den Schluß, daß die Determination zu Extremität im Zentrum der Anlage am höchsten ist und gegen die Peripherie hin allmählich abnimmt bis zu völligem Verschwinden. "The limb rudiment may be thus regarded not as a definitely circumscribed area, like a stone in a mosaik, but as a centre of differentiation in which the intensity of the process gradually diminishes as the distance from the centre increases until it passes away into an indifferent region. Many other systems, such as the nose, ear, hypophysis, gills, seem to have the same indefinite boundaries which may even overlap one another" (HARRISON 1918, S. 456).

Anläßlich seiner Experimente über die Determination des Haftfadens (balancer) kommt HARRISON auf diese Anschauung zurück und

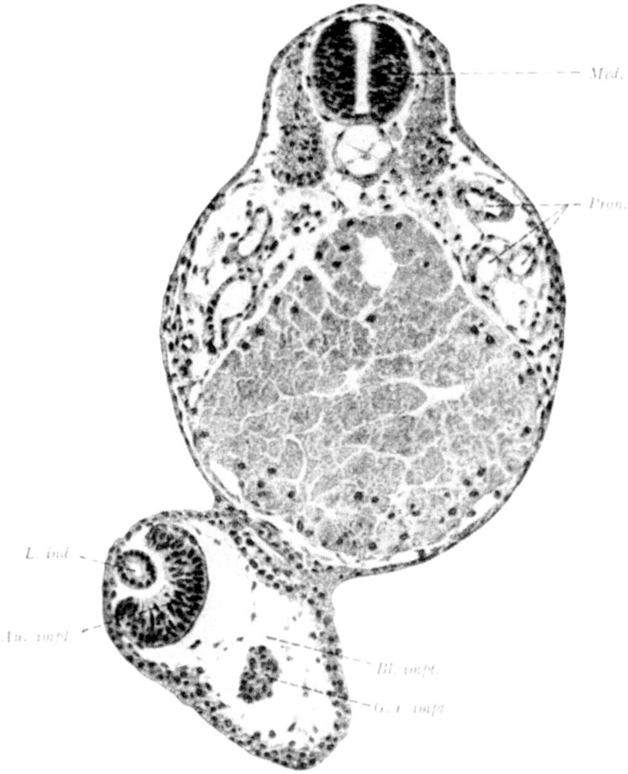

Abb. 49. Querschnitt durch Larve von Triton taeniatus mit implantiertem Stück Gehirn (*G. r. impl.*) und Augenbecher (*Au. impl.*) von Triton alpestris, deren präsumptive Anlagen aus Gastrula mit mittlerem Dotterpfropf ins Blastocoel gesteckt worden waren. Der implantierte Augenbecher von alpestris hat in der Wirtsepidermis von taeniatus eine Linse (*L. ind.*) induziert. (Nach MANGOLD, 1929 b.)

folgert aus dem Übergreifen der Anlagen an ihren Rändern, daß "intermediate areas, as for example between gills and balancers, may thus according to the influence under which they fall, give rise to one or the other of the organs involved" (1925 b, S. 410). Aus dieser Ansicht folgt wohl, daß das Zentrum eines solchen Feldes der Selbstdifferenzierung fähig sein mag, während seine Ränder eines Induktionsreizes bedürfen, um dieselbe Bildung aus sich hervorgehen zu lassen.

Derselben Erscheinung ist F. E. LEHMANN (1929a, S. 376f.) bei der fortschreitenden Determination der Medullarplatte begegnet.

Dieselben Anschauungen hat jüngst O. MANGOLD (1931 b) im Anschluß an neue Versuche über die Entstehung des Haftfadens entwickelt, und zwar speziell für die Aktionssysteme. Er spricht von einem „Muster von Determinationsfeldern", ... „welches in frühen Stadien einfach und verwaschen ist, im Lauf der Entwicklung ..... fortschreitend an Mannigfaltigkeit und Schärfe der Zeichnung gewinnt" (S. 910). Es ist noch zu prüfen, ob dies auch für das Induktionssystem des Auges gilt. Bis jetzt hat es den Anschein, als ob hier nur der *reaktionsfähige* Bereich über die präsumptive Anlage mehr oder weniger weit hinaus ginge, während das „Determinationsfeld" auf den Retinaanteil des Augenbechers beschränkt wäre.

3. Die Natur des induzierenden Agens.

Über das, was man zunächst wissen möchte, die Natur des induzierenden Agens, war bis vor kurzem nichts Sicheres bekannt. Einerseits vermag eine dünne Lage von Mesodermzellen seine Wirkung abzuhalten (vergl. S. 50). Andererseits ist diese Wirkung doch nicht an eine unmittelbare Berührung gebunden; die ganze hintere Kammer des seiner Linse beraubten Auges scheint das Agens zu enthalten (H. WACHS 1914; T. SATO 1930). Beides deutet auf eine chemische Wirkung hin, welche daher auch von mir als wahrscheinlich angenommen wurde. Doch sind andere Möglichkeiten nicht völlig ausgeschlossen. Die Methode, welche hier eine Entscheidung bringen kann, Induktionsversuch mit abgetöteter Keimsubstanz, war an diesem Objekt bis vor kurzem noch nicht, oder wenigstens nicht mit positivem Erfolg, angewandt worden.

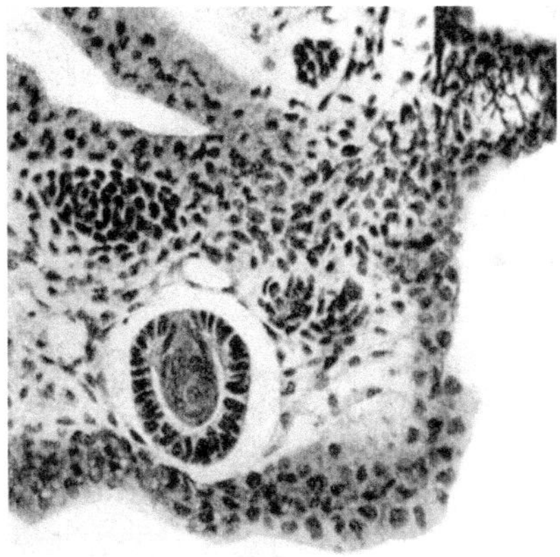

Abb. 50. Linse mit beginnender Faserbildung in vorderer Herzgegend einer Larve von Triton taeniatus, welcher bei vorgeschrittener Gastrulation ein Stück gekochtes Herz von Salamandra ins Blastocoel gesteckt worden war. (Nach HOLTFRETER, 1934 b.)

Nun hat aber in jüngster Zeit J. HOLTFRETER bei seinen schönen Versuchen mit abgetöteten und mit abnormen Induktoren mehrmals eine deutliche augenlose Linse erhalten. So durch den hintersten Abschnitt der Medullarplatte einer einstündig gekochten Neurula (1934 a, S. 242, Abb. 10), durch Entodermzellen nach lange dauernder Alkoholbehandlung (l. c. S. 268, Abb. 20), durch frische Leber (1934 b, S. 320, Abb. 5 a) und ganz besonders schön (Abb. 50) durch gekochtes Herz einer Larve von Salamandra maculosa (1934 b, S. 321, Abb. 5 b). Damit ist es wohl äußerst wahrscheinlich geworden, wo nicht bewiesen, daß die Linseninduktion durch stoffliche Mittel erfolgt; eine Ansicht, welche auch HOLTFRETER vertritt (1934a, S. 243).

4. Struktur des Aktions- und Reaktionssystems.

Ganz abgesehen von der Frage, ob die Induktion der Linse stofflich oder dynamisch vermittelt ist, immer muß sie mitbedingt sein durch eine bestimmte Richtungsstruktur, welche entweder dem Aktions- oder dem Reaktionssystem eigen ist. Dies folgt mit logischem Zwang aus der feineren Struktur der Linse. Das Linsenbläschen, dessen Abschnürung von der den Augenbecher bedeckenden Epidermis wir kennengelernt haben, entwickelt sich in der Art zur Linse weiter, daß die Zellen seiner innenseitigen Hälfte sich in die Länge strecken und ins Innere des Bläschens vorwachsen, bis sie es ganz ausfüllen. Sie bilden den kompakten Kern der stark lichtbrechenden Linsenfasern, welche außenseitig vom Linsenepithel bedeckt und umfaßt werden. In der ringförmigen Übergangszone gibt das Linsenepithel immer neue Fasern ab, welche sich schalenförmig den schon vorhandenen anlagern. So ist die Linse zunächst einmal polar differenziert, sie besitzt eine Strukturachse, welche von der Mitte des Linsenepithels zur Mitte der Linsenfasern läuft und etwa senkrecht auf der Ebene der Iris steht. An beiden Polen dieser Achse treffen sich nun aber die Linsenfasern nicht in einem Punkt, etwa wie die Meridiane eines Erdglobus, sondern in je einer kurzen Linie, der Linsennaht (Abb. 51). Äußere und innere Linsennaht stehen senkrecht aufeinander. Die Linse ist also nicht radiär-symmetrisch, sondern zweistrahlig-symmetrisch gebaut (RABL 1898).

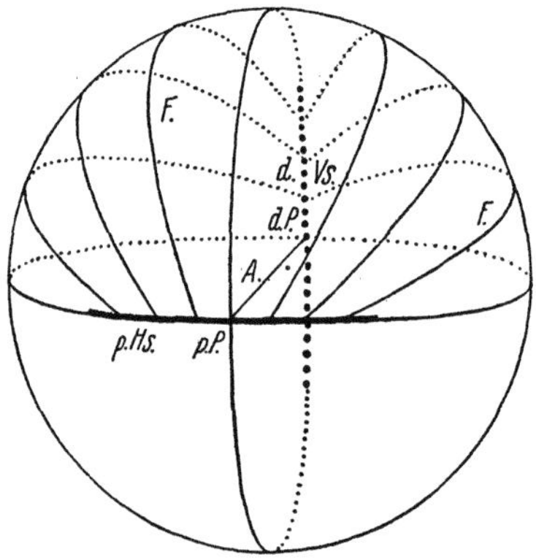

Abb. 51. Schema des Faserverlaufs der Linse. Stark ausgezogen und stark punktiert die senkrecht aufeinander stehenden Linsennähte. (Nach RABL, 1898, aus MANGOLD, 1931 c.)

Eine polare radiär-symmetrische Struktur der Linse ließe sich aus der allgemeinen Konfiguration des Induktionssystems erklären; die Polarität aus der einseitigen Einwirkung des induzierenden Agens des Augenbechers, der radiäre Bau aus der gleichmäßigen Ausbreitung dieses Agens von einem Mittelpunkt aus. Die zweistrahlig-symmetrische Struktur der Linse dagegen fordert dazu noch eine gerichtete Struktur, zum mindesten im einen Teil des Induktionssystems.

Nun ist auch die sekundäre Augenblase nur ihrer äußeren Form nach annähernd radiär-symmetrisch gebaut; ihrer feineren Struktur nach ist sie, und zwar von ihrer Entstehung her, bilateral-symmetrisch. Die Einstülpung zum Augenbecher erfolgt nämlich, wie wir gesehen haben, nicht in der Achse der primären Augenblase, sondern von unten her. Es entsteht also zunächst kein eigentlicher Becher mit einem zentral abgehenden Stiel, sondern eher ein löffelartiges Gebilde, welchem der Stiel am unteren Rande ansitzt. Erst indem die seitlichen Ränder nach unten wachsen und sich unter dem Stiel in einer Naht vereinigen, entsteht der ringsum geschlossene Augenbecher mit zentral abgehendem Augennerv. Doch bleibt jene Naht, welche vom Augennerv zum unteren Irisrand verläuft, dauernd erkennbar und erinnert als fötaler Augenspalt an die bilaterale Entstehung des nunmehr radiär-symmetrischen Gebildes.

Zwischen diesem Bau des Augenbechers und der Linse besteht nun eine feste Beziehung, derart, daß die Ebenen des fötalen Augenspaltes und der äußeren Linsennaht zusammenfallen. Diese Beziehung braucht keine ursächliche zu sein, doch liegt natürlich die Vermutung nahe, daß sie es ist. Um dies exakt zu prüfen, bietet sich ein einfaches Experiment, darin bestehend, daß man die Epidermis über der Augenblase um 90° dreht. Erscheint dann die äußere Linsennaht auch um 90° gedreht, so ist sie in einer schon vorhandenen Struktur der Epidermis vorgebildet gewesen; im anderen Fall aber ist sie höchstwahrscheinlich durch den bilateralen Augenbecher aufgeprägt worden.

Dieses Experiment ist von M. W. Woerdemann (1934) in Angriff genommen worden. Es hat, nebst einem anderen, bei welchem die Augenblase oder aber ihre Anlage in der offenen Medullarplatte gedreht wurde, zu dem Ergebnis geführt, „daß bei dem jungen Neurulastadium von Bombinator, Axolotl und Rana die Linsenstruktur (insoweit es die Wachstumsrichtung der Fasern betrifft) nur labil determiniert ist und daß es nach Drehung der Linsenanlage um 90° noch möglich ist, eine normale Linsenstruktur zu erhalten. Während der Erhebung der Medullarwülste und deren Verklebung aber wird die Linsenstruktur fest determiniert. Es ist aber bis jetzt nicht möglich gewesen, einwandfrei nachzuweisen, ob die Augenblase auf die Determination der Linsenstruktur einen Einfluß hat. Es scheint aber, daß die Ergebnisse in diese Richtung hindeuten".

5. Anteil von Aktions- und Reaktionssystem an der Induktion.

Mit diesem letzteren Experiment ist die Frage angeschnitten, welchen Anteil Aktions- und Reaktionssystem an der besonderen Beschaffenheit der induzierten Anlage haben. Während beide Systeme für ihr Zustandekommen unentbehrlich sind, könnte doch das Wesentliche der dazu nötigen Umwandlungen entweder in der Aktion des Augenbechers oder aber in der Reaktion der Epidermis begründet sein; es könnten auch beide Systeme gleichermaßen daran teilhaben. Von vorneherein ist jede der drei Möglichkeiten so wahrscheinlich wie die anderen; nur das Experiment kann zwischen ihnen entscheiden.

Man könnte also die ganze Komplikation im Aktionssystem, d. h. im Augenbecher, suchen. Das Reaktionssystem wäre dann nur der bildsame Stoff, in welchem das Aktionssystem als Bildner das Induktionsprodukt, die Linse, formt. Daß es so nicht ist, läßt sich durch ein einfaches Experiment mit Sicherheit erweisen.

Nach C. RABLs (1898) sorgfältigen Untersuchungen unterscheiden sich die Linsen selbst nahe verwandter Amphibienarten in charakteristischen Merkmalen ihres feinsten Baues. Ob dies an Verschiedenheiten der induzierenden Augenbecher liegt oder an solchen der reagierenden Epidermis, läßt sich zunächst nicht entscheiden. Es ließe sich aber entscheiden, wenn man beide durch heteroplastische Transplantation zu einem Induktionssystem vereinigen könnte, indem man etwa die Epidermis über der Augenblase irgendeiner Tritonart durch ortsfremde Epidermis einer anderen Art ersetzen und dann prüfen würde, welcher der beiden Arten die Linse in ihrem feinsten Bau folgt. Dieses Experiment ist von mir von Anfang an ins Auge gefaßt und auch (1901 a, in einer nichtveröffentlichten Diskussionsbemerkung) vorgeschlagen worden. Seither wurden solche heteroplastische Transplantationen in großer Zahl ausgeführt und es macht keine Schwierigkeit, „chimärisch" zusammengesetzte Augen zu erzeugen. Doch eignet sich die Linse wegen der immerhin nur geringfügigen Unterschiede ihres Baues weniger zur Behandlung dieser Frage als andere Organe, die noch dazu oberflächlicher liegen und daher schon von außen beurteilt werden können. Aus Versuchen an solchen Organen können wir denn auch mit großer Sicherheit voraussagen, wie das Ergebnis bei der Linse ausfallen würde. Der Induktionsreiz bestimmt nur, daß überhaupt eine Linse entsteht; ihr feinerer Bau aber hängt von den erblichen Eigenschaften des Ektoderms ab, in welchem sie erzeugt wird.

Wenn sich dieser Auslösungscharakter der Induktion an der feineren Struktur der Linse nur schwer oder gar nicht nachweisen läßt, so doch bezüglich einer anderen Eigenschaft, nämlich ihrer Größe. Während sich diese, wie wir gesehen haben, im Fall abhängiger Linsenentwicklung nach der experimentell veränderten Größe des Augenbechers richtet, folgt sie bei heteroplastischem Austausch zwischen Arten von verschiedener Linsengröße den der Epidermis, also dem Reaktionssystem, innewohnenden Entwicklungstendenzen (E. ROTMANN, unveröffentlicht, vgl. unten S. 226 ff.

Da aus derselben Stelle der Epidermis Verschiedenes werden kann, eine Medullarplatte, eine Hörblase, ein Augenbecher, eine Linse, so sprach zunächst alle Wahrscheinlichkeit dafür, daß der Induktionsreiz, welcher eine Linse hervorruft, auch eigens auf Bildung einer Linse abzielt, daß er „leistungsspezifisch" ist (O. MANGOLD 1931 c, S. 267). Hier haben nun die neuesten Versuche mit abgetöteten und abnormen Induktoren eine große Überraschung gebracht. Jene soeben angeführten Versuche von HOLTFRETER (1934b), bei welchen augenlose Linsen durch frische Leber oder gekochtes Salamanderherz induziert wurden, bewiesen nicht nur, daß der Induktionsreiz stofflicher Natur sein muß, sondern sie zeigten auch, daß er nichtspezifisch sein kann. Gedanklich ganz unvorbereitet traf uns dieses Ergebnis allerdings nicht. Es war schon erwogen worden, ob nicht der Zug, welchen der sich einstülpende Augenbecher auf die anhaftende Epidermis ausübt, genügen könnte, um den ganzen Prozeß der Linsenbildung in Gang zu setzen. An sich schien das durchaus denkbar. Man könnte sich vorstellen, daß die Epidermis in diesem frühen Entwicklungsstadium gewissermaßen „geladen" wäre mit der Fähigkeit, eine Linse zu bilden (SPEMANN 1912a, S. 90). Jeder in ähnlicher Weise ausgeübte Zug müßte dann dieselbe Wirkung haben. Soweit diese Erklärung eine mechanische Einwirkung in Anspruch nahm, sprachen schon damals schwerwiegende Gründe gegen sie; aber die versuchsweise gemachte allgemeine Annahme einer in bestimmtem Augenblick vorhandenen höchsten Reaktionsbereitschaft wird durch die neuen Ergebnisse durchaus gestützt. Denn dieselben Induktoren, unter deren Einfluß bei den erwähnten Versuchen HOLTFRETERs eine Linse entstand, haben in den meisten anderen Fällen, wie wir später sehen werden, eine Medullarplatte induziert. Woher nun diese besondere Wirkung? Indem HOLTFRETER diese Frage stellt, weist er darauf hin, daß jedenfalls in einigen der angeführten Fälle das Reaktionsmaterial älter war als gewöhnlich.

Darnach lassen sich die bei der Linseninduktion wirksamen Faktoren mit großer Wahrscheinlichkeit folgendermaßen umschreiben: Durch einen chemischen Einfluß sehr allgemeiner Natur (HOLTFRETER 1934b), der aber in bestimmter räumlicher Ordnung abgegeben wird (WOERDEMANN 1934), werden in der jungen Epidermis aus dem Gesamtschatz ihrer Potenzen die spezifischen, für die einzelne Tierart charakteristischen Linsenpotenzen geweckt, welche sich gerade im Zustand höchster Reaktionsbereitschaft befinden.

Zu dieser Auffassung der Induktionsvorgänge wird uns auch das Studium der Frühentwicklung der Amphibien hinführen.

6. Prinzip der doppelten Sicherheit; synergetisches Prinzip der Entwicklung.

Bei der normalen Entwicklung scheint die Linse immer zum mindesten unter Mitwirkung des Augenbechers zu entstehen. Ohne Augenbecher bildet sich bei den meisten Amphibienarten höchstens ein Bläschen, oft nur eine unscheinbare Wucherung, und selbst bei Rana esculenta ist die augenlose Linse erheblich kleiner als die normale. Viel merkwürdiger jedoch ist, daß überhaupt so viel entsteht; daß sich aus der normalen Anlage eine runde Linse mit Faserstruktur ohne den Augenbecher entwickeln kann, während dieser gleichzeitig über die Fähigkeit verfügt, in Epidermis, welche nicht dazu vorgesehen ist, eine Linse zu induzieren. Dies ist, wie wir gesehen haben (S. 46), für Rana esculenta mit völliger Sicherheit nachgewiesen.

Wenn dem Augenbecher die Fähigkeit, eine Linse zu induzieren, innewohnt, so wird sie auch bei der normalen Entwicklung von Bedeutung sein. Hier wirkt aber das Induzens auf ein Material, welches sich auch ohne Augenbecher in derselben Richtung differenzieren würde, sei es nun, daß es wie bei Axolotl schon zu Linse determiniert und selbstdifferenzierungsfähig ist, sei es, daß es erst später von der anderweitigen Umgebung aus dazu determiniert wird. Die Determination der Linse ist also doppelt oder gar mehrfach „gesichert".

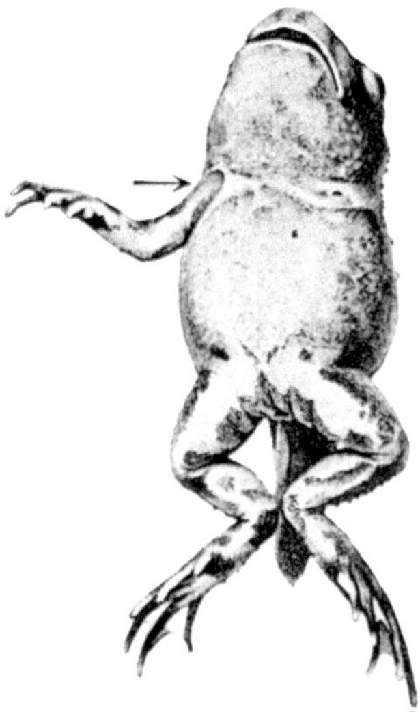

Abb. 52. Bombinatour pachypus kurz vor Vollendung der Metamorphose. Das rechte Vorderbein hat das Operculum durchbrochen (die Ränder des Lochs durch den Pfeil bezeichnet). Auf der linken Seite fehlt das Vorderbein, nachdem seine erste Anlage entfernt worden ist; trotzdem ist im Operculum ein Loch entstanden, wenn auch von verkleinertem Durchmesser. (Nach Braus, 1906.)

Der Begriff der „doppelten Sicherung" oder „doppelten Sicherheit" stammt aus der Technik. Der vorsichtige Ingenieur macht seine Konstruktionen so haltbar, daß sie auch einer Beanspruchung genügen, welche praktisch nicht in Frage kommt. L. Rhumbler (1897) entdeckte ein solches Verhalten zuerst beim Zellteilungsvorgang und wandte jenen Ausdruck darauf an. H. Braus (1906b) fand als erster dasselbe bei einem Entwicklungsvorgang. Der klassische Fall sei kurz geschildert.

Bei den Larven der ungeschwänzten Amphibien, den bekannten Kaulquappen, werden die anfangs äußerlich sichtbaren Kiemen sehr bald von einer Hautfalte überwachsen, dem Kiemendeckel oder Operculum, an dessen hinterem Rande das Atemwasser durch ein kleines offenbleibendes Loch abfließt. Unter diesem Kiemendeckel entwickeln sich auch die vorderen Gliedmaßen; sie müssen ihn, wenn sie ausgebildet sind, durchbrechen, um ins Freie zu gelangen. Man sieht dann deutlich, wie an der Stelle, wo der Ellenbogen sich von innen anstemmt, die Haut dünner und dünner wird und schließlich zu einem kleinen Loch auseinander weicht, durch welches der Arm entbunden wird. Der Rand des Loches liegt ihm oben fest an, „wie ein ärmelloses Hemd", und verwächst schließlich mit ihm. Der ganze Vorgang, die Verdünnung der Haut unter dem Druck von innen, das Einreißen in der Mitte und das Auseinanderweichen der Ränder, macht durchaus den Eindruck einer Druckatrophie, also eines mechanisch bedingten Vorganges. Um so größer war die Überraschung, als dasselbe Loch, wenn auch kleiner, an der richtigen Stelle entstand, nachdem die Anlage der vorderen Gliedmaße in frühen Stadien entfernt worden war (Abb. 52). Daß die Gliedmaße den Durchbruch auch aus eigener Kraft bewerkstelligen könnte, folgt daraus, daß sie es tut, wenn man ihre Anlage an anderer Stelle unter die Haut gepflanzt hat. Daß sie auch bei der Bildung des normalen Loches mitwirkt, läßt sich daraus ersehen, daß dieses bei fehlender Gliedmaße kleiner bleibt als normal. Aber die Haut kommt ihr, wie das Experiment zeigt, beim Durchbruch an normaler Stelle auf halbem Wege entgegen, und zwar in solchem Maße, daß das Loch nun auch entsteht, wenn keine Gliedmaße da ist, welche den Durchgang verlangt.

Durch spätere Versuche von O. M. HELFF (1924, 1926) und A. WEBER (1926; dort weitere Literatur) schienen die tatsächlichen Grundlagen dieser Überlegungen erschüttert. Aber da die Angaben dieser Autoren selbst wieder durch neueste Versuche von L. J. BLACHER, L. D. LIOSNER und M. A. WORONZOWA (1934) angefochten worden sind, so will ich mich hier, wo das Experiment von BRAUS nur als klassisches Beispiel für die Darlegung des Prinzips dienen sollte, nicht näher auf die ziemlich kompliziert gewordene Frage einlassen.

Dagegen muß ich mit einigen Worten auf die Stellungnahme von DE BEER (1927, S. 183/184) eingehen, welcher das Prinzip der doppelten Sicherung nicht nur für den Fall von BRAUS ablehnt, sondern es anscheinend auch sonst für erschüttert hält, da er auch den Fall der Linsenentstehung, abhängig und unabhängig vom Augenbecher, nicht als Beispiel dafür gelten lassen möchte. DE BEER leugnet zwar nicht, daß die Linse bei manchen Amphibien unabhängig von der Berührung durch den Augenbecher entstehen kann, obwohl dieser seinerseits die Fähigkeit zur Linseninduktion besitzt; aber er hält offenbar beides für einen und denselben Vorgang. Die Augenanlage hätte also schon in der Medullarplatte die Fähigkeit zur Linseninduktion und würde sie während der Umbildung in Augenblase und Augenbecher beibehalten. Nun glaube ich auch (vgl. S. 37), daß z. B. bei Rana esculenta die erste Linsenanlage in der Epidermis der Neurula irgendwie im Zusammenhang mit der Augenanlage der Medullarplatte entsteht, aber beide doch wohl eher als Teile eines harmonisch sich gliedernden Musters, nicht durch Abgabe eines Stoffes von seiten der Augenanlage, welcher ganz bestimmte Epidermiszellen in einiger Entfernung von der Medullarplatte zu Linsenbildungszellen determinieren müßte. Auch wenn man sich die Induktion der Linse nicht chemisch, sondern dynamisch vermittelt denkt, etwa im Sinn von A. GURWITSCH, so scheint es mir einen verschiedenen Mechanismus zu erfordern, wenn die Augenanlage der Medullarplatte über einen trennenden Epidermisstreifen hinweg an ganz bestimmter Stelle die Bildung einer Linse hervorruft, oder wenn der Augenbecher dies in der seine Oberfläche bedeckenden Epidermis tut. Hier scheint es mir doch ganz klar, daß zwei verschiedene Prozesse zur Entstehung eines Gebildes zusammenwirken, von denen auch jeder einzelne dazu genügen würde; und das eben ist es, was mit dem Bilde der doppelten Sicherung bezeichnet werden soll.

W. BRANDT (1927) hat bei seinen Einwänden, von anderem abgesehen, die Arbeit von FILATOW (1925c) nicht mit in Erwägung gezogen.

Dieses Prinzip der doppelten Sicherung scheint einen weiten Geltungsbereich zu haben, nicht nur in der Entwicklung, sondern ebenso bei den Funktionen des erwachsenen Organismus. Es kann in zwiefachem Sinne verstanden werden. Zur Erreichung irgendeines technischen Zweckes können zwei Einrichtungen getroffen sein, von denen aber die zweite zunächst in Reserve bleibt und erst dann in Tätigkeit tritt, wenn oder soweit die erste versagt. Jede wird zu ihrer Zeit ganz beansprucht; aber wenn die erste genügt, so braucht die zweite gar nicht in Kraft zu treten. Es können aber auch zwei gleichsinnige Einrichtungen von Anfang an zusammenwirken; jede für sich würde genügen, das Ganze zu leisten, im normalen Verlauf aber wird jede nur halb beansprucht. Im ersteren Fall reißt ein Strick nach dem andern; im zweiten halten alle oder reißen alle zusammen.

Unter die erstere Auffassung fällt es, wenn nach ROUX die Entwicklung primär als Selbstdifferenzierung mosaikartig angeordneter Anlagen erfolgt und daneben Regulationsmechanismen bereit liegen, welche aber nur bei Störungen in Tätigkeit treten. Der zweiten Auffassung stimmt man zu mit der Annahme, daß z. B. an der normalen Linsenentwicklung sowohl die Induktionsfähigkeit des Augenbechers als das Selbstdifferenzierungsvermögen der Linsenbildungszellen beteiligt sind. Diese letztere Auffassung scheint dann unvermeidlich, wenn der eine Faktor zwar das gleiche zu leisten vermag wie der andere, wenn aber die vollkommene Leistung nur beim Zusammenwirken beider Faktoren zustande kommt (SPEMANN 1931, S. 508/509).

Man kann dieses Prinzip der doppelten Sicherung einem umfassenderen Prinzip unterordnen, welches man als „*synergetisches Prinzip der Entwicklung*" bezeichnen könnte (SPEMANN 1931a, S. 508f.). FR. E. LEHMANN (1928a, S. 166f.) hat mit Recht darauf hingewiesen, daß das Übereinandergreifen der Entwicklungspotenzen, wie es sich bei der doppelten Sicherung zeigt, nur einen Sonderfall einer allgemeineren Erscheinung, des harmonischen Ineinandergreifens der einzelnen Entwicklungsvorgänge, darstellt. Entwicklungsleistungen, welche auf diese Weise zustande kommen, welche also „bedingt sind durch die kombinierte Wirkung teilweise gleichsinniger, relativ selbständiger Faktoren", werden von ihm treffend als „*kombinative Einheitsleistungen*" bezeichnet.

Nach Gewinnung dieser neuen Begriffe und Fragestellungen nehmen wir nunmehr die Analyse der Frühentwicklung wieder auf.

V. Das Anlagemuster in der beginnenden Gastrula.

1. Dynamische Determination der Gastrulation.

a) Die Gestaltungsbewegungen der Gastrulation, nach W. Vogt und K. Goerttler.

Die präsumptiven Organanlagen, deren Verteilung in der Blastula und beginnenden Gastrula im Vogtschen Schema verzeichnet ist, gelangen durch die „Gastrulation" an ihren endgültigen Ort. Dieser höchst merkwürdige Vorgang bestimmt gerichteter Massenbewegungen hat seit langem zahlreiche Forscher beschäftigt. Auf die Geschichte des Gegenstands einzugehen, ist hier nicht der Ort. Nur in großen Zügen soll der Vorgang geschildert werden, nur so weit, als es zum Verständnis der bis jetzt aufgeworfenen Fragen und der zu ihrer Lösung unternommenen Experimente nötig ist. Dabei kann und werde ich mich an die große Arbeit von W. Vogt (1929b) halten, welche zugleich grundlegend und abschließend genannt werden darf. Sie wird ergänzt durch die Arbeit von K. Goerttler (1925a) über die Bildung der Medullarplatte. Von diesen Arbeiten ausgehend kann man leicht tiefer in den Gegenstand, auch in die historische Entwicklung unserer Kenntnis desselben, eindringen.

Durch den Furchungsprozeß ist das befruchtete Ei in zahlreiche Zellen zerlegt worden, in kleine Teile, welche in ihren Kernen die Erbanlagen enthalten und in geordneter Weise gegeneinander verschoben werden können. Und nun setzen die Massen sich in Bewegung, erst langsam und kaum merklich, dann rascher und mit augenfälligem Erfolg. Es ist als ob von einem Punkte des Keims aus ein Zug ausgeübt würde, dessen Wirkung mit Zunehmen der Entfernung abnimmt, aber doch im ganzen Keim fühlbar bleibt. Das Zentrum, zu dem die Massen hinstreben, liegt median im Dotterfeld, nicht weit vom vegetativen Pol des Eies entfernt; da wo bald darauf die eigentliche Gastrulation mit der Bildung einer kleinen Grube beginnt (Abb. 3a und b auf S. 7). Daß die an der Oberfläche heranströmenden Massen sich hier nicht aufstauen, nicht eine Vorwölbung, einen Höcker, einen langen Fortsatz bilden, kommt daher, daß sie in gleichem Maße wieder abströmen, ins Innere des Keims hinein. Die kleine Grube vertieft sich, und zwar nach der Rückenseite des Keims hin; so bildet sich die obere Urmundlippe, welche sich bald seitlich verlängert, einen queren erst geraden, dann sichelförmigen Spalt begrenzend. Um die Ränder dieses schmalen Spalts nun muß das gesamte Material ins Innere gelangen, also das Material für den Darm, für Chorda, Urwirbel und Seitenplatten, bis an die Grenze, wo es an das präsumptive Ektoderm stößt (Abb. 3a und b auf S. 7). In der breiten Front dieser Grenze, die einem größten Umfang des Keims entspricht, ist dies nicht möglich. So staffeln sich die Zellen unter Längsstreckung und seitlicher Zusammenschiebung (Abb. 53) und breiten sich erst nach Passieren des engen Durchgangs im Innern wieder aus (Abb. 54 und 55). Die präsumptive Medullarplatte folgt dieser Bewegung. Zu Beginn der Gastrulation in zwei seitliche Schenkel ausgezogen (Abb. 53)

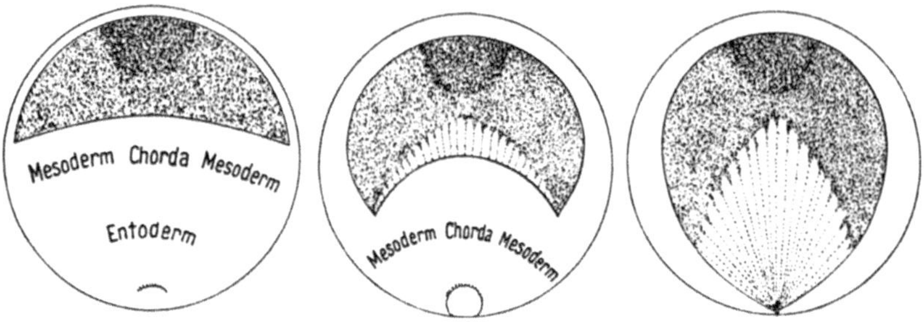

a b c

Abb. 53a—c. Gastrulation von Urodelenkeim; Bildung der Medullarplatte durch Staffelung und Einschwenken ihres präsumptiven Materials. (Nach GOERTTLER, 1925 b.)

nimmt das Material die Schildform der Medullarplatte an, indem es sich median in gleichem Maße streckt, wie es sich nach der Mittellinie hin zusammenschiebt. Diese Bewegung endlich wäre nicht möglich, wenn nicht

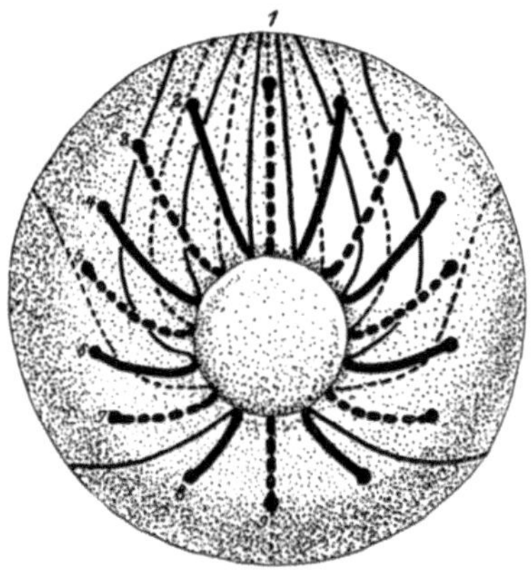

Abb. 54.

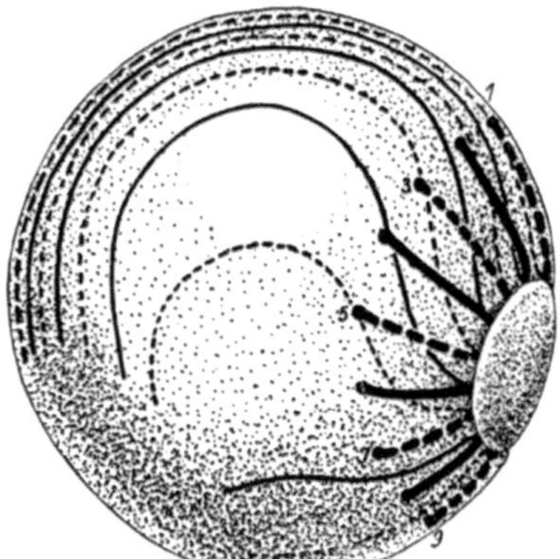

Abb. 55.

Abb. 54 und 55. Richtungsschema der Grundbewegungen bei Gastrulation und Mesodermbildung. Voraufgegangene und folgende Materialbewegungen einzelner Sektoren der Randzone sind bezogen auf ein mittleres Gastrulationsstadium. Für jeden Sektor ist angedeutet die Richtung und das Ausmaß der Bewegung. Unteransicht (Abb. 54) und Profilansicht (Abb. 55) desselben Modells. Die feiner gezogenen Teile der Richtungslinien liegen innen; sie entsprechen durchschimmernden Farbstreifen im Mesodermmantel und im Urdarmdach nach Markierungen der Randzone. (Nach VOGT, 1929 b.)

auch die präsumptive Epidermis sich anschlösse und sich entsprechend ausdehnte und umordnete.

Es ist die Einheitlichkeit des Geschehens, was an diesem Vorgang vor allem in die Augen fällt und Erstaunen hervorruft. Man hat durchaus den Eindruck, als stünden die Einzelbewegungen aller Teilchen, aus denen sich die Gesamtbewegung zusammensetzt, miteinander in unlöslichem ursächlichem Zusammenhang; etwa wie Strömungen, welche in einem Wassertropfen von einem Punkte aus erzeugt werden. Diesem Eindruck hat W. VOGT (1923 b) in einigen Sätzen Ausdruck verliehen, die so knapp und treffend sind, daß ich sie im Wortlaut anführen möchte.

„So scheinen hier überhaupt nicht Zelleistungen vollzogen zu werden, in dem Sinne, daß Teilbewegungen sich zu Massenbewegungen summieren, denn auch das so nahe liegende Auskunftsmittel amöboider Bewegungen der Einzelzellen versagt völlig. Es handelt sich offenbar nicht um Wanderung der Zellen, sondern um passives Folgen einer höheren Gewalteinwirkung. Daß es so ist, daß die Einzelzellen dem Formungsvorgang untergeordnet, daß sie ‚hypomorphisch' (HEIDENHAIN) sind, kann man aus ihrem eigenen Formverhalten schließen. Was aber ist dann die wirkende Kraft, unter der die Zellen geknetet und mitgeschleppt werden?

Es gibt eigentlich nur einen Ausdruck für die Art des Geschehens, das hier vorliegt: amöboide Bewegung — aber nicht der Zellen, sondern des ganzen Keimes, respektive der sich formenden Abschnitte; so wie bei der Amöbe Flächenveränderungen, Aus- und Einbuchtungen erfolgen, unter entsprechender Mitbewegung passiver Einzelteile des Protoplasmas, so scheinen bei der Primitiventwicklung Einstülpungen, Verwerfungen, Faltenbildungen vor sich zu gehen, bei denen der beteiligte Abschnitt als Ganzes arbeitet, seine Teilchen, die Zellen, aber passiv folgen" (l. c. S. 32).

b) Das Mosaik der Gestaltungstendenzen.

Um so überraschender ist es nun, wenn das Experiment zeigt, daß all diese Teilvorgänge zu Beginn der Gastrulation schon mehr oder weniger fest determiniert sind, so daß sie nicht nur im geordneten Zusammenspiel des Ganzen, sondern auch getrennt jeder für sich ablaufen können. Die Gastrula ist in ihren einzelnen Teilen schon „dynamisch determiniert" (W. VOGT 1923 b).

Der dynamisch wichtigste dieser Teilvorgänge ist nach W. VOGT (1922 d) die Streckung der Randzone in ihrem ganzen Umfang, vor allem aber in ihrer dorsalen Hälfte. Indem ihre Zellen, und zwar schon vom späten Blastulastadium an, sich unter Längsstaffelung umordnen und an ihrer Grenze gegen das Entoderm umschlagen und einrollen, rückt die Randzone als ein sich verengernder Ring nach unten gegen den vegetativen Pol vor. Ermöglicht wird dieses Herabrücken durch entsprechendes Sichausbreiten der animalen Ektodermkappe und Ausweichen des dotterreichen Entoderms. So genau passen diese drei Einzelbewegungen zusammen, daß der Keim bei ungestörter Entwicklung rund und seine Oberfläche glatt bleibt.

Diese Zusammenziehung der Randzone ist nun in ihrem normalen Erfolg von den begleitenden Vorgängen abhängig, nicht aber in ihrem Eintritt und Verlauf. Hindert man nämlich die Ausbreitung der animalen Ektodermkappe durch Verringerung ihres Materials, indem man im Morulastadium das Dach der Furchungshöhle quer abträgt (Abb. 56), so unterbleibt wohl das Herabdrücken der Randzone, nicht aber ihre Zusammenziehung. Die vegetative Keimhälfte bleibt unbedeckt; trotzdem zieht sich der Ring der Randzone zusammen, als gälte es einen Urmund zu schließen, und zwar mit ziemlicher Kraft, so daß der Keim ein-

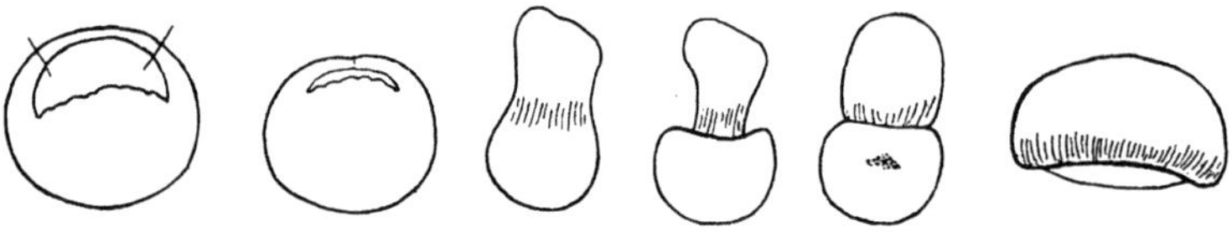

Abb. 56 a—f. Operativ bewirkte „Exogastrulation" bei Triton. a Schnittführung an der Blastula; b Verschluß der Operationswunde; c—e „Exogastrulation", in e mit Invaginationsgrube im vegetativen Feld; f Spätstadium einer „Exogastrula". (Nach VOGT, 1922 b.)

geschnürt wird (W. VOGT 1922b). Etwas Ähnliches tritt ein, wenn die Dotterzellen, über welche die Randzone herabwachsen soll, nicht schnell genug nach innen ausweichen können. So bei ganz nackten Keimen, wo mit dem Dotterhäutchen ein Widerhalt bei der Einstülpung weggefallen ist, so daß die Keime nicht rund bleiben, sondern die stets zu beobachtende Birnform annehmen (O. MANGOLD 1920). Oder bei Gastrulation nach frontaler Einschnürung, wo das Entoderm der ventralen Keimhälfte nicht rasch genug unter der Ligatur hindurch kann und sich nun mit scharfer Furche gegen die andrängenden Randzellen absetzt (Abb. 57), im Laufe weniger Minuten, lang ehe seitliche und untere Urmundlippen gebildet werden (SPEMANN 1902). Das wurde von uns beiden in ähnlichem Sinne gedeutet, wenn auch gerade unsere diesbezüglichen Ausführungen zeigen, welch entscheidender Fortschritt durch die einfachen Versuche und klaren Formulierungen von VOGT erreicht worden ist.

Abb. 57. Keim von Triton taeniatus (von rechts) zu Beginn der Gastrulation. Die Einstülpung des Meso-Entoderms ist durch eine frontal angelegte Ligatur stark behindert. (Nach SPEMANN, 1902.)

Diese Streckungstendenz wohnt der Randzone nicht nur als Ganzem inne, sondern auch in ihren einzelnen Teilen. Das folgt aus dem ebenfalls von W. VOGT zuerst beschriebenen und gedeuteten Verhalten dieser Teile nach Transplantation. Sie wachsen zu jenen langen und dünnen Zapfen und Hörnchen aus (Abb. 58), welche auch O. MANGOLD und ich häufig beobachtet haben. Der Streckungsvorgang ist also „aktiv und autonom, in der Randzone determiniert und ihren einzelnen Abschnitten bei Gastrulationsbeginn als relativ unabhängig vom Ganzen sich verwirklichende Tendenz immanent" (W. VOGT 1922d).

In gleicher Weise deutete O. MANGOLD (1920, S. 274) die Bildung von ektodermalen Anhängen, welche entstehen, wenn die Gastrulation aus irgendeinem Grunde ganz oder zum Teil unterbleibt; er schloß daraus, daß das „Wachstum" (richtiger die „Streckung", VOGT) völlig unabhängig von der Invagination ist.

Dieselbe Unabhängigkeit besteht nun auch zwischen der Streckung der Randzone und der Bildung der ersten Einstülpung und der Urmundlippen.

Wenn bei der normalen Entwicklung die Randzone bis zu einer bestimmten Grenze herabgedrückt ist, dann beginnt auf der Seite, wo sie am tiefsten steht, die Einstülpung des Urdarms und die Umrollung des herandrängenden Zellmaterials ins Innere. Das eine scheint die Folge des anderen zu sein. So faßte es in der Tat G. BORN (1884) auf, indem er die Vermutung aussprach (S. 188), daß der Widerstand, welchen die andrängende Randzone an den vegetativen Zellen findet, die Einstülpung bewirkt, und zwar zuerst an der Stelle, an welcher das weiße Feld am weitesten herauf reicht. ROUX (1885) widersprach dieser Auffassung und begründete das später (Ges. Abh. II, 343, Anm.) noch etwas genauer mit der besonderen lokalen Struktur, welche der eigentlichen Einstülpung vorausgeht; ein Gegengrund, der allerdings nicht mehr stichhaltig scheint, nachdem das frühe Einsetzen der Materialverschiebung festgestellt ist. Mich führten die Erscheinungen bei der Gastrulation frontal geschnürter Eier zu demselben Schluß (SPEMANN 1902, S. 474).

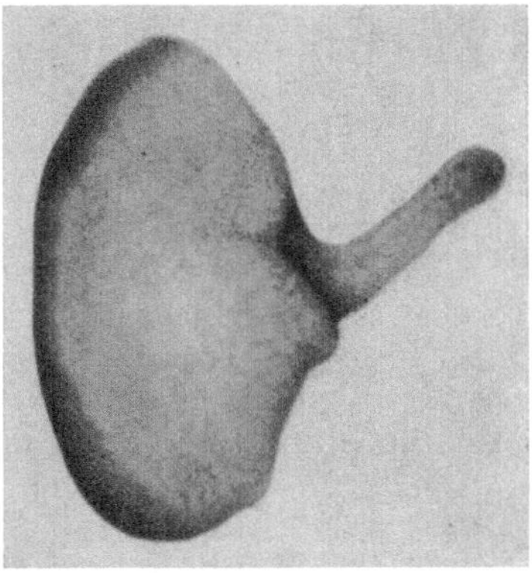

Abb. 58.
Hörnchenbildung infolge von Streckung verpflanzter oberer Urmundlippe bei behinderter Invagination. (Nach SPEMANN, 1931 a.)

Zu derselben Ansicht kam O. MANGOLD (1920, S. 256) auf Grund seiner Beobachtung, daß bei nackten Keimen der Urmund vor beginnender Längsstreckung an der noch kugeligen Blastula auftritt.

Besonders klar ist auch hier wieder das VOGTsche Experiment. Wenn man das Herabwachsen der Randzone verhindert, indem man das animale Dach der Blastula abträgt, so bildet sich trotzdem die erste Urmundeinstülpung, nun aber nicht im Zusammenhang mit der Randzone, sondern in ziemlicher Entfernung von ihr (vgl. Abb. 56e). Beide Vorgänge hängen also nicht kausal zusammen, zum mindesten nicht in einfacher Weise; sie sind aber planmäßig aneinandergefügt.

Dasselbe gilt für die Bildung der Urmundlippen und ihre fortschreitende Einrollung. Sie ist mit der Streckung nicht nur räumlich und zeitlich verbunden, sondern beide Prozesse bedingen sich auch gegenseitig. Die Einrollung könnte nicht weitergehen, wenn durch die Streckung nicht immer neues Material herangebracht würde; die Streckung würde zu abnormen Bildungen, eben jenen Hörnchen und Zapfen führen, wenn das Material nicht durch die Einrollung immer wieder weggeschafft würde. Bedingen sich also beide Vorgänge gegenseitig in ihrem Erfolg, so hängen sie doch nicht ursächlich zusammen. Daß die Streckung der Randzone auch ohne Einrollung vor sich gehen kann, haben wir eben gesehen. Aber auch die Einrollung ist ein autonomer Vorgang, in den einzelnen Abschnitten der Randzone lokalisiert. Kleine Stückchen der oberen und seitlichen Urmundlippe, an anderen Ort verpflanzt, rollen „sich selbst" ein, so wie sie „sich selbst" strecken; d. h., in ihnen, nicht in der nachdrängenden Umgebung, sind die einrollenden Kräfte gelegen (H. SPEMANN und HILDE MANGOLD 1924). Auch die Richtung der Einrollung ist festgelegt und vermag sich im Wirtskeim bis zu einem gewissen Grade auch in abnormer Orientierung durchzusetzen (SPEMANN 1931; F. E. LEHMANN 1932). Ja selbst das Maß der Einrollung ist in den einzelnen Stückchen lokalisiert; denn Urmundlippe einer jungen Gastrula rollt sich weiter ein als solche einer alten (SPEMANN 1931).

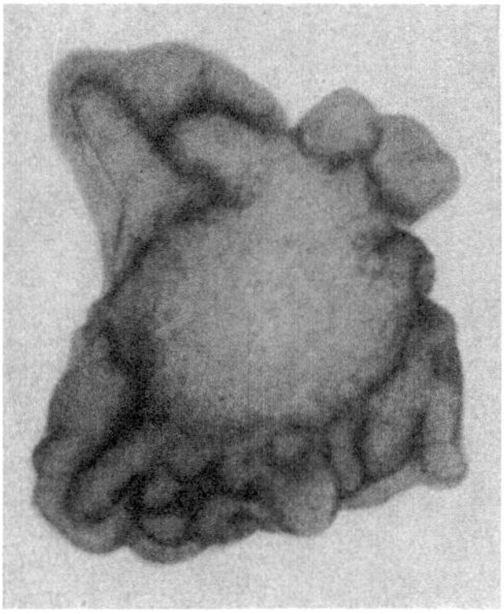

Abb. 59. Zwei ventrale Keimhälften von Triton taeniatus, zu Beginn der Gastrulation zusammengeheilt; starke Faltenbildung infolge von autonomer Oberflächenvergrößerung. (Nach SPEMANN, 1921 a.)

Dieselbe Unabhängigkeit der Teile zeigt sich bei der fortschreitenden Ausbildung der Urmundlippen. Nicht der jeweils gebildete Teil verursacht die Bildung des folgenden, wie es den Anschein haben könnte; vielmehr tritt einer nach dem anderen aus in ihm selbst gelegenen Ursachen in den Zustand ein, in welchem er sich einfaltet und einrollt. Das folgt aus der Tatsache, daß die ventrale Keimhälfte auch dann gastruliert, wenn die dorsale lange vorher, im Blastula- oder gar im Zweizellenstadium, entfernt worden ist (SPEMANN 1902). Zu demselben Schluß kommt O. MANGOLD (1920, S. 278).

Dasselbe gilt für die Ausbreitung der präsumptiven Epidermis. Sie ist, wie wir gesehen haben, die unerläßliche Voraussetzung für das Herabwachsen der sich streckenden Randzone; aber sie ist nicht ursächlich mit ihr verknüpft. Weder schiebt das Ektoderm bei seiner Ausbreitung die Randzone vor sich her, noch wird es bei deren Streckung nachgezogen. Letzteres folgt daraus, daß es sich auch isoliert in gleicher Weise ausbreitet. Das fand O. MANGOLD (1923) bei der Verpflanzung dieses Keimbezirks ins Entoderm (S. 203); dort fügt sich das Stück, im Gegensatz zu einem solchen aus einer vollendeten Gastrula, nicht glatt in die Umgebung ein, sondern es knäuelt sich zusammen. Dies findet nach MANGOLD eine genügende Erklärung durch die Annahme, daß das Stück auch am neuen Ort, wie an seinem Ursprungsort belassen, während der Gastrulation seine Oberfläche stark vergrößert (1925a,

S. 217). Das gleiche selbständige Wachstum verrät sich an ganz frei aufgezogenen Stücken; z. B. wenn man zwei ventrale Keimhälften zur Verwachsung bringt. Es entsteht dann keine glatte Blase, sondern ein höchst unregelmäßiges Gebilde voll Lappen und Falten (Abb. 59) an der sich ausbreitenden Oberfläche (SPEMANN 1931, S. 397).

So einheitlich also der Bewegungsvorgang ist, durch welchen das Material für die wichtigsten Organe an seinen endgültigen Ort kommt, so genau die Einzelbewegungen zusammenpassen, zusammenpassen müssen, wenn das endgültige Ergebnis erreicht werden soll, so stehen sie doch, mindestens vom Beginn der Gastrulation an, nicht mehr in ursächlichem Zusammenhang. Jeder Teil hat vielmehr schon vorher Richtung und Maß seiner Bewegung irgendwie eingeprägt erhalten. Nicht grob mechanisch sind die Bewegungen bedingt, durch Druck und Zug der einzelnen Teile, sondern planmäßig geordnet (im Sinn v. UEXKÜLLs). Nach vorausgegangener genauer Abmessung verlaufen sie auf Grund selbständiger in den Teilen selbst hervorgerufener Gestaltungstendenzen. Was wir im Gastrulastadium antreffen, ist also ein Mosaik, ein Muster von Bezirken mit bestimmten Gestaltungstendenzen, aus dem die Gestaltungsbewegungen der Gastrulation mit Notwendigkeit folgen.

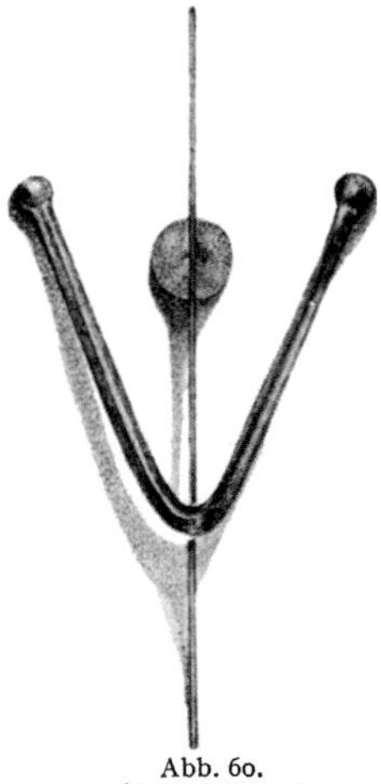

Abb. 60. Feiner Glasfaden median auf beginnende Gastrula aufgelegt, durch Glasreiter beschwert. (Nach SPEMANN, 1921 b.)

Wie kommt nun dieses Mosaik der Gastrula zustande? Entsteht es unter Wechselwirkung der Teile durch harmonische Gliederung eines mehr gleichartigen Ganzen oder geht es selbst aus einem Mosaik von verschiedenen Materialien hervor? Sind diese etwa schon im unbefruchteten Ei in fester Proportion vorhanden und brauchen nur durch innere Bewegungen, etwa durch die Protoplasmaströmung nach der Befruchtung (CONKLIN 1905), an ihren endgültigen Ort gebracht zu werden?

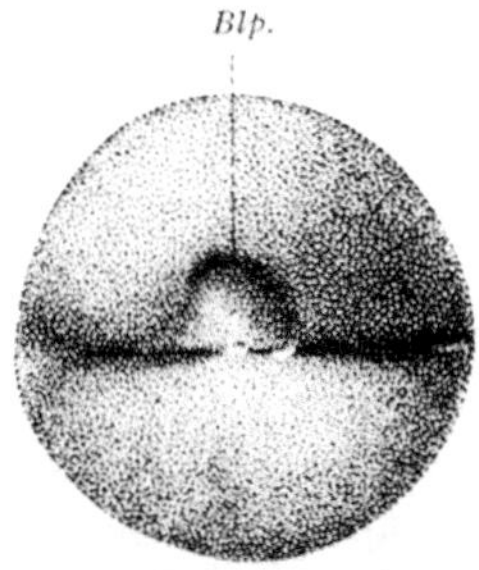

Abb. 61. Hüllenloser Keim von Triton taeniatus zu Beginn der Gastrulation, mit einem frontal aufgelegten Glasfaden, der ihn in eine dorsale und ventrale Hälfte zerlegt. *Blp.* Urmund. (Nach G. RUUD und H. SPEMANN, 1922.)

Zur Beantwortung dieser Frage liegen bis jetzt, soviel ich sehe, keine Tatsachen vor. Man könnte solche auf zwei Wegen zu gewinnen suchen. Man könnte versuchen, genau bestimmte Bezirke des Eiplasmas isoliert aufzuziehen, nachdem man sie vorher mit einem Kern versehen hätte; in ähnlicher Weise wie es bei der verzögerten Kernversorgung mit der ganzen Eihälfte geschieht (vgl. S. 17). Sollte sich dabei zeigen, daß z. B. einem Stück aus der Gegend der hinteren Medullarplatte eine starke Streckungstendenz innewohnt, einem Stück aus der Gegend der Epidermis eine Tendenz zur flächenhaften Ausbreitung, so würde das besagen, daß schon den einzelnen Regionen des Eiplasmas jene während der Gastrulation hervortretenden Gestaltungstendenzen potentia zukommen. Oder aber könnte man durch Anstich Defekte setzen, so wie es A. BRACHET (1906) zu etwas anderem Zwecke getan hat, und könnte aus etwaigen typischen Änderungen

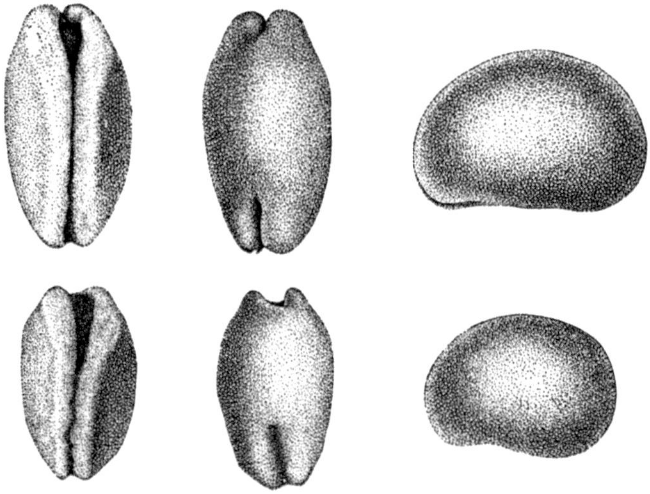

Abb. 62. Obere Reihe: normale Neurula von Triton taeniatus, von oben, unten und rechts gesehen; untere Reihe: dasselbe, aus der dorsalen Hälfte einer frontal durchschnittenen Gastrula entstanden. (Nach G. RUUD und H. SPEMANN, 1922.)

der Gastrulation ersehen, ob mit bestimmtem Material auch bestimmte Gestaltungstendenzen ausgefallen sind.

Einen bindenden Schluß würden diese Versuche, namentlich die Defektversuche, nur bei positivem Ausfall gestatten; eine labile Determination könnte durch regulative Vorgänge überdeckt werden. Dafür gibt es gerade in diesem Fall tatsächliche Anhaltspunkte.

Wenn man einen Tritonkeim im ersten Beginn der Gastrulation in einer frontalen Ebene zerschneidet (Abb. 60, 61), so vermag häufig die dorsale Hälfte die Gastrulation zu Ende zu führen und einen normal proportionierten Embryo (Abb. 62) zu bilden (G. RUUD und H. SPEMANN 1922). Dies ist möglich trotz des nachgewiesenermaßen vorhandenen Mosaiks von Gestaltungstendenzen in jenem Entwicklungsstadium. Dann beweist aber auch die vollkommene Gastrulation der dorsalen Blastomere nach Abtrennung der ventralen nichts gegen ein Stoffmosaik im Eiplasma jenes frühen Entwicklungsstadiums. Ebenso könnten Defekte spurlos ausgeglichen werden (vgl. E. BRUNS 1931).

Ist also der Determinationsgrad der Eiregionen zu Beginn der Furchung noch nicht zu bestimmen, so führt der Isolierungsversuch, jedenfalls für die einzelnen Teile der beginnenden Gastrula, zu demselben

Ergebnis wie für die beiden ersten Blastomeren nach medianer Durchtrennung. Sie sind, zum mindesten in ihrer Gestaltungstendenz, schon determiniert, aber erst labil, noch nicht in fester, unwiderruflicher Weise. Daneben aber besteht noch zu Beginn der Gastrulation die Möglichkeit, dasselbe Entwicklungsziel auch auf regulativem Wege zu erreichen.

Damit stehen wir aber wieder demselben merkwürdigen allgemeinen Tatbestand gegenüber, der sich schon aus den ersten Versuchen von W. Roux und H. Driesch ergab: Entwicklung aus einzelnen, weitgehend voneinander unabhängigen Teilen, die aber doch wohl vorher zu planmäßiger Zusammenarbeit bestimmt worden sein müssen, und daneben, im gleichen Entwicklungsstadium, diese bei Störungen sich enthüllende Fähigkeit harmonischer Gliederung, welche allein genügen würde, die normale Entwicklung zu gewährleisten. Wir werden dieser Erscheinung noch mehrmals begegnen; so gleich im folgenden Abschnitt, in welchem die „materielle Determination" (W. Vogt 1923b) der Keimbezirke zu Beginn der Gastrulation zu behandeln sein wird.

2. Determinationsgrad der präsumptiven Organanlagen zu Beginn der Gastrulation.

Problem und Methode. Die Frage, ob die präsumptiven Organanlagen zu Beginn der Gastrulation schon determiniert sind, gewinnt ein über die rein tatsächliche Feststellung hinausreichendes allgemeineres Interesse im Zusammenhang mit dem weitgehenden Regulationsvermögen der beginnenden Gastrula. Bei dieser Regulation werden die einzelnen Keimbezirke neu determiniert; ist das nun eine primäre Determination eines noch ganz indifferenten Materiales oder eine Umdeterminierung eines schon labil determinierten? Tatsächlich in Angriff genommen wurde die Frage aber erst, nachdem solches relativ indifferentes Material zwischen zwei Keimen ausgetauscht worden war. Nach der historischen Entwicklung des Gegenstandes wären diese Determinationsprüfungen also erst später zu besprechen; doch liegen sie so sehr in der Fortsetzung der bisherigen Experimente, daß sie besser hier schon behandelt werden.

Die Methode der Prüfung ist wieder die Isolation; und zwar hat es sich als nötig herausgestellt, dabei den strengsten Anforderungen zu genügen. Eine gewisse Isolierung eines Keimteils ist schon dann gegeben, wenn er aus seiner normalen Umgebung herausgenommen und in eine fremde verpflanzt wird. Entwickelt er sich dann seinem normalen Schicksal entsprechend weiter, in einer Richtung, welche ihm von der neuen Umgebung nicht erteilt worden sein kann, so lagen alle spezifischen Ursachen dazu schon in ihm selbst. Seine Entwicklung ist Selbstdifferenzierung, er ist *determiniert* gewesen. Ist dies jedoch nicht der Fall, erfolgt die Entwicklung ortsgemäß, so läßt sich aus dem Versuch nicht entscheiden, ob der transplantierte Bezirk noch ganz indifferent war oder schon in labiler Weise determiniert. Wenn also z. B. ein Stück präsumptive Medullarplatte in präsumptive Epidermis eines anderen Keims verpflanzt wird, in eine Gegend, in welcher eine Neudetermination von Medullarplatte ausgeschlossen erscheint, und es entwickelt sich dann zu Medullarplatte, so muß es schon dazu determiniert gewesen sein. Entwickelt es sich aber zu Epidermis, so läßt sich nicht entscheiden, ob das Stück noch ganz indifferent war, oder doch schon, wenn auch in labiler widerruflicher Weise, zu Medullarplatte determiniert. Eine größere Garantie der Isolierung scheint schon gegeben, wenn die Aufzucht in einem organischen, flüssigen Medium erfolgt, in der Leibeshöhle, in einem Lymphraum, in Serum außerhalb des Körpers. Aber auch hier ist man nicht sicher, ob die Nährlösung nicht spezifische Stoffe enthält, welche die Richtung der Entwicklung bestimmen könnten. Deswegen müssen anorganische Salzlösungen als Medium dienen; sollten sich auch bei ihnen Verschiedenheiten des Ergebnisses einstellen, so müßte es verhältnismäßig leichter sein, die dafür verantwortlichen Verschiedenheiten der Bedingungen ausfindig zu machen.

Aufzucht in unspezifischer Salzlösung. Solche Versuche in geeigneter Salzlösung wurden erst in neuester Zeit ausgeführt, von H. ERDMANN (1931) und J. HOLTFRETER (1931a und b). Das Ergebnis ist von größtem Interesse. Beide Autoren stellten eine weitgehende Selbstdifferenzierung im Bereich des Mesoderms und Entoderms fest.

So beobachtete H. ERDMANN (1931), welcher die Keime bis zu 6 Tagen am Leben erhielt, die Entstehung von Chorda, Urwirbeln, Nierenanlage, Muskelfasern aus den mit mehr oder weniger Sicherheit abgegrenzten Anlagen dieser Organe in der beginnenden Gastrula.

Noch tiefer konnte J. HOLFTRETER (1931a und b) eindringen, bei dessen verbesserter Methode die Keimfragmente bis zu 6 Wochen am Leben blieben. So konnte Entoderm in Salzlösung bis zum dotterfreien histologischen Endstadium weiter gezüchtet werden. Dabei wurde niemals beobachtet, daß einwandfrei entodermales Material sich zu etwas anderem als entodermalen Bildungen entwickelte. Seiner genaueren Herkunft entsprechend wurde es zu ganz bestimmten Teilen des Darms; im vordersten Teil der Anlage zu reinem Vorderdarm, weiter hinten zu Magenepithel mit Pylorusdrüsen, oder zu Leberschläuchen. Und nicht nur die morphologischen Zellcharaktere sind schon so früh determiniert, sondern auch die funktionellen Besonderheiten sind schon bestimmt und gelangen am isolierten Stück zur Ausbildung. So beginnen z. B. kleine Entodermstücke nach ganz bestimmter Zeit, die mit der normalen Entwicklungszeit übereinstimmt, Sekret abzusondern. Gewisse Darmexplantate zeigen Zilienbewegung. In mehreren Fällen wurde beobachtet, daß die Darmbläschen eine regelmäßige Peristaltik besaßen. An ihnen fand sich dann stets auch etwas Bindegewebe und glatte Muskulatur, deren Herkunft aus Randzonenmaterial wahrscheinlich ist. Die peristaltischen Bewegungen waren rhythmisch und konnten tagelang beobachtet werden. Und dies, obwohl der Darm ohne Verbindung mit einem Nervensystem war.

Etwas abweichend scheint sich nach HOLTFRETERs (1933e) neuesten Mitteilungen die Randzone zu verhalten. Sie ist offenbar in ihren Anlagebezirken noch nicht streng lokal determiniert (vgl. H. BAUTZMANN 1933), vielmehr haben ihre Teile noch die Fähigkeit, sich regulativ zu einem mehr oder weniger harmonischen Gebilde zu ergänzen, wobei anscheinend nicht einmal die Keimblattgrenzen gewahrt bleiben. So entwickelte sich aus dem lateralen Flügel der präsumptiven Chorda nach neuntägiger Isolation in Salzlösung ein bilateral-symmetrisches Gebilde, bestehend aus einem sehr dünnen langen Strang Chordagewebe, auf einem Lager von Rumpfmuskulatur, deren Zellen sich in Ausläufern über die Glasplatte verbreiteten. Im Kopfteil außerdem nervöse Substanz und Epidermis, also normalerweise Abkömmlinge des Ektoderms.

Sehr merkwürdig ist das Verhalten des Ektoderms, also der präsumptiven Medullarplatte und Epidermis.

H. ERDMANN meint, daß präsumptive Medullarplatte der jungen Gastrula von Anuren und Urodelen (Rana, Bufo, Bombinator, Amblystoma) sich isoliert zu Medullarplatte entwickeln kann, präsumptive Epidermis zu Epidermis. Danach schienen also diese beiden Ektodermbezirke schon determiniert zu sein, zum mindesten in labiler Weise. Daneben aber fand er, daß auch präsumptive Epidermis ganz isoliert Medullarplatte zu bilden vermag.

Zu einem wesentlich anderen Ergebnis kam J. HOLTFRETER (1931a und b) für Triton und Amblystoma. Die Überlegenheit seiner Experimente liegt in dem hohen Differenzierungsgrad, den seine Explantate erreichten und der jeden Zweifel an ihrem Gewebscharakter ausschloß, was bei ERDMANN nicht immer der Fall ist. Dann aber auch in der großen Zahl der angestellten Versuche; dadurch lassen sich in etwas die Fehler ausgleichen, welche durch die kaum ganz vermeidbaren Übergriffe in fremdes Anlagengebiet entstehen können. HOLTFRETER fand nun, daß präsumptive Epidermis ausnahmslos zu Epidermis wurde. Aber auch präsumptive Medullarplatte wurde in den meisten Fällen zu Epidermis; nur ganz selten kamen „winzige Spuren" von Nervengewebe hinzu. Danach erweist sich nach seiner Ansicht die präsumptive Medullarplatte als noch nicht determiniert. Sie liefert in Isolation Epidermis, die man danach wohl gegenüber dem Nervengewebe als eine primitivere Differenzierungsleistung bezeichnen darf (vgl. H. SPEMANN 1918, S. 526). Es wäre von Interesse zu wissen, ob die manchmal beobachteten geringen Beimengungen von nervösen Zellen etwa von derjenigen Seite des ausgeschnittenen Stückes stammen, welche an das präsumptive Mesoderm stieß; denn auch von diesem Bereich kann nach HOLTFRETER Medullarplatte gebildet werden.

Gemeinsam ist den Ergebnissen beider Autoren, daß präsumptives Ektoderm isoliert in Salzlösung nur ektodermale Gewebe bildet, nie z. B.

Chorda oder Muskulatur. Das wird im Zusammenhang mit anderen Tatsachen wichtig werden, auf welche wir bald zu sprechen kommen.

Aufzucht im Coelom älterer Larven. Aufzucht von jüngsten Keimfragmenten in organischem Medium außerhalb des Körpers wurde zuerst von B. GEINITZ (1921, 1922) und O. MANGOLD (1924, 1927) versucht, im Anschluß an die kurz vorher entdeckte Vertauschbarkeit präsumptiver Organanlagen. Diese Versuche, ebenso wie die einige Jahre später von J. HOLTFRETER angestellten verliefen ergebnislos; die Stücke starben, ohne daß typische Differenzierungen an ihnen beobachtet werden konnten. Dagegen fand HOLTFRETER (1925, 1929a) in der Leibeshöhle älterer Larven einen geeigneten Ort für ungestörte, gegen Infektion gesicherte Aufzucht kleinster Keimfragmente. Hier blieben die Implantate in den allermeisten Fällen frei schwebend in der Coelomflüssigkeit, traten also in keinerlei gewebliche Verbindung mit dem Wirtsorganismus. Theoretisch bedeutsam und methodisch wertvoll ist es ferner, daß auch Vertreter fremder Arten, Gattungen, ja Ordnungen als Wirte dienen können; so z. B. die sehr durchsichtigen Kaulquappen der Unke als Wirte für Implantate verschiedener Arten von Anuren und Urodelen.

Die Ergebnisse sind sehr merkwürdig. Zwar Entoderm und Mesoderm verhalten sich im Coelom im wesentlichen gerade so wie in der Salzlösung; das Ektoderm dagegen in wichtigen Punkten wesentlich anders. Präsumptive Medullarplatte, welche in Salzlösung fast immer nur Epidermis bildet, Nervenzellen höchstens in Spuren, kann im Coelom herkunftsgemäß typisches reines Nervengewebe liefern, mit peripherer Kernschicht und zentraler Fasermasse. Ebenso kann präsumptive Epidermis sich herkunftsgemäß weiter entwickeln, zu Epidermis mit typischen Charakteren wie Eiweißdrüsen, Flimmerzellen, merkwürdigerweise auch Pigmentzellen und Unterhautbindegewebe. Aber dieselben Stücke können sich bei derselben Versuchsanordnung, also unter sicher nicht sehr abweichenden Bedingungen, auch ganz anders entwickeln; nämlich präsumptive Epidermis zu echtem Nervengewebe, präsumptive Medullarplatte zu Epidermis mit allen besonderen Merkmalen. Das eine fast genau so häufig wie das andere.

Nach dem Ergebnis beider Versuchsreihen, in vitro und in vivo, verhält sich also das präsumptive Ektoderm in sich ganz gleichartig. In Salzlösung wird alles, von verschwindenden Ausnahmen abgesehen, zu Epidermis; in der Coelomflüssigkeit wird ebenso alles, und zwar zu gleichen Teilen entweder zu Epidermis oder zu nervöser Substanz. Diese beiden Möglichkeiten stehen also dem ganzen präsumptiven Ektoderm offen, und zwar anscheinend in fast genau demselben Maße. Präsumptive Medullarplatte ist nicht oder kaum merklich mehr disponiert zur Bildung von Nervensubstanz als präsumptive Epidermis. Aber offenbar muß zur Entstehung von Medullarsubstanz noch etwas hinzukommen, was in der Salzlösung fehlt, in der Coelomflüssigkeit dagegen enthalten ist und vielleicht auch bei den Versuchen von W. ERDMANN vorhanden war.

„Ich glaube“, sagt HOLTFRETER (1931a, S. 165), „man kann nicht umhin, in der Bauchhöhlenflüssigkeit selbst das Vorhandensein besonderer, chemisch und physikalisch vielleicht sehr einfacher Faktoren anzunehmen, die die Potenz zu nervöser Differenzierung verwirklichen helfen“ Der determinative Zustand des präsumptiven Ektoderms aber muß in diesem Zeitpunkt ungemein labil sein, so daß er auf den geringsten Anstoß hin nach der einen oder anderen Seite ausschlägt.

Aufzucht in der Augenhöhle. Diese verschiedene Entwicklung der Keimfragmente in unspezifischer Salzlösung und in der Coelomflüssigkeit von Amphibienlarven eröffnet vielleicht einen Weg zum Verständnis der überraschenden Ergebnisse, welche die Aufzucht solcher Fragmente an einem anderen Ort des lebenden Organismus gebracht hat, nämlich in der ausgeräumten Augenhöhle.

Die Methode stammt von B. DÜRKEN (1925). Sie wurde auf seine Anregung von W. KUSCHE (1929) dazu verwendet, um die verschiedenen Bezirke der Blastula und Gastrula auf ihren determinativen Zustand zu prüfen. Seine Ergebnisse bringen gegenüber denen von J. HOLTFRETER die zunächst ganz paradox erscheinende Tatsache, daß Chorda und Muskulatur aus herkunftsfremdem Material entstehen können, und zwar aus fast allen Bezirken der beginnenden Gastrula von Triton, und speziell der präsumptiven Medullarplatte aus der Blastula von Amblystoma.

H. BAUTZMANN (1929b) kam gleichzeitig und unabhängig zu demselben Ergebnis. Auch er fand, daß ein Keimfragment vom animalen Pol der Blastula oder beginnenden Gastrula in der Augenhöhle sich zu Chorda und Muskulatur entwickelte. Während KUSCHE sich auf die Mitteilung der Tatsachen beschränkte, zieht BAUTZMANN aus seinem Ergebnisse Schlüsse von erheblicher Tragweite, welche in der Bezeichnung der Erscheinung als „bedeutungsfremder Selbstdifferenzierung“ ihren prägnanten Ausdruck finden. Entgegen früheren Bedenken gegen die Eignung der DÜRKENschen Methode (1929a, S. 7) neigt BAUTZMANN nun dazu, das Medium des Augenraums für unspezifisch zu halten. Bestimmend ist dabei die Erwägung, daß bei Annahme von Stoffen, die etwa nach Art der Hormone die Entwicklung bestimmen könnten, „unter ihren Wirkungen Fähigkeiten, z. B. zur Entwicklung von Muskulatur und Chorda zwar aktiviert, aber wohl kaum neu geschaffen“ werden können. „Das wiederum würde die Annahme, daß ein Stück vom animalen Pol *different* ist, nicht nur in Richtung von Medullarmaterial, sondern *auch* in Richtung von Chorda und Muskulatur, erst recht nahelegen.“

Hier wird also der Begriff der Determination und Selbstdifferenzierung gleichgesetzt mit dem der Präformation von Entwicklungsmechanismen. Das liegt aber nach seiner Definition nicht in ihm. Selbstdifferenzierungsfähig, also determiniert, ist nach der ROUXschen Definition ein Keimteil dann, wenn er alle *spezifischen* Ursachen seiner Weiterentwicklung in sich enthält, so daß zu ihrer Verwirklichung nur noch die „Vorbedingungen der Entwicklung, wie „normale" Temperatur, normale osmotische Verhältnisse, Sauerstoffzufuhr u. ä. erfüllt sein müssen. Zu jenen *spezifischen* Ursachen gehört auch der etwa noch nötige Anstoß, der zwischen verschiedenen Möglichkeiten, „Potenzen", die Entscheidung trifft. Fehlt dem Keimteil diese Ursache, auch wenn sie nur in einem einfachen Stoff gegeben sein sollte, so ist er nicht selbstdifferenzierungsfähig, nicht determiniert. Besteht also von dieser Seite her keine prinzipielle Schwierigkeit, irgendeinem in der Augenhöhle vorhandenen Einfluß die Aktivierung der Potenzen für Chorda und Muskulatur zuzuschreiben, so scheint mir andererseits die Auffassung BAUTZMANNs solche in recht erheblichem Maße zu bergen. Sie liegen nicht darin, daß das präsumptive Ektoderm der beginnenden Gastrula die Potenzen für Chorda und Muskulatur neben einigen anderen enthalten müßte; denn daß es das tut, ist schon seit den Transplantationsversuchen in diesem frühen Stadium bekannt. Vielmehr liegen sie in der Annahme, daß diese Potenzen in der normalen Entwicklung vorübergehend aktiviert sind, um dann wieder latent zu werden; gerade in diesem Zeitpunkt der Aktivität wäre das Stück isoliert worden und hätte seine aktivierten Potenzen zur Entfaltung gebracht. Nur unter dieser Voraussetzung könnte man von Selbstdifferenzierung reden. Dann müßte diese Selbstdifferenzierung aber auch in Salzlösung und in Coelomflüssigkeit eintreten. Das ist aber weder in den Versuchen von W. ERDMANN noch in den sehr zahlreichen Versuchen von J. HOLTFRETER jemals beobachtet worden.

Danach ist es mir wahrscheinlich, daß für die bedeutungsfremde Entstehung von Chorda und Muskulatur in der Augenhöhle dasselbe gilt, was HOLTFRETER für die Differenzierung von Medullarplatte aus Epidermis in der Coelomflüssigkeit annimmt; daß nämlich in dem Medium Faktoren von vielleicht chemisch und physikalisch sehr einfacher Art enthalten sind, welche die latenten Potenzen verwirklichen helfen (vgl. W. VOGT 1928b, S. 38).

3. Das Verhältnis der dynamischen zur materiellen Determination.

Aus den soeben geschilderten Determinationsprüfungen läßt sich noch nicht mit Sicherheit entnehmen, ob Gestaltungsbewegung und Differenzierung gleichzeitig determiniert werden oder ob die Gestaltungsbewegungen, wie sie zuerst in Erscheinung treten, so auch schon früher als die Differenzierung fest bestimmt sind. Beobachtungen, die erst in anderem Zusammenhang ausführlich mitzuteilen sein werden, scheinen in letzterem Sinn zu sprechen; die Tatsache nämlich, daß die Gestaltungstendenzen kleiner Stücke aus der beginnenden Gastrula sich in fremder Umgebung schon durchsetzen können, während ihre gewebliche Differenzierung noch von der neuen Umgebung bestimmt wird. Das legt die Frage nah, ob etwa die spätere Determination von der Auswirkung der früheren ursächlich abhängt. Aber auch abgesehen von einer solchen erst noch festzustellenden zeitlichen Folge der eigentlichen Determination kann diese Frage aufgeworfen werden, auf Grund eben jener zeitlichen Folge der sichtbaren Gestaltungsbewegungen und geweblichen Differenzierung.

Diese Frage, von mir kurz gestreift (H. SPEMANN und H. MANGOLD 1924, S. 627, 632), wurde zuerst von W. VOGT (1923b, S. 31) klar formuliert, und zwar auf Grund der oben geschilderten Experimente, aus welchen die unabhängigen Gestaltungstendenzen der einzelnen Gastrulabezirke hervorgehen. Die neuen Tatsachen führten ihn zu der Ansicht, daß „die formbildenden Kräfte speziell lokalisiert sind, daß also außer einer materiellen Determination eine solche dynamischer Art erfolgt, indem etwa die Streckung eines Keimabschnitts als Formbildungsvorgang schon determiniert sein kann, während der gleiche Abschnitt materiell noch undeterminiert ist". Zu derselben Ansicht war O. MANGOLD auf Grund derselben Erfahrungen gekommen (1923, S. 235f., 1925). W. VOGT erweiterte dies zu der allgemeinen Frage, „wieweit überhaupt die Formbildung etwas von der geweblichen Ausbildung, der Zelldifferenzierung Unabhängiges ist".

Diese Frage nahm K. GOERTTLER (1927) auf und glaubte sie experimentell dahin beantworten zu können, daß im normalen Geschehen Formbildungs- und Differenzierungsvorgang irgendwie miteinander verkoppelt sind (1927b, S. 552). Die Idee des sinnreichen Experiments besteht darin, daß das zu prüfende Stück in eine indifferente Umgebung so eingepflanzt wird, daß seine (schon determinierten) Eigenbewegungen durch die Gestaltungsbewegungen des Wirts entweder möglichst gefördert oder möglichst gehemmt werden. Es wurden also viereckige Stückchen präsumptive Medullarplatte aus der Blastula oder frühen Gastrula in die seitliche Epidermis einer beginnenden Neurula so eingepflanzt, daß die vom Implantat intendierte Streckung unter Zusammenschiebung mit den Bewegungen der umgebenden Epidermis entweder zusammenfiel oder ihr entgegenlief. Der Erfolg war nach GOERTTLER der, daß aus dem Implantat bei harmonischer Orientierung herkunftsgemäß Medullarplatte wurde, bei disharmonischer Orientierung dagegen ortsgemäß Epidermis. Daraus wurde geschlossen, daß die präsumptive Medullarplatte schon determiniert ist, aber nur zur Ausführung der Gestaltungsbewegungen; daß dagegen die Differenzierung der Medullarplatte abhängt vom richtigen Vollzug dieser Gestaltungsbewegungen.

Da die von GOERTTLER beschriebenen Medullarplatten noch nicht über das Stadium der Gestaltungsbewegungen hinaus in die eigentliche Differenzierung eingetreten sind, so können seine Ergebnisse streng genommen nichts darüber aussagen, ob das eine Ursache des andern ist. Es ist stillschweigend vorausgesetzt, daß die Zellen der isolierten Medullarplatte sich bei längerer Entwicklung zu den verschiedenen Zellarten des Zentralnervensystems differenziert hätten — was auch wohl zu erwarten ist. Aber auch dann scheint GOERTTLERs Schlußfolgerung nicht bindend.

Sie setzt nämlich ferner voraus, daß die Einwirkungen der Umgebung sich auf jene mechanischen von Druck und Zug beschränken, welche dem Stück keine neue Entwicklungsrichtung erteilen, sondern nur die Einhaltung einer schon vorhandenen entweder fördern oder hindern. „Induzierende" Einwirkungen der Umgebung, wie wir sie später kennenlernen werden, müßten bei dem Experiment ausgeschlossen sein. GOERTTLER hielt in der Tat solche Einflüsse für unwahrscheinlich, sowohl von seiten der umgebenden Epidermis (S. 521) wie von seiten des unterlagernden Mesoderms (S. 528). Gegen letztere glaubte er sich außerdem dadurch gesichert, daß er (allerdings nur in einigen Fällen) das Mesoderm an der Wundstelle vor Einpflanzung des Stückes entfernt hatte.

Eine Einwirkung des Mesoderms erschien ihm auch deshalb äußerst unwahrscheinlich, „da wohl im Mesodermmaterial der Seitenplatte, um welche es sich hier meist handelt, die Fähigkeit zur Determination eines auf viel tieferer Organisationsstufe schon gebildeten und hier normal vorhandenen Materials unverständlich bleiben müßte" (1927b, S. 528). Zudem ergab ein Kontrollversuch, präsumptive Epidermis anstatt der präsumptiven Medullarplatte in die Seite verpflanzt, in 17 Fällen kein einziges Mal Bildung einer Medullarplatte (1927b, S. 537).

Nun sind aber in neuester Zeit von J. HOLTFRETER (1933a) fast alle diese tatsächlichen Angaben auf Grund einer Nachuntersuchung am selben und an anderen Objekten bestritten worden. HOLTFRETER fand, daß präsumptive Medullarplatte der frühen Gastrula, in die seitliche Gegend der frühen Neurula verpflanzt, bei jeder beliebigen Orientierung Neuralrohr ergibt. Dasselbe ergibt aber auch präsumptive Epidermis in der frühen Neurula, ebenfalls bei jeder beliebigen Orientierung. Ebenso entsteht am selben Ort aus beiderlei Keimbezirken Neuralrohr auch in einer älteren Neurula, ja selbst noch in einer Larve mit beginnender äußerer Gliederung.

Da an der Richtigkeit dieser auf zahlreiche klare Fälle gestützten Angaben kaum zu zweifeln ist, so wären GOERTTLERs Schlußfolgerungen aus seinen Versuchen hinfällig, und es bliebe nach wie vor unentschieden, ob die materielle Determination von der Ausübung der dynamischen abhängt oder nicht.

Nun könnte man eine Entscheidung der Frage im entgegengesetzten Sinn in einem Experimente erblicken, welches O. MANGOLD (1923, S. 259; 1925a) schon früher angestellt hatte. Bei diesem Experiment wurde ein Stück präsumptive Epidermis in das Blastocoel einer anderen Gastrula geschoben, durch einen feinen Schlitz in ihre manimalen Dach, der rasch wieder zuheilte. Dadurch kam das Stück nach Ablauf der Gastrulation direkt unter das Ektoderm zu liegen und gliederte sich dort in zwei Schichten, von denen die innere sich dem Entoderm, die äußere dem Mesoderm glatt einfügte (Abb. 63). Das Experiment zeigt also, daß die späteren Gestaltungsbewegungen mit Übergehung der früheren direkt aufgeprägt werden können; dagegen sagt es nichts aus über die Unabhängigkeit der Differenzierung von ihnen. Denn auch wenn es bei längerer Entwicklung des Wirts zur ortsgemäßen Differenzierung des Implantats gekommen wäre, so wären ihr doch Gestaltungsbewegungen, und zwar gerade die letzten, vorausgegangen. Und selbst wenn dieser Einwand durch noch spätere Einpflanzung des Stückes vermieden werden könnte, so würde die Differenzierung doch immer durch eine Umgebung induziert worden sein, welche selbst die normalen Gestaltungsbewegungen mitgemacht hat. Das eigene „Erlebnis" der Gastrulation, um GOERTTLERs treffendes Bild zu gebrauchen, mag entbehrlich sein, um die folgenden Differenzierungsschritte zu tun; aber vielleicht nur dann, wenn die induzierende Umgebung dieses Erlebnis gehabt hat (SPEMANN 1931, S. 497).

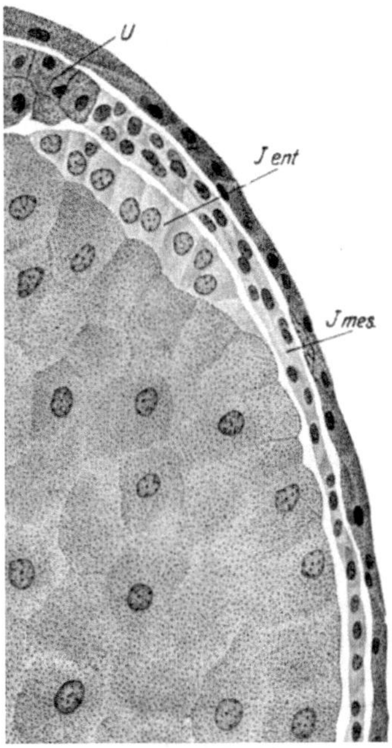

Abb. 63. Präsumptives Ektoderm von Triton cristatus (unpigmentiert) als Ento- und Mesoderm in Triton alpestris. *U* Urwirbel; *J ent.* implantierte Entodermzellen; *J mes.* implantierte Seitenplatte. (Nach O. MANGOLD, 1923.)

Offenbar könnten nur Isolierungsversuche, womöglich in unspezifischem Medium, eine Entscheidung der Frage bringen. Jedoch sind für einwandfreie Schlüsse Anforderungen an das Experiment zu stellen, welche nicht leicht zu erfüllen sein dürften. Sowie nämlich Bruchstücke von Organanlagen in typischer Form vorhanden sind, müssen auch Gestaltungsbewegungen vorausgegangen sein. So erhielt W. KUSCHE (1929) z. B. aus einem medianen Stück Chordamesoderm eine kleine Chorda, welche von Urwirbeln flankiert ist (S. 203, Abb. 2). Wie diese auch im einzelnen entstanden sein mögen, so jedenfalls durch Gestaltungsbewegungen. Die ganze typische Anordnung der Chorda- und Muskelzellen läßt es durchaus möglich erscheinen, daß jede Zelle des isolierten Stückes unter Selbstdifferenzierung mehr oder weniger all die Bewegungen durchgemacht hat, welche im Zusammenhang des Ganzen zur Gastrulation geführt hätten. Ja selbst für kleinste Zellgruppen oder gar einzelne Zellen wäre dies denkbar. Eine etwa nötige Vorgeschichte der sich differenzierenden Zelle würde doch wohl eher in den Vorgängen selbst bestehen, welche in und an ihr ablaufen, als in dem Erfolg, den sie nach außen haben.

4. Der determinative Zustand der frühen Gastrula.

Soweit sich aus den mitgeteilten Experimenten schließen läßt, sind in der beginnenden Gastrula des Amphibienkeims die Gestaltungsbewegungen, durch welche die Gastrulation zustande kommt, schon fest determiniert, und zwar verteilt auf die einzelnen Keimbezirke. Die Einheitlichkeit der Gesamtbewegung beruht also nicht, wie es den Anschein haben könnte, oder wenigstens nicht vorwiegend, auf beständiger Fühlungnahme zwischen den einzelnen Teilen, sondern auf planmäßigem Zusammenpassen der einzelnen voneinander unabhängigen Bewegungstendenzen.

Wann dieses Muster entsteht, ob es zurückgeht auf ein entsprechendes Muster in der Blastula oder gar im befruchteten Ei, läßt sich bis jetzt nicht sagen. Aber da es nach Verminderung des Ausgangsmaterials, also nach Störung, sich wieder herstellen kann, so ist es durchaus wahrscheinlich, daß es sich auf einem der Gastrula vorangehenden Stadium neu gebildet hat; natürlich nicht aus einem strukturlosen Ausgangsstadium, wohl aber aus einem solchen mit einer andersartigen, einfacheren Struktur.

Neben dieser dynamischen Determination besteht auch schon eine materielle der jungen Gastrula. Ihre drei Hauptregionen, die präsumptiven Keimblätter, sind schon zu den normalerweise aus ihnen hervorgehenden ektodermalen, mesodermalen und entodermalen Organen bestimmt, letztere beide sogar schon im einzelnen. Das Material für die beiden ektodermalen Organe, Nervenrohr und Epidermis, scheint noch indifferent oder jedenfalls in äußerst labilem Determinationszustand zu sein. Kleine Anstöße, vielleicht durch Stoffe des umgebenden Mediums gegeben, scheinen zu genügen, um die Entwicklung in eine andere Bahn zu lenken; also z. B. darüber zu entscheiden, ob aus ektodermalem Material Epidermis werden soll oder Nervensubstanz, oder ob es gar die Entwicklung zu Chorda und Muskulatur einschlagen wird. Der entscheidende Anstoß kommt von außen; die Bahn aber, in welche die Entwicklung durch ihn gebracht wird, ist im Material vorgezeichnet. Es bestehen in jedem Entwicklungsstadium eine Anzahl von Möglichkeiten, zwischen denen die Auswahl getroffen werden kann.

Das legt den Gedanken nah, daß zunächst überhaupt nur der Anfang jeder Entwicklungsbahn bestimmt wird, woraus alles übrige zwangsläufig folgt, so lange nicht ein rechtzeitig einsetzender neuer Anstoß eine neue Entwicklungsrichtung erzwingt. So wäre es durchaus möglich, daß zu Beginn der Gastrulation nur die Gestaltungsbewegungen direkt determiniert sind; die Form- und Lageveränderungen der Zellgruppen also, welche die Gastrulation und die Formung der Organanlagen zur Folge haben. Die Differenzierung der Zellen, die Entstehung des „Materialcharakters" (VOGT) des Gewebes, wäre dann eine Folge dieser Gestaltungsbewegungen. Sie würde ausgelöst durch die Reihe von „Erlebnissen", welche für jede Zelle mit dem Vollzug der Gestaltungsbewegungen gegeben wären. Die „historische Situation", in welcher jede Zelle sich befindet, wäre gewissermaßen der auslösende Reiz für die Aktivierung ihrer histologischen Potenzen.

Durch ein neueres Experiment, welches uns noch in anderem Zusammenhang beschäftigen wird (vgl. S. 139), wird diese Auffassung besonders nahe gelegt. BALINSKY (1927b, S. 73) fand, daß man bei der Tritonlarve dadurch ein Bein induzieren kann, daß man ihr ein Stückchen Zelloidin seitlich in die Leibeswand pflanzt. Bei der großen theoretischen Tragweite dieses Ergebnisses wäre wohl eine etwas eingehendere Untersuchung erwünscht, als der glückliche Entdecker seinem Funde bis jetzt zuteil werden ließ. Da die Induktionswirkung so selten (einmal unter 50 operierten Keimen) eintrat, möchte man gegen jede Möglichkeit eines Versuchsfehlers, etwa einer Verschleppung von Beinmaterial durch das Einschieben des Stückchens Zelloidin, gesichert sein. Nehmen wir das Ergebnis als gesichert an, so ist zu erwägen, daß weder die Stelle, wo die Gliedmaße entsteht, noch der Reiz, der ihre Bildung auslöst, besonders darauf eingerichtet gewesen sein kann. Dann bleibt aber kaum eine andere Erklärung als die, daß der Reiz des Fremdkörpers zunächst nur die Zusammenscharung der Mesodermzellen bewirkte, und daß eine solche auf der Körperseite in diesem Entwicklungsstadium einsetzende Gestaltungsbewegung automatisch zur Bildung einer Extremität weiterführt. So wie jener Mann, der abends nur seinen Kragen wechseln wollte, der aber, nachdem er einmal im Zug war, sich vollends auskleidete und zu Bett ging. In ganz ähnlicher Weise erklärt auch F. SEIDEL (1934, S. 166) die Entstehung der Embryonalanlage am Libellenei (vgl. unten S. 266).

Für den Amphibienkeim ist diese Möglichkeit, welche durchaus in der Gesamtrichtung der bisherigen Erfahrungen liegt, zuerst von W. VOGT (1923b) klar formuliert worden. K. GOERTTLER knüpfte ausgesprochenermaßen an VOGTs Ideen an und illustrierte sie durch eine Anzahl sehr suggestiver schematischer Zeichnungen. Wenn er glaubte, sie experimentell erhärten zu können, so scheint ihm das aber nicht gelungen zu sein. Es dürfte ebenso schwer fallen, diese Abhängigkeit der materiellen von der dynamischen Determination exakt zu beweisen wie einwandfrei zu widerlegen.

Sehr schön und klar ist diese Auffassung der Entwicklung, in der eben erwähnten Arbeit von W. VOGT (1923b) in einigen Sätzen zusammengefaßt, welche ich wörtlich anführen möchte.

„Greifen wir einmal voraus, indem wir annehmen, die Determinationsvorgänge seien bis in alle Einzelbestimmungen zeitlicher und örtlicher Art aufgeklärt, so könnte sich etwa folgendes Bild ergeben: Wir sähen in den ihrer Struktur nach zunächst wenig differenten Massen des Keims vor ihrer morphologischen Differenzierung unsichtbare Bestimmungen auftreten; wir sähen so im befruchteten Ei eine Intimstruktur von polarer und dorso-ventraler Verschiedenheit; wir sähen weiter vor und während der Gastrulation einen Determinationsplan fortschreitend sich entwickeln, vielleicht erst nur vergleichbar einem Kraftfeld mit einem Intensitätszentrum in der dorsalen Lippe, einem Intensitätsabfall rings in der Randzone; wir sähen dann den Determinationsstrom, der die Medullaranlage von der dorsalen Lippe aus in die Rückenregion einzeichnet, unter Aktivierung oder vielleicht auch Übertragung von Potenzen; mit dem Differenterwerden der Teile dann neue Teilzentren der Determination untergeordnet ihrem größeren Anlagesystem, übergeordnet den weiteren Teilbezirken, entsprechend dem organisierten Aufbau der späteren morphologisch differenzierten Organsysteme; so würden uns etwa im determinierten Feld der Medullaranlage weitere Intensitätszentren mit der beschränkten Potenz des Augenbechers, einzelner Hirnabschnitte usw. sichtbar; Nachbarbezirke wären zuerst vertretbar, dann bestimmt, ihre Determinationsfelder erst einander überdeckend, dann abgegrenzt; so sähen wir im Mesoderm die Teilbezirke, Somiten, Blut, Vorniere usw. erst in bezug auf Determination, dann erst in sichtbarer Struktur sich sondern, und so ginge es fort bis in die histologische Differenzierung."

VI. Potenzprüfungen an der Gastrula.

Zu Beginn der Gastrulation sind, wie wir gesehen haben, die einzelnen Bezirke des Amphibienkeims schon weitgehend determiniert, sowohl dynamisch wie materiell. Der jungen Gastrula ist ein Muster von Entwicklungstendenzen aufgeprägt, nach welchem die Gestaltungsbewegungen wie die gewebliche Differenzierung ablaufen. Dies geschieht in weitgehender Unabhängigkeit der einzelnen Teile voneinander. Das folgt aus jenen Isolierungsversuchen, bei welchen der einzelne Keimbezirk in fremde Umgebung verpflanzt oder in einer geeigneten Lösung aufgezogen seine Form und feinere Struktur in derselben Weise verändert, wie wenn er sich noch im normalen Zusammenhang des Ganzen befände.

Diese Determination kann jedoch keine feste, unwiderrufliche sein, sonst müßten Keimfragmente immer auch nur Teilbildungen aus sich hervorgehen lassen. Statt dessen finden wir eine oft erstaunlich weit gehende Regulation des Teils zum Ganzen. Seitliche Keimhälften z. B. werden nur dann zu seitlichen Halbembryonen, wenn die Umordnung ihrer Teile verhindert ist; kann sie stattfinden, so entstehen Ganzembryonen von halber Größe, aber normalen Proportionen. Solche Ganzbildungen lassen sich, wie wir gesehen haben, noch zu Beginn der Gastrulation nach medianer Durchtrennung aus den beiden seitlichen Hälften, nach frontaler Durchtrennung aus der dorsalen Hälfte erzielen. Also mindestens bis zu diesem Stadium müssen die einzelnen Keimbezirke von ihrem normalen Entwicklungsgang abweichen können.

Besonders einleuchtend ist das bei der Entwicklung der dorsalen Keimhälfte nach Abtrennung der ventralen. Sie enthält nach dem VOGTschen Schema das normale Material der Medullarplatte, Chorda und Somiten fast ganz, während ihr dasjenige der Epidermis ebenso vollständig fehlt. Wenn trotzdem ein normal proportionierter Embryo aus ihr hervorgeht, so muß seine Epidermis unter Verwendung fremden Materials entstanden sein, vor allem jedenfalls auf Kosten der präsumptiven Medullarplatte.

Wenn nun aber präsumptive Medullarplatte und Epidermis füreinander eintreten können, so müssen sie sich auch, die technische Ausführbarkeit des Versuchs vorausgesetzt, wirklich miteinander vertauschen lassen, mit dem Erfolg, daß aus präsumptiver Epidermis Medullarplatte wird, aus präsumptiver Medullarplatte Epidermis. Und das ist in der Tat der Fall.

1. Homöoplastischer Austausch zwischen gleich alten Gastrulen von Triton taeniatus.

Der Austausch wurde zunächst zwischen Keimen derselben Art (homöoplastisch) vorgenommen, und zwar zwischen zwei Keimen von Triton taeniatus zu Beginn der Gastrulation. Jedem wurde mit der Mikropipette (Abb. 64) ein kleines rundes Stück entnommen, dem einen aus der präsumptiven Epidermis, dem anderen aus der präsumptiven Medullarplatte (Abb. 65a—d), und vertauscht wieder eingepflanzt. Sie heilen am neuen Orte rasch ein (Abb. 66) und gehen nach kurzer Zeit so spurlos in der Umgebung auf, daß sie nur bei etwas verschiedener Pigmentierung unterscheidbar bleiben. Dabei machen sie alle Zellverschiebungen während der Gastrulation mit und verändern dadurch ihren zuerst runden Umriß, je nach der Stelle des Keims, an welcher sie sitzen. So fand sich bei einem solchen Keimpaar das eine Stück, die präsumptive Medullarplatte, im Bereich der ventralen Epidermis (Abb. 67b); das andere, die präsumptive Epidermis, saß vorne in der Medullarplatte (Abb. 67a). Es war nicht mehr rund, sondern an seinem hinteren Rande, im Bereich der Streckungszone der Medullarplatte, zu einem kleinen spitzen Zipfel ausgezogen. In einem anderen Fall, wo das Stück ein wenig weiter hinten saß (Abb. 68a), hatte es die Form eines langen schmalen Streifens angenommen (Abb. 68b). Die Symmetrie des Keims war nicht gestört, woraus sich wohl schließen läßt, daß das Stück sich aktiv gestreckt hat, wie das symmetrisch zu ihm gelegene Stück der normalen Medullarplatte, und nicht etwa passiv ausgezogen worden ist. Aus solchen Keimen entstehen normale Embryonen. Das heißt aber, die eingepflanzten, ursprünglich ortsfremden Stücke haben sich dem neuen Ort entsprechend, „ortsgemäß", weiter entwickelt; aus präsumptiver Epidermis ist Gehirn geworden, aus präsumptivem Gehirn Epidermis (H. SPEMANN 1918, S. 460—464). Färbt man den einen Keim vor

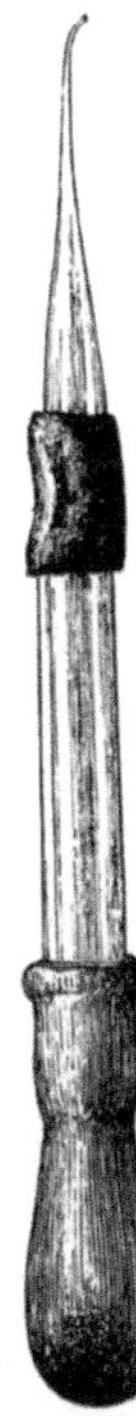

Abb. 64. Mikropipette, 2/3 nat. Gr. (Nach SPEMANN, 1918.)

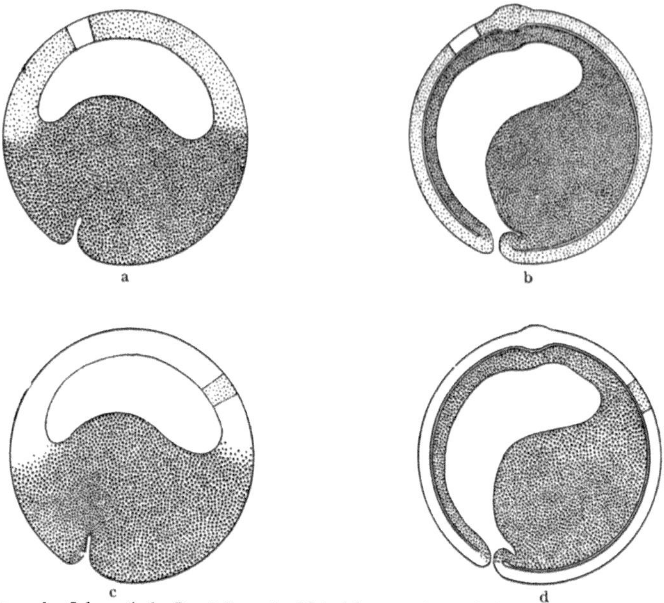

Abb. 65 a—d. Schematische Darstellung des Materialaustausches zwischen präsumptiver Epidermis (aus c nach a) und Medullarplatte (aus a nach c). (Nach SPEMANN, 1918.)

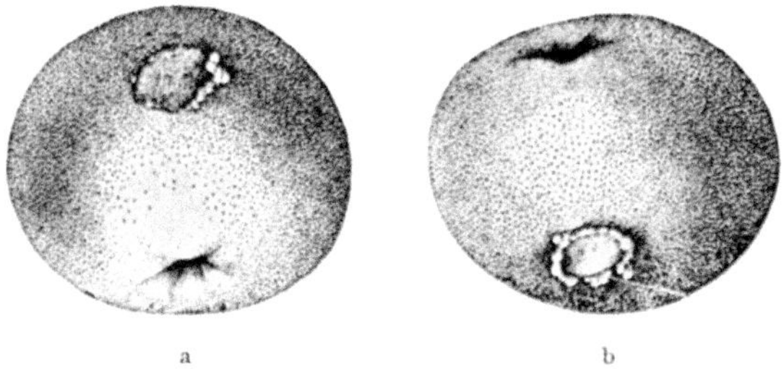

Abb. 66 a und b. Zwei Keime von Triton taeniatus zu Beginn der Gastrulation, b gegen a nach oben gedreht. Kleine Stücke Ektoderm, präsumptive Medullarplatte und präsumptive Epidermis, zwischen beiden Keimen ausgetauscht. (Nach SPEMANN, 1918.)

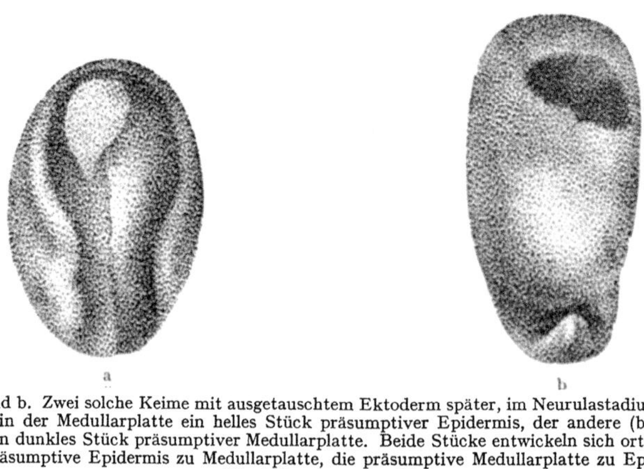

Abb. 67 a und b. Zwei solche Keime mit ausgetauschtem Ektoderm später, im Neurulastadium; der eine (a) zeigt vorne in der Medullarplatte ein helles Stück präsumptiver Epidermis, der andere (b) vorne in der Epidermis ein dunkles Stück präsumptiver Medullarplatte. Beide Stücke entwickeln sich ortsgemäß weiter, die präsumptive Epidermis zu Medullarplatte, die präsumptive Medullarplatte zu Epidermis. (Nach SPEMANN, 1918.)

dem Austausch, etwa mit Nilblau oder Neutralrot, so lassen sich die Grenzen des Implantats noch deutlich erkennen; bei geeigneter Fixierung (vgl. F. E. LEHMANN 1928d) sogar auf den Schnitten.

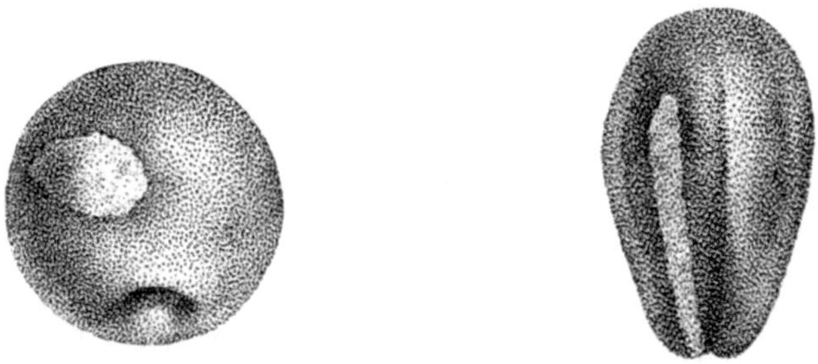

a b

Abb. 68 a und b. Dieselbe Operation; Implantat ein wenig weiter hinten (a), wächst mit der Streckung der Medullarplatte zu einem langen Streifen aus. (Nach SPEMANN, 1918.)

2. Heteroplastischer Austausch zwischen gleich alten Gastrulen von Triton taeniatus und cristatus.

Zum Zweck einer sicheren dauernden Unterscheidung von zwei zu einer neuen Einheit verbundenen Keimteilen hat bekanntlich R. G. HARRISON (1898, 1903) als erster Keime von verschiedenen Spezies mit starkem Farbkontrast verwendet. Das ermöglichte jene klassische Untersuchung über die Entwicklung

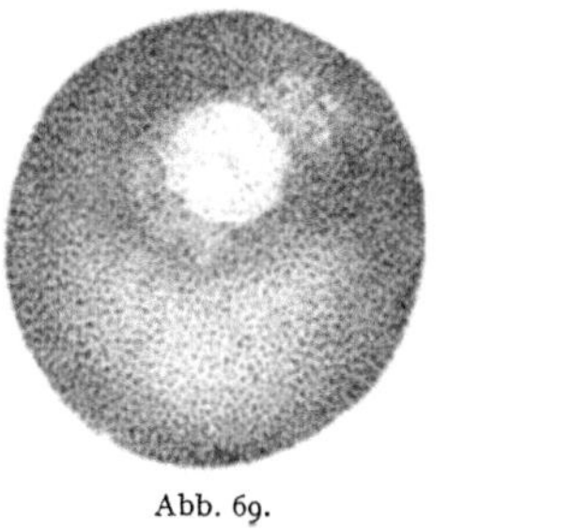

Abb. 69.

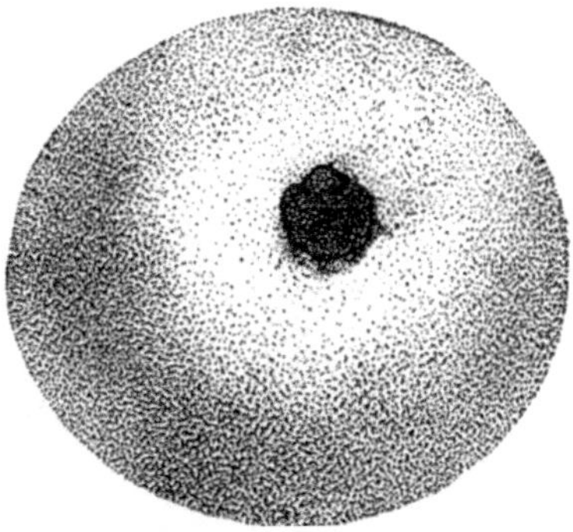

Abb. 70.

Abb. 69 und 70. Heteroplastischer Austausch zwischen Triton taeniatus und cristatus. Abb. 69 beginnende Gastrula von taeniatus mit Stück präsumptiver Epidermis von cristatus; Abb. 70 beginnende Gastrula von cristatus mit Stück präsumptiver Medullarplatte von taeniatus. (Nach SPEMANN, 1921 a.)

der Seitenlinie bei Froschlarven, an der sich auch für die methodisch fortschreitende Analyse so viel wie kaum an einer zweiten lernen läßt. Auch zwischen den verschiedenen deutschen Tritonarten ist ein solcher heteroplastischer Austausch möglich: so z. B. zwischen den mehr oder weniger dunkel pigmentierten Keimen von Triton taeniatus oder alpestris einerseits und den ganz hellen, oft völlig pigmentlosen Keimen von Triton cristatus andererseits. Das Implantat hebt sich dabei nicht nur in den ersten Tagen außerordentlich scharf gegen die Umgebung ab, sondern es ist noch in späteren Stadien und auf den Schnitten, oft bis auf die Zelle genau, nach außen abzugrenzen.

Abb. 71.

Abb. 71. Keim von Triton taeniatus der Abb. 69, im Neurulastadium. Links vorne in der weit offenen Medullarplatte das im Gastrulastadium eingepflanzte Stück präsumptiver Epidermis von Triton cristatus. (Nach SPEMANN, 1921 a.)

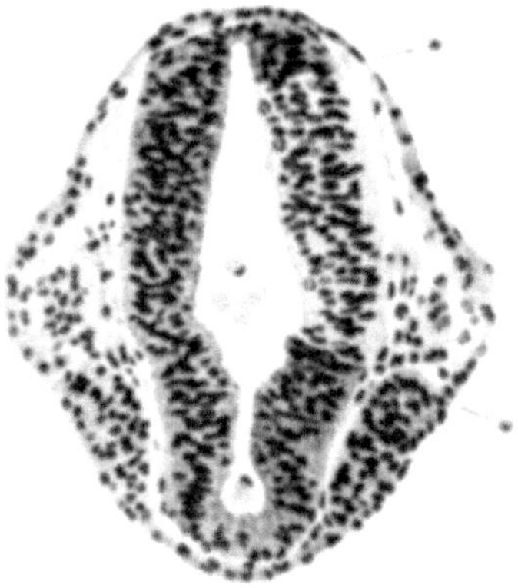

Abb. 72.

Abb. 72. Derselbe Keim, später. Querschnitt durch den Kopf (Vorder- und Mittelhirn, Augenblasen); das eingepflanzte Stück präsumptiver Epidermis von Triton cristatus hat sich in taeniatus zu einem Stück cristatus-Gehirn entwickelt, dessen Grenzen bei ** scharf zu erkennen sind. (Nach SPEMANN, 1921 a.)

In einem solchen Versuch ist ein dunkles Stück präsumptives Gehirn von Triton taeniatus gegen ein helles Stück präsumptive Epidermis von

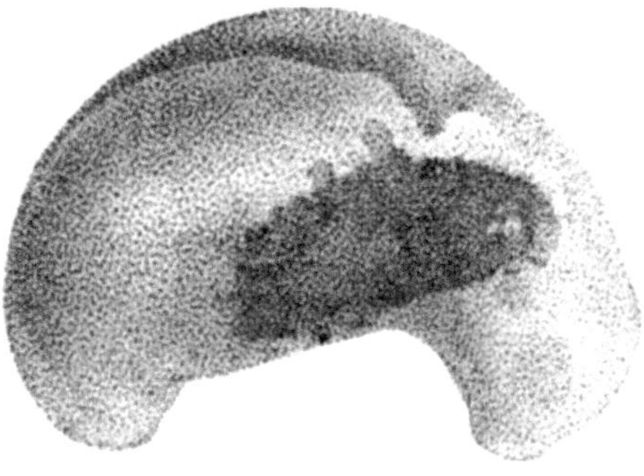

Abb. 73. Embryo von Triton cristatus der Abb. 70; auf der rechten Seite des Körpers ein scharf begrenztes Stück dunkle Epidermis von Triton taeniatus, welches sich aus der eingepflanzten präsumptiven Medullarplatte (vgl. Abb. 72) entwickelt hat. (Nach SPEMANN, 1921 a.)

Triton cristatus ausgetauscht worden (Abb. 69 u. 70). Der taeniatus-Keim als Wirt zeigt nachher das weiße Implantat links vorne in der offenen Medullarplatte (Abb. 71). Nach Schluß der Wülste schimmert es hell durch die bedeckenden Schichten hindurch und findet sich später auf den Schnitten eingesprengt in die Wandung des Gehirns und der Augenblase, glatt in die Umgebung übergehend, aber durch größere Zellen und völligen Mangel an Pigment sehr deutlich gegen sie abgegrenzt (Abb. 72).

Der cristatus-Keim als Wirt trägt das dunkle Implantat in der Epidermis der rechten Kiemengegend (Abb. 73); noch später, wenn die Bildung der Kiemenstummel begonnen hat, ist es äußerlich durch die Pigmentierung (Abb. 74a—c) und auch auf den Schnitten (Abb. 75) scharf gegen die anstoßende helle Epidermis seines Wirts abzugrenzen. Da die Stücke ausgetauscht worden sind, da also jedes an dem Ort sitzt, wo

a b c

Abb. 74 a—c. Derselbe Keim, später, von rechts, oben und unten gesehen; das Stück taeniatus-Epidermis, noch scharf abzugrenzen, hat sich in einen langen Streifen ausgezogen. (Nach SPEMANN, 1921 a.)

das andere herstammt, so läßt sich an diesem Experiment mit besonderer Deutlichkeit zeigen, daß aus präsumptiver Epidermis Gehirn geworden ist, aus präsumptivem Gehirn Epidermis. Das heißt aber mit anderen Worten, daß das ganze Ektoderm zu Beginn der Gastrulation noch die Potenz sowohl für Epidermis wie für Gehirn besitzt. Schon die mediane Durchtrennung der Gastrula oder die Abspaltung ihrer ventralen Hälfte hatte wenigstens für die Grenzbezirke zu diesem Schluß geführt; von der Regulationsfähigkeit des Keims, welche jene Experimente enthüllten, war ja das Austauschexperiment abgeleitet worden. Aber seine Bedeutung geht über eine Bestätigung und Erweiterung jener älteren Versuche weit hinaus. Sie liegt in der Methode. Dadurch, daß nunmehr der Keim zum Zweck der Potenzprüfung in

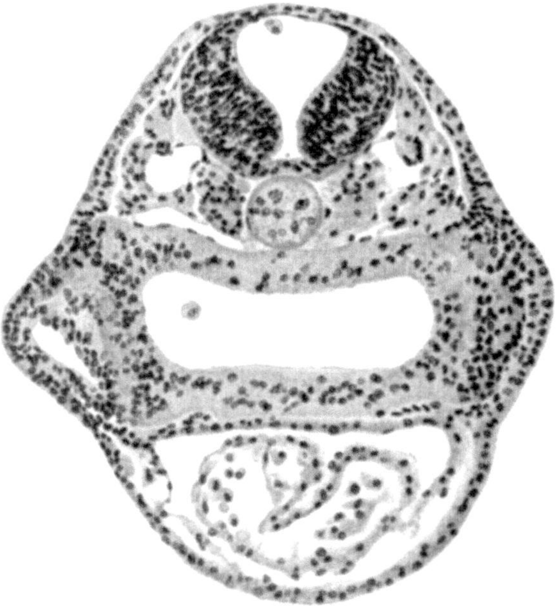

Abb. 75. Derselbe Embryo; Querschnitt durch zweiten Kiemenbogen und Herzanlage; die Epidermis auf dem rechten Kiemenstummel (in der Abbildung links) hat sich aus Ektoderm (präsumptiver Medullarplatte) des taeniatus-Keims der Abb. 69 entwickelt. (Nach SPEMANN, 1921a.)

fast beliebig kleine Stückchen aufgeteilt werden kann, ist man imstande, die kausale Analyse seiner Entwicklung in ungeahnter Weise weiter zu treiben und nach verschiedenen Richtungen hin auszudehnen.

3. Heteroplastischer Austausch zwischen verschiedenen Keimblättern.

Der nächste Schritt war, den embryonalen Austausch und damit die Potenzprüfung räumlich auszudehnen; zu untersuchen, wie sich ein Keimstück verhält, wenn es in den Bereich eines anderen Keimblattes verpflanzt wird (SPEMANN 1921a, S. 559). Dies wurde von O. MANGOLD (1923) systematisch durchgeführt. Probestückchen aus dem präsumptiven Ektoderm der beginnenden Gastrula wurden einem gleich alten Keim ins Mesoderm und Entoderm eingefügt; entweder indirekt, indem sie in die obere Urmundlippe oder ins Dotterfeld verpflanzt wurden, oder mehr direkt, durch Einstecken ins Blastocoel. Die Implantate fanden sich nachher als Teile der Darmanlage, der Urwirbel, der Seitenplatte; ja sogar Vornierenkanälchen wurden, zum Teil im Überschuß, von präsumptivem Ektoderm gebildet. Das heißt, daß zum mindesten die ersten Schritte zur Bildung mesodermaler und vielleicht entodermaler

Organe von ortsfremdem Ektoderm getan wurden. In einigen Fällen erreichten die induzierten Anlagen sogar das Stadium der funktionellen Differenzierung.

4. Schlußfolgerungen. Sonderstellung der Randzone.

In früher geschilderten Versuchen (S. 72ff.), bei welchen Keimteile in indifferentem Medium isoliert aufgezogen wurden, ließ sich durch deren Selbstdifferenzierungsvermögen zeigen, daß die präsumptiven Keimblätter zu Beginn der Gastrulation schon zur Bildung der ektodermalen, mesodermalen und entodermalen Organe determiniert sind. Das präsumptive Ektoderm scheint in sich noch indifferent zu sein; das präsumptive Mesoderm dagegen ist offenbar schon zu den einzelnen mesodermalen Organen determiniert, das präsumptive Entoderm zu den einzelnen Abschnitten des Darms.

Wenn dieselben Teile aber statt in ein indifferentes Medium in eine Umgebung von spezifischer Beschaffenheit gebracht werden, so wird ihnen hier die Entwicklungsrichtung aufgeprägt. Bei dem in sich gleichartigen Ektoderm genügt offenbar ein leiser Anstoß, um es in die eine oder andere Entwicklungsrichtung zu bringen; in den Zusammenhang von präsumptiver Epidermis oder Medullarplatte eingepflanzt entwickeln sich die Stückchen streng ortsgemäß weiter. Aber auch das schon fester determinierte Mesoderm und vielleicht auch Entoderm kann noch durch Ektoderm ersetzt werden.

Daraus folgt zunächst, daß jene Determination, soweit vorhanden, erst eine labile, noch keine unwiderruflich feste war. *Dann aber folgt daraus, daß am neuen Ort spezifische Einflüsse irgendwelcher Art herrschen müssen, welche dem Keimmaterial seinen künftigen Charakter selbst gegen eine schon vorhandene labile Determination aufzuprägen vermögen.*

Präsumptives Ektoderm kann, wie wir gesehen haben, zu Mesoderm werden; es fragt sich, ob auch das Umgekehrte möglich, ob auch Ektoderm durch präsumptives Mesoderm ersetzbar ist.

In einem gewissen Maße ist das in der Tat der Fall. So beobachtete W. Vogt (1922b), daß das präsumptive Mesoderm bei der Gastrulation unter gewissen Umständen nicht vollständig eingestülpt und in der Folge, soweit es oberflächlich bleibt, zu Medullarplatte wird. Dasselbe fand gleichzeitig O. Mangold (1923), und derselbe mit F. Seidel (1927).

Zu demselben Ergebnis, allerdings für ein etwas früheres Stadium, kam E. Bruns (1931) auf anderem Wege. Im Dach der Blastula wurden ziemlich große Defekte gesetzt, welche bald glatt verheilten; mit Hilfe von Farbmarken, die vor der Operation im Randzonengebiet angebracht waren, ließ sich feststellen, welches Material zur Defektheilung vorzüglich herangezogen wurde. War es solches der Randzone, so zeigten sich die mesodermalen Organe der Defektseite regelmäßig schwächer entwickelt. Das für sie bestimmte Material war also zum Teil anderweitig, d. h. zum Aufbau ektodermaler Organe verwendet worden. — Abweichenden Ansichten von BRACHET (1923) gegenüber ist es von Wichtigkeit, daß genau dasselbe Ergebnis an Bombinatorkeimen erzielt wurde.

Das präsumptive Mesoderm hat also, wenigstens in seinen Randgebieten, noch die Potenz zur Bildung ektodermaler Organe, und man könnte erwarten, daß es sich, ins Ektoderm verpflanzt, ortsgemäß weiter entwickeln werde. Dies ist denn auch in allerneuester Zeit von G. LOPASCHOV (1935) beobachtet worden. Geprüft wurde das präsumptive Mesoderm der beginnenden Gastrula von Triton cristatus. Ein Stück des äußeren Blatts der oberen Urmundlippe wurde einem älteren Keim von Triton taeniatus in die eben abgegrenzte oder erst durch die Rückenrinne angedeutete Medullarplatte gepflanzt. Während es dort meist seinen mesodermalen Charakter beibehielt und infolge der ihm innewohnenden Streckungstendenz zu dem bekannten Hörnchen auswuchs, verwandelte es sich in einigen wenigen, aber völlig klaren Fällen in Medullarsubstanz, welche sich teils für sich zum Rohre schloß, teils aber ganz glatt in Medullarplatte und Medullarrohr des Wirts einfügte (Abb. 76).

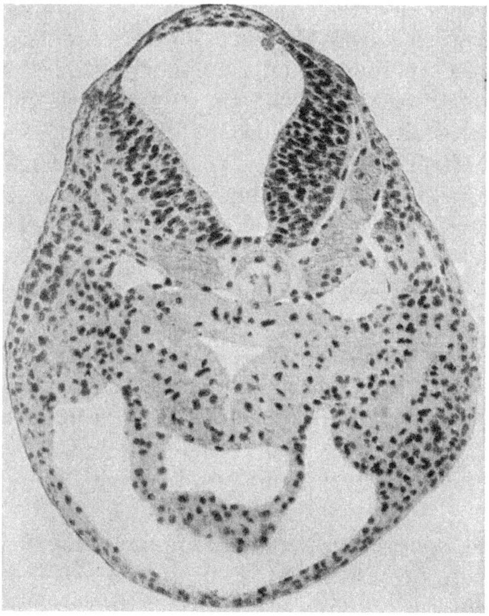

Abb. 76. Querschnitt durch Keim von Triton taeniatus, welchem im frühen Neurulastadium ein Stück der Medullarplatte durch ein Stück obere Urmundlippe von Triton cristatus ersetzt worden war. Aus dem präsumptiven Mesoderm hat sich zum Teil Medullarsubstanz entwickelt, auf dem Schnitt kenntlich än dem Fehlen des Pigments und an der lockeren Anordnung der Kerne. (Nach LOPASCHOV, 1935.)

Dieses von dem bisher Beobachteten abweichende Verhalten hängt wohl zum Teil mit der besonderen Induktionskraft des neuen Orts zusammen — darauf wird zurückzukommen sein —, zum Teil aber sicher auch mit dem vorgeschrittenen Entwicklungsstadium des Wirts. Bei Austausch zwischen gleich weit entwickelten jüngeren Keimen wurde es bisher nie beobachtet. *Immer rückt das mesodermale Implantat in die Tiefe, indem es sich entweder regelrecht einstülpt oder einfach vom umgebenden Ektoderm überwachsen wird. Dort schließt es sich nicht der Entwicklung seiner Umgebung an, sondern hält an seiner eigenen Entwicklungsrichtung fest. Ja, mehr als das, es wirkt induzierend oder gar organisierend auf seine Umgebung ein, ergänzt sich aus ihr zu einer kleinen sekundären Embryonalanlage, welche einen hohen Grad von Vollkommenheit erreichen kann.* Diese Erscheinungen sollen uns nunmehr ausführlicher beschäftigen.

VII. Induktion einer sekundären Embryonalanlage durch einen „Organisator".

1. Das Experiment von Hilde Mangold.

Die erstaunliche Tatsache einer durch Transplantation hervorgerufenen sekundären Embryonalanlage kam schon bei den ersten Austauschexperimenten an der jungen Gastrula zur Beobachtung, wurde aber von mir zunächst nicht richtig gedeutet. In einem Entwicklungsstadium, in welchem sich Stücke der animalen Keimhälfte ohne Störung der normalen Entwicklung vertauschen ließen, da sie sich ortsgemäß weiter entwickelten, verhielt sich ein Stück aus der Nähe der oberen Urmundlippe wesentlich anders. Es fügte sich nicht in den Entwicklungsgang seiner neuen Umgebung ein; vielmehr entstand an der Stelle der Einpflanzung eine kleine sekundäre Embryonalanlage (Abb. 77), mit Medullarrohr, Chorda und Urwirbeln (Spemann 1918, S. 477). Zuerst glaubte ich, sie sei aus dem Materiale des Implantats gebildet. Da mir dessen prospektive Bedeutung nicht klar war — die Untersuchungen von W. Vogt lagen damals noch nicht vor — so hielt ich seine oberflächliche Schicht für präsumptives Ektoderm und leitete von ihr die Medullarplatte ab, während die tiefen Schichten als präsumptives Mesoderm Chorda und Urwirbel bilden sollten.

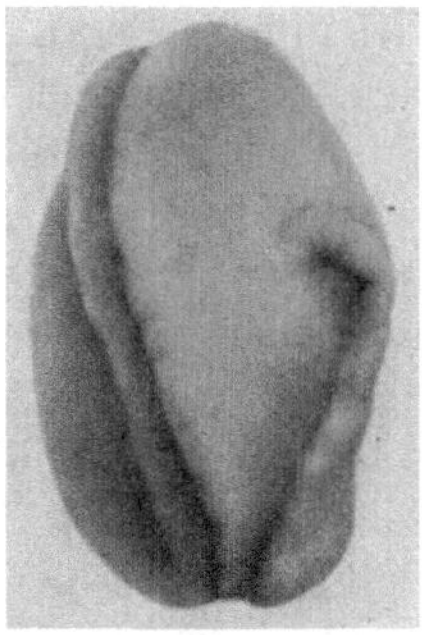

Abb. 77. Späte Neurula von Triton taeniatus; auf ihrer rechten Seite sekundäre Embryonalanlage, welche durch ein implantiertes Stück obere Urmundlippe induziert worden ist. (Nach Spemann, 1918.)

Damit schien aber der Tatbestand gegeben, daß der Keim in der Nähe des Urmunds schon determiniert ist zu einer Zeit, wo die weiter entfernten Teile es noch nicht sind. Daraus ergab sich weiter die Vorstellung einer vom Urmund aus nach vorn fortschreitenden Determination, und als notwendige Folge die weitere Vorstellung eines „Differenzierungszentrums" als des Ausgangspunktes dieser Determination.

Schon viele Jahre vorher hatte Boveri (1901) für die Entwicklung des Seeigelkeims und seiner Fragmente eine ähnliche Auffassung erwogen. Der jeweils vegetativste Punkt des normalen Keims oder eines Bruchstückes von ihm könnte ein „Vorzugsbereich" sein, von welchem aus alles übrige bestimmt würde. Ich konnte selbst auf die Ähnlichkeit unserer Auffassungen hinweisen (H. Spemann und Hilde Mangold 1924, S. 636), als ich viele Jahre später wieder auf diesen Gedanken Boveris stieß.

Er mag unbewußt in mir nachgewirkt haben, nachdem er mir zuerst in jener Veröffentlichung oder auch in persönlichen Gesprächen nahegetreten war. Vielleicht gehörte er aber auch zu unserem gemeinsamen Gedankengut jener für mich unschätzbaren Jahre persönlichen Zusammenseins mit dem großen Forscher.

Die Vorstellung einer von Zelle zu Zelle weiter wirkenden Determination, die mich zum Begriff des „Differenzierungszentrums“ führte, war mir durch Tatsachen nahegelegt worden, denen ich ganz zu Beginn meiner eigenen Forschertätigkeit begegnete, als ich die Entwicklung des Mittelohrs der schwanzlosen Amphibien und im Zusammenhang damit die Umbildung des knorpligen Kopfskelets während der Metamorphose studierte. Dieses wird bekanntlich zu einem erheblichen Teile aufgelöst; im Anschluß an den Rest wächst der Knorpel aufs neue aus. Dabei bildete sich mir der Begriff des „expansiven und des appositionellen Wachstums“, den ich dann mehrere Jahre später (1903 a, S. 606) darlegte.

Wie ich jetzt sehe, hatte ich auch darin einen Vorgänger. Gelegentlich seiner Diskussion der von ihm beschriebenen Postgenerationsvorgänge besprach W. Roux (1888 b) zwei Möglichkeiten der Ausbreitung der überlebenden Keimhälfte in die postgenerierende hinein. Die eine dieser Möglichkeiten weist er zurück, nämlich daß „das differenzierte Material selber durch Wachstum und Vermehrung der differenzierten Zellen, sei es auch bloß am freien Rande, fortschreite, oder in anderen Worten, daß die Vergrößerung des differenzierten Gebildes durch Assimilation in die Zellen aufgenommener Nahrung vor sich geht“. Er nimmt vielmehr an, „daß die fortschreitende Differenzierung .... durch direkte assimilierende und differenzierende Wirkung differenzierter Zellen auf andere ihnen unmittelbar benachbarte, weniger differenzierte Zellen sich im Raume ausbreitet“.

Einen solchen Vorgang fortschreitender Differenzierung glaubte ich also aus dem mit der Entfernung vom Urmund abnehmenden Determinationsgrad erschließen zu dürfen. Dabei hätte sich schon damals, auch ohne die Kenntnisse, welche wir den Untersuchungen von W. Vogt verdanken, aus meinen eigenen Abbildungen ableiten lassen, daß jene Implantate ganz oder zum größten Teil dem einzustülpenden Bereich der Gastrula entstammten, worauf Professor Petersen mich in freundschaftlicher Weise brieflich aufmerksam machte. Das legte aber die Möglichkeit nahe, daß nur die mesodermalen Teile der Embryonalanlage aus dem Material des Implantats gebildet waren, das Medullarrohr dagegen durch Induktion aus dem Ektoderm des Wirts. Sowie es möglich wurde, das Implantat dauernd kenntlich zu machen, sowie also der heteroplastische Austausch zwischen den verschieden pigmentierten Keimen von Triton taeniatus und cristatus gelungen war, mußte sich diese Frage exakt entscheiden lassen (Spemann 1921 a).

Dieser Versuch wurde zuerst von Hilde Mangold ausgeführt (H. Spemann und H. Mangold 1924). Ein medianes Stück dicht über der oberen Urmundlippe von Triton cristatus wurde einer annähernd gleich alten Gastrula von Triton taeniatus oder alpestris ins ventrale oder seitliche Ektoderm eingepflanzt. Es hat schon, wie wir gesehen haben (S. 68), die Tendenz zur Einstülpung und behält sie auch nach der Verpflanzung bei. Wenn die Gestaltungsbewegungen im Wirt ihm entgegenkommen, wie es in der Nähe des Urmunds der Fall ist, so verschwindet es bald mehr oder weniger vollständig im Innern. Dort entwickelt es sich zu den mesodermalen Achsenorganen, zu Chorda und Urwirbeln weiter. Das Medullarrohr aber, das über ihm entsteht, wird vom Wirtskeim geliefert (Abb. 78a u. b); es wird nicht aus dem Material des Implantats gebildet, wohl aber irgendwie von ihm verursacht, induziert.

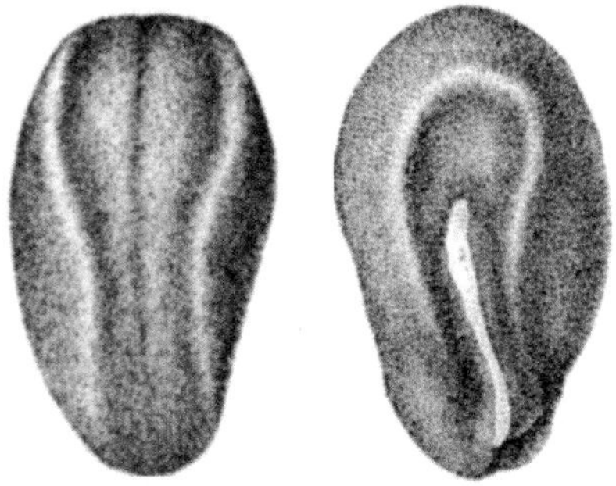

Abb. 78a und b. Neurula von Triton taeniatus mit weit offenen Medullarwülsten (a); auf der Ventralseite eine sekundäre Medullarplatte (b), induziert durch ein Stück obere Urmundlippe von Triton cristatus, dessen nicht eingestülpter Teil als schmaler, weißer Längsstreifen in der Medullarplatte sichtbar ist. (Nach H. SPEMANN und HILDE MANGOLD, 1924.)

Schon jene ersten von HILDE MANGOLD erzielten Induktionen zeigten einige Eigentümlichkeiten, welche bei den zahllosen späteren Versuchen derselben Art immer wieder zur Beobachtung kamen. Es entstand nicht einfach Medullarsubstanz über dem eingestülpten Mesoderm, sondern eine Medullarplatte mit Wülsten, welche sich zum Rohre schlossen. Medullarrohr, Chorda und Urwirbel hatten die normale Lagebeziehung zueinander und waren der primären Embryonalanlage gleich gerichtet. Dem sekundären Medullarrohr konnten Hörblasen angelagert sein, welche in derselben Höhe lagen wie die primären. In dem vollkommensten damals erzielten Fall lagen sie an der Spitze des Medullarrohrs (Abb. 79). In Fällen, wo letzteres noch weiter nach vorn reichte, bis in die Höhe der späteren Augenblasen hinein, waren selbst solche entwickelt und die Hörblasen hielten den normalen Abstand von ihnen. Solche Embryonalanlagen konnten eigene Reizbarkeit und Beweglichkeit gewinnen und den primären so ähnlich werden, daß sie sich fast nur durch etwas geringere Größe von ihnen unterschieden.

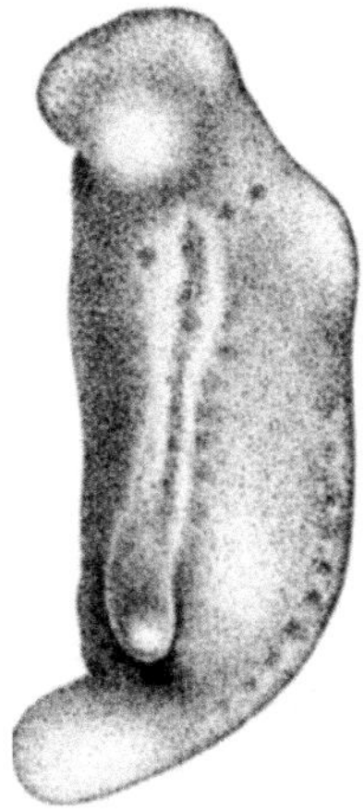

Abb. 79. Embryo von Triton taeniatus mit Augenblasen, Hörblasen und Schwanzstummel. Auf seiner linken Seite eine langgestreckte sekundäre Embryonalanlage, mit Hörblasen an der Spitze des Medullarrohrs, das von zwei Reihen von Urwirbeln flankiert ist. (Nach H. SPEMANN und HILDE MANGOLD, 1924.)

Bedeutsam ist auch die Tatsache, daß nicht nur die Embryonalanlage als Ganzes chimärisch zusammengesetzt ist, sondern daß dies auch für die Medullarplatte und das Mesoderm gelten kann. So war es gleich beim ersten Fall, welcher das erwartete und dann doch so überraschende Ergebnis der Induktion zeigte. Die vom Wirt (taeniatus) gebildete Medullarplatte enthielt in ihrem Hinterende einen medianen Streifen des weißen Implantats (cristatus, Abb. 78 b). In anderen Fällen waren die Urwirbel, ja selbst die Chorda aus Zellen des Wirts und des Implantats chimärisch zusammengesetzt (Abb. 80). Es war, wie wenn eine durch

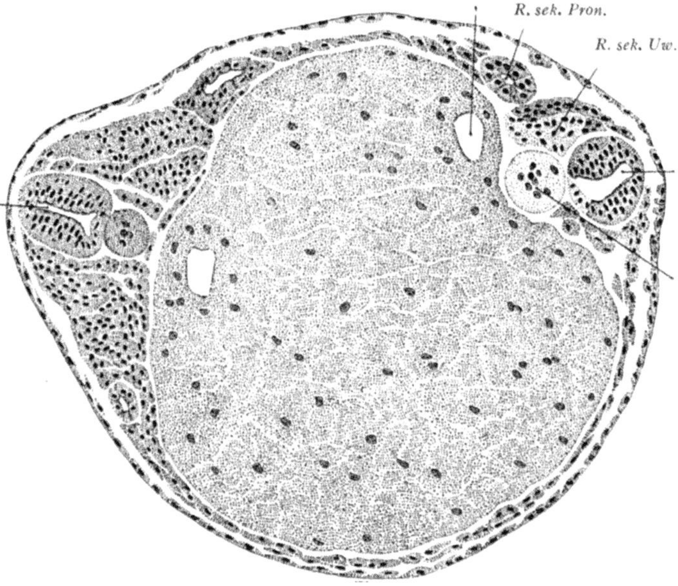

Abb. 80. Querschnitt durch Embryo der Abb. 79. Die Chorda (*Sek. Ch.*) der induzierten Embryonalanlage ist vom Implantat gebildet, Medullarrohr (*Sek. Med.*) und Urwirbel (*R. sek. Uw.*) sind aus Implantat und Wirtsgewebe chimärisch zusammengesetzt. *R. sek. Pron.* rechter sekundärer Vornierengang; *Sek. D.* sekundäres Darmlumen. (Nach H. SPEMANN und HILDE MANGOLD, 1924.)

das Implantat eingeführte organisatorische Kraft in dem von ihr beherrschten Bereich ohne Rücksicht auf Materialgrenzen geschaltet hätte.

Aus diesen Tatsachen ergeben sich nun scharf umrissene Fragen, welche durch einfache Experimente zur Entscheidung gebracht werden können.

Aus einem Bruchstück des präsumptiven Mesoderms entsteht ein Achsensystem, eine Chorda, von zwei Reihen von Urwirbeln flankiert; es entsteht also ein Ganzes, oft unter Heranziehung eines Teils der neuen Umgebung. Dem muß eine Regulation vorhergehen, bei welcher sich das induzierende Bruchstück entweder rein in sich zur Ganzheit umbildet oder aber sich durch Angliederung der Umgebung ergänzt. Diese Regulation zum Ganzen läßt sich nun näher prüfen, nach denselben Methoden wie an den längst bekannten harmonisch-äquipotentiellen Systemen verschiedener Ordnung, wobei sich aber interessante Sonderprobleme ergeben.

Dieses in sich ergänzte mesodermale Achsensystem erweitert sich nun zu einer Embryonalanlage, indem es im angrenzenden Ektoderm eine Medullarplatte induziert. Als Wege zur Induktion kommen nach den bisherigen Tatsachen zwei in Frage: entweder schreitet sie schon vor der Unterlagerung in der oberflächlichen Zellschicht vom Mesoderm auf das angefügte Ektoderm fort oder aber wirkt sie erst nach der Einstülpung von Schicht zu Schicht, vom Mesoderm auf das unterlagerte Ektoderm. Eine Entscheidung zwischen diesen beiden Möglichkeiten, welche sich nicht auszuschließen brauchen, läßt sich auf verschiedenen Wegen erreichen.

Weitere Probleme lassen sich aus den räumlichen Beziehungen der sekundären Anlage zur primären ableiten. Sie sind von zweierlei Art. Beide Anlagen sind gleich gerichtet; daraus ergeben sich Fragen der Struktur des Implantats und des Wirtskeims oder, was dasselbe ist, der Struktur der verschiedenen Keimbezirke. Ferner liegen ihre Regionen, kenntlich an charakteristischen Gebilden wie Augen, Hörblasen, bei beiden Anlagen in gleicher Höhe; daraus ergibt sich die Frage der „regionalen Determination". Um hier tiefer einzudringen, gilt es also, die Orientierung des Implantats und den Ort seiner Einpflanzung planmäßig zu variieren.

Jene organisatorische Kraft endlich, welche über die Materialgrenzen weggreifend das Ganze gestaltet, stellt letzte Fragen des Entwicklungsgeschehens überhaupt zur Diskussion, für deren Inangriffnahme sich freilich kaum die ersten Möglichkeiten darzubieten scheinen.

Von diesen Fragen, welche unlöslich miteinander verflochten sind, beginnen wir mit der nach der Struktur der Keimbezirke, wie sie sich aus der Richtung der sekundären Embryonalanlage erschließen läßt.

2. Richtung der sekundären Embryonalanlage.

Die Teile, aus denen die sekundäre Embryonalanlage aufgebaut ist, zeigen unter sich die normalen Lagebeziehungen; median unter dem Medullarrohr liegt die Chorda, symmetrisch zu ihren beiden Seiten je eine Reihe von Urwirbeln. Die Richtung der Medullarplatte fällt also zusammen mit der Richtung der Unterlagerung; daher muß entweder eines durch das andere bestimmt sein oder beides durch ein drittes. Die Richtung der mesodermalen Achsenorgane wird nun offenbar bestimmt durch die Richtung, in welcher das Implantat sich einstülpt und so unter das Ektoderm zu liegen kommt. Es fragt sich also zunächst, von welchen Faktoren diese Richtung abhängt.

Um dies festzustellen, muß man den Organisator in verschiedener Orientierung einpflanzen, was wieder nur möglich ist, wenn man ihm eine Form gibt, etwa dreieckig oder oval statt rund, nach der er leicht und sicher orientiert werden kann (Spemann 1924, S. 1093). Dieses Experiment wurde zuerst von B. Geinitz (1925b) angestellt; es führte zu dem Ergebnis, daß die sekundären Anlagen auch bei

Winkelstellung zwischen Implantat und Wirt der Richtung der primären folgen. „Es findet also offenbar eine Drehung des Implantats oder eine Drehung seiner Wirkungsrichtung statt“ (l. c. S. 117).

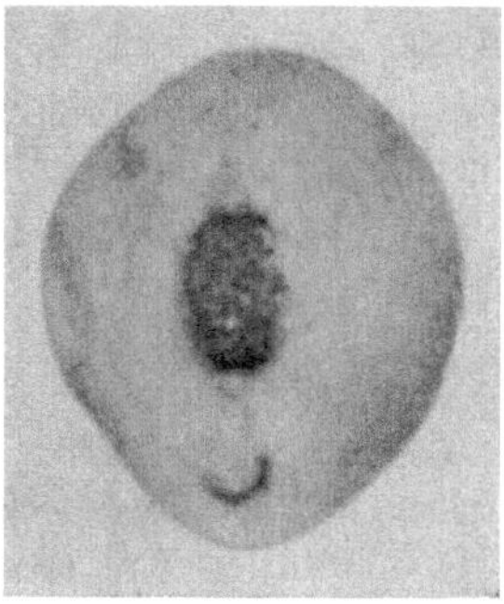

Abb. 81. Fortgeschrittene Gastrula von Triton taeniatus, mit vital gefärbtem Implantat gegenüber der oberen Urmundlippe. (Nach SPEMANN, 1931a.)

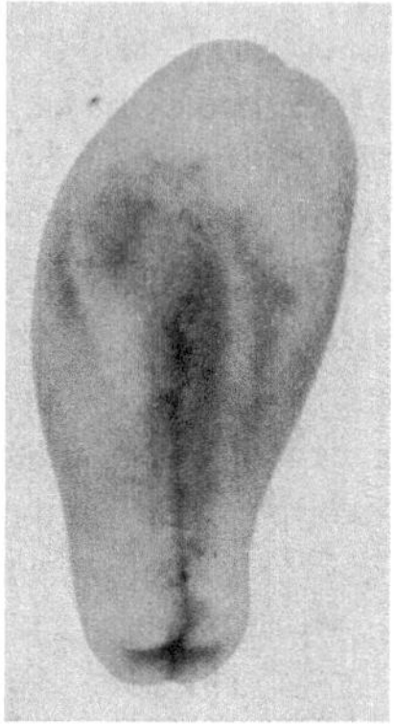

Abb. 82. Derselbe Keim im frühen Neurulastadium; Ventralansicht mit induzierter sekundärer Medullarplatte. (Nach SPEMANN, 1931a.)

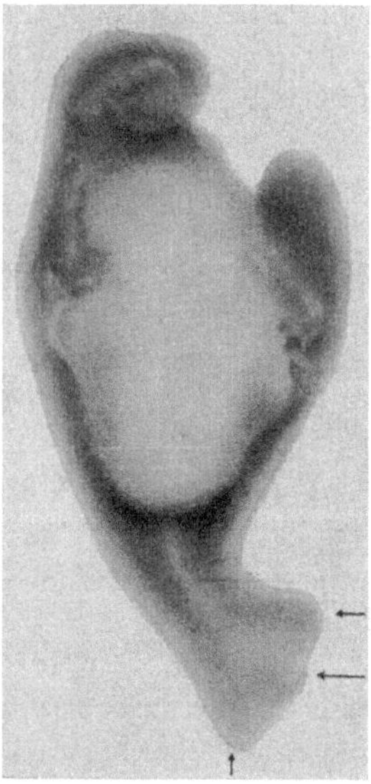

Abb. 83. Derselbe Keim als gestreckter Embryo; die sekundäre Embryonalanlage (rechts) liegt der primären genau gegenüber; der After (*An.*) zwischen primärer (*Pr. Sk.*) und sekundärer (*Sek. Sk.*) Schwanzknospe herausgedrängt. (Nach SPEMANN, 1931a.)

Etwas weiter führten ausgedehntere Versuchsreihen, welche ziemlich gleichzeitig von FR. E. LEHMANN (1932) und mir (1931) angestellt wurden. Die gewünschte Orientierung des Implantats läßt sich leicht und sicher dadurch erreichen, daß mit der Haarschlinge ein ihrer Form entsprechendes, also längliches Stück aus dem Keime ausgestanzt wird. Es bleibt dann an der Schlinge haften und wird sofort in die Öffnung von gleicher Größe übertragen, welche vorher mit derselben Schlinge am Rande des Wirtskeims ausgeschnitten worden war. Die beiderseitigen Experimente führten zu einem in allen wesentlichen Punkten übereinstimmenden Ergebnis. Am leichtesten und vollständigsten geht die Einstülpung in der ventralen Randzone vor sich (Abb. 81), bei schwanzkopfwärts gerichtetem, also normal orientierten Implantat. Die ganze sekundäre Embryonalanlage ist der primären parallel und gleich gerichtet; sie kann ihr genau gegenüber (Abb. 82 und 83) liegen (SPEMANN 1931, Abb. 13) oder etwas nach der Seite verschoben sein. Aus diesen Fällen lassen sich keine Schlüsse auf eine Struktur des Wirts und des Implantats ziehen; dazu müssen beide in einen Konflikt gebracht werden. Ein quer eingesetzter Organisator führt ebenfalls zu einer längs gerichteten Embryonalanlage; aber nicht eigentlich durch eine Drehung des Implantats oder seiner Wirkungsrichtung, sondern durch eine Ablenkung der Einstülpung (Abb. 84). FR. E. LEHMANN (1932, S. 592) konnte mit Hilfe vorangegangener Vitalfärbung des Implantats feststellen, daß es sich zuerst eine kleine Strecke weit in der Richtung seiner Längsachse, also quer zum Wirt, unter das Ektoderm schiebt, später aber nach vorn abgelenkt wird. Zeigt sich schon hier eine eigene Einstülpungstendenz des Implantats, so noch deutlicher bei Einpflanzung in einer der normalen genau entgegengesetzten Richtung, also kopf-schwanzwärts in der Längsachse des Wirts. Dabei ist die Richtung seiner Einstülpung äußerst wechselnd und im einzelnen Fall nicht vorauszusehen; d. h. so wie zu erwarten, wenn zwei entgegengesetzte Tendenzen miteinander streiten, von denen durch kleine, kaum zu vermeidende Verschiedenheiten der Operation bald der einen, bald der anderen zum Siege verholfen wird (SPEMANN 1931a, S. 418). Unter den so induzierten Medullarplatten sind auch solche, welche mehr oder weniger genau kopf-schwanzwärts (Abb. 85a und b; 86) gerichtet sind (z. B. SPEMANN 1931a, Abb. 43 und 44; FR. E. LEHMANN 1932, Abb. 11a und b). Solche Platten sind sehr breit, wie aufgestaut; sie schließen sich schwer und die Sterblichkeit ist groß (SPEMANN 1931, S. 422; LEHMANN 1932, S. 593). Zweifellos ist das durch denselben Faktor bedingt, welchem auch die Ablenkung zuzuschreiben ist.

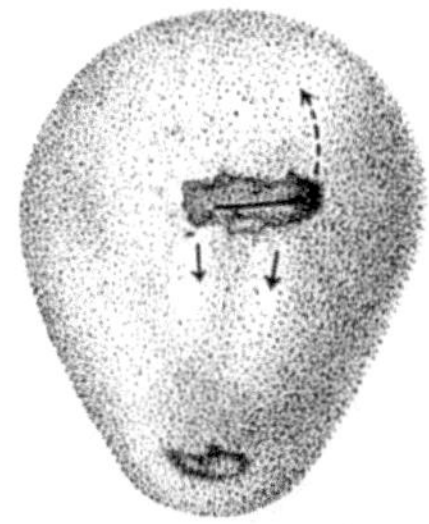

Abb. 84. Schematische Darstellung der mutmaßlichen Gastrulationsbewegungen eines quer implantierten Stücks obere Urmundlippe. (Nach SPEMANN, 1931 a.)

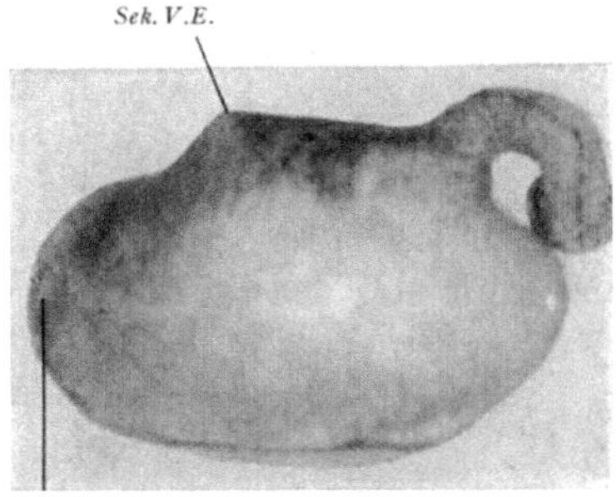

a

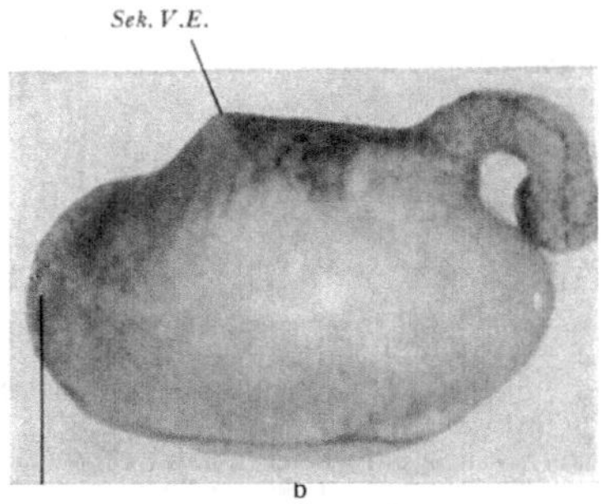

b

Abb. 85 a und b. Keim von Triton taeniatus im Neurulastadium, welchem zu Beginn der Gastrulation ein medianes Stück obere Urmundlippe am animalen Pol in solcher Orientierung eingesetzt worden war, daß die Einstülpung auf der ventralen Keimhälfte in der Richtung von vorn nach hinten stattfinden mußte. Sekundäre Medullarplatte mit großem Zapfen an ihrem Hinterende; das sekundäre Vorderende (*Sek. V.E.*) gegen das primäre Hinterende (*Prim. H.E.*) gerichtet. a Ansicht von links; b Ansicht von der primären Ventralseite. (Nach LEHMANN, 1932.)

Diesen gemeinsamen Ergebnissen hat LEHMANN noch einige interessante Einzelheiten hinzugefügt. Die Einstülpung geht nämlich verschieden leicht vor sich, je nach dem Alter des Implantats und dem Ort seiner Einpflanzung. Die volle Kraft der Einstülpung besitzt die obere Urmundlippe mit ausgebildetem Umschlagsrand. Als hohler Zapfen schiebt sich ihr inneres Blatt unter dem Ektoderm vor und verschwindet unter fortschreitender Einrollung nach und nach in der Tiefe. In die animale Region eingesetzt vermag es auch bei kranio-kaudaler Orientierung die ihm innewohnende Gastrulationsrichtung beizubehalten und gegen die Massenbewegung des Wirts durchzusetzen. Letztere sind in dieser Gegend offenbar am geringsten und wachsen nach dem Urmund zu. Daher stülpt sich, wie schon erwähnt, ein in der Randzone eingesetztes, normal orientiertes Stück am leichtesten ein. Aber in derselben Richtung invaginiert auch ein umgekehrt eingepflanztes kopf-schwanzwärts orientiertes Stück im ventralen und kaudalen Bereich des Ektoderms; seine Einstülpungsrichtung wird dabei vollständig umgekehrt (LEHMANN 1932, S. 592). Dasselbe habe auch ich (1931a, Abb. 42) beobachtet (Abb. 87). Im animalen Bezirk wird also die Einstülpung am wenigsten unterstützt (daher die früher beschriebenen, von mehreren Autoren beobachteten Hörnchen und Zapfen), aber auch am wenigsten abgelenkt. Je näher dem Urmund, um so leichter die Einstülpung in normaler Richtung, um so größer aber auch der Widerstand gegen anders gerichtete Tendenzen des Implantats.

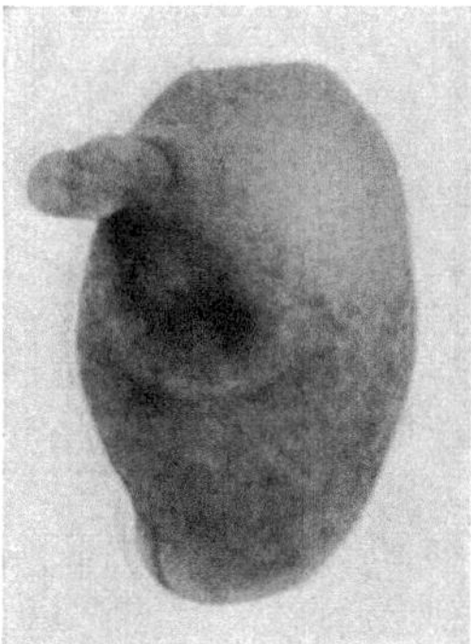

Abb. 86. Dieselbe Operation wie auf Abb. 85. Die Aufstauung der sekundären Medullarplatte sehr deutlich. (Nach SPEMANN, 1931 a.)

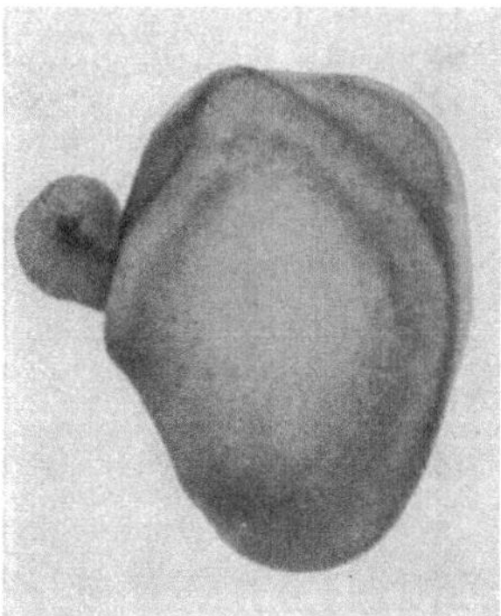

Abb. 87. Neurula von der linken Seite, Wülste hinten einander genähert; die Medullarplatte geht an ihrem Vorderende in eine sekundäre Platte über, an deren hinterem Ende ein geringeltes Hörnchen die Stelle der Einpflanzung bezeichnet. Das Implantat, obere Urmundlippe, war in Richtung kopf-schwanzwärts eingepflanzt worden, hatte sich aber schwanz-kopfwärts eingestülpt. (Nach SPEMANN, 1931 a.)

Das isolierte Stück der oberen Urmundlippe stülpt sich am Ort seiner Einpflanzung aller Wahrscheinlichkeit nach vermöge derselben Kräfte ein, wie an dem Ort seiner Entnahme im normalen Zusammenhang. Die Richtung, in welcher seine Zellen sich zusammenschieben und strecken, einrollen und innen wieder abwandern, muß auf einer Struktur beruhen, welche ihm eigen ist und durch die Verpflanzung nicht aufgehoben wird. Natürlich hat es diese Struktur nicht erst gewonnen, sondern schon an seinem ursprünglichen Orte gehabt. Eine entsprechende Struktur wird auch den übrigen Teilen des Keims eigen sein und den von diesen ausgeführten Bewegungen zugrunde liegen. Von ihr oder aber von den auf ihr beruhenden Zellbewegungen wird die Ablenkung herkommen, welche die sich einstülpenden Zellmassen bei querer

Einpflanzung der Urmundlippe erleiden. Für die Erklärung des Induktionsvorganges ist es von Wichtigkeit, eine Entscheidung zwischen diesen beiden Möglichkeiten zu treffen.

Es wäre also denkbar, daß das Ektoderm des Wirts eine Längsstruktur besitzt, durch welche die Richtung bestimmt wird, in welcher das gastrulierende Implantat sich unter ihm vorschiebt. Gegen diese Auffassung, die also eine Art von Cytotaxis annehmen würde, sprechen aber mehrere experimentell festgestellte Tatsachen.

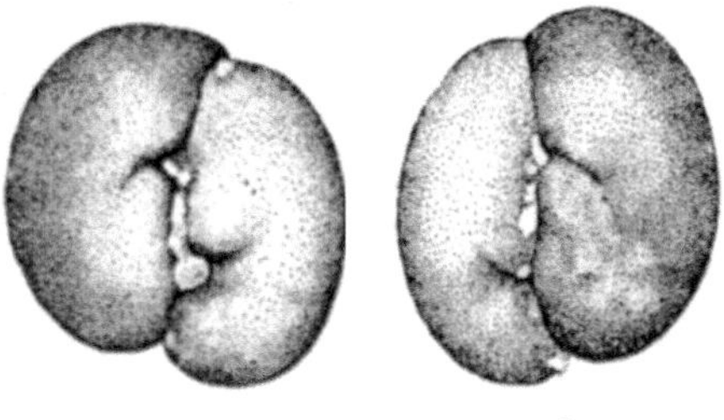

Abb. 88 a und b. Zwei Keime von Triton taeniatus zu Beginn der Gastrulation median gespalten; die gleichseitigen Hälften so zur Verheilung gebracht, daß ihre Eiachsen zusammenfallen. a zwei linke Hälften; b zwei rechte Hälften. (Nach SPEMANN, 1908.)

Das eine Experiment, das hier in Frage kommt, besteht darin, daß die gleichseitigen (z. B. die rechten) Hälften zweier Gastrulen mit den Schnittflächen aneinander geheilt werden, so orientiert, daß die in der Verwachsungsebene liegenden animal-vegetativen Keimachsen ungefähr zusammenfallen (Abb. 88a und b). Dabei stößt also die durchschnittene obere Urmundlippe jeder Hälfte ungefähr an die untere Urmundlippe der anderen Hälfte bzw. an die Stelle, wo sie später entstehen wird; präsumptives Mesoderm und präsumptive Medullarplatte der einen Hälfte grenzen an präsumptive Epidermis der andern (Abb. 89). Daraus entwickeln sich nun aber nicht zwei Halbembryonen; vielmehr entsteht von jedem halben Urmund aus eine ganze Embryonalanlage (Abb. 90a und b; 91a und b) mit Medullarplatte, Chorda und zwei Reihen von Urwirbeln (SPEMANN 1918, S. 497f.). Ihre Zusammensetzung aus den Geweben der beiden Keime ließ sich durch vitale Färbung des einen Partners genau feststellen (H. WEBER 1928). Das ganze axiale Mesoderm stammt von der primären Hälfte ab. Es greift bei der Einstülpung mehr oder weniger weit auf die sekundäre Hälfte über und reguliert sich gleichzeitig zum Ganzen, und zwar vollkommen, so daß zwei Reihen gleich gut ausgebildeter Urwirbel entstehen, zwischen denen die Chorda liegt (l. c. S. 702). An diesem Ergebnis, welches uns noch einmal beschäftigen

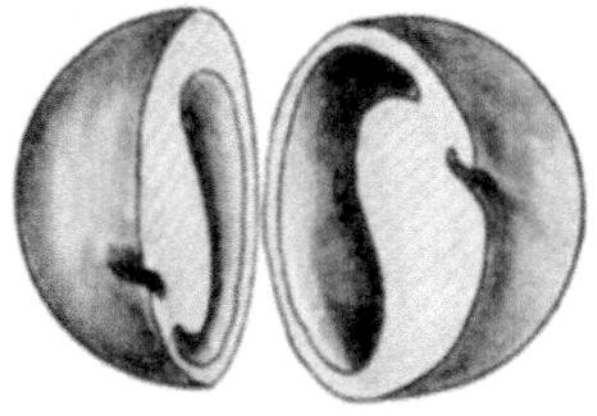

Abb. 89. Modell von zwei rechten Keimhälften in der Stellung bei der Zusammenheilung. Die Unterlagerung der einen Keimhälfte trifft zunächst auf den Dotter der anderen. (Nach H. WEBER, 1928.)

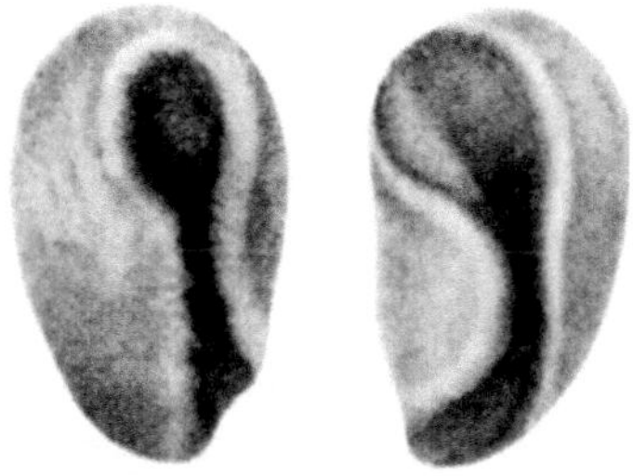

Abb. 90 a und b. r/r-Keim der Abb. 88 b im Neurulastadium; in beiden Medullarplatten ist die rechte Seite die primäre, die linke die sekundäre. (Nach SPEMANN, 1918.)

wird, interessiert uns hier nur die Tatsache, daß die Einstülpung des Mesoderms beider Hälften nicht in der Längsrichtung der halben Keime erfolgt, dazu gezwungen durch irgendeine Richtungsstruktur, sondern schräg, so daß nachher die Grenze zwischen den beiden Teilen der induzierten Medullarplatte nicht in deren Mediane, sondern in schräger Richtung verläuft.

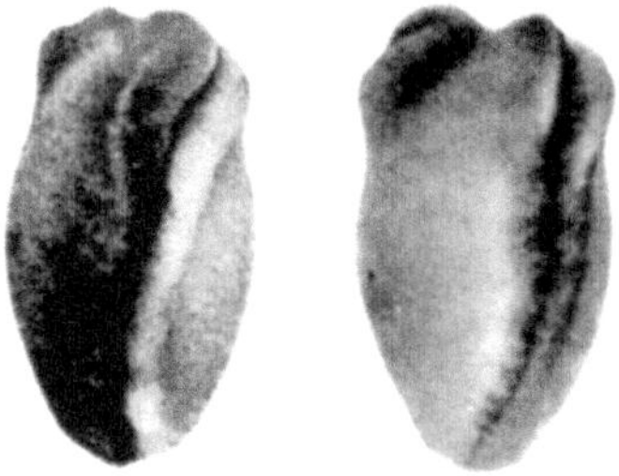

Abb. 91 a und b. 1/1-Keim der Abb. 88 a, mit geschlossenen Medullarwülsten; in beiden Medullarrohren ist die linke Hälfte die primäre, die rechte die sekundäre. (Nach SPEMANN, 1918.)

Vielleicht noch deutlicher spricht ein Versuch, welcher geradezu als Experimentum crucis zur queren Einpflanzung des Organisators bezeichnet werden könnte. Er besteht darin, daß an einer beginnenden Gastrula die ganze animale Kappe durch einen Schnitt nahe über dem Urmund abgetrennt und dann um 90° oder 180° gedreht wieder aufgeheilt wird (Abb. 92). In ersterem Fall steht also das Ektoderm mit seiner vorausgesetzten Struktur quer zur Richtung der Einstülpung; trotzdem geht diese ohne Ablenkung vor sich, es entwickelt sich ein normaler Embryo (SPEMANN 1918).

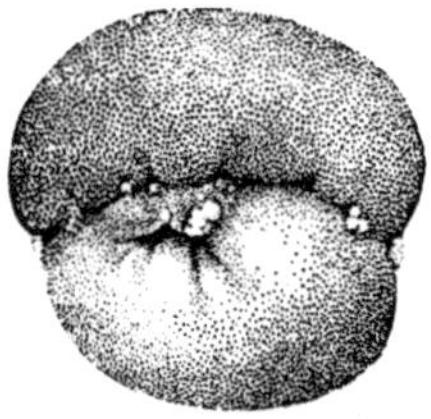

Abb. 92. Keim von Triton taeniatus zu Beginn der Gastrulation. Animale Kappe direkt über dem Urmund abgeschnitten und um 90° gedreht wieder aufgeheilt. (Nach SPEMANN, 1918.)

Aus diesen Tatsachen ergibt sich mit großer Wahrscheinlichkeit die Folgerung, daß die Ablenkung des in querer Richtung sich einstülpenden Implantats durch die Zellbewegungen des Wirts geschieht, daß sie also nur indirekt auf der Struktur des Wirts beruht, welche eben jenen Zellbewegungen zugrunde liegt.

Es fragt sich nun, wodurch die Lage der induzierten Medullarplatte bestimmt wird, welche, wie wir gesehen haben, in Richtung und Ausdehnung mit der Unterlagerung weitgehend übereinstimmt. Diese Frage hängt aufs engste zusammen mit der anderen, auf welchem Wege die sekundäre Medullarplatte induziert wird.

3. Induktion der sekundären Medullarplatte.

Für die Induktion der sekundären Medullarplatte scheinen nach den bis jetzt besprochenen experimentellen Ergebnissen zwei Möglichkeiten vorzuliegen. Entweder breitet sie sich vor und während der Gastrulation vom Organisationszentrum in der Fläche nach vorne aus oder aber während und nach der Unterlagerung von der tiefen Schicht zur oberflächlichen. Beide Möglichkeiten brauchen sich nicht auszuschließen; sie könnten nach Analogie mit anderen Fällen (z. B. Induktion der Linse) auch nebeneinander bestehen. Aber während sie anfangs ziemlich gleichwertig nebeneinander zu stehen schienen, drängen die Tatsachen mehr und mehr zur alleinigen Annahme der zweiten, ohne daß jedoch die erste schon mit zwingenden Gründen völlig auszuschließen wäre.

Induktion durch fortschreitende Determination. Die Vorstellung einer von Zelle zu Zelle weiter wirkenden Determination liegt überall da nahe, wo die Differenzierung, die sichtbare Folge der Determination, nicht in allen Teilen gleichzeitig einsetzt, sondern an einer Stelle beginnend in bestimmter Richtung fortschreitet. Doch ist sie keineswegs durch reine Beobachtung zu begründen; es kann auch eine bloße zeitliche Aufeinanderfolge ohne ursächliche Verknüpfung vorliegen. Ein Mittel, um das zu prüfen, besteht in der Unterbrechung des räumlichen Zusammenhangs. Bringt diese keine Störung mit sich, läuft die Entwicklung, welche diesseits des trennenden Schnitts begonnen hatte, jenseits desselben weiter, so war sie dort jedenfalls vom Augenblick der Durchtrennung ab selbständig gewesen (H. SPEMANN und HILDE MANGOLD 1924, S. 634). Ein klares Beispiel hierfür aus dem Tatsachenbereich der Amphibienentwicklung ist, wie wir gesehen haben (S. 68), die fortschreitende Bildung des Urmunds bei der Gastrulation. Sie beginnt median mit der Bildung der oberen Urmundlippe und setzt sich von da nach den Seiten fort, um endlich beim kreisförmigen Schluß in der unteren Urmundlippe die Medianebene wieder zu erreichen. Dabei drängt sich dem Beobachter ganz unwillkürlich die Anschauung auf, daß immer der in Einstülpung begriffene Teil die angrenzenden Zellen der Randzone mit in den Vorgang hineinzieht. Wenn man nun aber die dorsale Keimhälfte mit der oberen Urmundlippe abtrennt (Abb. 93), so wird dadurch die Bildung der seitlichen und unteren Urmundlippe nicht verhindert, ja nicht einmal merklich verzögert; und dies gilt nicht nur für die frontale Durchschneidung zu Beginn der Gastrulation, wo eine etwaige von der oberen Urmundlippe ausgegangene Determination die Linie der Durchtrennung schon überschritten haben könnte; es gilt auch für die frontale Durchschnürung im Zweizellenstadium (l. c. S. 635).

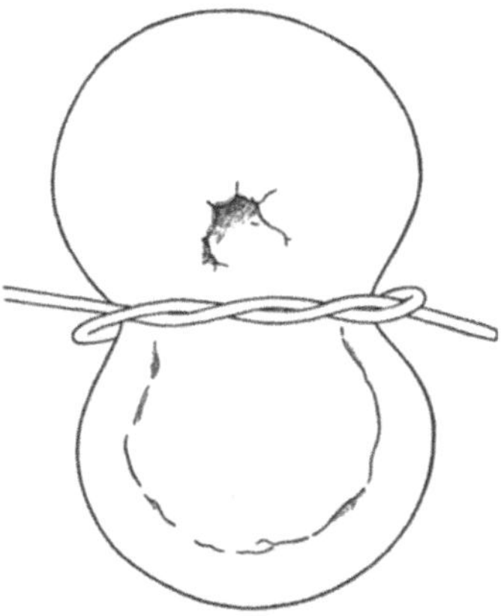

Abb. 93. Beginnende Gastrula von Triton taeniatus, nach frontaler Einschnürung im Zweizellenstadium; seitliche und untere Urmundlippe abgegrenzt. (Nach SPEMANN, 1902.)

In entsprechender Weise stellte FEDOROW (nach H. BRAUS 1920) durch Defektsetzung im noch unsegmentierten Urdarmdach von Bombinator fest, daß die davor und dahinter gelegenen Ursegmente sich unabhängig voneinander entwickeln. FR. E. LEHMANN (1926a, S. 252) dehnte dies auf Urodelen aus und auf Defekte, welche schon viel früher, nämlich zu Beginn der Gastrulation, gesetzt worden waren.

Anders verhält sich nach H. BRAUS (1906) die Entwicklung der serialen Skeletstücke in der Brustflosse von Selachierembryonen. Deren erste Anlage ist bekanntlich eine Hautfalte, in welche die Muskelknospen von den Myotomen des Rumpfs her einwachsen. Die Skeletstäbe der Flosse dagegen differenzieren sich aus dem Mesoderm heraus, welches die Hautfalte erfüllt, und zwar die mittleren Stäbe zuerst, worauf die Differenzierung kopf- und schwanzwärts fortschreitet. Trennt man nun durch einen Schnitt das noch indifferente Bindegewebe von den schon in Differenzierung begriffenen Skeletstäben ab, so geht zwar die histologische Entwicklung zu Vorknorpel und Knorpel weiter, aber es unterbleibt die Gliederung in einzelne Skeletstäbe. Das räumliche und zeitliche Fortschreiten dieser Gliederung beruht also offenbar auf einer im Indifferenten fortschreitenden Determination.

So ist diese Auffassung auch bei der Induktion der Medullarplatte zum mindesten durchaus erwägenswert. Man könnte sich den Vorgang stofflich oder dynamisch vermittelt denken; also durch Ausbreitung eines die spezifische Entwicklung direkt verursachenden oder nur auslösenden Stoffes oder durch Fortpflanzung eines physikalischen Zustandes. Die erstere Annahme, die Ausbreitung eines Stoffs, setzt vorhandene Bahnen im Ektoderm voraus, längs welchen sie vor sich geht; die Grenzen der Ausbreitung könnten dann etwa durch die Menge des vorhandenen Stoffs gegeben sein. Damit kommt man aber in Schwierigkeiten bei Anwendung auf das Ergebnis der soeben besprochenen Experimente, Zusammenheilung gleichseitiger Keimhälften oder Drehung der animalen Kappe der Gastrula um 90°. Denn im ersteren Fall hätte die Ausbreitung unter spitzem Winkel mit der Längsrichtung der angeheilten Hälfte stattgefunden, im letzteren sogar quer zu ihr. Es müßte sich also vorher die Längsstruktur des Organisationszentrums in das vorgelagerte Ektoderm hinein fortgepflanzt haben, so daß man jedenfalls die zweite Annahme einer dynamischen Vermittlung mindestens zur Hilfe mit heran ziehen müßte. Die Möglichkeit einer solchen in der Fläche sich ausbreitenden Determination scheint an sich durchaus gegeben. Sie ist ja in der Angliederung des Wirtsmesoderms verwirklicht, welche zur chimärischen Zusammensetzung der mesodermalen Achsenorgane führt. Es liegen aber auch zwei Versuche vor, der eine (GOERTTLER 1931), diese Auffassung exakt zu beweisen, der andere (HOLTFRETER 1933d), sie exakt zu widerlegen. Doch sollen diese Experimente erst später besprochen werden, wenn noch einige Voraussetzungen für ihr Verständnis geschaffen sind. Aber schon jetzt weisen, wie gesagt, eine Reihe von Tatsachen viel mehr in andere Richtung.

Induktion der sekundären Medullarplatte durch das Urdarmdach. Schon vor vielen Jahren drängte sich mir bei Gelegenheit anderer Erfahrungen die Vermutung auf, daß bei der Entwicklung der Medullarplatte die bestimmende Ursache im unterlagernden Mesoderm zu suchen sei. Wird ein Tritonkeim in frühestem Entwicklungsstadium median eingeschnürt, so entstehen, wie wir gesehen haben, je nach dem Maße der Schnürung verschieden weit gehende Verdoppelungen, und zwar immer des vorderen Endes. Nie ist bei reiner Verdoppelung der Schwanz gespalten, solange überhaupt die Embryonen im Zusammenhang bleiben. Da die Schnürfurche ringsum gleich tief einschneidet, so ist dieses Ergebnis überraschend. Es muß irgendwie mit der Bildung des Embryos zusammenhängen; vermutlich derart, daß das sich einstülpende Material durch die eingeengte Blastulawand, die sich ihm entgegenstellt, wie der Brückenpfeiler dem Strom, gewissermaßen gespalten wird ...... „Wenn eine gewisse Menge des mesodermalen und entodermalen Materials in den beiden Hälften der Blastulahöhle untergebracht ist, dann ist für den Rest in der Medianebene Platz geschaffen, er wird nicht mehr gespalten. Dieser Augenblick tritt naturgemäß um so später ein, je mehr die Medianebene durch die Schnürung eingeengt ist; daher hängt der Grad der vorderen Verdoppelung vom Grad der Schnürung ab" (Spemann 1903, S. 598). Die Spalthälften regulieren sich dann zum Ganzen. „Daß auch die Medullarplatte sich entsprechend gabelt, weist vielleicht darauf hin, daß ihre Form und Größe mit der des Urdarms in irgendeinem Zusammenhang steht" (S. 602). „Es ist nicht ausgeschlossen, daß die Differenzierung der Medullarplatte vom Urdarm aus induziert wird; es gibt manche Tatsachen, welche mit einer solchen Annahme gut übereinstimmen würden" (S. 616).

Unter dieser Annahme lassen sich auch die soeben beschriebenen experimentellen Ergebnisse am besten verstehen.

So wird nach Drehung der animalen Kappe (vgl. Abb. 92 auf S. 100) ihre Entwicklung von der vegetativen Keimhälfte aus bestimmt. Während die Annahme einer fortschreitenden Determination in diesem Falle, wie oben gezeigt, beträchtliche Schwierigkeiten macht, würde sich die normale Entwicklung der Medullarplatte, der glatte Übergang des aus gedrehtem Material entstandenen Vorderendes in das Hinterende, ohne weiteres dadurch erklären lassen, daß die Einstülpung ungestört zu Ende geführt und die Medullarplatte durch das unterlagernde Mesoderm ohne Rücksicht auf die Materialgrenzen determiniert wird (Spemann 1918, S. 494, 532).

Dieselbe Erklärung liegt am nächsten bei der Zusammensetzung gleichseitiger Gastrulahälften und der Entstehung der induzierten Medullarplatte. Wie schon erwähnt, stülpt sich dabei das halbierte Mesoderm jeder Keimhälfte unter gleichzeitiger Regulation zum Ganzen in das Blastocoel der anderen Keimhälfte ein und lagert sich unter das ventrale Ektoderm. Dem mehr oder weniger weitgehenden Übergreifen der Unterlagerung auf die angeheilte Keimhälfte entspricht dasselbe Verhalten bei der Medullarplatte. Ihre konstante Beziehung zum Mesoderm steht in eindrucksvollem Gegensatz zu ihrer wechselnden Zusammensetzung aus dem Ektoderm der beiden Keimhälften. Daraus folgt, daß die Medullarplatte vom Mesoderm aus induziert worden ist (H. Weber 1928, S. 702).

So war diese Erklärungsmöglichkeit auch bei der Induktion durch Stückchen der oberen Urmundlippe von Anfang an ins Auge gefaßt worden (SPEMANN 1918, S. 483, 493; H. SPEMANN und HILDE MANGOLD 1924, S. 627). Eine exakte Entscheidung aber ließ sich erst treffen durch ein Experiment, bei welchem das Implantat von Anfang an unter das Ektoderm zu liegen kommt, ohne auch nur vorübergehend seinem Verbande angehört zu haben.

Dies läßt sich leicht und sicher auf folgende Weise erreichen: An einer vorgeschrittenen Blastula oder beginnenden Gastrula wird mit der Glasnadel ein kurzer Schnitt im Dach der Furchungshöhle angebracht und durch den Schlitz das zu prüfende Stück eingeschoben. Der Schnitt heilt rasch und spurlos zu, die Gastrulation geht ohne wesentliche Störung weiter, und das Stück kommt mit dem Verschwinden der Furchungshöhle zwischen die inneren Schichten des Keims und das Ektoderm zu liegen, auf welches es nun von Anfang an etwaige Induktionswirkungen ausüben kann. Diese von O. MANGOLD und mir angegebene Methode hat inzwischen große Bedeutung gewonnen, weil nach ihr auch abgetötete oder sonst wie stark veränderte (zerquetschte, getrocknete) Implantate auf ihre Entwicklungsfähigkeit und Wirksamkeit geprüft werden können.

Dieses Experiment wurde zuerst von A. MARX (1925) mit reinem Urdarmdach ausgeführt, nachdem unmittelbar zuvor B. GEINITZ (1925a) mit ins Blastocoel gesteckter oberer Urmundlippe Induktionen erzielt hatte. A. MARX fand in 6 derartigen Versuchen, daß das unterlagernde Stück in der darüber liegenden Epidermis „Veränderungen hervorrief, die zweifellos als Induktion, als eine Umstimmung der Entwicklungsrichtung der Epidermis in die Richtung Medullarplatte, anzusprechen sind“ (l. c. S. 37). Schon damals wurde in einem Falle festgestellt, daß sich hinter dem Implantat eine Einstülpung bildet, welche „vielleicht als sekundärer Urmund anzusprechen ist“ (l. c. S. 39). Das ist seither vielfach beobachtet worden, doch tritt es keineswegs regelmäßig ein und ist nicht etwa die Voraussetzung der Induktionswirkung.

Bei diesem Versuche, bei welchem das Implantat auch nicht vorübergehend dem Verbande des Ektoderms angehörte, kann seine induzierende Wirkung nur von Schicht zu Schicht, vom tief gelegenen Mesoderm zum überlagernden Ektoderm gegangen sein, nicht aber sich in der Fläche fortschreitend ausgebreitet haben — was damit für andere Fälle natürlich nicht ausgeschlossen wird. Damit verstärkte sich die Vermutung, daß das ganze die Medullarplatte unterlagernde Mesoderm zur Induktion befähigt ist, und es galt nun, alle Bezirke der frühen Gastrula auf ihre Induktionsfähigkeit durchzuprüfen und so die Grenzen des „Organisationszentrums“ festzustellen.

Diese Aufgabe wurde von H. BAUTZMANN (1926) in exakter Weise gelöst. Mit einer von ihm konstruierten Doppelnadel wurden aus der beginnenden Gastrula Scheiben größten Umfangs ausgeschnitten, in verschiedener Richtung, median, schräg, quer; die ringförmigen Stücke wurden fortschreitend in zwei, vier, zwölf Teile zerlegt (Abb. 94) und diese einzeln ins Blastocoel anderer, gleich alter Keime gesteckt. Es ergab sich, daß die so festgestellten Grenzen des induktionsfähigen Bereichs (Abb. 95) mit den von W. VOGT ermittelten Grenzen der Einstülpung zusammenfallen; d. h. also, das ganze präsumptive Mesoderm hat die Fähigkeit, und zwar schon vor der Einstülpung, in präsumptiver Epidermis der Gastrula Medullarplatte zu induzieren. Den außerhalb

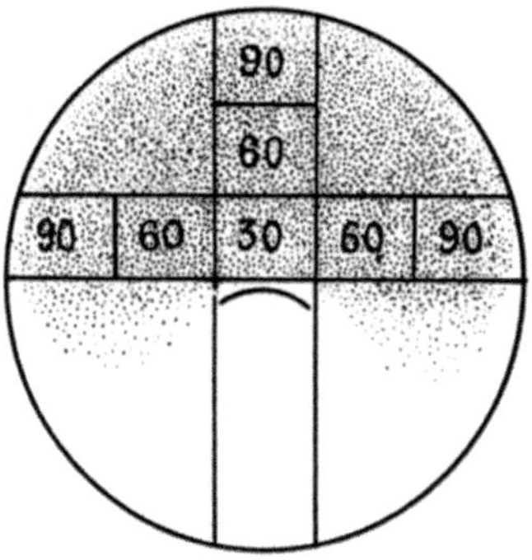

Abb. 94. Schematische Darstellung des Versuchs zur Abgrenzung des Organisationszentrums. (Nach BAUTZMANN, unveröffentlicht.)

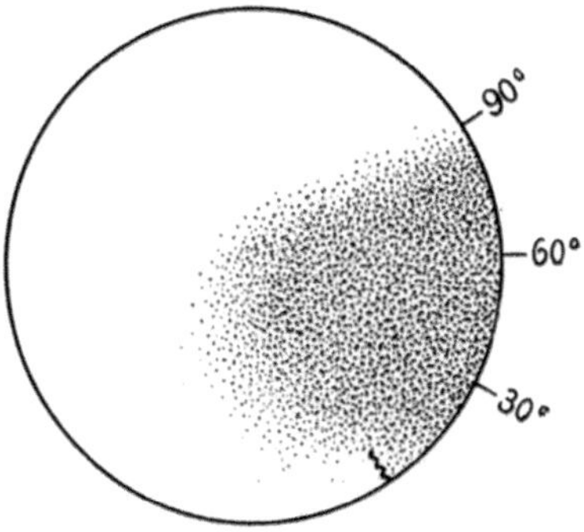

Abb. 95. Schema der experimentell festgestellten Grenzen des Organisationszentrums. (Nach BAUTZMANN 1926 b.)

dieses Bereichs liegenden Keimteilen geht, wenigstens in diesem frühen Stadium, jene Fähigkeit ab.

Letzteres wurde von O. MANGOLD (1929b) gelegentlich anderer Versuche für das Ektoderm bestätigt. Auf die in neuester Zeit von mehreren Autoren gefundene höchst merkwürdige Tatsache, daß vorbehandelte Keimstücke der verschiedensten Regionen zu induzieren vermögen, wird später einzugehen sein.

4. Angliederung von Wirtsmesoderm durch assimilatorische Induktion.

Schon bei den ersten Versuchen von HILDE MANGOLD war nicht nur die sekundäre Anlage als Ganzes, sondern das Mesoderm selbst aus Gewebe des Wirts und des Implantats zusammengesetzt. Besonders die Urwirbel zeigten diesen chimärischen Aufbau; weniger die Chorda, welche meist rein aus dem Implantat gebildet wurde. In einem Fall jedoch, wo alpestris der Wirt war und der Farbenunterschied daher besonders auffallend, waren „da und dort über ihre ganze Länge deutlich pigmentierte Zellen eingesprengt, von gleicher Färbung wie die Zellen des benachbarten Urwirbels; da sie in dieser Beschaffenheit bei einer cristatus-Chorda nie beobachtet wurden, gehören sie zweifellos dem alpestris-Keim an“ (H. SPEMANN und HILDE MANGOLD 1924, S. 616).

Derselbe Fall zeigte noch eine weitere Eigentümlichkeit. Die Urwirbel der sekundären Anlage, aus cristatus und alpestris (Wirt) chimärisch zusammengesetzt, sind in ihrem vom Wirt gebildeten Teil viel dunkler als die daneben liegenden Urwirbel der primären Anlage. Es liegt nahe, zu vermuten, daß sie aus anderem Material gebildet wurden, nämlich aus den stark pigmentierten Zellen der animalen Keimhälfte, in welche der Organisator implantiert worden war. Diese Zellen müßte das Implantat bei seiner Einstülpung mitgenommen haben, ein Vorgang, der durch die Jugend des Wirtskeims (Blastula) begünstigt worden sein mag (l. c. S. 627). Daraus wurde mit Wahrscheinlichkeit geschlossen, „daß die induzierende Wirkung des Implantats schon früh beginnt und zunächst darin besteht, daß seine neue Umgebung zur selbsttätigen Teilnahme an der Einstülpung veranlaßt wird" (l. c. S. 627). Ebenso kamen O. MANGOLD und F. SEIDEL (1927) bei ihren Keimverschmelzungsversuchen zu dem Schluß, daß obere Urmundlippe befähigt ist, auf benachbartes Material überzugreifen und diesem den Charakter oberer Urmundlippe zu verleihen (l. c. S. 647, 653).

Zu demselben Ergebnis kam F. E. LEHMANN (1932), welcher die Gastrulation implantierter oberer Urmundlippe, die vital vorgefärbt worden war, auf Schnitten verfolgte. „Das angrenzende Wirtsgewebe erfährt unter dem dauernden Einfluß des Organisators eine Angleichung an die Struktur des Organisators, die auch bei der Überführung des Ektoderms in Randzonenmaterial histologisch nachweisbar ist .... Diese Strukturangleichung vollzieht sich allem Anschein nach erst allmählich im Lauf der Implantatgastrulation" (S. 630). LEHMANN kam zu dem weiteren Ergebnis, daß die verschiedenen Keimregionen verschieden leicht angegliedert werden. „Am frühesten schließt sich Randzone, dann ventrale Epidermis, am spätesten die Kopfepidermis der Organisatorgastrulation an. Das dem Organisator am nächsten verwandte Gewebe, die ventrale Randzone, braucht die geringste Zeit und das dem Organisator am wenigsten verwandte Gewebe braucht die meiste Zeit zur Strukturangleichung. Analog verhält es sich mit der Masse des assimilierten Gewebes. In größtem Umfang wird Schwanzknospengewebe assimiliert, dann folgt ventrale Randzone, in kleinem Ausmaß wird ventrale Epidermis und in geringstem Umfang animale Epidermis assimiliert. So besteht in der Assimilierbarkeit ein Gefälle der Gastrulabezirke, und zwar gerade in umgekehrter Richtung, wie bei der Induzierbarkeit des Ektoderms. Die Assimilierbarkeit ist kaudal am höchsten und nimmt nach kranial stark ab" (S. 630).

Angliederung von Wirtsmesoderm kam auch bei den in jüngster Zeit mitgeteilten Versuchen von B. MAYER (1935) zur Beobachtung, bei welchen *seitliche Hälften* der oberen Urmundlippe verschieden alter Gastrulastadien in die Gegend der unteren Urmundlippe verpflanzt wurden. Die dort entstandene sekundäre Embryonalanlage enthielt immer ein bilateral-symmetrisches Achsensystem, an dessen Aufbau jedoch das Implantat je nach seinem Alter in verschiedenem Maße beteiligt war. Stammte das Implantat aus der beginnenden Gastrula, so lag die Chorda nachher in der Mitte des vom Implantat gelieferten Materials, war also auch auf der innenständigen, dem Schnittrand entsprechenden Seite von einer Reihe von Implantat gebildeter Urwirbel flankiert. War das Implantat dagegen einer vorgeschrittenen Gastrula entnommen worden, so nahm die Chorda seinen inneren Rand ein; nur die äußere Reihe der Urwirbel war vom Implantat gebildet, die der anderen Seite dagegen vom Mesoderm des Wirts. Die junge halbe Urmundlippe hat sich also in sich selbst reguliert, die ältere dagegen, die dazu offenbar nicht mehr imstande ist, hat sich aus dem Material des Wirts ergänzt.

Besonders ausgiebig erfolgt die Assimilation von Wirtsmesoderm in sekundären Schwänzchen. Auf die besonderen Bedingungen, unter welchen diese induktiv hervorgerufen werden können, wird später zurückzukommen sein. So wurden induzierte Urwirbel beobachtet von Bytinski-Salz (1931, S. 563) in einem Schwanz, welcher durch Einwirkung des Hinterendes eines Neuralrohrs hervorgerufen worden war; von F. E. Lehmann (1932) in einem durch ein Stückchen Urmundlippe induzierten. In letzterem bestanden mindestens 6 Urwirbel aus Wirtsmaterial; die übrigen waren vom Implantat gebildet (Abb. 32b). Ebenso kam H. Bautzmann (1933, S. 761) zu dem Ergebnis, daß assimilatorische Induktion von Chorda im Schwanzbereich noch möglich ist, während sie im Rumpfabschnitt nicht geleistet wird. Bautzmann führt dies, sicher mit Recht, darauf zurück, daß der Schwanzabschnitt, der sich später entwickelt, als relativ jünger angesehen werden kann. Dasselbe scheint sogar für fein zerhacktes Material zu gelten, welches ins Blastocoel eines anderen Keims eingesteckt worden ist. In der Schwanzregion des Wirts entwickelten sich (bei aus zwei Keimarten gemischtem Material chimärisch zusammengesetzte) Urwirbel in größerer Vollkommenheit als weiter vorn (W. Krämer 1934).

5. Induktoren zweiter Ordnung. Induktionsketten.

Die Linse des Wirbeltierauges entsteht, wie wir gesehen haben, durch Einwirkung oder mindestens unter Mitwirkung des Augenbechers aus der indifferenten oder mehr weniger gebahnten bzw. determinierten Epidermis. Desgleichen entsteht der Augenbecher durch Einwirkung der mesodermalen Unterlagerung aus der mehr oder weniger indifferenten präsumptiven Medullarplatte. Der Induktor der Linse ist also selbst durch Induktion entstanden; er läßt sich daher als Induktor oder Organisator zweiter Ordnung bezeichnen.

Man kann sich so, vorbehaltlich experimenteller Prüfung im einzelnen, die Entwicklung zusammengesetzt denken aus kürzeren oder längeren „Induktionsketten“, deren Glieder die Induktoren oder Organisatoren steigender Ordnung wären.

Solche Induktoren zweiter Ordnung lassen sich nun experimentell herstellen. Wir wissen durch O. MANGOLD (1923), daß präsumptives Ektoderm, rechtzeitig in mesodermale Umgebung verpflanzt, selbst zu Mesoderm wird. Um dies nachzuprüfen, wurde ein Stück präsumptives Ektoderm einer beginnenden Gastrula von Triton cristatus einem gleich

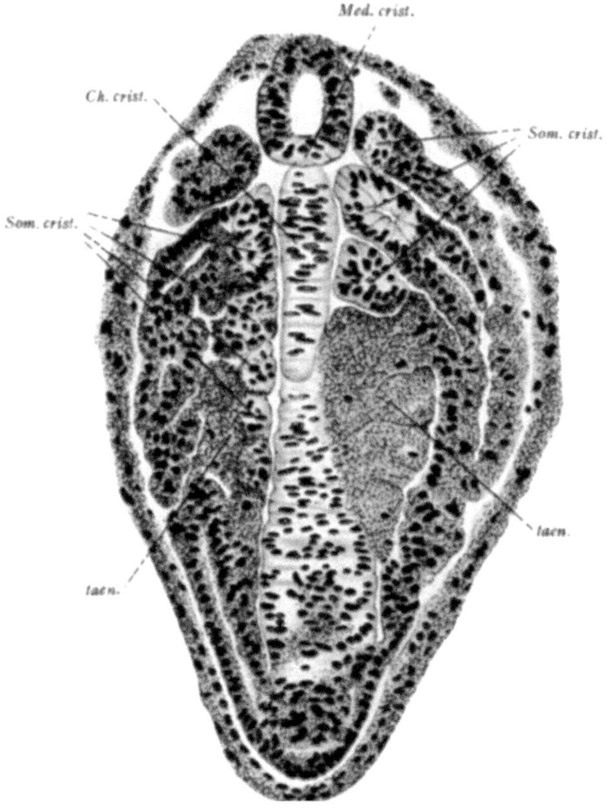

Abb. 96. Frontalschnitt durch Keim von Triton taeniatus, welchem zu Beginn der Gastrulation ein Stück präsumptives Ektoderm einer gleicht alten Gastrula von Triton cristatus in die obere Urmundlippe gepflanzt worden war (vgl. Abb. 97 a). Dieses Stück ist ortsgemäß zu Teilen des Medullarrohrs, der Chorda und der Urwirbel geworden (*Ch. crist.*, *Med. crist.*, *Som. crist.*) (Nach SPEMANN und GEINITZ, 1927.)

alten Keim von Triton alpestris über der oberen Urmundlippe ins präsumptive Chordamaterial eingepflanzt (Abb. 97a). Die Einstülpung machte deutliche Schwierigkeiten (Abb. 97b und c), gelang aber schließlich doch vollkommen (Abb. 97d). Nach Abhebung der Rückenplatte fand sich das an seiner Farbe kenntliche Stück lang ausgezogen in der Chordagegend (Abb. 97e). Bei weiterer Entwicklung wäre ein chimärisch zusammengesetzter Embryo entstanden (Abb. 96). Nun wurde ein solches Stück induziertes Mesoderm sauber ausgeschnitten

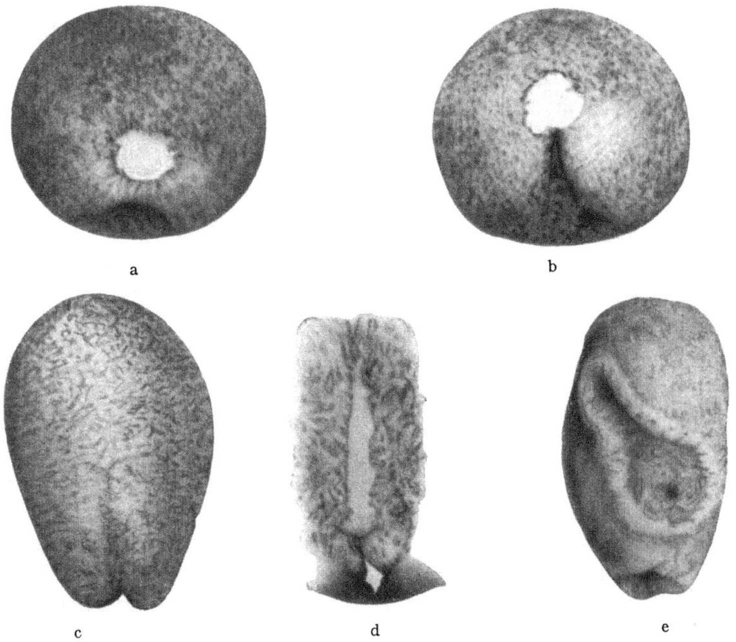

Abb. 97 a—e. Gastrulation eines Keims von Triton alpestris, dem zu Beginn der Gastrulation ein Stück präsumptives Ektoderm von Triton cristatus in die obere Urmundlippe eingepflanzt worden war. (Nach SPEMANN und GEINITZ, 1927.)

und einem dritten Keim zu Beginn der Gastrulation ins Blastocoel gesteckt, um zu prüfen, ob es Induktionsfähigkeit erworben hat. Und in der Tat induzierte es eine schöne Medullarplatte (Abb. 98). In einem Keimstück, welches von sich aus nicht induzieren kann, sind also die induktiven Fähigkeiten geweckt worden, indem es eine Zeitlang in einer Umgebung verweilte, welcher diese Fähigkeiten normalerweise zukommen (H. SPEMANN und B. GEINITZ 1927).

Man kann also zwei sicher induktiv verlaufende Entwicklungsvorgänge experimentell aneinander hängen. Doch ist bei jedem Versuch einer Verallgemeinerung die größte Vorsicht geboten. In unserem Falle darf neben der Rolle, welche die Induktion in der Entwicklung spielt, die Bedeutung vorbereitender Prozesse im Reaktionssystem nicht übersehen werden, welche als Bahnung die Induktion erleichtern oder als labile Determination in den Fällen der doppelten Sicherung sie gar vorweg nehmen (l. c. S. 156f.).

Abb. 98. Neurula von Triton taeniatus, mit sekundärer Medullarplatte, welche durch einen „Organisator 2. Ordnung" (präsumptives Ektoderm in mesodermale Umgebung verpflanzt) induziert worden ist. (Nach SPEMANN und GEINITZ 1927.)

VIII. Der Anteil der Induktion an der normalen Entwicklung der Medullarplatte.

1. Entwicklung der präsumptiven Medullarplatte in allgemeiner Abhängigkeit von der mesodermalen Unterlagerung.

Die Entstehung der Medullarplatte aus ihrem normalen Material und ihre Weiterentwicklung zum Nervenrohr ist zum Gegenstand zahlreicher experimenteller Untersuchungen gemacht worden, mit dem Ziel, festzustellen, welche Rolle die experimentell ermittelten induktiven Fähigkeiten des Mesoderms bei der normalen Entwicklung spielen. Wir haben gesehen, wie groß diese Fähigkeiten sind. Ein Stück Urdarmdach, an abnormer Stelle unter das Ektoderm gebracht, vermag dort Medullarrohr mit Augenbechern, Linsen und Hörblasen zu induzieren, in solcher Vollkommenheit, daß sie sich von normalen kaum unterscheiden lassen. Nichts läge näher als anzunehmen, daß die Entwicklung dieser Teile aus dem normalen Material auf dieselbe Weise vor sich geht; daß also die präsumptive Medullarplatte ein ganz indifferentes Bildungsmaterial ist, nicht verschieden von der präsumptiven Epidermis, welches erst unter dem Einfluß des unterlagernden Mesoderms zu Medullarplatte determiniert wird. Hier haben aber die an der Augenentwicklung gemachten Erfahrungen von Anfang an zur Vorsicht gemahnt. Auch dort hatte es nahe gelegen, aus der Fähigkeit des Augenbechers, in indifferenter Epidermis eine Linse zu induzieren, den Schluß zu ziehen, daß es keine vorgebildeten Linsenzellen gibt, also vorauszusetzen, daß Induktionsfähigkeit des Augenbechers und Selbstdifferenzierungsfähigkeit der Linse sich gegenseitig ausschließen. Und doch hat sich im Fortgang der Untersuchung mit Sicherheit herausgestellt, daß beides nebeneinander bestehen kann. Dasselbe Verhältnis könnte auch zwischen induzierendem Mesoderm und präsumptiver Medullarplatte herrschen. Um festzustellen, was die letztere von sich aus vermag, ist die gegebene Methode der Isolations- und Defektversuch.

Isolierte Aufzucht der präsumptiven Medullarplatte in indifferentem Medium. Nach der Definition von FR. R. LILLIE (1929), welcher ich mich anschließe, nennt man einen Keimteil dann determiniert, wenn er die Fähigkeit zur Selbstdifferenzierung besitzt. Das Mittel, um dies festzustellen, ist die Isolation, am vollkommensten erreicht bei Aufzucht in einem indifferenten Medium, also in Wasser oder in einer geeigneten Salzlösung. Über solche Versuche von H. ERDMANN (1931) und J. HOLTFRETER (1931a und b) ist oben (S. 72) berichtet worden. Sie führten, wie dort erwähnt, bezüglich des präsumptiven Ektoderms zu keinem übereinstimmenden Ergebnis; doch scheint mir die Ansicht von HOLTFRETER, zumal nach seiner jüngsten Kritik der entgegenstehenden Auffassungen (HOLTFRETER 1933d, S. 720f.), bei weitem überzeugender. Danach wäre also zu Beginn der Gastrulation, vor der Unterlagerung, das ganze präsumptive Ektoderm noch determinativ gleichartig; keinenfalls zu Medullarplatte, eher zu Epidermis determiniert.

Schon früher hat W. VOGT (1922c) die animale Kappe der beginnenden Gastrula, also wohl präsumptive Medullarplatte und Epidermis, abgeschnitten und isoliert in Wasser sich entwickeln lassen. Nie wurde dabei die Bildung einer Medullarplatte beobachtet. Ich habe denselben Versuch mit zwei zusammengeheilten animalen Kappen angestellt, mit demselben negativen Ergebnis. Doch sind bei beiden Versuchen die Stücke nicht nur isoliert, sondern durch die Abkugelung unter neue mechanische Bedingungen gebracht worden, welche die Umgruppierung und Formveränderung der präsumptiven Medullarzellen verhindert haben könnten.

Aufzucht im Blastocoel. Bei Versuchen, welche uns später noch ausführlicher zu beschäftigen haben, steckte O. MANGOLD (1929b) Stückchen von Medullarplatte oder ihrer Anlage ins Blastocoel von Gastrulen verschiedenen Alters. Da hierbei das Implantat mit verschiedenen Anlagen des Wirtskeims in Berührung kommt, so ist es, wie auch der Erfolg zeigte, keineswegs völlig isoliert. Immerhin mag erwähnt werden, daß erst mit der Unterlagerung die Selbstdifferenzierungsfähigkeit der präsumptiven Medullarplatte beginnt. Bei xenoplastischer Verpflanzung dürfte nach BYTINSKI-SALZ (1929a, S. 649) die Isolation vollkommener sein.

Wirkung von Defekten im Urdarmdach. Längere Zeit vor diesen Experimenten, bei denen geprüft wurde, ob Stückchen der präsumptiven Medullarplatte der Selbstdifferenzierung fähig sind, wurde auf anderem Wege versucht, was aus ihr wird, wenn sie im ektodermalen Zusammenhang gelassen, aber der mesodermalen Unterlagerung beraubt wird.

Die ersten Versuche dieser Art wurden von A. MARX (1925) ausgeführt. An Keimen mit U-förmigem Urmund oder mit Dotterpfropf bzw. schlitzförmigem Urmund wurde die dorsale Kappe median gespalten oder aber ganz abgehoben und dann mit der Haarschlinge das Urdarmdach entfernt. In allen Fällen entwickelte sich eine Medullarplatte aus ihrem präsumptiven Material. Da dieses aber schon unterlagert gewesen war, wenn auch nur für kurze Zeit, da sich ferner das Urdarmdach anscheinend regeneriert hatte, so sind diese Versuche weder in der Methode einwandfrei noch im Ergebnis eindeutig. Das Material, aus welchem das Urdarmdach sich bildet, muß schon vor seiner Einstülpung entfernt oder vermindert werden. Dies läßt sich in verschiedenen Stadien der Entwicklung ausführen, während der Gastrulation durch Entfernung der oberen Urmundlippe oder schon früher durch Setzung von Defekten in der Randzone.

Da sich das ganze Mesoderm während der Gastrulation nach innen einrollt, so wird die obere Urmundlippe aus immer neuem Material gebildet, und ihre Entfernung in verschiedenen Stadien der Gastrulation wird Defekte an Chorda und Urwirbeln in verschiedener Höhe des Keims zur Folge haben. Da ferner das Material der Medullarplatte durch die Operation unmittelbar nicht berührt wird, so müssen Defekte, die nachher in ihr auftreten, durch die Defekte im Mesoderm verursacht worden sein.

F. E. LEHMANN (1926a, 1928a) hat dieses Experiment während mehrerer Laichperioden durchgeführt. Es zeigte sich zunächst, daß auf diese Weise in der Tat mehr oder weniger scharf umschriebene Defekte in verschiedenen Höhen der mesodermalen Unterlagerung hervorgerufen werden können. Defekt in der dorsalen Urmundlippe ganz zu Anfang der Gastrulation hatte Defekt im Kopfdarm zur Folge. In späteren Stadien, vom sichelförmigen Urmund bis zur Abgrenzung des Dotterpfropfs, führten mediane oder mediannahe Defekte zu partiellen oder auch totalen Chordadefekten; nur in einer relativ beschränkten Zahl von Fällen konnte der gesetzte Defekt völlig reguliert werden (1926a, S. 246f.). Die Entwicklung der Medullarsubstanz zeigte sich nun in deutlicher Abhängigkeit von der mesodermalen Unterlagerung; war diese defekt, so entwickelte sich auch jene abnorm. In einem Fall, wo die Unterlagerung auf einer längeren Strecke fehlte, fehlte auch die Medullarsubstanz darüber (Abb. 99); war jene geschwächt, so war es auch diese. Das läßt sich besonders gut bei lateralen Defekten beurteilen, im Vergleich mit der normalen Seite daneben (l. c. S. 277; Abb. 100). Bei sehr starken medianen und mäßigen Lateraldefekten steht der Ausbildungsgrad der Medullarsubstanz in annähernd quantitativer Abhängigkeit vom Ausbildungsgrad des unterlagernden Mesoderms. Auf einige weitere Ergebnisse dieser Experimente wird später zurückzukommen sein.

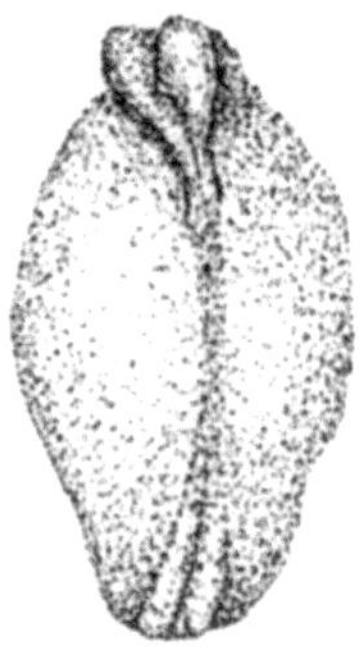

Abb. 99. Neurula von Triton, mit Unterlagerungsdefekt in der Mitte der Körperlänge, über welcher das Medullarrohr nur als schmächtiger Strang entwickelt ist. (Nach F. E. LEHMANN, 1926a.)

Nach anderer Methode wurde von SUZUKI (1928) an Pleurodeleskeimen lokale Mesodermschwäche hervorgerufen, indem mit der Mikropipette, dem Thermokauter und dem elektrischen Strom Defekte in der Randzone der Blastula oder jungen Gastrula gesetzt wurden. Auch dieser Autor fand eine feste Beziehung zwischen der Ausbildung von Mesoderm und Medullarsubstanz. Wenn die Unterschichtung gehemmt oder vermindert ist, so geht quantitative Schwäche der Medullaranlage mit der Summe der quantitativen Schwäche der Mesodermderivate parallel (S. 450). Diejenige Strecke, wo quantitative Schwäche des Zentralnervensystems halbseitig feststellbar ist, fällt ganz oder nur annähernd mit der Strecke zusammen, wo sich die höchste quantitative Schwäche der mesodermalen Gebilde findet (S. 449); und zwar zeigt sich diese Schwäche in günstigen Fällen schon bei der ersten Anlage der Medullarplatte, was in Zusammenhang mit anderen Tatsachen und Deutungen wichtig ist.

Dieselbe Beobachtung machte E. BRUNS (1931) bei seitlicher Mesodermschwäche, welche dadurch hervorgerufen war, daß die Randzone der Blastula veranlaßt wurde, Material zur Deckung von Defekten im ektodermalen Dach abzugeben. Auf dieses Experiment, welches noch in anderer Hinsicht bedeutsam ist, werde ich noch einmal zurückgreifen.

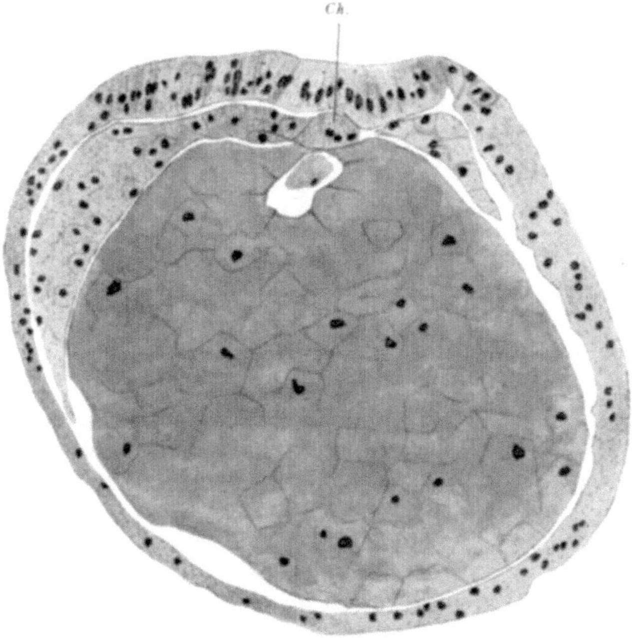

Abb. 100. Querschnitt durch Tritonlarve im Neurulastadium. Infolge von experimentell gesetztem Defekt in der rechten Urmundlippe fehlt das rechtsseitige Mesoderm fast vollständig. Medullarplatte rechts von der Chorda (*Ch.*) viel schmäler, aber Epidermis beträchtlich dicker als links. (Nach F. E. LEHMANN, 1928 a.)

Aus den Ergebnissen dieser Defektversuche läßt sich der sichere Schluß ziehen und wurde auch von sämtlichen Autoren gezogen, daß die mesodermale Unterlagerung zum mindesten eine sehr wichtige Rolle bei der Entstehung und Ausbildung der normalen Medullarplatte aus ihrem präsumptiven Material spielt. Dagegen sind die Ansichten noch geteilt, was diese präsumptive Anlage für sich allein vermag. Ehe wir jedoch auf diese Frage näher eingehen, müssen noch einige Beobachtungen und Versuche besprochen werden, welche sich auf die feinere Ausgestaltung des Medullarrohrs beziehen.

2. Die feinere Ausgestaltung des Medullarrohrs in Abhängigkeit von der Unterlagerung.

In seinem Bestreben, den feineren histologischen Auswirkungen der verschiedenen experimentellen Eingriffe nachzugehen, hat F. E. LEHMANN (1926a) schon in seiner ersten Arbeit über den Gegenstand die

Aufmerksamkeit auf eine typische Abnormität des Medullarrohrs gelenkt, welche eintritt, wenn es sich bei defekter Unterlagerung entwickelt. Normalerweise ist es bekanntlich in zwei seitliche Massen gegliedert, welche oben und unten durch je eine dünne Zellplatte zusammenhängen

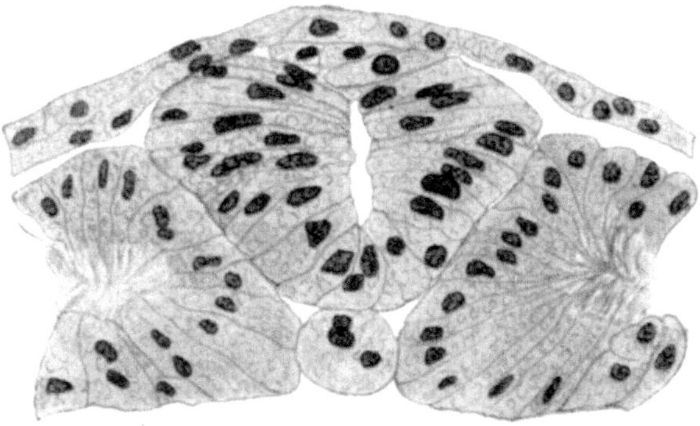

Abb. 101. Querschnitt durch normalen Keim von Triton mit primären Augenblasen. Die Wände des Medullarrohrs sind deutlich einschichtig. (Nach F. E. LEHMANN, 1928 a.)

und mit ihnen einen engen, senkrecht gestellten Spalt einschließen (Abb. 101). Diese Gliederung kann nun unterbleiben. Das Medullarrohr hat dann einen dicken einheitlichen Boden („Basalmasse") und ein

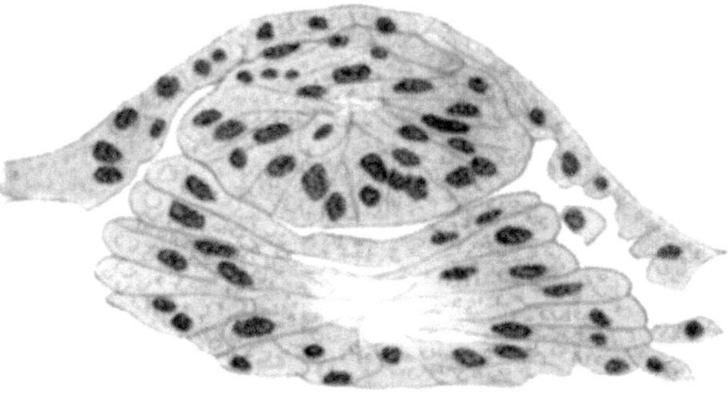

Abb. 102. Querschnitt durch Keim von Triton mit medianem Mesodermdefekt (die Chorda und Teile der Urwirbel fehlen). Urwirbel median verschmolzen; Medullarrohr nicht in die beiden Seitenmassen gegliedert, bildet eine „Basalmasse". (Nach F. E. LEHMANN, 1928 a.)

dünnes Dach; beide begrenzen ein in die Quere ausgedehntes, exzentrisches Lumen (Abb. 102). Diese Abnormität entsteht nach LEHMANN immer dann, wenn bei fehlender Chorda die Ursegmente median verschmelzen. Den Schlüssel zum Verständnis dieser abnormen Bildung findet LEHMANN in der ganz regelmäßigen Stellung der Zellen des abnormen wie des normalen Medullarrohrs. Wenn man annimmt, daß sie sich mit ihrer Längsachse immer senkrecht zu den Ursegmenten einzustellen suchen, so folgt daraus sowohl ihre normale Anordnung bei getrennten Ursegmenten wie die Bildung der Basalmasse bei deren Verschmelzung (LEHMANN 1926a, S. 271).

Neuerdings schreibt LEHMANN (1928a) auch der Chorda einen Einfluß auf die Querschnittsgliederung des Medullarrohrs zu. Schon die normale Entwicklung deutet auf Beziehungen zwischen beiden Teilen hin, speziell zwischen der Anlage der Chorda und der über ihr liegenden Rückenrinne der Medullarplatte. Nach LEHMANN (1928a) und BAUTZMANN (1928b, 1933) hängt die Medullarplatte während ihrer Bildung in ihrer Mittellinie so fest mit der unterlagernden Chordaanlage zusammen, daß beide Teile sich kaum unverletzt voneinander trennen lassen. Schon das ließ eine Beziehung zwischen ihnen vermuten. Ebenso die von KINGSBURY (1924) festgestellte Tatsache, daß das Vorderende der Chorda annähernd mit dem Vorderende der Rückenrinne zusammenfällt. Der Defektversuch bestätigte diese Vermutung; soweit die Chorda fehlt, fehlt auch die Rückenrinne, und zwar sowohl die mediane pigmentierte Einziehung der Platte als auch die charakteristische Form und Anordnung der begrenzenden Medullarzellen (LEHMANN 1928a, S. 135—138, Abb. 9—12).

Da nun in der Folge, wie wir gesehen haben, die normale Sonderung der Medullarsubstanz in die beiden Seitenmassen unterbleibt, und zwar auch dann, wenn die Chorda zwar vorhanden, aber durch eine dicke Mesodermschicht von der Medullarplatte abgedrängt ist (O. MANGOLD und F. SEIDEL 1927), so hält LEHMANN es für naheliegend, „der Chorda einen ordnenden Einfluß auf das Medullarmaterial zuzuschreiben, der sich nur dann auswirken kann, wenn die Chorda die Medullarplatte direkt unterlagert. Sie würde vor allem bewirken, daß sich das Medullarmaterial hauptsächlich in den Medullarwülsten anhäuft. Es käme dann frühzeitig eine bilateral-symmetrische Massenverteilung zustande, die kurz nach dem Verschluß der Wülste durch die endgültige Aufteilung der Basalmasse zum Abschluß gebracht würde" (1928a, S. 162).

Noch entschiedener spricht sich BAUTZMANN (1928b) für die Bedeutung der Chorda aus; zum Teil wohl deshalb, weil er ein besonders starkes Induktionsvermögen der Chorda festgestellt hatte, im Gegensatz zu den seitlich anschließenden Mesodermplatten, wo er es schon nach Ablauf der Gastrulation äußerst gering fand. Er bezeichnet die Chorda geradezu als entwicklungsphysiologische Achse des Embryos oder wenigstens seiner Rückenorgane (1933, S. 713).

Besondere Bedeutung für die Bildung der Rückenrinne und die bilaterale Sonderung der Medullarsubstanz mißt BAUTZMANN jener obenerwähnten „Verklebung" von Medullarplatte und Chordaanlage bei; soweit auch anderes Material, z. B. implantierte Medullasubstanz (O. MANGOLD 1928a) in ähnlicher Weise verklebt, vermag sie auch beide genannten Vorgänge an der Medullarplatte zu bewirken (BAUTZMANN 1933, S. 715). Die Wirkung der Verklebung könnte im einzelnen verschieden aufgefaßt werden. Wenn BAUTZMANN (1933) von „Verankerung" eines medianen Streifens der Medullarplatte an der Chorda spricht (l. c. S. 712) oder diesen Streifen mit einer „Angel" vergleicht, um die sich die Seitenteile mit den Wülsten ähnlich wie die Einbanddecken eines Buchs um den

Rücken beim Schließen emporheben (l. c. S. 711), so scheint dem die Vorstellung einer mechanischen Wirkung zugrunde zu liegen. Der enge Zusammenhang der beiden Zellschichten könnte aber auch nur die Vorbedingung sein für eine von der Chorda auf die Medullarplatte ausgeübte Einwirkung ganz anderer Art; wie bekanntlich auch die primäre Augenblase mit der sie zuerst lose bedeckenden Epidermis in festeren Zusammenhang tritt, ehe die Bildung der Linse in Gang kommt, für welch letztere aus mancherlei Gründen wahrscheinlich eine chemische Vermittlung anzunehmen ist.

b

a

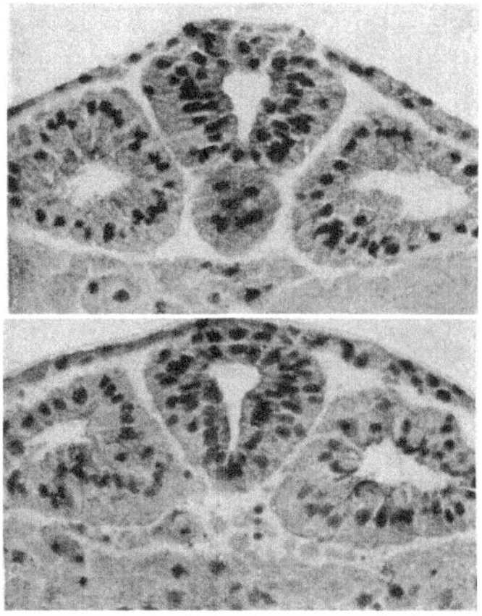

Abb. 103a und b. Querschnitte durch Embryonen von Triton in der Rumpfregion. a Chordalose Region. Somiten in normaler Lagerung und median getrennt. Medullarrohr von normaler Form in die von den Somiten gebildete Rinne eingelagert. b Normaler Kontrollkeim. (Nach F. E. LEHMANN, 1935.)

Im weiteren Verfolg seiner Grundauffassung sucht BAUTZMANN (1933) auch die von LEHMANN erzielten Lateraldefekte der Medullarplatte nicht direkt aus den entsprechenden Lateraldefekten des unterlagernden Mesoderms zu erklären, sondern aus einer durch die gestörte Gastrulation verursachten seitlichen Verlagerung der Chorda (l. c. S. 716). Es ist mir aber etwas zweifelhaft, ob alle von LEHMANN abgebildeten Fälle sich dieser Erklärung fügen.

In jüngster Zeit ist F. E. LEHMANN (1935) erneut auf diese Frage zurückgekommen. Es war ihm gelungen, durch Lithiumbehandlung verschiedener Gastrulastadien partiell chordalose Tritonlarven herzustellen (1934b). Wenn bei diesen die Somiten median zur Verschmelzung kamen, so unterblieb, wie schon früher festgestellt, in der „aufgelagerten" Medullarplatte die normale Gliederung in die beiden Seitenplatten, es entstand die bekannte Basalmasse mit exzentrischem Lumen. Wenn die Somiten dagegen getrennt blieben, so daß das sich schließende Medullarrohr, wie normal, zwischen sie „eingelagert" ist, so fand auch die normale Querschnittsgliederung der Medullarplatte statt (Abb. 103). LEHMANN erklärt dies wieder durch die Annahme, daß das Somitenmaterial während des Neuralrohrschlusses eine „polarisierende" Wirkung auf das Neuralepithel ausübt (l. c. S. 640). Da er zugleich einen ordnenden Einfluß der Chorda, dem BAUTZMANN die Hauptrolle zuschreibt, nicht ausschließen möchte, so kommt er zu dem Schluß, daß „die Wirkungen der zweifellos stark aktiven Chorda und der ebenfalls aktiven Somiten.... in der Normalentwicklung der Neuralanlage zu einer kombinativen Einheitsleistung zusammen...treten" (l. c. S. 414). Besonders wichtig aber erscheint im Hinblick auf später zu besprechende Tatsachen die allgemeine Feststellung, „daß die Wirkung eines Induktors nicht nur von seinem Stoffgehalt, sondern auch von seiner Struktur und seinen topographischen Beziehungen zum Substrat abhängt" (l. c. S. 414). Vgl. S. 59; ferner HOLTFRETER 1934, S. 297.

3. Das Verhalten der präsumptiven Medullarplatte bei Exogastrulation.

Wir kehren nunmehr zu der oben verlassenen Frage zurück, was die präsumptive Anlage der Medullarplatte im Zusammenhang des Keimganzen, aber ohne Unterlagerung vermag. Bei der Erörterung dieser Frage erlangte eine Abnormität, man möchte sagen eine Entgleisung der Gastrulation eine Bedeutung, indem bei ihr die Unterlagerung zum Teil oder ganz unterbleibt. Obwohl also diese Abnormität sich wie ein Defektversuch auswirkt, besitzt sie doch so viel eigenes Interesse, daß sie für sich behandelt werden soll.

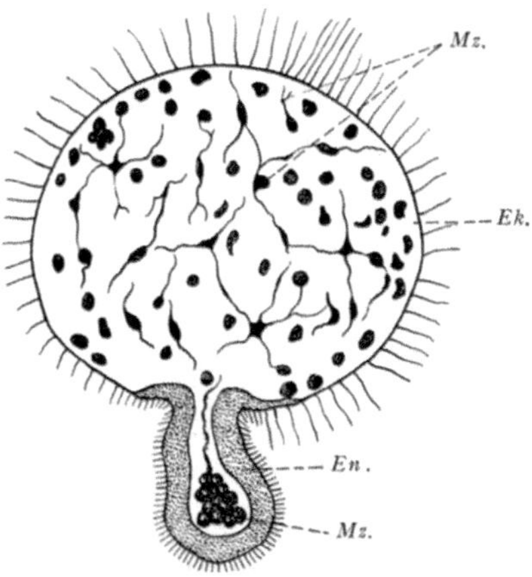

Abb. 104. Exogastrula von Sphaerechinus. *Ek.* Ektoderm; *En.* Entoderm; *Mz.* Mesenchymzellen. (Nach C. HERBST, 1893.)

Unter besonderen Bedingungen können die Gestaltungsbewegungen der Gastrulation bei im übrigen normalem Ablauf in dem einen Punkt von der Norm abweichen, daß die Einrollung der Randzone um die Urmundlippen unterbleibt. Dadurch entsteht ein sehr merkwürdiges Gebilde, welches man als *Exogastrula* bezeichnet.

Exogastrulation wurde zuerst von H. DRIESCH (1893) und C. HERBST (1893) an Seeigeln experimentell erzeugt. Ihr formaler Ablauf ist dort ebenso leicht zu verstehen wie derjenige der normalen Gastrulation. Letztere sei kurz in Erinnerung gerufen. Nachdem die Zellen vom vegetativen Pol der Blastula sich aus dem epithelialen Verbande gelöst haben und als Bildner des Larvenskelets ins Blastocoel eingewandert sind, stülpt sich ihr nunmehr vegetativster Teil als Darmanlage ins Innere ein. Diese krümmt sich dann in einer Ebene, welche zur Medianebene der Larve wird, nach der einen Seite, stößt mit ihrer Kuppe gegen eine Einbuchtung des Ektoderms und verschmilzt mit ihr. So entsteht unter Durchbruch der beiden Zellschichten die Mundöffnung. Beide Bildungen wachsen so genau aufeinander zu und passen so genau zusammen, daß man unwillkürlich an eine direkte kausale Verknüpfung der Vorgänge denkt (vgl. Abb. 197—199). — Durch verschiedene Mittel (wie erhöhte Temperatur, Zusatz eines Lithiumsalzes in geringen Mengen zum Seewasser) läßt sich nun bewirken, daß die Darmanlage sich nicht ein- sondern ausstülpt (Abb. 104). An der Stelle, wo sie das Ektoderm von innen berühren sollte, entsteht ohne direkte Abhängigkeit von ihr die Mundbucht.

Eine solche Exogastrulation kann man nun auch bei Amphibien auf verschiedenen Wegen (Literatur s. bei HOLTFRETER 1933d) hervorrufen und dabei prüfen, wie sich die sonst in räumliche Verbindung tretenden, jetzt getrennt bleibenden Teile verhalten. In diesem Zusammenhang sind wir dem Experiment schon begegnet. W. VOGT (1922b) hat bei Triton im Blastulastadium das animale Dach zum Teil abgetragen, so daß das verminderte ektodermale Material zur Bedeckung der beiden anderen Keimblätter nicht ausreichte (Abb. 56 auf S. 66). So unterblieb die Einstülpung; die Randzone, welche sich wie normal unter Staffelung ringförmig zusammenzog, schnürte den Keim tief ein. Dabei zeigte sich, daß die erste Einsenkung des Urmunds, die erste Andeutung der späteren Kopfdarmhöhle, sich unabhängig von der Randzone bildet, mit deren Einrollung sie sonst unlöslich verbunden zu sein scheint.

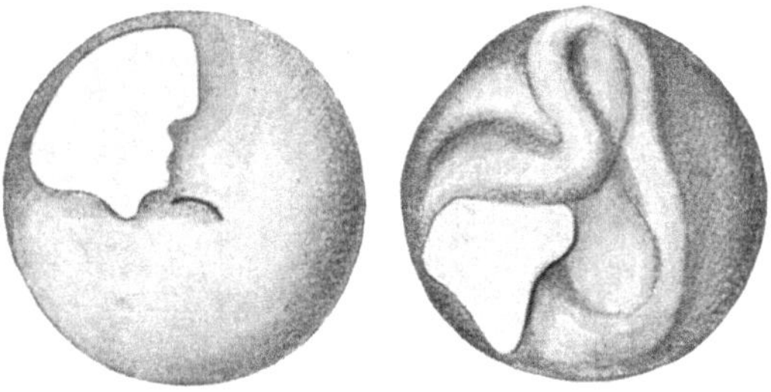

Abb. 105 a und b. a Defekt im Bereich der linken Urmundlippe nach Verbrennung mit heißer Nadel; b das defekte Material hat die Einrollung verhindert und als Folge davon liegt der linke Medullarwulst asymmetrisch. (Nach GOERTTLER, 1925 b.)

Auf andere Weise hat K. GOERTTLER (1925, 1926) den normalen Ablauf der Gastrulation experimentell gestört (Abbildung 105a); von einseitigem und doppelseitigem Zurückbleiben der Urmundlippen (Asyntaxie) bis zu mehr oder weniger vollständiger Exogastrulation. Es ergab sich, daß trotz gestörter Unterlagerung Medullarsubstanz entstand, und zwar aus deren präsumptivem Material (Abb. 105b). Daraus schloß GOERTTLER, daß dieses Material zu Beginn der Gastrulation schon labil determiniert ist; ja er möchte am liebsten dem Induktionsvermögen des Mesoderms jede Bedeutung für die normale Entwicklung absprechen. „Da in meinen Fällen die präsumptive Medullaranlage sich mit großer Selbständigkeit weiter differenzieren konnte, so ist nicht recht einzusehen, was mit der Annahme eines komplizierteren Entwicklungsmodus für ein Verständnis der normalen Entwicklungsvorgänge gewonnen ist, wenn ein einfaches im Experiment als möglich nachgewiesenes Verhalten den Erscheinungen in gleicher Weise gerecht werden kann" (GOERTTLER 1926b, S. 338).

Gegen diese Schlüsse GOERTTLERs ist nun einzuwenden, daß in keinem seiner Versuche ein induktiver Einfluß von seiten des Mesoderms auszuschließen ist, sondern höchstens ein solcher der Unterlagerung. Die Randzone ist immer in Verbindung mit der präsumptiven Medullaranlage geblieben; nur die Unterlagerung ist gestört, und selbst das nicht immer in dem Maß, daß ihr Einfluß auszuschließen wäre (vgl. H. SPEMANN und B. GEINITZ 1927, S. 161—164).

In neuester Zeit hat J. HOLTFRETER (1933d) Exogastrulen höchsten Grades erzielt und ist dabei zu sehr interessanten Ergebnissen gekommen. Als besonders geeignet für den Versuch erwiesen sich die sehr dotterreichen und daher großen und weichen Axolotleier. Werden diese im Blastulastadium, einige Stunden vor Beginn der Gastrulation, aus dem Dotterhäutchen genommen, in Wasser oder noch besser in 0,35%iger

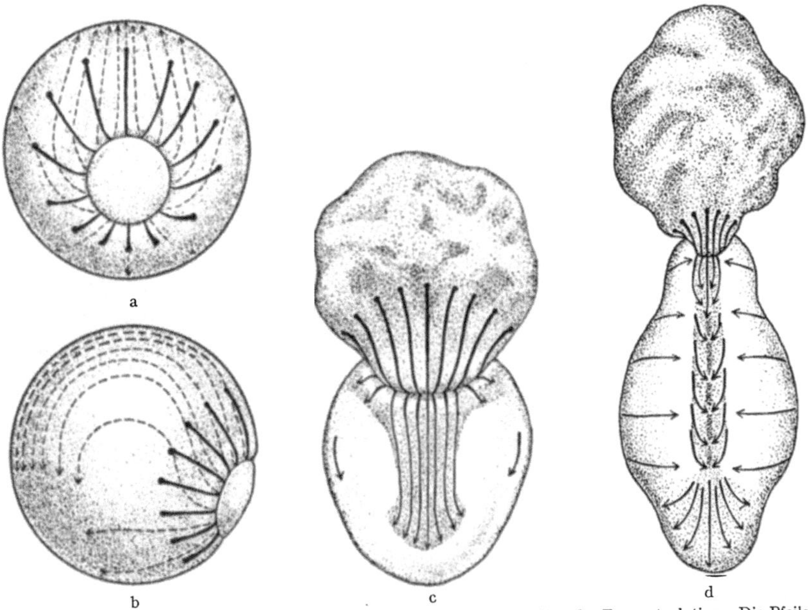

Abb. 106a—d. a und b normale Gastrulation nach VOGT; c und d Stadien der Exogastrulation. Die Pfeile geben die Richtung der Bewegungsvorgänge an. (Nach HOLTFRETER 1933d.)

Salzlösung, und so gedreht, daß der Urmund nach oben schaut, so reicht gewissermaßen die „Invaginationskraft" des Keims nicht aus, um Mesoderm und Entoderm ins Innere einzurollen (Abb. 106a—c). Die Gestaltungsbewegungen der Gastrulation, welche im übrigen ungestört weiter verlaufen, führen daher zu einer Ausrollung und Umstülpung des gesamten Mesentoderms und zu einer fortschreitenden Abschnürung des Ektoderms (Abb. 106d). Schließlich hängen beide Teile an ihrem hinteren Ende nur noch durch einen dünnen Stiel zusammen (Abb. 107); das Ektoderm ein leerer, zusammengesunkener Hautsack, dessen Blätter verlöten und verschmelzen; das Mesentoderm weiter entwickelt, zu einem haut- und nervenlosen Embryo mit Chorda, Muskulatur, Darm (der in einzelne Abschnitte gegliedert ist), Vor- und Urniere. Die einzelnen Organe sind durch die Ausstülpung in abnorme, aber ganz typische Lagebeziehungen gebracht, die Gewebe aber trotzdem voll ausdifferenziert.

In erster Linie interessiert uns hier das Verhalten des nicht unterlagerten Ektoderms, das in bezeichnendem Gegensatz zu dem des Mesentoderms steht. Während dieses als Ganzes genommen ein erstaunliches Maß von Selbstdifferenzierungsvermögen aufweist, in Gestaltungsbewegungen wie in geweblicher Differenzierung, unterbleibt in jenem beides mit der Unterlagerung fast völlig. Die unregelmäßige Runzelung und Fältelung der Oberfläche ist, wie dieselbe Erscheinung bei anderen Experimenten, jedenfalls eine Folge ihrer Vergrößerung; aber sie kommt, abweichend vom Normalen, in gleichem Maße der präsumptiven Epidermis und Medullarplatte zu. Die für letztere charakteristische Konvergenz und dorsale Schwenkung des Zellmaterials ist im reinen isolierten Ektoderm nicht nachweisbar (l. c. S. 14). Einzig durch eine öfters vorhandene

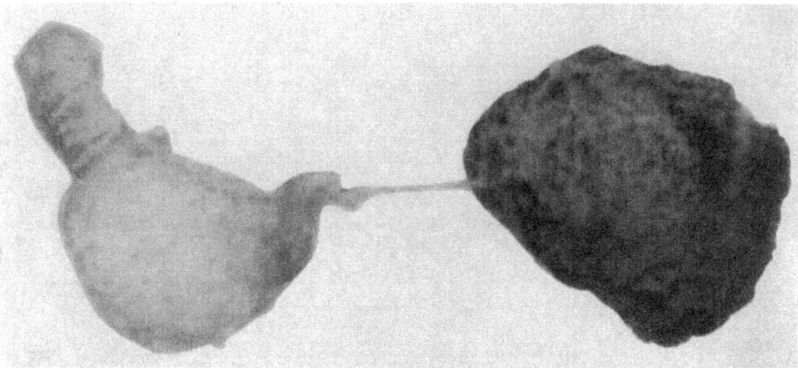

Abb. 107. Ein exogastrulierter, 8 Tage alter Keim von Axolotl; links das Entomesoderm, rechts das Ektoderm. (Nach HOLTFRETER, 1933 e.)

stärkere mediane Streckung unterschied sich die Weiterentwicklung der präsumptiven Medullarplatte von derjenigen der Epidermis (l. c. S. 18). So fehlt denn auch auf den Schnitten jede Andeutung einer Medullarsubstanz. Sowohl präsumptive Medullarplatte als auch präsumptive Epidermis sind anfangs Epithelien aus Zylinderzellen, die sich allmählich bei fortschreitender Verschmelzung und Verklumpung der Ektodermblätter in eine homogene, ungeordnete Masse von kubischen Zellelementen verwandeln und insgesamt zu (atypischer) Epidermis werden (l. c. S. 20). Dieser Gewebscharakter bekundet sich auch darin, daß die oberflächlichen Zellen Zilien ausbilden, welche aber im Gegensatz zur Norm nicht in festgelegten Richtungen, sondern in unregelmäßigen Wirbeln schlagen (l. c. S. 18).

Das wird nun aber sofort anders, wenn und soweit noch Unterlagerung eintritt. Ein wenig Bindegewebe unter dem Ektoderm genügt, um eine Ordnung seiner Zellen zu einem festen typischen Hautepithel zu veranlassen. Gelangen nun statt des Bindegewebes Teile des Vorderdarms oder des Chordamesoderms rechtzeitig unter das Ektoderm, so werden mit unbedingter Sicherheit starke Induktionen nervöser Art hervorgerufen. Je nach der Menge und geweblichen Beschaffenheit der Unterlagerung entstehen dann im Ektoderm anfangs kleine Medullarplatten, später ein Schwanz, ein Rumpf oder noch vollständigere Embryonen (l. c. S. 20).

Auf Grund dieser negativen und positiven Ergebnisse kommt HOLTFRETER zu einer unbedingten Ablehnung einer auch nur labilen Determination der präsumptiven Medullarplatte. Das ganze präsumptive Ektoderm ist nach seiner Ansicht vor der Unterlagerung determinativ äquipotent (l. c. S. 20); das verschiedene Schicksal seiner Bezirke, Medullarplatte oder Epidermis, wird lediglich durch das Mesentoderm, und zwar durch seine Unterlagerung, bestimmt.

Denn auch jene andere Möglichkeit, daß zwar wohl ein induzierender Einfluß von seiten der Randzone nötig ist, daß er aber auch ohne Unterlagerung durch Ausbreitung rein in der Fläche wirken kann, wird von HOLTFRETER auf Grund desselben Versuches abgelehnt. Bei den Exogastrulae blieb nämlich der oberflächliche Zusammenhang des Ektoderms mit der dorsalen Urmundlippe während langer Zeit in breiter Front erhalten und löste sich erst nach beendetem Neurulastadium. Bestünde nun ein solcher von der Urmundlippe ausgehender „Organisationsstrom", so hätte er das benachbarte Ektoderm während dieser Zeit induzieren müssen. Da dies aber niemals eintrat, so ist nach HOLTFRETER die Vorstellung eines von der Urmundlippe aus peripher vordringenden Induktionsreizes als widerlegt zu betrachten (l. c. S. 45).

Daraus ergeben sich nun aber Schwierigkeiten angesichts solcher Fälle von nicht ganz vollkommener Exogastrulation, wie GOERTTLER (1926) einen abbildet (S. 334, Abb. 76), wo sich eine Medullarplatte anscheinend ohne Unterlagerung entwickelt hat. Die Erklärung GOERTTLERs durch Selbstdifferenzierung scheint wohl ausgeschlossen nach den Ergebnissen der oben (S. 72) geschilderten Aufzuchtversuche in indifferenter Salzlösung. Die von HOLTFRETER (1931 b) wohl sichergestellte Tatsache, daß ein Stück präsumptive Medullarplatte, kurz nach der Unterlagerung isoliert, zu Medullarsubstanz wird, unmittelbar vor der Unterlagerung aber nicht, läßt kaum eine andere Erklärung zu als die, daß in der Zwischenzeit die Determination erfolgt ist; also doch wohl durch die Unterlagerung, welche das nachgewiesenermaßen kann. Es bleibt also nichts anderes übrig als entweder anzunehmen, daß die Medullarplatte in dem GOERTTLERschen Fall unterlagert war, oder aber, daß sie von der Umgebung aus induziert worden ist. Ersteres wäre möglich, wenn die Unterlagerung ursprünglich etwas weiter nach vorn reichte und dann mit Einsetzen der rückläufigen Bewegung der Exogastrulation wieder zurückgezogen wurde. Für die zweite Möglichkeit, eine Induktion von der Umgebung aus, käme wohl in erster Linie die Randzone in Betracht, deren Wirkung sich dann gegen HOLTFRETERs Ansicht in der Fläche ausgebreitet haben müßte.

In diesem Fall würde es sich also fragen, ob HOLTFRETERs Schlußfolgerungen, welche dieser Annahme entgegenstehen, völlig zwingend sind oder nicht. Ich halte nun zwar auch seine Ansicht für sehr wahrscheinlich, aber nicht für bindend bewiesen. An sich schiene es mir durchaus denkbar, daß die präsumptiven Medullarzellen der abgestreiften Ektodermhaut der Exogastrula von einem gewissen Stadium an schon labil determiniert, aber aus mechanischen Gründen nicht imstande wären, die Gestaltungsbewegungen der Neurulation auszuführen. In diesem Fall ließe es sich nicht ausschließen, daß diese Determination sich von der Randzone aus in der Fläche ausgebreitet hätte; daß also dieser Weg der Induktion neben dem der Unterlagerung gangbar wäre. In dem Fall von GOERTTLER könnte dann die auf diesem Wege erfolgte Induktion zur Auswirkung gekommen sein, weil das induzierte Ektoderm an dem Entoderm, dem es auflagerte, einen Halt hatte. Es müßte sich wohl ein Experiment finden lassen, welches eine exakte Entscheidung zwischen diesen beiden Möglichkeiten erlaubt.

Das Eingehen auf diese Einzelheiten, welches den sonst hier gesteckten Rahmen überschreitet, rechtfertigt sich durch die grundsätzliche Bedeutung, die ihnen zukommt. Es handelt sich, um es kurz zu sagen, um die Frage, ob hier ein weiterer Fall von doppelter Sicherung vorliegt oder nicht. GOERTTLER und HOLTFRETER, so verschieden sonst ihr Standpunkt ist, sind sich darin einig, dies zu verneinen. Während GOERTTLER, wie oben angeführt, geneigt ist, induktive Einflüsse bei der Determination der Medullarplatte in der normalen Entwicklung, jedenfalls vom Stadium der beginnenden Gastrula an, überhaupt in Abrede zu stellen, verhält HOLTFRETER sich ebenso ablehnend gegenüber der Frage ihrer labilen Determination oder ihrer Induktion durch oberflächliche Ausbreitung des induzierenden Agens. „Der neural induzierende Einfluß der Unterlagerung bedeutet keine doppelte Sicherung, sondern ihm fällt die volle Verantwortung für das Zustandekommen einer Medullarplatte und aller ihrer Derivate zu" (1933d, S. 723). Damit ist erneut eine Frage aufgeworfen worden, welche wir schon mehrfach gestreift haben und welche jetzt noch einmal im Zusammenhang besprochen werden soll; die Frage nach dem determinativen Zustand der präsumptiven Medullarplatte vor der Unterlagerung.

4. Der determinative Zustand der präsumptiven Medullarplatte vor der Unterlagerung.

Diese Frage ist, wie erinnerlich, schon mehrfach berührt worden; zuerst im Anschluß an das Anlagenschema der jungen Gastrula nach VOGT (S. 73f.); dann soeben im Zusammenhang mit Experimenten, aus denen die Bedeutung der Unterlagerung für die Entwicklung der Medullarplatte hervorging. Eine übereinstimmende Antwort hat sie trotz zahlreicher darauf gerichteter Untersuchungen bis jetzt nicht gefunden.

Bei ihrer allgemeineren Wichtigkeit ist es daher erwünscht, einen kurzen Überblick über die sämtlichen experimentellen Ergebnisse und die aus ihnen gezogenen Schlußfolgerungen zu gewinnen. Im Vordergrunde stehen dabei, nach einem kurzen, nicht weiter verfolgten Versuch von A. MARX, die Arbeiten von K. GOERTTLER, F. E. LEHMANN und neuerdings von J. HOLTFRETER.

GOERTTLERs Versuche gehen darauf aus, zu zeigen, daß das präsumptive Material der Medullarplatte schon zu Beginn der Gastrulation, also vor eingetretener Unterlagerung, zu seinem späteren Schicksal, wenn auch nur labil, determiniert sei. Dies schließt GOERTTLER daraus, daß die Medullarplatte sich auch dann aus ihrer präsumptiven Anlage bildet, wenn diese durch geeignete Mittel an der Stelle zurückgehalten wird, welche sie im Anlagenplan zu Beginn der Gastrulation einnimmt; daß sie ferner einen Defekt aufweist, wenn und wo ein solcher in ihrer präsumptiven Anlage gesetzt worden war; endlich, daß sie sich unter bestimmten charakteristischen Voraussetzungen auch am fremden Ort, inmitten von Epidermis, aus ihrer verpflanzten präsumptiven Anlage entwickeln kann. Von diesen Versuchsreihen ist die erste, bei welcher der normale Ablauf der Gastrulation mehr oder weniger weitgehend gestört wurde, soeben besprochen worden; die Defekt- und Verpflanzungsversuche (1925a und b) sollen uns nunmehr beschäftigen.

Einem Pleurodeleskeim zu Beginn der Gastrulation wurde seitlich aus der präsumptiven Medullarplatte ein großes Stück entnommen; auf dieser Seite fehlte später das Hinterende des einen Medullarwulstes. Ob hier die Unterlagerung vorhanden war oder nicht, ist offenbar nicht festgestellt, jedenfalls nicht mitgeteilt worden; es ist aber von entscheidender Bedeutung. Soll nämlich das Experiment etwas für frühe Determination beweisen, so muß die Unterlagerung vorhanden sein; denn fehlt sie, so ist durch das gleichzeitige Fehlen des entsprechenden Medullarwulstes ja gerade der ursächliche Zusammenhang zwischen beiden nahegelegt (H. SPEMANN und B. GEINITZ 1927, S. 161).

E. BRUNS (1931) hat diesen Versuch unter anderer Fragestellung wiederholt; an Blastulen von Triton taeniatus und Bombinator pachypus; aber auch an solchen von Pleurodeles, also an dem Material des GOERTTLERschen Versuchs, jedoch in etwas früherem Stadium. Der Defekt wurde von den Seiten her ersetzt, nach Ausweis von Farbmarken entweder wesentlich aus Material des Blastuladachs, wobei die Randzone ringsum gleichmäßig beigetragen haben mag oder unter einseitiger stärkerer Heranziehung der letzteren. Der weitere Erfolg war in beiden Fällen in charakteristischer Weise verschieden. War die Defektheilung ohne äußerlich sichtbare Beteiligung der Randzone erfolgt, so wiesen die Embryonen später nur eine mehr oder weniger schwere Mikrozephalie auf, ohne eigentliche Organdefekte. War dagegen das Material der Randzone auf der einen Seite animalwärts emporgewandert, so war nachher auf dieser Seite eine Schwäche der gesamten mesodermalen Anlage und der Medullarplatte zu beobachten, nicht aber lokaler Defekt. Stets entsprach die Schwäche der Medullaranlage einer solchen der mesodermalen Organe; die Stärke des Medullarrohrs scheint sich unabhängig vom Defekt nach der Stärke des unterlagernden Mesoderms zu richten (l. c. S. 716). Die größere Regulationsfähigkeit der Keime gegenüber denen des GOERTTLERschen Versuchs könnte nach BRUNS auf ihrem etwas jüngeren Alter beruhen. Außerdem aber wirft BRUNS die Frage auf, ob das Fehlen des Medullarwulstes bei GOERTTLERs Keim nicht auf eine Störung in der Gastrulation zurückzuführen sei; er hatte noch im Neurulastadium einen großen Dotterpfropf.

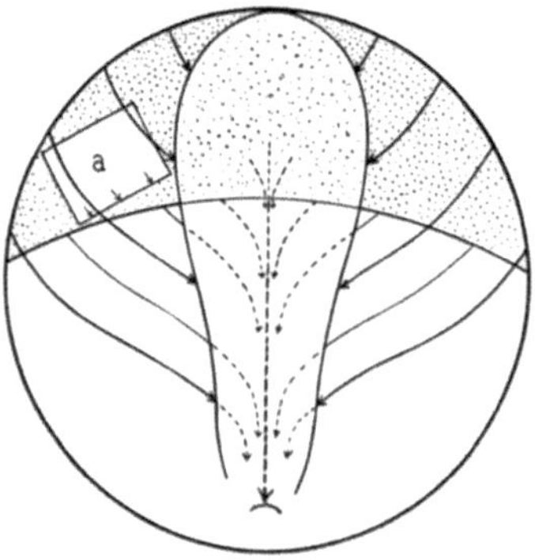

Abb. 108. Schema zur Verschiebung des präsumptiven Medullarmaterials während der Gastrulation des Amphibienkeims. (Nach GOERTTLER, 1927b.)

LEHMANN (1926a) hat das Experiment wiederholt, mit demselben Erfolg; auf Schnitten fand er normale Unterlagerung (l. c. S. 279). Das Ergebnis ist überraschend. Da an der Induktionsfähigkeit der vorhandenen Unterlagerung nicht zu zweifeln ist, so ist das Erklärungsbedürftige die Reaktionsunfähigkeit des den Defekt schließenden Ektoderms. Nach LEHMANN (l. c. S. 279) könnte sie durch die Heilungsvorgänge in irgendeiner Art „blockiert" gewesen sein. Hätte man den Defekt durch ein Stück präsumptive Epidermis verschlossen, so hätte sich, wenigstens bei Triton, unter Verwendung des Implantats ein vollständiger Medullarwulst entwickelt. Woraus folgt, daß das entnommene Stück der präsumptiven Medullarplatte nicht unersetzlich ist; nur dann aber würde der Versuch etwas für ihre Determination beweisen.

Aus diesem Versuch GOERTTLERs scheint also so wenig wie aus jenen mit behinderter Gastrulation (S. 118) der Schluß erlaubt, daß die präsumptive Medullarplatte schon vor ihrer Unterlagerung labil determiniert sei. Besser schien es mit einem anderen sehr schön ausgedachten Experiment zu stehen, bei welchem ein Stück präsumptive Medullarplatte einem älteren Keim, einer frühen oder späten Neurula, seitlich in einiger Entfernung von der Medullarplatte in die Epidermis eingepflanzt wurde (Abb. 108). Das Experiment ist schon in anderem Zusammenhang besprochen worden (S. 77f.), als es sich um die Frage handelte, ob die histologische Differenzierung von den vollzogenen Gestaltungsbewegungen abhängt. GOERTTLER glaubte das bejahen zu dürfen, auf Grund der Feststellung, daß die Weiterbildung des Ektoderms zur Medullarplatte nur bei günstiger Orientierung des Implantats erfolge; d. h. nur dann, wenn die dazu erforderlichen Gestaltungsbewegungen durch diejenigen der neuen Umgebung gefördert würden. Die in dieser Hinsicht gezogenen

Schlüsse erweckten schon damals Bedenken; dagegen schien eine labile Determination der Medullarplatte bewiesen (SPEMANN 1931, S. 492, 497). Denn daß mesodermale Organanlagen eines so späten Entwicklungsstadiums noch Medullarplatte induzieren können, war nicht vorauszusehen.

Doch auch dieses Ergebnis GOERTTLERs hielt einer Nachprüfung nicht stand. Wie schon erwähnt (S. 78) fand HOLTFRETER (1933a) nicht nur, daß präsumptive Medullarplatte der frühen Gastrula, in die seitliche Gegend der frühen Neurula verpflanzt, bei *jeder beliebigen* Orientierung Neuralrohr bildet; sondern er stellte auch das weitere fest, daß präsumptive *Epidermis* dasselbe ergibt. Sogar in einer älteren Neurula, ja noch in einem Embryo mit beginnender äußerer Gliederung, wird präsumptive Epidermis so gut wie präsumptive Medullarplatte zu Medullarsubstanz.

Auf dieses Experiment wird noch mehrmals zurückzukommen sein. Im jetzigen Zusammenhang beweist es zwar nichts *gegen* eine labile Determination, aber es hebt die Beweiskraft des GOERTTLERschen Experiments *für* eine solche auf.

In mehrjährigen sorgfältigen Untersuchungen hat sich F. E. LEHMANN (1926a, 1928a, 1929a) mit der in Erörterung stehenden Frage beschäftigt. Die schon angeführten (S. 112) Defektversuche bewiesen zwar eine weitgehende Abhängigkeit der sich ausbildenden Medullarplatte von der Unterlagerung; sie zeigten, daß das präsumptive Medullarmaterial allein keiner Selbstdifferenzierung fähig ist. Dagegen ließen sie die Frage offen, ob es noch ganz indifferent ist oder schon irgendwie auf Medullarplattenbildung vorbereitet, jedoch eines Anstoßes von seiten der Unterlagerung bedürftig (1926a, S. 278). Mehrere Tatsachen wiesen schon damals in die letztere Richtung. Wenigstens das Vorderende der Medullarplatte kann sich auch nach starken Unterlagerungsdefekten in normaler Breite anlegen und ein normales Vorderhirn mit Augenblasen bilden. Die mittlere und hintere Region der Medullarplatte erwies sich als viel empfindlicher gegenüber Unterlagerungsdefekten. Dies scheint „keine andere Erklärung zu erlauben, als die eines relativ differenten Verhaltens des präsumptiven Vorderendes gegenüber der Epidermis. Man könnte sich vorstellen, daß dieses Gebiet schon zu Beginn der Gastrulation sich scharf von der angrenzenden Epidermis unterscheidet" (1926a, S. 278).

In einer späteren Arbeit (1928a) wies LEHMANN auf die wichtige Tatsache hin, daß bei einseitiger Verkümmerung der Medullarplatte infolge von Unterlagerungsdefekt die anschließende Epidermis viel dicker ist als auf der normalen Seite (vgl. Abb. 100). Infolge davon ist die Massenverteilung im Ektoderm auch bei einseitig extrem reduzierter Platte auf beiden Seiten annähernd gleich. Das heißt aber, daß auf der normalen Seite die ganze Zone des verdickten Ektoderms Medullarsubstanz gebildet hat, während auf der mesodermlosen Seite nur ein Teil davon zu Medullarsubstanz geworden ist und die lateral anschließenden verdickten Teile schon die Struktur von Epidermis angenommen haben. Das Material für die Medullarplatte ist also unabhängig von der Unterlagerung bereitgestellt worden; wieviel davon wirklich zu Medullarplatte wird, hängt vom unterlagernden Mesoderm ab (l. c. S. 158).

Bei der Induktion einer Medullarplatte in ventraler Epidermis muß eine solche Massierung der Zellen erst unter dem Einfluß der implantierten Unterlagerung eingeleitet werden; in dem normalen Material ist sie schon vor der Unterlagerung vorbereitet. Daß sie dort später am Vorderende am ausgeprägtesten ist und nach hinten stark abnimmt, ist wohl der Grund für die verschiedene Empfindlichkeit dieser Regionen gegenüber von Unterlagerungsdefekten (1928a, S. 156).

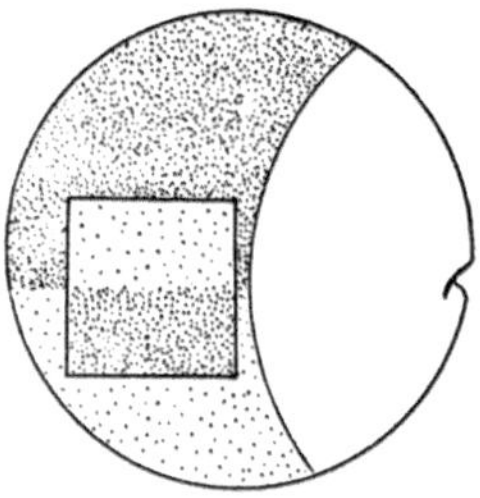

Abb. 109. Beginnende Gastrula von Triton. Rechteckiges Stück präsumptives Ektoderm, an der Grenze von präsumptiver Medullarplatte und Epidermis, ausgeschnitten und um 180° gedreht wieder eingeheilt. (Nach F. E. LEHMANN, 1929a.)

Aus diesen Experimenten LEHMANNs läßt sich auf eine der Induktionswirkung entgegenkommende Vorbereitung der präsumptiven Medullarplatte schließen, dagegen nicht auf ihre Determination. Ursprünglich ist LEHMANN selbst nicht weiter gegangen; im Gegenteil lehnt er, wie erwähnt, die Fähigkeit zur Selbstdifferenzierung ausdrücklich ab. Erst unter dem Eindruck von GOERTTLERs Experimenten übernahm er dessen Ansicht einer labilen Determination; mit der Beweiskraft jener Experimente wird auch diese Ansicht fallen müssen.

Wenn das Material der präsumptiven Medullarplatte schon vor der Unterlagerung in der Richtung ihres voraussichtlichen späteren Schicksals vorbereitet ist, dann ist zu erwarten, daß es sich rascher und vollkommener dazu entwickelt als anderes Material, welches an seine Stelle gebracht wird. Das scheint nach einem weiteren Experiment von LEHMANN (1929a) in der Tat der Fall zu sein. Zwei längliche Streifen präsumptiver Medullarplatte und Epidermis wurden in der Weise ausgetauscht, daß ein aus beiden Hälften zusammengesetztes rechteckiges Stück aus der Seite der beginnenden Gastrula ausgeschnitten und um 90° oder 180° gedreht wieder eingeheilt wurde (Abb. 109). Nach geeigneter Farbmarkierung ließ es sich auch später noch abgrenzen. Auch konnten die an ihm sich abspielenden Massenverschiebungen verfolgt werden. Wenn nun die Drehung des Stückes vor der Unterlagerung vorgenommen wird, so beteiligt es sich zwar ortsgemäß ohne gröbere Störung an allen Verschiebungsvorgängen sowie an der Bildung der Medullarplatte; aus präsumptiven Epidermiszellen entstehen also, wie schon bekannt, solche der Medullarplatte und umgekehrt. Aber diese sekundär induzierten Medullarzellen weichen doch in Form und Anordnung etwas von den aus normalem Material entstandenen ab (Abb. 110). Dem naheliegenden Einwand, daß dies aus einer Schädigung durch die Operation erklärt werden könnte, begegnet LEHMANN durch den Hinweis, daß dieselben kleinen Abweichungen von der Norm sich auch bei jenen Medullarplatten finden, welche in ventralem Ektoderm sekundär induziert worden sind. Obwohl das einleuchtet, wäre doch angesichts der Geringfügigkeit des abnormen Verhaltens Nachprüfung durch das naheliegende Kontrollexperiment, Wiedereinheilung des abgelösten *nicht* gedrehten Stückes, zu fordern.

Auf diesen Zustand der Vorbereitung paßt der von VOGT geprägte Ausdruck „Bahnung"; nur darf man ihn dann nicht, wie es vielfach geschieht, gleichbedeutend mit „labil determiniert" verwenden. Denn Determination, auch die labile, äußert sich in der Fähigkeit zur Selbstdifferenzierung in fremder, aber indifferenter Umgebung; Bahnung

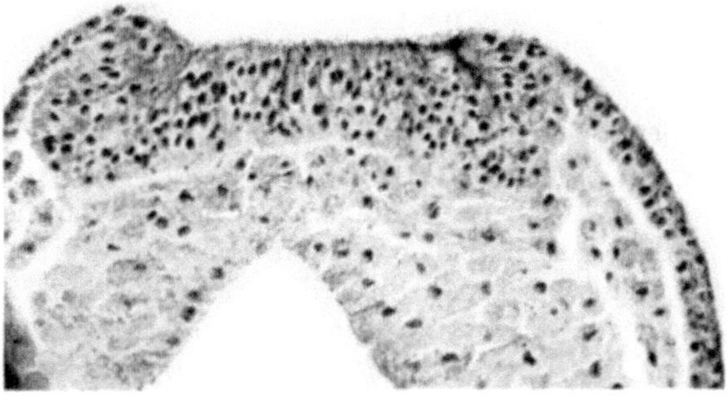

Abb. 110. Operation wie Abb. 109. Frühe Neurula; die Region zu beiden Seiten des rechten Medullarwulstes ist gedreht und hat sich nicht völlig normal entwickelt (unregelmäßige Anordung der rundlichen Kerne). (Nach F. E. LEHMANN, 1929 a.)

dagegen ist die Erleichterung der Reaktion auf den determinierenden Einfluß. Das entspricht auch der Bedeutung des Worts, bei welchem die Vorstellung einer stetigen Zunahme mitschwingt. Stetig mag auch die Festigung der zuerst labilen Determination zur endgültigen sein, kenntlich an dem zunehmenden Widerstand, welchen sie einem in anderer Richtung wirkenden umdeterminierenden Einfluß entgegenzusetzen vermag. Demgegenüber scheint mir zwischen indifferent und labil determiniert ein Sprung oder wenigstens ein jäher Anstieg zu liegen. Man vergegenwärtige sich nur, daß präsumptive Medullarplatte, wenn vor der Unterlagerung isoliert, atypische Epidermis liefert, kurz nach der Unterlagerung dagegen Nervensubstanz mit Nervenfasern (HOLTFRETER 1931 a und b) oder einen Augenbecher, der eine Linse induzieren kann (O. MANGOLD 1929 b, S. 640).

Während also nach den Versuchen von LEHMANN und wohl auch nach einigen von GOERTTLER eine Bahnung des Materials der präsumptiven Medullarplatte anzunehmen ist, liegt bis jetzt, vor allem nach den Versuchen von HOLTFRETER, keine Tatsache vor, welche für eine auch nur labile Determination spräche. Man könnte also in diesem Fall nur dann von einer doppelten Sicherung sprechen, wenn die Determination vom Material der Randzone aus auf zwei Wegen erfolgen könnte;

nämlich nicht nur, wie nachgewiesen ist, nach der Unterlagerung von Zellschicht zu Zellschicht, sondern auch ohne Unterlagerung von Zelle zu Zelle derselben Schicht fortschreitend. Daß etwas Derartiges vorkommt zeigt die assimilatorische Induktion des Mesoderms; ob es auch vom präsumptiven Mesoderm zur präsumptiven Medullarplatte möglich ist, scheint mir bis jetzt weder bewiesen noch widerlegt.

IX. Diskussion der Begriffe Potenz und Determination.

Ehe wir die Analyse des Induktionsvorgangs in der eingeschlagenen Richtung weiter verfolgen, dürfte es sich empfehlen, die beiden Begriffe der Potenz und der Determination in ihrer Entwicklung und jetzigen Bedeutung näher zu erörtern.

1. Der Begriff Potenz.

Der grundlegende Begriff ist derjenige der Potenz. Er hat im Lauf der Zeit gewisse Wandlungen erfahren. Als „prospektive Potenz" hat ihn bekanntlich DRIESCH (1896) aufgestellt, um die von ihm entdeckte wichtige Tatsache auszudrücken, daß die einzelnen Teile des jungen Seeigelkeimes weiter reichende Entwicklungsmöglichkeiten besitzen, als normalerweise verwirklicht werden. So kann z. B. jede der beiden ersten Furchungszellen isoliert eine ganze Larve bilden, von entsprechend verringerter Größe, aber normalen Proportionen. Während ihre „prospektive Bedeutung" in der Bildung je einer Hälfte der Larve besteht, erstreckt sich ihre „prospektive Potenz" auf Bildung einer ganzen Larve.

In diesem Satze erschöpft sich für die Zwecke von DRIESCHs Theorie die Funktion des Potenzbegriffs; das ist wohl der Grund, weshalb DRIESCH auf seine weitere Analyse verzichtet. Der Begriff soll „gar nichts weiter präjudizieren"; es soll nichts darüber ausgemacht sein, „was der Begriff Potenz eigentlich bedeutet" (1909, S. 89). Daraus mußten sich im Fortgang der Forschung allerlei Unklarheiten ergeben.

Zunächst ist klarzustellen, daß prospektive Potenz streng genommen nicht das „mögliche Schicksal" eines Keimteils bezeichnet (DRIESCH 1909, S. 77), sondern die Möglichkeit dieses Schicksals; also dem gewöhnlichen Wortsinn entsprechend eine Fähigkeit, ein Vermögen. ROUX (1905) setzt daher den Ausdruck Potenz dem von ihm schon früher (1892) gebrauchten des „entwicklungsmechanischen Vermögens" gleich. Auch DRIESCH (1909) spricht an anderer Stelle (S. 84) von „Weckung" einer Potenz, was man nicht von einem möglichen Schicksal sagen kann, sondern nur von einer schlummernden Fähigkeit.

Besonders fühlbar werden die Schwierigkeiten des Potenzbegriffs in der ursprünglichen Fassung von DRIESCH, wenn man einzelne Fälle von Potenzbeschränkung näher ins Auge faßt.

Wenn man einen Amphibienkeim nicht schon im Zweizellenstadium, sondern im allerersten Beginn der Gastrulation median spaltet, so kann immer noch aus jeder Hälfte ein ganzer Embryo hervorgehen, der, abgesehen von einer etwas schwächeren Ausbildung der innenständigen Seite, bilateral-symmetrisch gebaut ist (SPEMANN und FALKENBERG 1919). Auch von diesen Hälften müssen wir der Definition gemäß sagen, daß ihre Potenz umfassender ist als ihre prospektive Bedeutung, daß sie die Bildung eines ganzen Embryo in sich begreift. Nimmt man aber dieselbe mediane Durchtrennung ein wenig später vor, nachdem die Gastrulation eben vollendet ist, so entsteht aus jeder Hälfte ein stark verkrümmter halber Embryo. Es hat also eine Beschränkung der Potenz des halben Keims auf „halb" stattgefunden. Prüft man nun die einzelnen Bezirke dieses Entwicklungsstadiums auf ihre Potenz, so findet man, daß letztere noch viel umfassender ist als ihre prospektive Bedeutung. Es beruht also die Potenzbeschränkung der Keimhälfte nicht auf einer Potenzbeschränkung ihrer Teile, sondern auf ihrer Unfähigkeit der Regulation zum Ganzen. Ja vielleicht ist selbst diese noch erhalten, aber ehe sie zur Auswirkung kommen kann, ist die Entwicklung unaufhaltsam fortgeschritten zu einem Stadium, wo auch die Teile in ihrer Potenz beschränkt worden sind. — Dieselbe Erklärung hat DRIESCH schon vor langen Jahren für solche Fälle wie den des Ctenophoreneies gegeben, dessen Blastomeren vom Anfang ihrer Entwicklung an auf Erfüllung ihrer prospektiven Bedeutung eingeschränkt sind.

Wird die beginnende Gastrula nicht median, sondern frontal durchtrennt, so vermag, wie wir gesehen haben, nur die dorsale Hälfte außer den dorsalen auch die ventralen Organe zu bilden und ihr Verhältnis so zu regulieren, daß ein normal proportionierter Embryo entsteht. Aus der ventralen Hälfte dagegen entstehen nur ventrale Organe; ihre prospektive Gesamtpotenz ist also auf den Umfang ihrer prospektiven Bedeutung eingeschränkt. Das hat nun aber wieder einen anderen Grund als bei den seitlichen Halbbildungen. An einer Formregulation fehlt es der ventralen Hälfte nicht; ebensowenig an den nötigen Potenzen ihrer einzelnen Teile. Denn verpflanzt man Stückchen ihres präsumptiven Ektoderms in andere Keimregionen, so können sie sich dort ortsgemäß weiter entwickeln, offenbaren also ihre Potenzen für Medullarrohr, Linsen, Hörblasen, für Urwirbel, ja selbst für Chorda. Was der ventralen Hälfte fehlt, sind nicht die Potenzen ihrer Teile, sondern etwas, das nötig ist, um sie zu wecken. Wie die neuesten Versuche gezeigt haben, kann dieses „etwas" von sehr einfacher Natur sein, es braucht nicht einmal lebendig zu sein.

Daraus folgt, daß es sich bei diesen verschiedenen Fällen von Potenz und Potenzbeschränkung nur rein formal um dieselben Dinge handelt. Es gibt verschiedene Ursachen, aus welchen ein Keimteil zu etwas werden oder nicht werden kann.

Ganz unmerklich gleitet hier der Begriff der Potenz hinüber in den der Erbanlage. Bei DRIESCH selbst scheint mir das der Fall zu sein. Gelegentlich der Halbentwicklung infolge von mangelnder Regulationsfähigkeit sagt er (1909, S. 88): „Da diese Unfähigkeit zur Regulation wahrscheinlich auf ziemlich einfachen physikalischen Umständen beruht, so sind wir wohl berechtigt zu sagen, daß eine gleichmäßige Verteilung der Potenzen hier nicht eigentlich fehlt, sondern nur gewissermaßen maskiert ist." Hier ist der Potenzbegriff in seiner ursprünglichen Fassung von DRIESCH selbst aufgegeben; Potenz ist die Erbanlage, welcher gewisse Bedingungen zu ihrer Verwirklichung fehlen. Etwas ähnliches mag vorliegen, wenn DRIESCH von gewissen Potenzbeschränkungen sagt, sie möchten „vielleicht nicht eigentlich grundlegend, sondern sekundären, hemmenden Einflüssen verdankt sein".

Diese Gleichsetzung von Potenz und Erbanlage wird nun von PETERSEN (1922) vollzogen. „Was vererbt wird, sind Potenzen; nicht Organe oder Organanlagen werden vererbt, sondern die Fähigkeit, Organe zu bilden.... Diese Summe von Fähigkeiten deckt sich mit dem, was die Vererbungslehre als Genotypus bezeichnet" (S. 117). Ausdrücklich wird der „Potenzapparat" der Erbstruktur gleichgesetzt, „die wir uns im chromatischen Apparat verwirklicht denken".

Potenz in diesem engeren Sinn wird von W. SCHLEIP (1928) als „Genompotenz" von der „Systempotenz" unterschieden, welch letztere außer den nötigen wirkungsbereiten Erbfaktoren auch die Mittel zu ihrer Aktivierung und Verwirklichung enthält. Systempotenzen werden im Lauf der Entwicklung eingeschränkt; ob das auch für die Genompotenzen gilt, ist in den meisten Fällen unentschieden.

Im Zusammenhang von DRIESCHs Theorie bezeichnet die prospektive Potenz nur ganz im allgemeinen den Umfang dessen, was aus einem Keimteil werden kann; daß aus ihm mehr werden kann als normalerweise wird, daß die prospektive Potenz umfassender ist als die prospektive Bedeutung, das ist der Ausgangspunkt aller weiteren Folgerungen. Nimmt man aber Potenz ganz abgesehen davon als Fähigkeit, als entwicklungsmechanisches Vermögen, so liegt es nahe, nach dem Inhalt dieses Vermögens zu fragen und danach den Begriff weiter zu gliedern. So umfaßt nach W. ROUX (1912, S. 313) die „entwicklungsmechanische Gesamtpotenz" die einzelnen Vermögen: a) zu Selbstdifferenzierung des Gebildes, b) zu differenzierender Einwirkung, differenzierender Induktion auf andere Teile, also zur Bewirkung abhängiger Differenzierung am anderen Teil, c) zu spezifischer differenzierender Reaktion auf differenzierende Einwirkungen, also zur eigenen abhängigen Differenzierung. Die in den vorhergehenden Kapiteln besprochenen Experimente bieten Beispiele dafür in beliebiger Menge. Ein Stück präsumptive Epidermis der beginnenden Gastrula von Triton würde alle drei Arten von Potenzen besitzen: in Gewebskultur würde es sich unter Selbstdifferenzierung zu Epidermis weiter entwickeln (a); im Feld der präsumptiven Augenblase zu Augenblase, des präsumptiven Mesoderms zu Mesoderm (c); als Augenbecher und Mesoderm würden in ihm die Potenzen zur Induktion von Linse und Medullarplatte geweckt (b).

Von ähnlichen Überlegungen wie den oben angestellten ausgehend, unterscheidet P. WEISS (1930) das Vermögen zur Gestaltung (z. B. „Gastrulationspotenzen" nach O. MANGOLD), zur Organbildung (Organisationspotenz), zur histologischen Differenzierung (Differenzierungspotenz) und zum Wachstum. Mir scheinen diese vier Glieder (besonders Differenzierungspotenz — Organisationspotenz) logisch etwas ungleichwertig zu sein; doch ermöglicht die Unterteilung eine bequeme Ordnung der Tatsachen.

2. Der Begriff Determination.

Determination, Bestimmung eines Geschehens und seiner Produkte nennt ROUX (1912, S. 93) „die Gesamtheit derjenigen Faktoren, welche die Art des Geschehens, also auch seiner Produkte bestimmen... Die Determination eines Lebewesens ist...substantiell dargestellt durch die Vererbungssubstanz, das Keimplasma, mit seiner Vererbungsstruktur. Zur Verwirklichung des Bestimmten sind noch die (NB. indifferenten) Realisationsfaktoren oder Ausführungsfaktoren, z. B. Wärme, Nahrung, evtl. Licht usw. nötig". Diese Abgrenzung des Begriffs hat sich nicht eingebürgert. Jetzt bezeichnet man mit Determination allgemein die Bestimmung — und zwar sowohl das Bestimmtwerden wie das Bestimmtsein — eines Keimteils zu seinem späteren Schicksal und folgt damit der Definition, welche K. HEIDER (1900) schon vor langen Jahren gegeben hat.

Die Frage aufzuwerfen, ob ein Keimteil determiniert sei oder nicht, hat einen Sinn eigentlich nur bei einer ganz bestimmten Auffassung der Entwicklung (P. WEISS 1930). Bei einer reinen Mosaiktheorie, wie der von WEISMANN vertretenen, ist es ebenso selbstverständlich, daß jeder Teil des Keims, sowie er einen Kern zugeteilt bekommen hat, damit auch determiniert ist, wie es andererseits eine rein epigenetische Theorie mit sich bringt, daß alle Teile des Keims sich bis zum Schluß nur unter Wechselwirkungen weiter entwickeln können. Nun wissen wir aber, daß Entwicklungsprozesse in einzelnen Keimteilen durch Vorgänge in anderen eingeleitet werden können, daß sie dann aber in der einmal eingeschlagenen Richtung aus eigener Kraft weiter laufen. Von dem Augenblick an, wo ein Keimteil so die spezifischen Ursachen seiner Weiterentwicklung in sich selbst trägt, wo er sich unter Selbstdifferenzierung (ROUX) seiner prospektiven Bedeutung entsprechend zu seinem späteren Schicksal weiter entwickeln kann, nennen wir ihn determiniert (FR. R. LILLIE 1929).

Wenn also im Zweizellenstadium des Froscheies die eine seitliche Blastomere imstande ist, nach Abtötung der anderen eine halbe Neurula aus sich hervorgehen zu lassen, so ist sie zu dieser Halbbildung determiniert. Oder wenn später, zu Beginn der Gastrulation, ein kleines Stück der oberen Urmundlippe in sich selbst die Fähigkeit enthält, sich zu strecken und einzustülpen, ein Stück Ektoderm der animalen Kappe die

Fähigkeit, sich flächenhaft auszubreiten, so sind diese Stücke zu diesen Gestaltungsbewegungen determiniert. Wenn endlich nach Ablauf der Gastrulation ein Stück Ektoderm der Rückenplatte imstande ist, sich auch ohne Unterlagerung und isoliert zu Medullarsubstanz mit Nervenfasern weiter zu entwickeln, so ist es zu dieser histologischen Differenzierung determiniert.

Das Gemeinsame dieser Fälle, welche unter dem Begriff der Determination gefaßt werden sollen, ist die ursächliche Bestimmtheit eines nach außen abgegrenzten isolierten Systems; dagegen ist die Richtung dieser Bestimmtheit und wohl auch ihre Ursache verschieden. Die Determination zu Gestaltungsbewegungen nennt W. VOGT (1923 b) *dynamische Determination*, die zu histologischer Differenzierung *materielle Determination*. Die Determination der $^1/_2$ Blastomere zur Bildung eines halben Embryos enthält jedenfalls beides. Über die Ursachen wissen wir kaum das Allgemeinste.

Es ist nun keineswegs immer möglich, die von VOGT unterschiedenen Arten von Determination rein auseinander zu halten. So kommt das, was man den Materialcharakter der Medullarplatte nennen kann, sicher zum Teil durch seitliche Zusammenschiebung der Ektodermzellen zustande, also durch Gestaltungsbewegungen, und eine Gestaltungsbewegung ist es, durch welche sich die Medullarplatte zum Rohre schließt. Selbst den histologischen Endprodukten kann die Fähigkeit zu solchen Gestaltungsbewegungen als spezifischer Charakter eigen sein. Ein schönes Beispiel liefern explantierte Nierenepithelzellen, welche in Reinkultur ohne spezifische Form weiter wachsen, bei Zusatz von Mesenchym aber sich zu Tubuli und Glomeruli anordnen (DREW 1923).

Schon dadurch wird eine Frage nahegelegt, welche zuerst von W. VOGT (1923 b) aufgeworfen worden ist. Hängen dynamische und materielle Determination ursächlich zusammen, etwa derart, daß zu Anfang ein Prozeß in Gang gesetzt wird, in welchem jeder Abschnitt ursächlich aus dem vorhergehenden folgt, oder werden die einzelnen Abschnitte des Prozesses für sich determiniert, also zuerst die Gestaltungsbewegungen, dann die histologische Differenzierung? Diese Frage scheint mir, wie oben (S. 76f.) dargelegt wurde, bis jetzt nicht entschieden und eine exakte Entscheidung für die eine oder andere Möglichkeit sehr schwierig zu sein.

Eine weitere viel umstrittene Frage ist es, ob eine einmal getroffene Determination unwiderruflich ist oder ob sie wenigstens anfangs noch rückgängig gemacht werden kann; ob ein Keimteil, welcher zur Selbstdifferenzierung fähig ist, welcher also schon eine bestimmte Entwicklungsrichtung eingeschlagen hat, durch neu einwirkende Einflüsse in eine neue Entwicklungsrichtung gedrängt werden kann.

Dies letztere scheint mir nun sowohl für die dynamische wie für die materielle Determination nachgewiesen. Ektoderm der frühen Gastrula kann in seiner dynamischen Determination durch Verpflanzung in andere

Keimregionen oder auch durch Verminderung des Ausgangsmaterials so umgestimmt werden, daß es nunmehr die ihm zufallenden Gestaltungsbewegungen ortsgemäß ausführt. Ebenso können Keimteile nach erfolgter materieller Determination noch eine andere Verwendung finden. So kann nach W. VOGT (1930) und E. BRUNS (1931) die Randzone, welche nach Ausweis der Isolierungsversuche schon zu Mesoderm determiniert ist, noch Material an das Ektoderm abgeben (vgl. oben S. 89). Ferner kann präsumptive Medullarplatte, welche kurz nach erfolgter Unterlagerung selbstdifferenzierungsfähig ist, in diesem Stadium noch zu Epidermis umgestimmt werden, und ebenso präsumptive Epidermis zu Medullarplatte.

Auf diesen Tatsachen beruht der Begriff der *labilen* Determination (Prädetermination, GOERTTLER 1927b; Institution GRAEPER 1923), im Gegensatz zur *festen* Determination.

Was nun eigentlich in einer Zelle vor sich geht, wenn sie determiniert wird, und was weiter geschieht, wenn diese Determination, so lange sie noch labil ist, durch eine neue ersetzt wird, darüber fehlen uns bis jetzt gegründete Vorstellungen. Es ist bei dem fortschreitenden Charakter der Entwicklung nicht wahrscheinlich, daß die eingeleiteten Prozesse, welche in indifferenter Umgebung aus sich selbst weiter laufen können, wieder rückgängig gemacht werden; es ist wahrscheinlicher, daß ein neuer, in anderer Richtung laufender Prozeß in Gang gesetzt wird, der den ersten Prozeß überrennt. Da ferner diese Prozesse, wie die Tatsachen der heteroplastischen und noch mehr der xenoplastischen Induktion lehren, im Reaktionssystem vorbereitet sind und nur ausgelöst zu werden brauchen, so könnte man annehmen, daß mit dieser Auslösung die Determination unwiderruflich geworden ist und daß bei der labilen Determination nur die auslösenden Ursachen bereit gestellt werden. Man könnte sogar noch einen Schritt weiter gehen und die Vermutung wagen, daß diese auslösenden Ursachen im Protoplasma liegen, die auszulösenden Entwicklungsmechanismen dagegen im Kern.

Zu diesen Begriffen der dynamischen und materiellen, der labilen und stabilen Determination hat FR. R. LILLIE (1929) in einer sehr interessanten Studie Stellung genommen. Anlaß dazu war die Aufstellung des neu definierten Begriffs der *Segregation* und des *Segregats*, der sich mit den genannten Begriffen auseinanderzusetzen hatte.

Als *Segregation* bezeichnet LILLIE den Prozeß der schrittweisen Aufteilung des zunächst einheitlichen Keims in einzelne Felder, *Segregate*, unter zunehmender Einschränkung der Potenzen. Diese Vorstellung ist gewonnen an Eiern mit determinierter Furchung, deren genaue Verfolgung Zelle für Zelle (cell lineage) ein Ruhmestitel der amerikanischen embryologischen Forschung ist. Bei den Eiern der Mollusken, Anneliden, Tunicaten trennt fast jede einzelne Furchungsteilung Bezirke von verschiedener prospektiver Bedeutung, welche nun unwiderruflich fest zu ihrem späteren Schicksal determiniert sind. Hier fällt also die Segregation mit der Zellteilung zusammen; sie ist ganz an den Anfang der Entwicklung verlegt. Anders bei den Eiern mit nichtdeterminierter Furchung, wie z. B. den Amphibieneiern. Bei ihnen wird zunächst das ganze Eimaterial in mehr oder weniger regelmäßiger Weise in Zellen aufgeteilt, welche ohne genaue Beziehung zu späteren Anlagen und unter sich weitgehend äquipotent sind. Dann erst tritt die Aufteilung in Bezirke von verschiedener Potenz ein, die Segregation in die einzelnen Segregate, z. B. des Ektoderms der vorgeschrittenen Gastrula in Medullarplatte und Epidermis. Hier wäre also die Segregation in ein späteres Stadium der Morphogenese verlegt.

Ich habe gewisse Bedenken, ob man die beiden Vorgänge, welche LILLIE als Segregation bezeichnet, einander gleichsetzen darf.

Beim Ascidienei z. B. besteht schon vor der Furchung ein Stoffmosaik, welches bei der Befruchtung durch Strömung der Eisubstanzen zustande gekommen ist und dessen Störung (durch Zentrifugieren) auch die Entwicklung der einzelnen Keimregionen stört (CONKLIN 1909, 1929). Es hat also schon vor der Furchung eine Sonderung, eine Segregation, der einzelnen Eisubstanzen stattgefunden, welche dann durch die Zuteilung von Kernen und die Entstehung der Zellgrenzen endgültig gemacht wird. Verlegt man die Segregation auf den Augenblick der Zellteilung, so folgt daraus ohne weiteres, was LILLIE als deren Dichotomie bezeichnet; ebenso folgt daraus, daß die ersten Segregate zusammengesetzter Natur sind (complex s. pluripotential segregation 1929, S. 505), und sich mit jeder Zellteilung fortschreitend aufspalten. Dagegen scheint mir aus der Tatsache der Dichotomie nicht zu folgen, daß „jedes Segregat zur Zeit seines Ursprungs isotrop, d. h. aus äquipotentiellen Teilen zusammengesetzt" ist (LILLIE l. c. S. 515). Ein komplexes Segregat, welches noch aus einer einzigen Zelle besteht, kann wohl nur dadurch auf die Äquipotentialität seiner Teile geprüft werden, daß man diese gegeneinander verlagert; dabei hat sich aber gerade ergeben (Zentrifugierungsversuch von CONKLIN 1929), daß die einzelnen Teile nicht mehr „isotrop" sind.

Wenn man demgegenüber bei den Amphibieneiern von einer (hier später eintretenden) Segregation spricht, so scheint mir dieses Wort hier einen wesentlich anderen Vorgang zu bezeichnen. Die Medullarplatte z. B. sondert sich nicht dadurch von der Epidermis, daß ein übergeordnetes Segregat, das Ektoderm, in zwei untergeordnete Segregate auseinander geht. Vielmehr wird hier in einem äquipotenten und wahrscheinlich ziemlich gleichartigen Keimblatt ein bestimmter Bezirk durch einen von außen (vom Mesoderm) kommenden Einfluß zu Medullarplatte determiniert. Dabei ist weder die anfängliche Äquipotenz dieses neuen „Segregats" bewiesen, noch auch seine dichotomische Entstehung. Es sind mir keine Experimente bekannt, durch welche sich ausschließen ließe, daß die Anlagen von Linse und Hörblasen gleichzeitig mit der Medullarplatte determiniert werden. Auch daß die Determination zu

Medullarplatte nicht sofort unwiderruflich, sondern zunächst nur labil ist, scheint mir durch experimentelle Tatsachen gesichert zu sein.

Aus diesen Gründen trage ich Bedenken, den Vergleich zwischen Eiern mit determinierter und nichtdeterminierter Furchung in der Weise von LILLIE durchzuführen; die Differenzierungsvorgänge scheinen mir bei beiderlei Keimen nicht direkt vergleichbar und der Begriff der Segregation im Sinne LILLIEs auf die Entwicklung des Amphibienkeims nicht anwendbar zu sein.

Wenn nun ein Keimteil fest und unwiderruflich zu seinem Schicksal bestimmt, determiniert ist, so ist damit seine prospektive Potenz eingeschränkt. Das gilt ohne weiteres, und zwar definitionsgemäß, für die Systempotenz (im Sinne SCHLEIPs); ob auch für die Genompotenz, ist eine noch offene Frage. Darüber ist zunächst noch einiges zu sagen.

Aus der WEISMANNschen Annahme der erbungleichen Kernteilung folgte unmittelbar eine Einschränkung der Genompotenz; wenn die Erbmasse bei ihrer Entwicklung in ihre Bestandteile zerfallend auf die einzelnen Zellen verteilt wird, so fehlt jeder von diesen der ganze Rest. Dagegen folgt aus der Ablehnung dieser Grundannahme noch nicht, daß nun jede Zelle des Körpers die ganze, unveränderte Erbmasse enthält; denn Erbfaktoren könnten auch auf andere Weise als durch Entfernung aus der Zelle unwirksam werden oder verloren gehen. Hier könnte ein Experiment, welches zunächst etwas phantastisch klingt, entscheidende Aufschlüsse geben. Es ist, wie oben dargelegt, für das Ei des Seeigels (LOEB 1894) und des Molchs (SPEMANN 1914) gezeigt worden, daß durch einen Abkömmling des Furchungskerns ein kernloses Stück Eiplasma zur Entwicklung gebracht, gewissermaßen befruchtet werden kann. Dabei schickt man den zu prüfenden Kern aus der Eihälfte, in welcher er entstanden ist, durch eine Plasmabrücke in die bis dahin kernlose Hälfte hinüber. Wahrscheinlich würde dasselbe erreicht werden, wenn man die Kerne der Morula isolieren und dann einen von ihnen in ein kernloses Ei oder Eifragment einführen würde. Das erstere, die Gewinnung der isolierten Kerne, wäre wohl durch Zerreiben der Zellen zwischen zwei Glasplatten möglich; für das letztere dagegen, die Einführung eines Kerns ins kernlose Ei, sehe ich vorläufig keinen Weg. Angenommen er wäre gefunden, so müßte der Versuch auf ältere Kerne der verschiedensten Art ausgedehnt werden. Dabei könnte sich herausstellen, daß selbst Kerne differenzierter Zellen im Eiplasma eine normale Entwicklung hervorrufen können. Wenn ich also auch den Satz PETERSENs (1922, S. 116): „jede Zelle besitzt den ganzen Potenzapparat", für verfrüht halte, so ist doch durchaus die Möglichkeit gegeben, daß er richtig ist.

Manche Autoren scheinen als selbstverständlich vorauszusetzen, daß beim Vorgang der Determination die Einschränkung der Potenz das Wesentliche sei. Demgegenüber wies VOGT (1927b) mit Nachdruck darauf hin, daß zu dieser negativen Seite eine positive gehöre, eine

Weckung vorher schlummernder Fähigkeiten. „Determination hat eine negative und positive Seite; die erstere wird allzu häufig allein betont, es ist die Begrenzung, die Beschränkung der Potenzen. Potenzbeschränkung umfaßt aber keinesfalls alles, was wir unter Determination verstehen wollen. Determinieren heißt auch: bestimmen, Ziel setzen, positiv Richtung geben. Potenz ist zugleich ‚mögliches Schicksal' und ‚Vermögen'. Wenn durch Determination ‚Potenzen' begrenzt werden, so werden nicht nur ‚Schicksale' eingeengt, sondern auch ‚Fähigkeiten' ausgelöst, wenn nicht sogar übertragen, und dieses Auslösen von neuem, das organisierend Weiterwirken, also etwas Produktives, steckt in allen Determinationsvorgängen darin..." (l. c. S. 24/25).

Ebenso entschieden spricht sich PETERSEN (1923, S. 336) aus: „Zunächst hat Determination sicher nichts mit der Potenz zu tun. Ein System kann ganz Bestimmtes leisten und doch die Potenz zum Ganzen besitzen. Determination ist nicht Potenzverringerung, wenn auch letztere vielfach mit der ersteren verbunden ist." Doch meint PETERSEN damit offenbar nur die Genompotenz, denn etwa zur selben Zeit (1922) sagt er: dieser Zwang in eine bestimmte Bahn (Determination), kann also als ein Apparat von Hemmungen bezeichnet werden. Er beruht also nicht darauf, daß die Zellen Teile ihres Selbstdifferenzierungsapparates (= Potenzapparat = Erbmasse) verlieren (erbungleiche Teilungen, l. c. S. 116). „Wenn jede Zelle des beeinflußten Materials zunächst jedes konnte, so mußte eine Reihe von möglichen Reaktionen gehemmt oder eine andere Reihe beschleunigt werden. Ein System relativer Hemmungen und Beschleunigungen von Vorgängen chemischer und physikalisch-chemischer Natur ist das Mittel, mit dem die Determination arbeitet und das ist ja gerade das, was Fermente und Enzyme leisten können" (l. c. S. 117).

Damit sind wir aber schon mitten in der Frage, auf welche Weise Potenzen geweckt, aktiviert werden.

X. Induktion durch abnorme Induktoren.

Durch zahlreiche Versuche verschiedener Art ließ sich zeigen, daß die Bildung und Ausgestaltung des normalen Medullarrohrs durch eine Induktionswirkung zustande kommt, welche vom mesodermalen Urdarmdach auf das von ihm unterlagerte Ektoderm ausgeübt wird. Transplantationsversuche bewiesen, daß diese Induktionsfähigkeit dem Urdarmdach innewohnt, indem es, mit präsumptiver Epidermis in Berührung gebracht, dort eine Medullarplatte hervorrief; Defektversuche zeigten, daß diese Induktionswirkung auch zur Entstehung der Medullarplatte aus ihrem normalen Material benötigt wird, indem bei Unterbleiben der Unterlagerung auch die Bildung der Medullarplatte unterbleibt.

Es wäre nun die nächste Aufgabe, diesen merkwürdigen Vorgang nach zeitlichem und örtlichem Ablauf genauer zu untersuchen. Die hiezu dienenden Experimente wurden aber zum Teil mit einem Induktor anderer Art ausgeführt, dessen Induktionswirkung deswegen besonders merkwürdig ist, weil sie bei der normalen Entwicklung keine Rolle spielen kann. Zum Verständnis jener Experimente muß also diese Induktion durch abnorme Induktoren, welche erst in einem späteren Zusammenhang ihr volles Interesse gewinnen kann, hier schon vorweggenommen werden.

1. Induktion von Medullarplatte durch Medullarplatte (homöogenetische oder assimilatorische Induktion).

Von verschiedenen Fragestellungen ausgehend machten O. MANGOLD und H. SPEMANN (1927) das Experiment, reine Medullarplatte in die Furchungshöhle einer beginnenden Gastrula so einzustecken, daß ihre von Mesoderm gereinigte Innenseite nach außen gegen die präsumptive Epidermis gerichtet war. Erwartet wurde im günstigen Fall die Induktion einer Linse. Dabei legte O. MANGOLD den Nachdruck auf die Frage, ob der linseninduzierende Reiz des Augenbechers die Altersdifferenz Neurula-frühe Gastrula überbrücken könne, während ich einen weiteren Organisator zweiter Ordnung experimentell erzielen wollte und deshalb die zur Induktion verwendete Medullarplatte selbst erst durch Induktion aus präsumptiver Epidermis herstellte. Bei meinen Versuchen entstand nie eine Linse; auch unter MANGOLDs zahlreichen Fällen waren nur zwei, und diese wohl nicht völlig zweifelsfrei, weil beim älteren die Herkunft der Linse, beim jüngeren der Linsencharakter der über dem Auge liegenden Epidermiswucherung nicht ganz sicher war. Darauf wird zurückzukommen sein. Dagegen führten unser beider Experimente zu der höchst überraschenden Entdeckung, daß Medullarplatte in präsumptiver Epidermis ihresgleichen, nämlich Medullarplatte, zu induzieren vermag. Man kann das als *homöogenetische* oder *assimilatorische* Induktion bezeichnen.

Dieses Experiment wurde zum Ausgangspunkt zweier wichtiger Versuchsreihen von O. MANGOLD, auf welche später zurückzukommen sein wird. Außerdem aber legt es die Frage nach der Natur des Induktionsreizes nahe, ohne jedoch eine entscheidende Antwort auf sie zu geben. Es ist eine merkwürdige und sicher bedeutsame Tatsache, daß Medullarplatte auf präsumptive Epidermis, mit der sie in Berührung gebracht wird, dieselbe Wirkung ausübt wie mesodermale Anlagen. Unter der Annahme, daß diese Wirkung stofflich vermittelt ist, könnte man sich die Erscheinung so erklären, daß der vom Mesoderm an die präsumptive Medullarplatte abgegebene Induktionsstoff dort längere Zeit erhalten und wirksam bleibt und nun an berührende präsumptive Epidermis weiter gegeben werden kann. Man muß aber dessen gewärtig bleiben, daß die Verursachung auch ganz anderer, viel allgemeinerer Art sein könnte.

2. Induktion von Tritonbein durch Hörblase und Riechgrube.

Dies gilt gleich für zwei Induktoren der Gliedmaße, welche sicher mit der normalen Entwicklung nichts zu tun haben. B. J. BALINSKY (1925—1931) transplantierte das Hörbläschen von Triton, von anhängenden Mesenchymzellen möglichst sauber gereinigt, einer anderen gleichalten Larve dorsal seitlich unter die Haut, um zu prüfen, ob es sich dort aus den Mesenchymzellen der neuen Umgebung eine knorpelige Kapsel zu bilden vermöge (1925). Dabei entstand einigemal an der Stelle der Implantation eine überzählige, mehr oder weniger vollkommen ausgebildete Gliedmaße, welche in den bestentwickelten Fällen als vordere oder hintere unterscheidbar war. BALINSKY leitet sie vom Mesoderm der Seitenplatte ab, in welchem sie durch die Hörblase induziert worden wäre. Der Einwand liegt nahe (STONE 1926), daß mit der Hörblase skeletogenes Mesenchym verschleppt wurde; denn wenn dieses auch später, nachdem es als Zellanhäufung abgrenzbar geworden ist, ziemlich weit von der Hörblase entfernt liegt, so daß eine Auseinanderhaltung beider nicht schwierig erscheint, so könnte das Material doch vor seiner Zusammenziehung näher an die Hörblase heran gereicht haben. Aus diesem präsumptiven Gliedmaßenmaterial hätte sich dann, unter Regulation und eventuell Angliederung von Mesenchym der neuen Umgebung, die überzählige Gliedmaße entwickelt. Gegen diese Fehlerquelle glaubt BALINSKY sich dadurch gesichert, daß auf die Reinigung der Hörblase vor der Verpflanzung möglichste Sorgfalt verwendet wurde; ferner durch die Tatsache, daß die überzählige Gliedmaße in einem Falle 5 Zehen hatte, also (falls nicht eine Verdoppelung vorliegt) eine hintere war, während eine Verschleppung nur für das Material der vorderen in Frage käme.

Um auch dagegen noch mögliche Einwände zu beseitigen, wurde schließlich die Induktion xenoplastisch (zwischen Anuren und Urodelen) versucht und in einem Fall auch erreicht. Eine Hörblase von Hyla induzierte auf der rechten Seite von Triton eine normale, gut entwickelte vordere Extremität mit 4 Fingern, welche aus Tritongewebe gebildet war (1927a, S. 67; 1927b, S. 78). Auch hiefür besteht die Möglichkeit und wird auch von BALINSKY selbst offen gelassen (1927b, S. 86), daß es in letzter Linie das präsumptive Material der normalen Extremität ist, welches zu dieser Bildung zum mindesten den Anstoß gibt; es würde in diesem Fall durch das implantierte Hörbläschen herangezogen worden sein und sich durch Angliederung aus dem Mesenchym der neuen Umgebung ergänzt haben. Jedenfalls aber, ob nun die Gliedmaße durch Vermittlung präsumptiven Materials oder direkt unter dem Einfluß der Hörblase im seitlichen Mesoderm induziert wurde, kann der Reiz kein spezifischer, vielmehr nur von ganz allgemeiner Natur gewesen sein.

In noch höherem Maße gilt das für einen von BALINSKY (1927b, S. 73) mitgeteilten Fall, bei welchem eine Gliedmaße durch einen rein mechanischen Reiz induziert wurde. Ein Stückchen Zelloidin wurde einer Tritonlarve seitlich in die Leibeswand eingepflanzt. Fast immer blieb jede Reaktion aus. In 1 Fall unter 50 entstand jedoch auf der rechten Seite, ziemlich weit hinten, eine rechte hintere Gliedmaße mit wohl entwickeltem Skelet (vgl. oben S. 81).

D. FILATOW (1927) wiederholte das Experiment BALINSKYs mit demselben Erfolg. Nach Implantation einer Hörblase, also jedenfalls irgendwie durch sie verursacht, entstand in mehreren Fällen eine wohl entwickelte Gliedmaße. Der erste sichtbare Vorgang bei ihrer Bildung, die Ansammlung des benachbarten Mesenchyms zur Knospe, könnte nach FILATOW in verschiedener Weise verursacht sein; direkt durch die Anziehung von seiten der Hörblase, oder indirekt, durch eine induktive Einwirkung auf das Epithel, welches dann seinerseits die Anziehung ausüben würde (l. c. S. 29). Daß eine direkte Anziehung möglich ist, wurde durch ein späteres Experiment (1930a) bewiesen, bei welchem eine Hörblase, in die Nähe einer hinteren Gliedmaßenknospe verpflanzt, ihr das schon angesammelte Mesenchym zum Teil wieder entzog.

Da die Anlage der Hörblase immerhin in der Nähe der Gliedmaßenanlage liegt, so könnte man annehmen, daß beide auch normalerweise in irgendeiner ursächlichen Beziehung zueinander stehen, so daß also durch Verpflanzung der Hörblase am neuen Orte eine ähnliche Situation geschaffen würde, wie die an der Stelle der normalen Gliedmaßenanlage herrschende. Jedoch spricht eine Reihe von Tatsachen gegen diese Erklärung, welche ja für die Induktion durch ein Stückchen Zelloidin sowieso ausgeschlossen wäre. So sollte man dann z. B. erwarten, daß Vornierenanlage, welche der Gliedmaßenanlage viel näher liegt, an fremden Ort verpflanzt dort eine solche induzieren würde. Das konnte aber weder von BALINSKY (1929b, S. 705) noch von FILATOW (ebendaselbst mitgeteilt) jemals erreicht werden. Ganz ausgeschlossen aber erscheint diese Art der Erklärung bei einem noch weiter entfernten Organ, der Riechgrube, deren Induktionsvermögen von verschiedenen Forschern (B. GLICK 1931; M. H. CHOI 1932; B. I. BALINSKY 1933) nachgewiesen worden ist. Nach Verpflanzung ihrer jungen Anlage aus dem Schwanzknospenstadium in die Seite gleichalter Larven (Triton, Amblystoma, Diemyctilus) konnten außer kleinen, wenig differenzierten Stummeln auch gut entwickelte Gliedmaßen mit Zehen induziert werden, aus dem Material des Wirts, und zwar in jeder Höhe des Körpers, nicht nur in der nächsten Nachbarschaft der normalen vorderen und hinteren Gliedmaßen (BALINSKY 1933).

3. Induktion von Medullarplatte durch Gliedmaßenknospe.

Mit einem gewissen Vorbehalt teilt O. MANGOLD (1928b, S. 391) mit, daß die Extremitätenknospe ihrerseits induzierend wirken könne, und zwar auch wieder in einer Weise, welche nicht ohne weiteres auf die normale Entwicklung übertragbar wäre. Wird die Knospe nämlich ins Blastocoel einer frühen Gastrula gesteckt, so induziert sie im Ektoderm über ihr ein Gebilde, welches sehr wahrscheinlich als Medullarplatte geringsten Grades aufzufassen ist. Dieses Ergebnis wird zwar „vorerst durch die Annahme erklärt, daß das Mesoderm der Knospe als Abkömmling des Urdarmdaches die Fähigkeit zu Induktion sich in geringem Maße bewahrt hat". Doch könnte auch die Annahme zutreffen, von welcher ausgehend MANGOLD das Experiment angestellt hatte, daß nämlich „Bezirke mit starker Wachstumsrate....induzierend wirken".

4. Über die Verbreitung des Induktionsvermögens.

Nachdem diese Erfahrungen mit so verschiedenartigen abnormen Induktoren gewonnen worden waren, ging HOLTFRETER (1934b) daran, so ziemlich das ganze Tierreich vom Bandwurm bis zum Menschen nach induzierenden Agentien abzusuchen. Die tierischen Gewebe wurden lebensfrisch, getrocknet, gekocht oder als koaguliertes Zentrifugat aus Gewebebrei verwendet. Sehen wir hier von der Vorbehandlung der Implantate ab, welche uns erst in anderem Zusammenhang interessieren wird, so konnten Induktionen erzielt werden durch Stücke von Ligula, Enchytraeus, Planorbis, Limnaea, Daphnia, Vanessa, Deilephila, Libellula, Petromyzon, Gasterosteus, Triton, Salamandra, Rana, Lacerta, Lanius, Gallus, Mus, Bos, Homo. Das induzierende Agens ist also im Tierreich weit verbreitet, aber allerdings nicht in gleicher Wirksamkeit, indem die Organteile der Wirbellosen im allgemeinen sehr viel schwächer induzieren als diejenigen der Wirbeltiere. Auch zwischen den Organen bestehen typische Unterschiede; so sind die inneren Drüsen aktiver als andere Gewebe.

Durch Beobachtungen über den sich ändernden Glykogengehalt in den einzelnen Teilen des sich entwickelnden Amphibienkeims (vgl. S. 153f.) ist M. W. WOERDEMAN (1933d) dazu geführt worden, Gewebe mit starkem glykolytischem Stoffwechsel auf ihre Induktionsfähigkeit zu prüfen. So wurde auf seine Anregung von J. F. HAMPE Krebsgewebe von Ratte und Mensch, ebenso Hühnerkarzinom, ins Blastocoel verpflanzt, mit gutem positivem Erfolg; desgleichen Muskelgewebe.

Durch andere Überlegungen geleitet machten unabhängig davon FISCHER und WEHMEIER (1933b) denselben Versuch mit Karzinom und fanden es ebenfalls induktionsfähig.

Verschieden wie die Induktoren waren auch die Erzeugnisse der Induktion. Unter dem Einfluß der verschiedensten Implantate entstanden aus dem Ektoderm so zusammengesetzte, typische Gebilde wie Gehirn, Nase, Auge, Ohrblase, Linse, Haftfaden, Extremität und manches andere. Aus dem Mesoderm bildeten sich Muskulatur, Chorda, Niere und Bindegewebe. Im Entoderm wurden vielfach sekundäre Darmlumina induziert.

Dieser so verschiedene und dabei ganz typische Charakter der induzierten Organe ist ein schwieriges Problem, welches später erörtert werden soll. Das eine aber ist ohne weiteres klar, daß z. B. ein gekochtes Salamanderherz, welches eine isolierte Linse induzierte, dies nicht mittels eines spezifischen, linsenbildenden Agens bewirkt haben kann; daß also diese Agentien von sehr allgemeiner Natur sein müssen.

5. Theoretische Bedeutung der Induktion durch abnorme Induktoren.

Es ist für den Weg unserer fortschreitenden Erkenntnis bezeichnend, und lehrreich sich zu erinnern, auf welche Weise die soeben mitgeteilten Tatsachen über abnorme Induktoren gefunden worden sind. Während die Induktion von Medullarplatte durch unterlagerndes Urdarmdach lange vorher auf Grund bestimmter Tatsachen vermutet worden war und dann durch planmäßig auseinander folgende Experimente festgestellt wurde, kamen die Entdeckungen der Induktionsfähigkeit von Medullarplatte, Hörblase und Riechgrube den Forschern, welche etwas ganz anderes gesucht hatten, als unvermutete Zufälle in die Hand, die so überraschend und dem bisher Angenommenen widersprechend waren, daß sie zunächst vielfachem Zweifel an der einwandfreien Ausführung der Experimente begegneten. Auch die Erklärungen suchten sich zunächst möglichst eng an die geläufigen Vorstellungen anzuschließen. Die induzierende Medullarplatte sollte ein vom Mesoderm aufgenommenes Agens weitergeben, ebenso sollte die Induktionsfähigkeit der Gliedmaßenknospe ein Überrest derjenigen ihres mesodermalen Mutterbodens sein; und auch bei der Hörblase suchte man unwillkürlich zunächst nach der „ähnlichen Situation“, welche durch ihre Verpflanzung hergestellt worden wäre.

Dabei lag wohl bewußt oder unbewußt der Gedanke zugrunde, daß die ursächlichen Verknüpfungen bei der Induktion durch verpflanzte Keimteile dieselben wie bei der normalen Entwicklung und daß die induzierenden Agentien mehr oder weniger spezifischer Natur sein müßten. Das erstere mag auch zutreffen; es ist äußerst unwahrscheinlich, daß im Experiment grundsätzlich neue Wirkungsweisen auftreten. Das letztere dagegen, die streng spezifische Natur der induzierenden Agentien, wurde mehr und mehr unwahrscheinlich. So hat denn auch schon O. MANGOLD, wie soeben angeführt, etwas ganz allgemeines, „starke Wachstumsrate“ und dabei auftretende „bioelektrische Erscheinungen“, als mögliche Ursache der Induktion herangezogen. Hier spielen schon Vorstellungen mit herein, welche wir bei der Erörterung der Gradiententheorie näher kennenlernen werden. Dort wird auch noch einmal auf einige der soeben besprochenen Versuche zurückzukommen sein.

Durch diese weite Verbreitung der Induktionsfähigkeit wird nun besonders dringend die Frage nahegelegt, von welcher Natur die Mittel der Induktion sind, ob chemisch oder physikalisch, oder vielleicht das eine sowohl wie das andere.

XI. Die Mittel der Induktion.

Die Frage nach den Mitteln der Induktion hat in der allerjüngsten Zeit die intensivste Bearbeitung erfahren. Als vor vier Jahren mit der Arbeit an diesem Buche begonnen wurde, war nur das Problem gestellt und der Weg zu seiner Lösung angegeben; zu einem positiven Ergebnis aber hatte noch keiner der bereits unternommenen Versuche geführt. Kurz darauf aber begannen die Erfolge sich einzustellen, die physiologischen Chemiker bemächtigten sich des Gegenstands, und nun liegt schon eine verwirrende Fülle von tatsächlichen Angaben vor. Durch manche von ihnen lassen sich früher aufgestellte Alternativen exakt entscheiden; andere sind von so überraschender, umstürzender Art, daß ganz neue Möglichkeiten in das Gesichtsfeld gerückt wurden. Da die Untersuchungen noch im Gang und zahlreiche Einzelheiten noch nicht genügend gesichert und verarbeitet sind, möchte ich mich hier, noch mehr vielleicht als an anderen Stellen, auf die Darlegung des grundsätzlich Wichtigsten beschränken. Die Einzelheiten der chemischen Analyse und ihrer Ergebnisse sollen zurücktreten gegenüber der Darstellung der leitenden Gedanken, wie sie aus der Gesamtheit der übrigen Probleme herausgewachsen sind, und gegenüber den Folgerungen, welche für die allgemeinen Fragen der Entwicklung gezogen werden müssen. Diese Beschränkung ist hier auch um so eher angängig, als bei dem großen Interesse, welchem gerade die chemische Seite der Induktionsvorgänge begegnet, zusammenfassende Darstellungen des Gegenstands wohl mit Sicherheit zu erwarten sind, sobald die jetzt so ungestüm vorwärts drängende Forschung zu einem gewissen Abschluß gelangt sein wird.

Es handelt sich also zunächst ganz im allgemeinen darum, wie wir uns die Induktionswirkung vermittelt zu denken haben, ob chemisch oder physikalisch, bzw. wie weit das eine oder das andere.

Die Frage ist alt. Sie wurde schon bei der Erörterung der ersten nachgewiesenen, ja selbst der ersten vermuteten Induktionswirkungen aufgeworfen, z. B. von C. HERBST (1894/1895, 1901) in seinen theoretischen Darlegungen über die Rolle formativer Reize in der tierischen Ontogenese; von mir selbst und anderen bei der Analyse der Linsenversuche. Es wurde auch die Methode angegeben, nach welcher die Frage speziell für die Amphibienentwicklung experimentell behandelt werden könnte. Aber ehe solche Versuche zu einem Ergebnis geführt hatten, war die systematische Analyse eines chemischen Induktionsreizes an einem anderen Objekt, an den Larven von Bonellia viridis, erfolgreich in Angriff genommen worden (Literatur bei F. BALTZER 1928).

Es handelt sich um die schöne Entdeckung, daß die Larven dieses merkwürdigen Echiuriden dadurch zu männlichen Tieren, den bekannten Zwergmännchen, werden, daß sie sich in sexuell noch indifferentem Zustande am Rüssel des Weibchens ansaugen. Unterbleibt diese Beziehung, so werden die Larven fast ausnahmslos zu Weibchen. Diese schon von SPENGEL (1879) gefundene Tatsache wurde nun von BALTZER in folgerichtig durchgeführten Untersuchungen weiter verfolgt. Davon interessieren uns hier vor allem die Versuche, in denen Vermännlichung nach Behandlung mit Rüsselextrakt eintrat. Aus ihnen ging mit Sicherheit hervor, daß das vermännlichende Agens ein Stoff ist, oder vorsichtiger, daß Stoffe vermännlichend wirken können. Ein weiteres Ergebnis von allgemeinerer Bedeutung war die Feststellung, daß der vermännlichende Stoff nicht auf den Rüssel des Weibchens beschränkt, sondern weiter in dessen Körper verbreitet ist. Er findet sich auch im Darmgewebe, wahrscheinlich auch in der Darmflüssigkeit. Schon daraus folgt nach BALTZER, daß bei Bonellia der die Vermännlichung auslösende Reiz „weitgehend, aber doch nicht ganz unspezifisch ist und stofflich einfach zu sein scheint" (BALTZER 1928, S. 291). Dies schien bestätigt, als C. HERBST (1928—1935) nachwies, daß man Vermännlichung durch noch einfachere, chemisch genau bekannte Mittel, wie Kohlensäure, verdünnte Salzsäure u. a. hervorrufen kann. NOWINSKI (1934, S. 142) erzielte nun aber dieselbe Induktion durch deutlich alkalisch reagierende Stoffauszüge aus Darmgewebe, die nach seiner Vermutung wahrscheinlich von komplizierterer hormonartiger Natur sind.

In gewissem Sinn zu ähnlichen Ergebnissen hat, wie wir gleich sehen werden, die Untersuchung des Chemismus der Induktion in der frühen Amphibienentwicklung geführt. Hier wurde zunächst der Weg gewählt, die Struktur des Induktors auf verschiedene Weise und in verschiedenem Grade zu zerstören, um zu prüfen, was dann von seiner Wirkung noch übrigbleibt. Auf den ersten Stufen dieser Destruktion, bei Zerkleinerung des Keimmaterials durch Zerschneiden, Zerhacken, unvollständiges Zerquetschen, wird nur der Zellverband zerstört; also nur seine Ordnung, nicht sein vitales Gefüge. Wenn nun ein solcher Brei aus zerhacktem und zerquetschtem Induktor tatsächlich induziert, so läßt sich prüfen, wie weit solches Material sich neu ordnen und welches Maß von Ordnung auch ohne solche Regulation des Induktors im Reaktionssystem entstehen kann. Für die Frage der chemischen oder physikalischen Wirkungsweise des Induktors dagegen kommen nur die höchsten Stufen der Destruktion in Betracht, auf welchen durch völliges Zerquetschen, durch Erhitzen, Austrocknen, Behandlung mit Chemikalien die vitale Struktur des Induktors zerstört, dieser also abgetötet wird.

Zwar war von GOERTTLER (1931) die im Rahmen seiner Gesamtanschauung über Induktion liegende Ansicht vertreten worden, daß schon durch eine Strukturveränderung innerhalb der vitalen Grenzen die Induktionsfähigkeit vernichtet werden könne. Zwei Versuche lieferten das geforderte Ergebnis. Beim einen sollte das Organisationszentrum dadurch desorganisiert werden, daß es von Organisatoren umstellt wurde, welche seine Struktur durch ihre Gegenwirkung paralysierten. Beim anderen Versuche, der auf GOERTTLERs Anregung von ALTEKRÜGER (1932) ausgeführt wurde, sollte die „Induktionsstruktur" dadurch zerstört werden, daß der Induktor vor seiner Einpflanzung ins Blastocoel durch einen längeren Aufenthalt in Wasser zur Abkugelung gebracht wurde. In beiden Fällen fand GOERTTLER die Induktionsfähigkeit aufgehoben oder wenigstens stark herabgesetzt. Dieser letztere Versuch wurde von HOLTFRETER (1933b) wiederholt, mit dem Ergebnis, daß solche abgekugelten Stücke genau so gut induzierten wie andere. Danach scheint

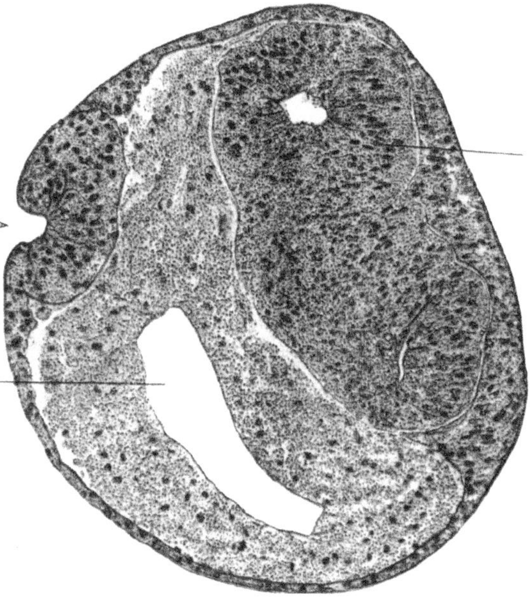

Abb. 111. Taeniatus-Keim mit offener Medullarplatte (*Med.'*), welche durch abgetöteten Organisator einer jungen alpestris-Gastrula (aus Wasser von 65°) induziert worden war. *Med.* primäres Medullarrohr; *D.* Kopfdarm. (Nach BAUTZMANN, unveröffentlicht.)

auch dem ersten bisher nicht nachgeprüften Versuche gegenüber Zurückhaltung um so mehr geboten, als er, wenig durchsichtig, anderen Deutungen offensteht.

Jene Aufgabe nun, die vitale Struktur des Induktors zu zerstören, wurde früh erkannt und es wurde auch ein Weg zu ihrer Lösung angegeben (H. SPEMANN und HILDE MANGOLD 1924, S. 629). Doch brachten meine eigenen Versuche mit getrocknetem und gefrorenem Induktor zunächst kein Ergebnis (1931b). Da die angewandte Methode, neben anderen, später zum Ziele führte, sei sie kurz mitgeteilt. Man bringt das zu prüfende Stück in einen Wassertropfen auf eine mit Wachs überzogene Glasplatte und saugt dann im einen Fall das Wasser mit einer feinen Pipette rasch ab, im anderen läßt man es auf dem Objekttisch eines Gefriermikrotoms einfrieren. Das gefrorene Stück nach dem Auftauen, das getrocknete nach dem Wiedereinweichen wird wie ein normales weiter verwendet, d. h. durch einen Schlitz im Dach einer jungen Gastrula in deren Blastocoel gesteckt und so zur Einwirkung auf das Ektoderm gebracht. Eine sichere Induktion konnte von mir, wie gesagt, nicht beobachtet werden; nach den neueren Erfahrungen von HOLTFRETER wäre sie in einigen Fällen vielleicht noch eingetreten bzw. deutlich geworden, wenn die Keime bei streng durchgeführter Asepsis unter günstigsten Außenbedingungen länger am Leben erhalten worden wären.

Induktionen schöner Medullarplatten (Abb. 111), neben weniger typischen Bildungen, erzielte H. BAUTZMANN (1932) durch Organisatoren verschiedener Art, obere Urmundlippe und Medullarplatte mit Chorda,

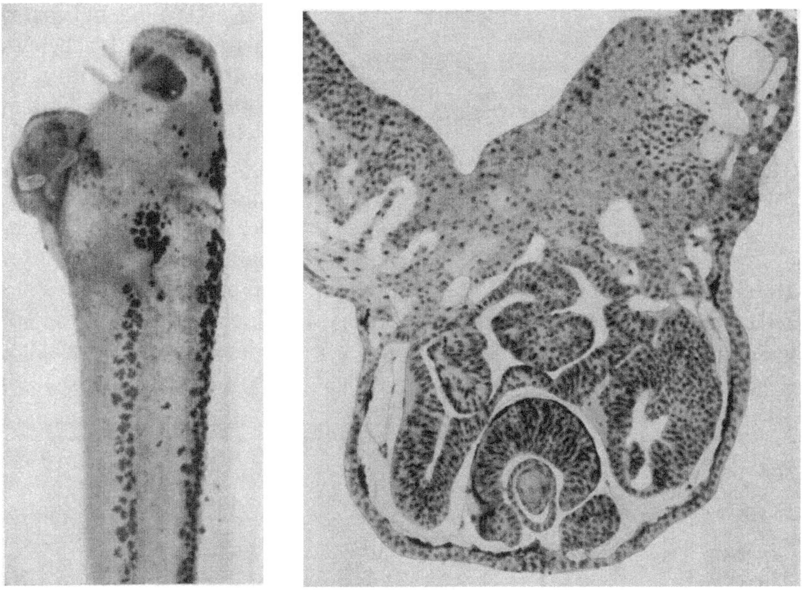

a b

Abb. 112a und b. a Ein ins Blastocoel implantiertes abgetötetes Stück der vorderen Medullarplatte induzierte in Herzhöhe einen mächtigen Buckel mit Melanophoren und zwei kleinen Haftfäden. b Schnitt durch den vorderen Teil des Buckels. Unterhalb der Mundbucht wurden reich gegliederte Gehirnteile und ein Auge mit Linse induziert. (Nach HOLTFRETER, 1933c.)

welche vorher verschieden stark, jedenfalls bis zur Abtötung, erhitzt worden waren. Dabei störte aber das weitere, damals auch mir ganz unverständliche Ergebnis, daß ähnliche Veränderungen im Ektoderm auch unter der Wirkung von durch Hitze getöteter präsumptiver Epidermis auftraten, eines Keimteils also, welcher lebend nicht induziert.

Richtig in Fluß kam die Untersuchung erst durch erfolgreiche Versuche von J. HOLTFRETER (1932, 1933c). Er wiederholte die Einsteckversuche mit Material, welches entweder durch Hitze (wie bei BAUTZMANN) oder durch Eintrocknen und Gefrierenlassen (wie in meinen Versuchen) abgetötet worden war, und erzielte dabei sehr klare positive Ergebnisse (Abb. 112a und b). In der Mehrzahl seiner Versuche aber wandte er zwei neue Methoden an, welche neben den alten noch sehr wichtige neue Ergebnisse brachten.

Bei der einen Methode wurden die auf ihre Induktionsfähigkeit zu prüfenden Stücke auf verschiedene Weise, durch Eintrocknen, Erhitzen oder Gefrierenlassen abgetötet und dann in präsumptive Epidermis einer jungen Gastrula eingehüllt, ähnlich wie bei der von BAUTZMANN weiter ausgebildeten Täschchenmethode von STÖHR und EKMAN; d. h. sie wurden zwischen zwei solche Ektodermstücke gelegt (Abbildung 113), deren Ränder so genau aufeinander paßten, daß sie in kürzester Zeit verheilten. Oder aber wurde der Induktor auf dem Boden des Zuchtschälchens zum Antrocknen gebracht, bei einer Temperatur von 60° während 15—30 Minuten, und auf ihn wurden dann in der physiologischen Salzlösung die zu prüfenden Stücke gelegt (Abb. 114a und b).

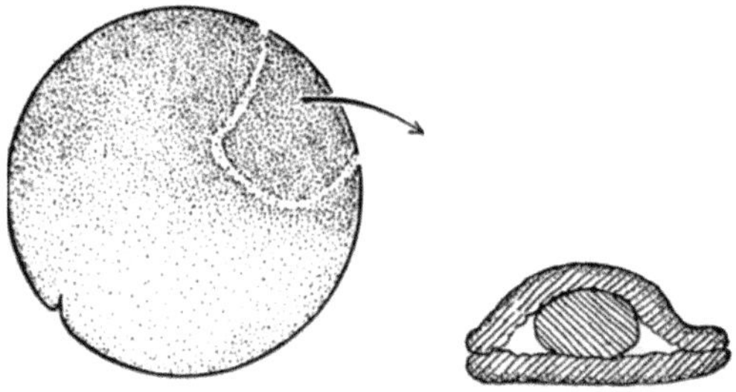

a b

Abb. 113 a und b. Operationsschema für den Umhüllungsversuch. a Frühe Gastrula in Seitenansicht, aus deren präsumptiver Epidermis ein großes Stück herausgeschnitten wird. b Zwischen zwei solche isolierte Stücke aus der präsumptiven Epidermis wird das abgetötete Implantat gelegt. (Nach HOLTFRETER, 1933 c.)

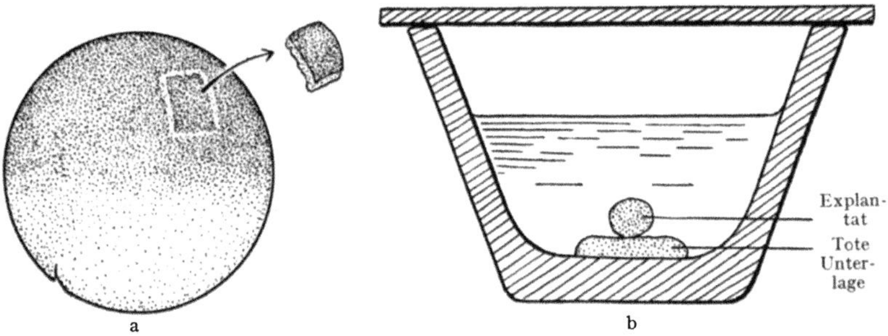

a b

Abb. 114 a und b. Operationsschema für den Auflagerungsversuch. Ein kleines Stück aus der präsumptiven Epidermis einer frühen Gastrula (a) wird isoliert und im Zuchtschälchen auf den abgetöteten Keimteil gelagert (b), wo es sich abkugelt. (Nach HOLTFRETER, 1933 c.)

Nach diesen verschiedenen Methoden hat HOLTFRETER (1932, 1933c, 1934a) sehr klare positive Ergebnisse erzielt. Die abgetöteten Keimteile induzierten mit großer Regelmäßigkeit, und zwar neben rückenmarksähnlichen Bildungen (Abb. 115) auch größere gehirnartige mit Augen und Linsen, Hörbläschen, Haftfäden. Die induzierten Medullarbildungen waren meist sehr umfangreich; dabei zwar in der äußeren Form häufig nicht ganz typisch, dagegen histologisch gut differenziert.

Während aus diesen Versuchen HOLTFRETERs also folgt, daß die Induktionsfähigkeit durch die angewandten Methoden des Abtötens nicht vernichtet wird, lehrten weitere Versuche desselben Autors die paradoxe Tatsache kennen, daß jene Fähigkeit dadurch sogar gewonnen werden kann von Stücken, welche sie im lebenden Zustande nicht besitzen. Wenn nämlich Stücke präsumptive Epidermis oder präsumptives Entoderm in gleicher Weise wie jene Induktoren im Thermostat bei 60^0 getrocknet werden, so gewinnen sie dadurch die vorher sicher nicht vorhandene Induktionsfähigkeit (HOLTFRETER 1933c).

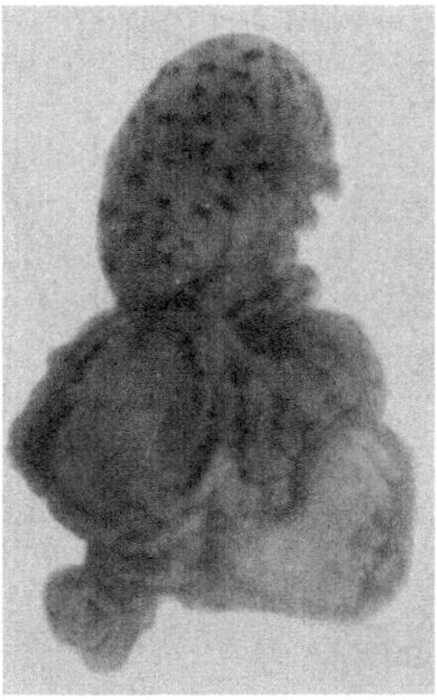

Abb. 115 a.

Auch diese Beobachtung war, wie erwähnt, schon gemacht worden (BAUTZMANN 1932), hatte sich aber so wenig wie einige positive Befunde von mir hervorgewagt, bis sie durch HOLTFRETERs durchsichtigere Ergebnisse bestätigt worden war.

Zur selben Zeit nun wie jene ersten Versuche war in meinem Institut von

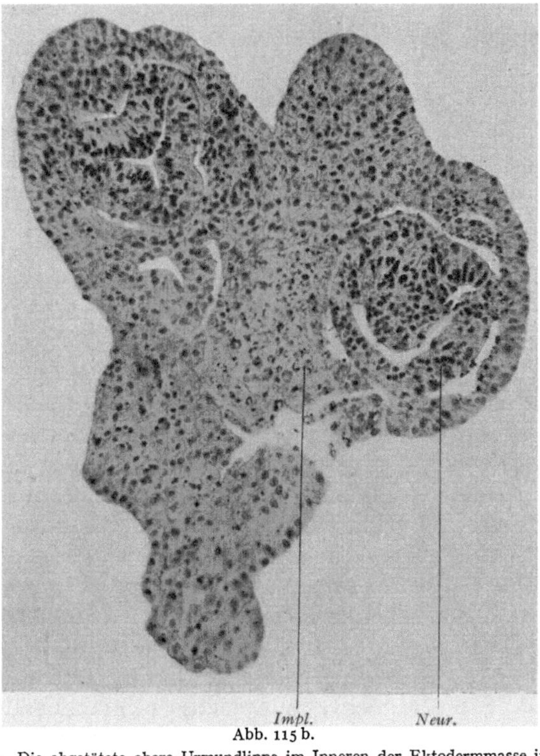

Abb. 115 b.

Abb. 115 a und b. Die abgetötete obere Urmundlippe im Inneren der Ektodermmasse induzierte Melanophoren (a) und mehrere neurale Blasen (b). (Nach HOLTFRETER, 1933 c.)

ELSE WEHMEIER der folgenreiche Anfang gemacht worden, den Induktor einer chemischen Behandlung zu unterwerfen. Während sie mit Versuchen über das Verhalten getrockneter und gefrorener Keimteile in Epidermissäckchen beschäftigt war, kam sie auf den Gedanken, die Induktionsfähigkeit von Keimteilen zu prüfen, welche vorher einige Zeit der Wirkung von Alkohol ausgesetzt waren. Dabei erzielte sie die Induktion einer schönen Medullarplatte durch Rückenplatte (Ektoderm nebst Urdarmdach) einer vollendeten Gastrula, welche zuvor $3^1/_2$ Minuten in 96%igem Alkohol gelegen hatte (SPEMANN 1932).

Aus diesen Versuchen zogen BAUTZMANN, HOLTFRETER und ich übereinstimmend den Schluß, daß die Induktionswirkung stofflich vermittelt sei. „Wenn ein getrocknetes, gefrorenes, erhitztes Keimstück induziert, so läßt sich dies schwer anders als chemisch vermittelt denken. Stoffliche Wirkungen, sogar solche spezifischer Natur, könnten von solch einem toten Stück wohl noch ausgehen, aber schwerlich Kraftwirkungen" (SPEMANN 1932).

Um in dieser Hinsicht jeden Zweifel auszuschließen, wurde zunächst geprüft, ob nicht doch irgendeine ganz allgemeine physikalische Beschaffenheit, wie etwa die Konsistenz der Unterlagerung, den eigentlichen Induktionsreiz abgibt. Etwas der Art wird durch die oben (S. 81) mitgeteilte Angabe von BALINSKY (1927b, S. 73), daß durch ein implantiertes Stückchen Zelloidin eine Gliedmaße induziert werden kann, durchaus in den Bereich des Erwägenswerten gerückt.

Es wurden also unspezifische Fremdkörper verschiedener Konsistenz wie Agar-Agar, durch Kochen und Azeton koaguliertes Hühnereiweiß und Hühnereidotter auf ihre Induktionsfähigkeit geprüft; immer jedoch mit negativem Erfolg. Auch war die Konsistenz der vorbehandelten Keimimplantate, welche induzierten, denkbar verschieden. Daraus wurde der Schluß gezogen, daß die Induktionswirkung des Implantats so gut wie sicher auf seinen chemischen Eigenschaften beruht (H. SPEMANN, F. G. FISCHER und ELSE WEHMEIER 1933, S. 505).

HOLTFRETER (1933c, 1934a) vertritt dieselbe Ansicht, aus denselben Gründen, indem er im Fehlen von spezifischen Reaktionen nach Einpflanzung von stark erhitzten oder verkohlten Keimteilen einen der sicheren Beweise dafür erblickt, daß bei der neuralen Induktion ein bestimmter chemischer Stoffaustausch zwischen Implantat und Reaktionsgewebe auslösend wirkt und daß hiebei mechanische Reize keine führende Rolle spielen (1934a, S. 259, 302); als Nebenfaktor könnten sie wirksam sein (HOLTFRETER 1933c, S. 602). Ebenso könnte die Beschaffenheit der Zelloberfläche bei dem toten Induktor eine gewisse Bedeutung haben (1934a, S. 302).

Mehrfach ist auch die Frage erörtert worden (Literatur bei HOLTFRETER 1934a, S. 299), ob etwa mitogenetische Strahlung die Induktion bewirke oder an ihr beteiligt sei. Demgegenüber weist HOLTFRETER (1934a, S. 300/301) darauf hin, daß stark erhöhte Zellvermehrung, welche man ja wohl als nächste Folge einer solchen physikalischen Wirkung erwarten müßte, wohl die Voraussetzung für die Bildung einer Medullarplatte ist, aber keineswegs notwendig zu ihr hinführt.

Wenn nun also der induzierende Einfluß nicht physikalischer, sondern chemischer Natur ist, so lag am nächsten die Annahme eines „Induktionsstoffes", der in dem Induktor schon wirkungsbereit vorhanden wäre, in den nichtinduzierenden Keimteilen erst infolge der Behandlung entstehen oder freigemacht würde. Daraus ergibt sich die Aufgabe, das im toten organischen Material vorliegende Stoffgemisch, dessen Induktionsfähigkeit man kennt, mit den üblichen chemischen Methoden auf den wirksamen Bestandteil hin zu untersuchen.

Große Bedeutung für den Gang dieser Untersuchung gewann die uns schon bekannte Tatsache, daß induzierende Stoffe außerordentlich verbreitet sind. Sie sind, wie wir gesehen haben, nicht auf die Keimteile beschränkt, welche normalerweise als Induktoren in Frage kommen; vielmehr finden sie sich auch in anderen Teilen des Keims und können in allen durch geeignete Behandlung erzeugt oder freigemacht werden. Außerdem aber kommen sie in den Organen der verschiedensten Tiergruppen vor, wie namentlich HOLTFRETER in systematischen Untersuchungen nachgewiesen hat. Diese Tatsache ist neben dem theoretischen Interesse, das sie hat, von erheblichem praktischem Wert, indem so das wirksame Stoffgemisch viel leichter und in viel größerer Menge zur Untersuchung bereitgestellt werden kann, als wenn man auf die Verarbeitung der kleinen Organisationszentren angewiesen wäre.

Nun können aber all diese angeführten toten Materialien in den meisten Fällen nur eine Medullarplatte induzieren, so daß also die erzielten Ergebnisse zunächst noch nichts über die ursprüngliche Frage aussagen, um deretwillen sie eigentlich begonnen worden waren, nämlich mit welchen Mitteln der lebende Organisator eine Embryonalanlage induziert; vielmehr müssen alle Aussagen sich zunächst auf die Beantwortung der viel engeren Frage beschränken, durch welche Stoffe im Ektoderm der Gastrula eine Medullarplatte induziert werden kann. Es ist keineswegs sicher, daß die Induktionswirkung toter Implantate auf dieselben Ursachen zurückzuführen ist, die beim lebenden Induktor die Medullarplatte induzieren. Dennoch aber erscheint die Untersuchung der in den toten Materialien enthaltenen Induktionsmittel gerechtfertigt durch die Aussicht, aus ihrer chemisch-physikalischen Natur Hinweise auf die Art ihrer Wirkung zu erhalten und so vielleicht einen Einblick zu gewinnen in die Eigenart der Stoffwechselprozesse, die überhaupt zur Induktion führen können.

Die systematische Untersuchung der chemischen Faktoren hat nun bei den verschiedenen Bearbeitern wenigstens bis jetzt nicht zu übereinstimmenden Ergebnissen geführt.

FISCHER und WEHMEIER unter der späteren Mitarbeit von LEHMANN, JÜHLING und HULTZSCH kamen nach systematischer Aufarbeitung der in totem Material enthaltenen wirksamen Bestandteile zu dem Ergebnis, daß sich die Induktionswirkung toter Implantate nicht auf eine bestimmte Substanz zurückführen läßt. Dafür schien ihnen schon zu Beginn ihrer Untersuchungen der folgende Befund zu sprechen. Wenn man Amphibienkeime oder Schweineleber und andere Organe in stark zerkleinertem Zustand gründlichst, d. h. längere Zeit hindurch mit siedenden Lösungsmitteln wie Äther, Azeton und Alkohol extrahiert, so sind die Rückstände immer noch wirksam. Andererseits sind aber auch häufig die Extrakte induktionsfähig, wie es zuerst für Ätherextrakte aus Amphibienkeimen von C. H. WADDINGTON, J. NEEDHAM und D. M. NEEDHAM (1933a) angegeben worden. Da nun die Rückstände ohne Zweifel weitgehend von den mit organischen Lösungsmitteln extrahierbaren Bestandteilen befreit sein müssen, und da sie dennoch nicht oder kaum weniger wirksam sind als solche Keimteile, die getrocknet oder nur eben durch kurzes Liegenlassen im Lösungsmittel abgetötet waren, glaubten die Autoren die Induktionsfähigkeit der Extrakte und der Rückstände auf jeweils verschiedene, auf ätherlösliche und auf ätherunlösliche Bestandteile zurückführen zu müssen (FISCHER, WEHMEIER, LEHMANN, JÜHLING, HULTZSCH 1935), auch trotz der Schwierigkeiten, die einer *vollständigen* Extraktion von organischem Material mit den organischen Lösungsmitteln entgegenstehen.

Als die Extrakte, also die ätherlöslichen Anteile, systematisch auf ihre induzierenden Bestandteile weiter untersucht wurden, ergab sich mit Wahrscheinlichkeit, daß die Induktionswirkung der mit organischen Flüssigkeiten bereiteten Auszüge auf darin enthaltene *Säuren* zurückzuführen ist. Die Wirksamkeit ist immer und nur mit den säurehaltigen Fraktionen verknüpft. Zahlreiche Reinigungs- und Trennungsversuche zeigten, daß die Induktionsfähigkeit dieser Fraktionen nicht auf eine bestimmte, besondere Säure zurückzuführen ist. Die Wirksamkeit blieb in allen Unterfraktionen bestehen. Ferner ließen sich mit flüssigen Fettsäuren beliebiger, auch pflanzlicher Herkunft Induktionen erzielen, z. B. mit Ölsäure und mit Linolensäure, die über ihre Derivate mehrfach chemisch gereinigt worden waren. Völlig gesichert wird die Wirksamkeit von Säuren durch Neuralinduktionen (Abb. 116a), die mit einem Präparat *synthetischer* Ölsäure erzielt wurden (aus Sebacinsäure und Octylalkohol dargestellt). Hier ist die Beimengung eines unbekannten, auch den hochgereinigten Fettsäuren möglicherweise noch in geringen Spuren anhaftenden „Induktionsstoffes" ausgeschlossen. So ist also der Beweis erbracht, daß mehrere hochgereinigte Fettsäuren und eine synthetische zu Induktion führen, und es ist durchaus zu erwarten, daß ihre Zahl noch um einige weitere vermehrt werden kann. Für den Induktionserfolg ist es nötig, daß die Fettsäuren bestimmte Bedingungen erfüllen, z. B. flüssig sind. Feste Fettsäuren induzierten bisher nicht, vielleicht weil sie infolge ihrer unvollständigeren Verteilung im Implantat mit dem Ektoderm nicht in genügend ausgiebige Berührung kommen können.

Die Untersuchung der ätherunlöslichen Rückstände aus Keimen und Organen führte zu der Feststellung, daß ihre Induktionswirkung an die Nukleoproteidfraktionen gebunden ist, daß ferner mit Nukleinsäurepräparaten aus Thymus und aus Pankreas ebenfalls Induktionen erzielt werden (Abb. 116b). Gewisse Beobachtungen führten zu der Vermutung, daß es die aus den Nukleinsubstanzen frei werdenden, sauer wirkenden Nukleotide sind, welche induzieren. Von bestimmten Vorstellungen ausgehend hatten FISCHER und WEHMEIER schon zu Beginn ihrer Untersuchungen gefunden, daß reine kristallisierte Muskeladenylsäure Medullarsubstanz induzieren kann. Diese Tatsache läßt es durchaus möglich erscheinen, daß auch andere aus den Nukleinsäuren entstehende Nukleotide wirksam sind.

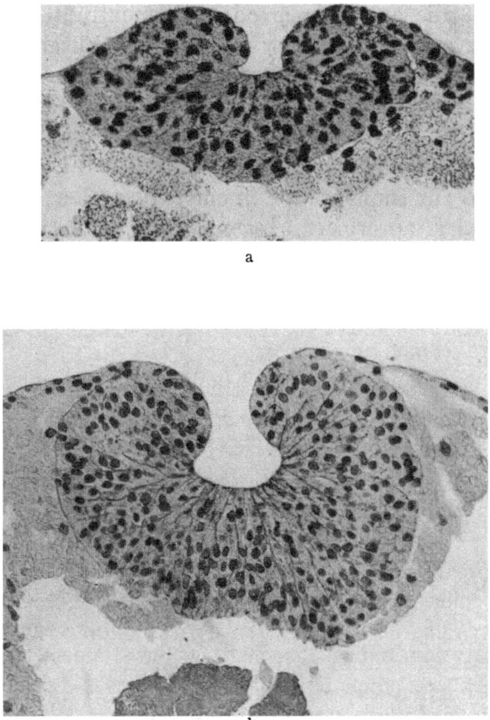

a

b

Abb. 116 a und b. Induktion einer schönen Medullarplatte im Keim von Axolotl; a durch synthetische Ölsäure, die 5%ig in einer Agar-Agar-Gallerte emulgiert war; b durch Nucleo-Proteid aus Kalbsthymus. (Nach F. G. FISCHER, 1935.)

Es steht aber die Möglichkeit noch offen, daß sich die Induktionswirkung der ätherunlöslichen Fraktionen auch auf andersartige Stoffe zurückführen läßt (FISCHER, WEHMEIER, LEHMANN, JÜHLING und HULTZSCH 1935).

Demgegenüber glauben C. H. WADDINGTON, J. NEEDHAM, D.M.NEEDHAM, W. W. NOWINSKI und R. LEMBERG, daß die Wirksamkeit toter Implantate doch auf eine bestimmte Substanz zurückzuführen sei, einen „Evokator“, der im lebenden sowohl wie im toten Induktor zu Induktion führt. Nach ihrer Feststellung ist diese wirksame Substanz mit Äther extrahierbar, in den Fraktionen des „Unverseifbaren“ enthalten, mit Digitonin fällbar und dadurch vom Cholesterin aus der alkoholischen Lösung des rohen Unverseifbaren zu trennen. Dieses Verhalten macht es nach den genannten Autoren sehr wahrscheinlich, daß die von ihnen vermutete Substanz sterinähnlich ist. Eine starke Stütze dieser Schlußfolgerung sehen sie darin, daß sich schwächere Induktionen auch mit drei synthetischen sterinähnlichen Substanzen, die also sehr ähnliche Eigenschaften wie der hypothetische Evokator zeigen, erzielen lassen, nämlich mit zwei östrogenen und einem karzinogenen Kohlenwasserstoff.

Während also die englischen Autoren zu demselben allgemeinsten Ergebnis kommen, daß das induzierende Agens nicht streng spezifisch ist, betonen im Gegensatz zu ihnen die genannten deutschen Autoren, daß die aus Keimen oder Organextrakten gewonnenen Fraktionen des Unverseifbaren sicher induktiv unwirksam sind. „Gereinigte Fett- und Phosphatidfraktionen, nach bekannten Vorschriften aus verschiedenen Organen hergestellt, induzieren nicht. Die Fraktionen des Unverseifbaren, durch alkalische Hydrolyse von Amphibienkeimen, tierischen Organen oder von Lipoidauszügen und Ölen tierischer Herkunft erhalten und zur Implantation in einer Agargallerte emulgiert oder an geronnenes Eiklar adsorbiert, zeigen keine Induktionswirkung.“ Zwar wurden einige wenige Induktionen auch von ihnen mit den Fraktionen des Unverseifbaren erhalten, aber nur wenn diese nicht völlig von den Säuren befreit waren; nach völliger Reinigung wurden auch diese Fraktionen unwirksam.

Von entscheidender Bedeutung ist jedenfalls die Feststellung, daß sich einerseits mit verschiedenen reinen Säuren, nämlich einigen hochgereinigten und einer synthetischen Fettsäure und mit Muskeladenylsäure, andererseits mit nichtsauren sterinähnlichen Substanzen, also mit verschiedenartigen chemisch reinen Stoffen, Induktion erzielen läßt.

Damit ist nun freilich eine Hoffnung enttäuscht worden, die bei der Entdeckung der Induktionsfähigkeit toter Implantate wohl begründet schien; die Hoffnung nämlich, die exakte Analyse der Induktionsmittel in dem besonderen der Untersuchung zugänglichen Fall der Medullarplatteninduktion durch tote Substanzen möchte zu eindeutigen Aufschlüssen auch über die Mittel führen, welche im normalen Geschehen die Medullarplatte determinieren.

Die chemische Analyse von Medullarplatte induzierenden Substanzen hätte also zu einem Ergebnis geführt, das bisher schon mehrere derartige Untersuchungen hatten, die das Wesen formativer oder determinierender Reize bestimmen sollten; zu dem Ergebnis nämlich, daß eine bestimmte spezifische Differenzierung nicht notwendig durch eine bestimmte spezifische Ursache ausgelöst werden muß, sondern durch mehrere unter sich sehr unähnliche Ursachen experimentell hervorgerufen werden kann. So waren es bei Bonellia, wie oben (S. 143) erwähnt, einerseits mehrere einfache Säuren, andererseits aber auch sicher nichtsaure Stoffauszüge aus Darmgewebe, welche die Vermännlichung der sexuell indifferenten Larven bewirkten. So kann ferner bei der künstlichen Parthenogenese die Teilungserregung zustande kommen durch mechanische Reize oder durch eine Veränderung der osmotischen Verhältnisse oder aber durch eine Zugabe von Fettsäuren. Ein ähnlicher Fall liegt vor bei der künstlichen Erzeugung bösartiger Geschwülste, die sich durch Einführung verschiedenster Stoffe, der sog. karzinogenen Kohlenwasserstoffe u. a. bewirken läßt.

In all diesen Fällen wird der Fortschritt der Analyse in gleichem Maße erschwert, als die Möglichkeiten, einen wirksamen Reiz zu setzen, zahlreich und unter sich verschieden sind. So hat sich also für den Induktionsvorgang aus den bisherigen Versuchen kein klarer Hinweis zur Beantwortung unserer eigentlichen Frage ergeben, worin die physikalisch-chemische Eigenart der Stoffwechselvorgänge besteht, die sich beim normalen Induktionsvorgang abspielen; einerseits durch die „induzierenden Stoffe" (Aktionssystem) ausgelöst und andererseits in ihrer Spezifität bestimmt durch die Struktur der reagierenden Epidermiszellen (Reaktionssystem). Wir sehen nur, daß durch die verschiedensten Reize, vermutlich auch an verschiedenen Stellen, in das äußerst verwickelte Geschehen eingegriffen werden kann, damit Induktion zustande kommt. Die Vorgänge aber, die zwischen das Setzen irgendeines induzierenden Reizes und seine sichtbare Folge eingeschaltet sind, also gerade das, was uns am meisten interessieren würde, entziehen sich vorläufig vollständig unserer Einsicht.

Es ist auch zunächst schwer abzusehen, wie man diesem Ziel auf dem eingeschlagenen Wege näher kommen soll. Deshalb verdienen alle Erfahrungen, welche über die normalen Stoffwechselvorgänge in induzierenden Keimteilen gemacht werden, größte Beachtung. Untersuchungen in dieser Richtung sind schon vor längerer Zeit von M. W. Woerdeman begonnen worden. Sie beziehen sich auf die Rolle, welche das Glykogen und der Glykogenstoffwechsel während der frühen Entwicklung des Amphibienkeims spielt und berühren sich mit Versuchen, welche unabhängig davon fast gleichzeitig von Fischer und Wehmeier angestellt wurden.

Wie Woerdeman (1933a) zeigen konnte, läßt sich im Blastulastadium von Axolotl in allen Zellen Glykogen nachweisen, aber in sehr verschiedener Menge. Sehr spärlich ist es in den dotterreichen vegetativen Zellen vorhanden, wie feiner Staub zwischen den Dotterplättchen zerstreut. Gegen das Randzonengebiet und in demselben nimmt der Gehalt an Glykogen zu. Am meisten findet sich davon in den animalen Zellen; es ist über ihr ganzes Gebiet gleichmäßig verteilt. Dies letztere ändert sich nun mit dem Beginn der Gastrulation. Während die außen gelegenen Zellen der Urmundlippen noch eine starke Glykogenreaktion geben, ist diese bei den invaginierten Zellen auf einmal sehr schwach, und zwar ist das Verschwinden ein so plötzliches, daß manchmal eine scharfe Grenze zwischen den glykogenreichen noch nicht invaginierten Zellen und den Zellen des Urdarmdaches auftritt, die fast keine Glykogenreaktion mehr zeigen. Da diese Grenze beim Fortschreiten der Invagination immer in der Urmundlippe bleibt, so wandert sie also von Zelle zu Zelle. Dasselbe gilt auch für Stückchen der oberen Urmundlippe außerhalb des normalen Zellverbandes, wie Chr. P. Raven (1933) feststellte, der solche Stückchen in die ventrale Randzone verpflanzte und auch bei ihnen die Glykogengrenze immer im Umschlagsrand fand. WOERDEMAN spricht die Vermutung aus, daß die besonderen Wirkungen, die von den Urmundlippen ausgehen, mit den Stoffwechselvorgängen, welche durch die Glykogenreaktion festgestellt wurden, in irgendeiner Weise zusammenhängen (1933a, S. 193).

Zur weiteren Prüfung dieser Hypothese untersuchte nun WOERDEMAN (1933b) den Glykogenstoffwechsel bei der Entwicklung eines anderen Induktors, nämlich der sich bildenden Augenblase. Nachdem die Medullarplatte, welche auffallend viel Glykogen enthält, sich zum Rohre geschlossen hat, treten Unterschiede im Glykogengehalt seiner verschiedenen Abschnitte auf. So im Gebiet der Augenanlagen. Der Boden des Vorderhirnbläschens und diejenigen Abschnitte der Seitenwand, die sich zu den Augenblasen ausstülpen, besitzen deutlich mehr Glykogen als die übrigen Abschnitte der Wand. Während der Ausstülpung der Augenblasen sind es wieder die ventralen Teile der Augenstiele und die dicken, dem Ektoderm zugekehrten Wände der Augenblasen, welche am meisten Glykogen enthalten; ihre mediale Wandung dagegen verliert es nach und nach bei der Umbildung zum Pigmentepithel. Am auffallendsten aber ist die Veränderung, wenn die Linse sich bildet. Dann schwindet nämlich das Glykogen im Zentrum der Retinaanlage, und „die Linsenwucherung des Ektoderms, die reichlich Glykogen enthält, kontrastiert nun in bemerkenswerter Weise mit dem fast glykogenfreien Retinazentrum, womit sie in Berührung tritt". Dagegen bleibt die starke Glykogenreaktion in den Umschlagsrändern des Augenbechers, also in den präsumptiven Irisrändern, erhalten, vor allem am oberen Rand, während im Gebiet der fötalen Augenspalte der Glykogenschwund auch sehr deutlich wahrzunehmen ist.

Als sicher läßt sich wohl annehmen, daß der Wechsel im Glykogengehalt ursächlich mit den Entwicklungsvorgängen zusammenhängt, mit denen er zeitlich verbunden ist. Dagegen bleibt noch ungewiß, wie die ursächliche Verknüpfung ist. Bei der Gastrulation hält RAVEN (1933, S. 569) es für wahrscheinlich, daß wir „das Eingerolltwerden als die Ursache, den Glykogenverlust als die Folge zu betrachten haben". Mir ist eigentlich ein anderes kausales Verhältnis wahrscheinlicher, derart, daß das Glykogen bei den Gestaltungsbewegungen der Invagination, der Zusammenschiebung und Einkrümmung der Medullarplatte, der Ausstülpung der Augenblasen, vielleicht auch der Wucherung der Linsenbildungszellen, den Betriebsstoff darstellt, welcher vorher an den Ort des Verbrauchs geschafft wird, oder auch aus anderem Material dort neu entsteht. Sollte dies zutreffen, so wäre freilich das Glykogen damit noch nicht die bestimmende Ursache der Gestaltungsbewegungen, sondern nur ihre notwendige Vorbedingung.

Es liegt nahe, diese Feststellungen von WOERDEMAN und RAVEN zu der schon vor längerer Zeit von BELLAMY (1919) gefundenen Tatsache in Beziehung zu setzen, daß die Empfindlichkeit des jungen Froschkeims gegen gewisse Schädlichkeiten regional verschieden ist. Im Blastulastadium nimmt eine Region besonderer Empfindlichkeit den animalen Pol des Keims ein und zieht sich meridional gegen den grauen Halbmond herab. Im Lauf der Gastrulation klingt die Empfindlichkeit in dieser Region allmählich ab; dafür bildet sich eine neue Region noch größerer Empfindlichkeit im Bereich der oberen Urmundlippe aus. Daraus wurde von BELLAMY auf einen erhöhten Stoffwechsel in den betreffenden Regionen geschlossen. Das ist gerade in diesem Fall durchaus wahrscheinlich, da es mit anderen Tatsachen übereinstimmt. Nach den Feststellungen besonders von VOGT sind diese Regionen, wie wir gesehen haben, unmittelbar vor und während der Gastrulation ungemein aktiv; die animalen Zellen breiten sich aus und rücken gegen den vegetativen Pol herab, am stärksten im Meridian des grauen Halbmonds. Dann beginnt in und über der oberen Urmundlippe die Streckung und Staffelung der einzustülpenden Zellen für Chorda und Mesoderm. Es ist zu erwarten, daß dies mit einem regeren Stoffwechsel verbunden ist (SPEMANN 1931, S. 505). Die Vermutung liegt nahe, daß dabei das Glykogen beteiligt ist.

Während also der ursächliche Zusammenhang zwischen dem Glykogenwechsel und den Gestaltungsbewegungen äußerst wahrscheinlich ist, scheint mir in den Beobachtungen WOERDEMANs noch kein sicherer Hinweis darauf zu liegen, daß ein solcher auch mit der Induktion besteht. Es erscheint als durchaus möglich, daß die Bedeutung des Glykogens mit der eben genannten eines Betriebsstoffs erschöpft ist. Immerhin ist auch jetzt noch durchaus mit der Möglichkeit zu rechnen, daß glykolytische Prozesse auf direktem Wege Induktion bewirken (FISCHER und WEHMEIER 1933a).

WOERDEMAN, der zuerst nur sehr vorsichtig und allgemein gesagt hatte, „daß die besonderen Wirkungen, die von den Urmundlippen ausgehen, mit den Stoffwechselvorgängen, ... welche durch die Glykogenreaktion festgestellt wurden, in irgendeiner Weise zusammenhängen" (1933a, S. 193), will dies in einer späteren Mitteilung (1933d) dahin verstanden wissen, daß es speziell die glykolytischen Prozesse sind, die mit der Induktion zusammenhängen (l. c. S. 841). Zur Stütze dieser Ansicht führt WOERDEMAN einige neue experimentell gefundene Tatsachen an.

So fand WOERDEMANs Schüler J. F. HAMPE, daß Gewebe mit starkem glykolytischem Stoffwechsel wie Geschwulst- und Muskelgewebe Induktionsfähigkeit besitzen (WOERDEMAN 1933b, S. 843).

CHR. P. RAVEN (1933) stellte fest, daß dieselben Erscheinungen des Glykogenschwundes, welche WOERDEMAN an der normalen Urmundlippe entdeckt und RAVEN auch an der verpflanzten nachgewiesen hatte, sich ebenso in präsumptivem Ektoderm einstellen, welches in die obere Urmundlippe verpflanzt an der Invagination teilnimmt (H. SPEMANN und B. GEINITZ 1927). Dies ist sicher eine sehr interessante Feststellung; sie zeigt, wie sich das verpflanzte Ektoderm auch in diesem Punkt seiner neuen Umgebung angeglichen hat. Doch scheint sie mir für die Rolle des Glykogens bei der Induktion nicht mehr zu beweisen, als die bei der normalen Entwicklung beobachteten Erscheinungen. Zunächst jedenfalls ist der veränderte Stoffwechsel des Implantats eine Folge der Induktion, nicht ihre Ursache.

Vielleicht noch interessanter ist das Ergebnis eines zweiten Experiments, in welchem RAVEN (1933) den Glykogengehalt und seine Veränderungen in einem Stückchen Medullarplatte untersuchte, welches als Induktor ins Blastocoel einer jungen Gastrula gesteckt worden war. Während die Medullarplatte, wie wir gesehen haben (S. 154), ihren reichen Glykogengehalt bis nach dem Schluß ihrer Wülste beibehält, verliert ihn ein solches Implantat viel früher. „Durch Implantation in das Blastocoel haben die Implantate offenbar ihr Glykogen mehr oder weniger vollständig verloren, jedenfalls zeigen sie einen mit starker Glykolyse einhergehenden Stoffwechsel und es liegt wiederum nahe, ihre Induktionswirkung mit diesen Stoffwechselprozessen verknüpft zu denken" (WOERDEMAN 1933d, S. 843). Zur Erklärung stellt WOERDEMAN die Hypothese auf, „daß die Blastocoelflüssigkeit imstande ist, glykolytische Prozesse in Gang zu setzen oder zu fördern" (l. c. S. 845). Auf diese Weise würde sich in der Tat die zuerst ganz paradox erscheinende Induktionsfähigkeit der Medullarplatte als eine zufällige, erst unter den Bedingungen der Implantation ins Blastocoel auftretende Nebenerscheinung einfach erklären.

Ein direkter Zusammenhang von Glykolyse und Induktion war zum ersten Male von FISCHER und WEHMEIER (1933a) unabhängig von WOERDEMAN und auf Grund ganz anderer Überlegungen und einiger älterer Experimente erwogen worden (im einzelnen vgl. WEHMEIER 1934). Die Autoren, welche zuerst mit einem Leberglykogenpräparat sehr deutliche Induktionen von Medullarplatte erzielt und daraufhin die Vermutung ausgesprochen hatten, „daß die Wirkung des glykogenhaltigen Implantats auf das überlagernde Ektoderm durch eine an der Berührungsfläche stattfindende Glykolyse zustande kommt" (1933a, S. 518), fanden bei Verwendung eines besser gereinigten Leberglykogenpräparats eine starke Verminderung der Induktionsfähigkeit und konnten dann an eigenen Glykogenpräparaten exakt zeigen, wie die induktive Wirksamkeit mit fortschreitender Reinigung abnimmt, bis zum völligen Verschwinden. Auch WOERDEMAN, der von seinen Überlegungen ausgehend Glykogen implantierte, fand, daß es unwirksam sei (1933d). Dasselbe negative Ergebnis konnte HOLTFRETER bestätigen (1933f). Ferner hat nun auf Grund der letzten Befunde von FISCHER und WEHMEIER auch die Induktionsfähigkeit von Muskeladenylsäure (1933d), die noch am ehesten für einen solchen Zusammenhang zwischen Glykolyse und Induktion gesprochen hätte, ihre Bedeutung als Argument verloren, da nämlich zahlreiche Säuren induzieren, es also nicht auf die spezifische, nämlich eine die Glykolyse verstärkende Wirkung der Muskeladenylsäure, sondern lediglich auf ihre Säurewirkung an sich anzukommen scheint. Auch dadurch wird natürlich ein Zusammenhang zwischen Glykolyse und Induktion noch nicht ausgeschlossen.

Zum Schluß sei noch die Frage behandelt, warum Keimteile, die im Leben nicht induzieren, nach der Abtötung diese Fähigkeit in so reichem Maße besitzen. Diese zunächst paradoxe Erscheinung hat heute an Interesse verloren, da die Untersuchungen zu dem Ergebnis geführt haben, daß die Induktionsmittel in toten und lebenden Implantaten nicht identisch zu sein brauchen, es wahrscheinlich auch nicht sind. Die experimentelle Herstellung von Induktionsfähigkeit im Nichtinduktor können wir uns heute so vorstellen, daß durch das Abtöten die Bildung, bzw. das Freiwerden von induzierenden Stoffen möglich wird, wahrscheinlich unter der Einwirkung des Wirtskeims, was im lebenden Induktor nicht stattfinden kann. So könnten z. B. unter der Einwirkung von Fermenten der Zellen des Wirtskeims, die das Implantat umgeben, die darin enthaltenen Nukleinsubstanzen weiter aufgespalten werden, was bei einem lebend implantierten Nichtinduktor nicht eintreten kann.

So lange man glauben konnte, daß die Induktionsfähigkeit der toten Implantate sich auf einen bestimmten, auch im lebenden Induktor wirkenden „Induktionsstoff" zurückführen lasse, schien die Aufklärung der merkwürdigen Erscheinung von grundlegender Bedeutung. Die einfachste Annahme schien uns damals die zu sein (Spemann, Fischer, Wehmeier 1933), daß es derselbe Induktionsstoff sei, welcher auch vom normalen (lebenden oder toten) Induktor abgegeben wird. Er könnte im Nichtinduktor erst während der Vorbehandlung entstehen oder er könnte schon vorher in ihm enthalten, aber durch irgendetwas an seiner Wirkung verhindert sein.

Wir entschieden uns für die zweite Alternative. Es war uns nicht wahrscheinlich, daß der Induktionsstoff unter der Einwirkung jener schädigenden Vorbehandlung neu entsteht. Dabei war stillschweigend eine Voraussetzung gemacht worden, die sich als unhaltbar erwiesen hat.

Diese Voraussetzung war, daß der Induktionsstoff sich im toten Nichtinduktor auf dieselbe Weise bilden werde, wie im lebenden. Denn die Umwandlung von nichtinduzierendem Keimmaterial in induzierendes, die unter der Einwirkung von organischen Lösungsmitteln vor sich geht, kann sich im lebenden Keim, wie wir wissen, durch die Einwirkung des Induktors selbst vollziehen. So determiniert er z. B. die über ihm gelegene Epidermis zu Medullarplatte und verleiht ihr zugleich Induktionsfähigkeit, oder er macht ein Stückchen Bauchepidermis, das in das Induktorgebiet verpflanzt wird, induktionsfähig. Da nun im lebenden Organismus solche Prozesse immer, so viel wir wissen, unter der Mitwirkung von Fermenten ablaufen, so schien uns dieser Weg auch für die Entstehung des Induktionsstoffes der gegebene. Bei einigen der Experimente aber schien eine Mitwirkung von Fermenten ausgeschlossen, weil sie durch die angewandten Hitzegrade zerstört sein mußten. So schien nur die zweite Annahme übrig zu bleiben. Diese war mir um so einleuchtender, als die chemische Analyse des Induktionsvorgangs dann zu demselben Schluß führen würde, den ich schon vor Jahren (SPEMANN 1905) aus den Erscheinungen der Linsenregeneration gezogen hatte. Dort (vgl. S. 203) wurde die Annahme gemacht, daß von der Retina des Tritonauges nicht nur während ihrer ersten Entstehung, sondern dauernd Linsen induzierende Wirkungen ausgehen, welche im unverletzten Auge durch eine Gegenwirkung der Linse („vielleicht chemischer Natur") paralysiert werden, nach Wegfall der Linse aber sofort in Wirksamkeit treten (l. c. S. 431).

Eine solche stoffliche Gegenwirkung nahmen wir nun auch für die Wirksamkeit der erst nach der Abtötung, im lebenden Zustande aber nichtinduzierenden Keimteile an. Wir konnten auch im Rahmen unserer damaligen Auffassung über die Natur dieses „Hemmungsstoffes" aus unseren Beobachtungen einige Schlüsse ziehen. Nachdem nunmehr die Frage der erst nach der Abtötung eintretenden Induktionsfähigkeit von lebend nichtinduzierenden Keimteilen aus den oben angeführten Gründen gegenstandslos geworden ist, erübrigt sich auch jene Annahme eines besonderen „Hemmungsstoffes".

Wenn es eingangs als die methodische Eigenart der in diesen Vorträgen dargestellten Experimente bezeichnet wurde, daß die in ihnen geübte Analyse sich zunächst ganz innerhalb des Vitalen hält, so kann wohl der soeben geschilderte Vorstoß in den Chemismus der Induktion zeigen, daß bei dieser Art des Vorgehens außer einer tieferen Einsicht in die Grundverhältnisse der Entwicklung auch Fingerzeige gewonnen werden, in welcher Richtung nach ihren elementaren Ursachen zu suchen ist. Andererseits wirkt jede hier gewonnene Erkenntnis notwendig auf die Beurteilung jener allgemeinsten Fragen zurück; und so erhebt sich jetzt die wichtige Frage, wie weit etwas im morphologischen Sinn Strukturloses wie eine chemische Verbindung die Entstehung einer Struktur bewirken kann. Es wird also eine der nächsten von uns in Angriff zu nehmenden Aufgaben sein, die älteren Versuche über Richtung und regionale Verschiedenheit der Induktion unter Verwendung künstlicher Induktoren zu wiederholen.

Wir kehren nunmehr zu jener vorbereitenden Analyse zurück und untersuchen, in welche Weise die Vorgänge der Induktion zeitlich zusammengefügt sind.

XII. Die zeitliche Korrelation der Induktion.

Die Teilvorgänge, aus welchen die Entwicklung sich zusammensetzt, sind in einer bestimmten Zeitfolge aneinander gefügt. Das kann der Ausdruck ursächlicher Zusammenhänge sein, indem der spätere Vorgang durch den früheren bewirkt wird; oder aber ist es Folge einer in früheren Stadien, bis zurück zum Ei, hergestellten planmäßigen Ordnung, nach welcher die Einzelvorgänge, unabhängig voneinander, in bestimmtem Rhythmus ablaufen. Beide Arten des Geschehens brauchen sich nicht auszuschließen. So ist bei einem Induktionsvorgang die zeitliche Folge durch die ursächliche Beziehung gegeben; aber seine Vorbereitung, seine „Bahnung", kann davon unabhängig, kann ein Mosaikcharakter sein (VOGT 1927, S. 137).

Diese „zeitliche Korrelation der Entwicklung" (O. MANGOLD 1929b) ist nun keine ganz feste, sondern kann sich innerhalb gewisser Grenzen verschieben. Das geht schon aus der jedem Embryologen geläufigen Tatsache hervor, daß man aus dem Entwicklungsgrad einer Organanlage nicht mit Sicherheit auf den aller übrigen schließen kann. Soweit die Einzelvorgänge unabhängig voneinander sind, ist eine solche zeitliche Verschiebung gegeneinander in unserem jetzigen Zusammenhang ohne größeres Interesse; dagegen läge ein wichtiges Problem vor, wenn sie sich auch zwischen ursächlich verbundenen Vorgängen finden sollte. Das ist in der Tat der Fall.

1. Induktion zwischen Keimteilen von geringer Altersdifferenz.

Schon bei den ersten Versuchen über Induktion in frühesten Entwicklungsstadien (SPEMANN 1918) waren mehrmals die zu einem Induktionssystem verbundenen Keimteile von verschiedenem Entwicklungsalter. So wurde z. B. ältere prä-

Abb. 117. Neurula von Triton taeniatus; das dunkle Implantat vorne rechts war als präsumptive Epidermis eines etwas jüngeren Keims (der Abb. 118) entnommen und in den etwas älteren Keim verpflanzt worden. (Nach SPEMANN, 1918.)

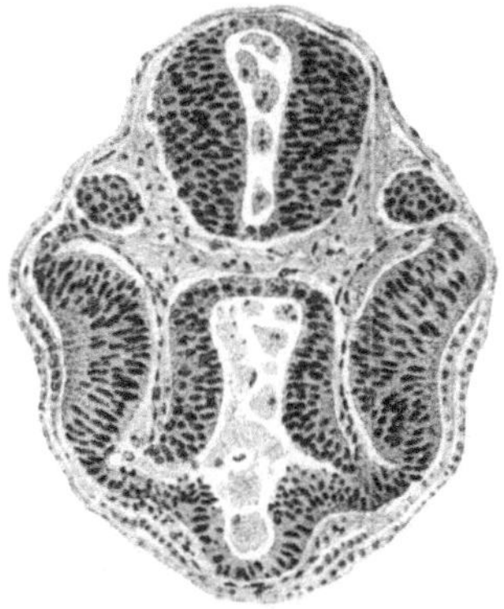

Abb. 118. Spender des Implantats der Abb. 117. Querschnitt durch den Kopf mit den Augenbechern und dem allerersten Beginn der Linsenwucherung. (Nach SPEMANN, 1918.)

sumptive Medullarplatte (von Gastrula mit längsovalem Urmund) gegen jüngere präsumptive Epidermis (aus beginnender Gastrula) ausgetauscht. Beide Stücke entwickelten sich in der neuen Umgebung ortsgemäß, behielten aber ihr verschiedenes Alter bei. So fand sich das jüngere Stück (präsumptive Epidermis) im Neurulastadium vorn in der Medullarplatte (Abb. 117). Seine Bewältigung beim Schluß der Wülste schien Schwierigkeiten zu machen, gelang aber doch schließlich vollkommen. Es entwickelte sich zu Vorderhirn und rechter Augenblase. Diese war hinter der linken zurück, stülpte sich langsamer aus, auch die Linsenbildung schien verspätet. Alles ganz entsprechend dem jüngeren Alter des Transplantats, aus welchem diese Teile entstanden. Die Schnittuntersuchung bestätigt das während des Lebens Beobachtete und gibt interessante Einzelheiten namentlich bezüglich des Entwicklungsgrades der Augenbecher und Linsen. Das aus präsumptiver Epidermis entstandene jüngere Auge ist genau so weit entwickelt wie die beiden aus normalem

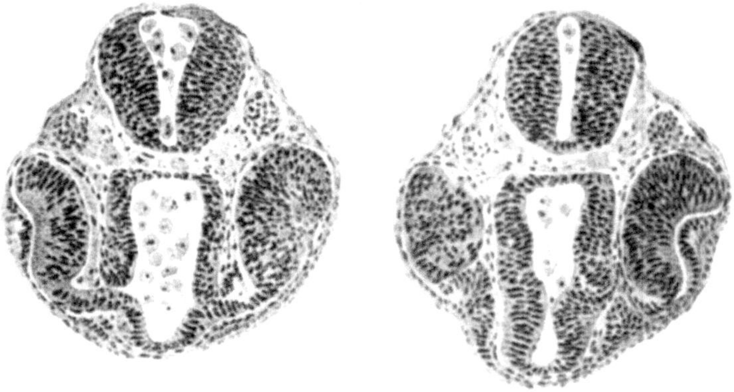

a b

Abb. 119 a und b. Zwei Querschnitte durch den Embryo der Abb. 117. Der rechte Augenbecher (a links) ist genau so weit entwickelt wie diejenigen des Spenders (Abb. 118), aus dessen präsumptiver Epidermis er entstanden ist; der linke Augenbecher (b rechts), der dem etwas älteren Wirt angehört, ist deutlich älter. Die Linse des sekundär induzierten rechten Augenbechers (a links) hält in ihrem Entwicklungsgrad die Mitte zwischen der des Spenders (Abb. 118) und der des Wirts (Abb. 119 b rechts). Sie ist also für das jüngere Auge etwas zu alt infolge der älteren Epidermis, für die Epidermis etwas zu jung infolge des jüngeren Augenbechers. (Nach SPEMANN, 1918.)

Material entstandenen Augen des zugehörigen Spenders (Abb. 118); seine Linse aber hält ziemlich genau die Mitte zwischen ihnen. Sie ist für ihre Epidermis zu jung infolge des jüngeren Augenbechers, für den Augenbecher aber zu alt infolge der älteren Epidermis (l. c. S. 466f.) (Abb. 119a und b). Der determinierende Einfluß oder die Empfänglichkeit für ihn oder alles beides muß während eines längeren Zeitraumes vorhanden sein (l. c. S. 481f.).

Damit ist ein Tatbestand gegeben und grundsätzlich erfaßt, dessen genauere Erforschung in der Folge zu überraschenden, weiter weisenden Ergebnissen geführt hat.

2. Analyse der zeitlichen Verhältnisse bei der homöogenetischen Induktion von Medullarplatte durch Medullarplatte.

Die erste systematische Analyse dieser Frage wurde von O. MANGOLD (1927b, 1929b) durchgeführt, und zwar an der homöogenetischen Induktion von Medullarplatte durch Medullarplatte; an dem Vorgang also, welchen MANGOLD gerade unter dieser Fragestellung entdeckt hatte.

Das wichtige allgemeinste Ergebnis dieser Versuche war die Feststellung eines bedeutsamen Unterschiedes zwischen Aktions- und Reaktionssystem, indem das letztere, also die präsumptive Epidermis, nur während einer kurzen Spanne seiner fortschreitenden Differenzierung reagiert, während das erstere seine Induktionsfähigkeit früh erwirbt und über eine lange Strecke der Entwicklung hinweg beibehält.

Betrachten wir zuerst das Aktionssystem. Die Induktionsfähigkeit der (präsumptiven) Medullarsubstanz fehlt noch zu Beginn der Gastrulation (BAUTZMANN 1926b; O. MANGOLD 1929b). Sie beginnt mit fortschreitender Gastrulation, anscheinend gleichzeitig mit der Fähigkeit zur Selbstdifferenzierung; es liegt nahe, beides der inzwischen eingetretenen Unterlagerung durch das Urdarmdach zuzuschreiben. Ihren Höhepunkt erreicht sie im Neurulastadium; dann sinkt sie wieder ab, ist aber in zahlreichen Fällen selbst bei Embryonen, welche die ersten Kontraktionen ausführten, und bei eben schwimmenden Larven nachgewiesen worden (Abb. 120a und b), dagegen nicht mehr bei solchen von 2 cm Länge.

Im Gegensatz dazu ist die Reaktionsfähigkeit der präsumptiven Epidermis in engen Grenzen eingeschlossen. Dabei ist von der wichtigen Tatsache auszugehen, daß die induzierte Medullarplatte gleichzeitig mit der normalen des Wirts sichtbar wird (O. MANGOLD 1927 in O. MANGOLD und H. SPEMANN 1927, S. 417). Man hätte erwarten können, daß sie sich unter dem Einfluß des älteren Induktors, der sicher sofort nach der Einpflanzung mit seiner Wirkung auf das Ektoderm beginnen kann, früher ausbilden würde (vgl. A. MARX 1925, S. 37). Das war aber nie der Fall; höchstens trat eine kleine, leicht erklärliche Verspätung ein (O. MANGOLD 1929b, S. 687). Das bedeutet aber, daß das Reaktionssystem einen bestimmten Reifegrad erreicht haben muß, ehe es reagieren kann.

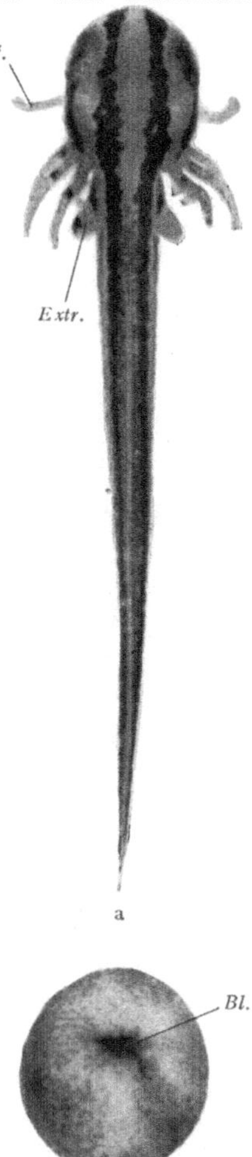

a

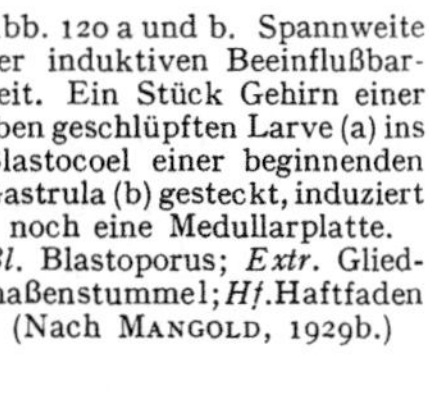

b

Abb. 120a und b. Spannweite der induktiven Beeinflußbarkeit. Ein Stück Gehirn einer eben geschlüpften Larve (a) ins Blastocoel einer beginnenden Gastrula (b) gesteckt, induziert noch eine Medullarplatte. *Bl.* Blastoporus; *Extr.* Gliedmaßenstummel; *Hf.* Haftfaden (Nach MANGOLD, 1929b.)

3. Zeitliche Grenzen der induktiven Aktionsfähigkeit des Mesoderms und der Reaktionsfähigkeit des Ektoderms.

Anfang und Dauer der Induktionsfähigkeit des Mesoderms. Daß (aktive) Induktionsfähigkeit erworben werden kann von einem Keimteil, der sie vorher nicht besaß, läßt sich experimentell nachweisen; nämlich durch die oben (S. 108, 137) geschilderten Versuche, bei welchen präsumptive Epidermis durch Verpflanzung in induktionsfähige Keimregionen (präsumptives Mesoderm, präsumptive Medullarplatte) selbst induktionsfähig gemacht wurde, und zwar (zum mindesten latent) induktionsfähig von dem Augenblick an, wo sie zu dem Keimteil determiniert ist, welcher Induktionswirkungen ausüben kann.

Der Zeitpunkt, in welchem diese latente Induktionsfähigkeit beginnt, muß sich also nach derselben Methode feststellen lassen, wie die Fähigkeit zur Selbstdifferenzierung, nämlich durch räumliche Isolation. So induziert nach H. BAUTZMANN (1926b) und O. MANGOLD (1929b) ein Stück präsumptive Medullarplatte aus der beginnenden Gastrula noch nicht. Sollte es aber (was jetzt freilich äußerst unwahrscheinlich geworden ist) schon labil zu Medullarplatte determiniert sein, so müßte man auch erwarten, daß es schon *latente Induktionsfähigkeit* besitzt. Bei sofortiger Implantation wird diese dadurch verdeckt, daß die labile Determination durch die neue Umgebung umgeworfen wird; sie müßte aber sofort zutage treten, wenn man das Stück vor der Implantation solange isoliert weiter züchtete, bis die Determination sich unter Selbstdifferenzierung gefestigt hätte.

Schwieriger dürfte der Anfang der *aktuellen Induktionsfähigkeit* festzustellen sein, der Zeitpunkt also, von welchem an Induktionswirkungen ausgeübt werden. Dazu müßte das Stück, dessen latente Induktionsfähigkeit bekannt ist, in Berührung mit dem Reaktionssystem gebracht und nach verschiedenen Zeiten wieder entfernt werden; dann wäre zu prüfen, von welchem Stadium seiner Entwicklung an die Induktionswirkung nachweisbar ist. Ganz genau kann diese Feststellung kaum sein; denn erstens könnte die Einwirkung einer gewissen Dauer bedürfen, und zweitens könnte eine schon eingeleitete Induktionswirkung nach Beseitigung ihrer Ursache wieder rückgängig gemacht werden.

Die (latente) Induktionsfähigkeit des präsumptiven Mesoderms, also der Randzone, ist von BAUTZMANN (1926b, S. 319) schon für das Blastulastadium festgestellt worden; wahrscheinlich aber geht sie in noch frühere Stadien, ja bis zum Anfang der Entwicklung zurück (MOSZKOWSKI 1902; O. MANGOLD 1920; O. MANGOLD und FR. SEIDEL 1927; SPEMANN 1927, S. 947). Die Induktionswirkung auf das Ektoderm beginnt wahrscheinlich sofort nach der Unterlagerung. Denn vorher ist die präsumptive Medullarplatte noch nicht determiniert (HOLTFRETER 1931b, 1933a und d), kurz nachher aber ist sie es, wenn auch nur labil (O. MANGOLD 1929b); die wahrscheinlichste Erklärung hierfür ist die Annahme einer inzwischen erfolgten Induktion. Es wäre noch zu prüfen, nach welcher Zeit sich in unterlagerter präsumptiver Epidermis Induktion nachweisen läßt und wie jung der Induktor sein darf, um diese Wirkung hervorzubringen. — Die Induktionsfähigkeit bleibt auch hier weit über die Zeit des Bedarfs hinaus erhalten, wenigstens im Chordaanteil des

Urdarmdaches. Nicht nur die Chordaanlage der Neurula induziert noch, eines Stadiums also, in welchem die normale Medullarplatte längst induziert worden ist; sogar der wohl abgegliederten Chorda von Keimen im Beginn der Augenentwicklung kommt Induktionsvermögen zu (BAUTZMANN 1928b, S. 203). Die seitlichen Teile des Mesoderms dagegen lieferten in BAUTZMANNs Experimenten nur wenig auffallende Verdickungen der Epidermis, höchstens eine palisadenförmige Umwandlung ihrer Zellen.

Im Gegensatz zu dieser letzteren Angabe konnte HOLTFRETER auf verschiedenen Wegen eine Induktionsfähigkeit des seitlich von der Chorda gelegenen Mesoderms, und zwar bis in spätere Stadien hinein, nachweisen.

Bei der Nachprüfung gewisser Angaben von GOERTTLER (vgl. S. 78, 125) wurde präsumptives Ektoderm (Epidermis oder Medullarplatte) aus dem frühesten Gastrulastadium älteren Keimen seitlich in die Epidermis gepflanzt, im Stadium der mittleren und älteren Neurula, der fertigen Neurula und frühen Schwanzknospe und endlich Embryonen mit beginnender Streckung und äußerer Gliederung. In allen diesen Stadien wurde neurales Material induziert, welches sich entweder auf dem typischen Wege über Medullarplatte entwickelte oder atypisch aus der tiefen Epidermisschicht, und zwar im Bezirk der Rumpfmuskulatur in 90% aller Fälle, im Bezirk der Seitenplatten dagegen nur ganz ausnahmsweise, in etwa 2% aller Fälle (HOLTFRETER 1933a).

Zu demselben positiven Ergebnis führte der reziproke Versuch, bei welchem also nicht die Epidermis auf den Induktor gepflanzt wurde, sondern der Induktor unter die Epidermis. Das geschah nach der üblichen Methode, durch Einstecken des zu prüfenden Stücks ins Blastocoel der frühen Gastrula. Das mesodermale Implantat wurde Keimen verschiedenen Alters seitlich von der Medullarsubstanz entnommen, bestand also bei den jüngeren Spendern des Neurulastadiums vorwiegend aus Teilen der Seitenplatten, die sich selbst zu Nierenkanälchen weiter entwickelten, bei den älteren dagegen, alten Neurula- und jungen Schwanzknospenstadien, teilweise oder ganz aus Ursegmenten. Von den reichhaltigen, höchst interessanten Ergebnissen dieser Versuche interessiert uns hier nur das eine, daß auch auf diese Weise Medullarsubstanz induziert werden kann (HOLTFRETER 1933b, S. 734f.). Die von BAUTZMANN beim selben Versuch beobachteten unscheinbaren Hautverdickungen hätten sich später wohl auch zu medullaren Bildungen entwickelt (l. c. S. 734).

Das dritte Experiment HOLTFRETERs (1933e) knüpft an die von ihm entdeckte totale Exogastrulation an. Bei ihr schnürt sich, wie oben (S. 119) mitgeteilt, das ganze Ektoderm vom Rest des Keims ab und bildet einen leeren Sack, der sich weiter nicht differenziert. Die mesodermalen und entodermalen Teile des Keims aber entwickeln sich in umgestülpter Anordnung weiter bis zur vollen histologischen Differenzierung. Solchen nackten Keimen nun wurden in verschiedenen

Regionen einzelne „Pflaster“ aus Ektoderm aufgelegt (Abb. 155 auf S. 189). Geschieht dies, noch ehe die Randzone unter das Entoderm gesunken ist, so verschmelzen die Stücke sofort mit der nackten Unterlage und werden hier genau so gut induziert, als wenn sich das Entomesoderm seinerseits unter das Ektoderm geschoben hätte (l. c. S. 18).

All diese Versuche haben das gemeinsame Ergebnis, daß sich die Induktionsfähigkeit des Mesoderms, wie MANGOLD das für die Medullarsubstanz festgestellt hat, über einen langen Zeitraum der Entwicklung erstreckt, weit über das Stadium hinaus, für welches bei der normalen Entwicklung eine Induktionswirkung in Frage kommt.

Anfang und Dauer der Reaktionsfähigkeit des Ektoderms. Auch dem induzierenden Mesoderm gegenüber zeigt das präsumptive Ektoderm die enge zeitliche Begrenzung seiner Reaktionsfähigkeit, wie gegenüber der induzierenden Medullarsubstanz.

Um ihren Anfang zu bestimmen, muß man zunächst feststellen, ob die Induktion einer Medullarplatte nach vorzeitigem Einwirken eines aktionsfähigen Induktors verfrüht auftritt. Das scheint nicht der Fall zu sein, wenigstens nicht in irgendwie nennenswertem Ausmaß. Bei A. MARX (1925) findet sich allerdings eine kurze Angabe in diesem Sinn; dem steht aber die sehr bestimmte Feststellung von O. MANGOLD entgegen. Nach Einstecken von Medullarplatte ins Blastocoel nicht nur der jungen Gastrula, sondern schon der Blastula fand er, daß die dadurch induzierte Medullarplatte immer gleichzeitig mit der normalen sichtbar wird; höchstens etwas später, nie früher. Medullarplatte ist nun sicher sofort induktionsfähig; das Implantat könnte also sofort auf das präsumptive Ektoderm einwirken. Das scheint freilich auch für das Mesoderm zu gelten, welches die präsumptive Medullarplatte unterlagert, sonst könnte diese nicht kurz nach der Unterlagerung die Fähigkeit besitzen, sich auch isoliert, also unter Selbstdifferenzierung, zu Medullarplatte weiter zu entwickeln. Deshalb ist es von entscheidender Wichtigkeit, daß die induzierte Medullarplatte auch dann nicht verfrüht erscheint, wenn das Implantat schon im Blastulastadium, also früher als das Mesoderm, Gelegenheit hatte, seinen induzierenden Einfluß auszuüben. Wenn trotzdem seine Wirkung nicht früher sichtbar wird, so heißt das wohl, daß sie nicht früher *beginnen* konnte, daß also das Ektoderm einen gewissen Zustand erreicht haben muß, ehe es reaktionsfähig geworden ist (O. MANGOLD 1928b, S. 390; 1929b, S. 682).

Dasselbe wird sehr schön durch ein älteres Experiment gezeigt. Werden gleichseitige Gastrulahälften mit gleich gerichteter Achse zur Verheilung gebracht, so stülpt sich, wie oben (S. 99) mitgeteilt, in jeder das halbe Mesoderm unter Regulation zum Ganzen so ein, daß es auf die andere Keimhälfte übergreift. Deren ventrales Ektoderm wird also auch zum Teil unterlagert und beteiligt sich so weit an der Bildung der Medullarplatten. Diese entstehen also zum Teil aus präsumptiver Medullarplatte, zum Teil aus präsumptiver Epidermis. In einem Falle waren nun die beiden Komponenten etwas verschieden alt; dieser Unterschied wurde beibehalten und zeigte sich beim Auftreten der Medullarplatten. Die Medullarwülste, welche der gleichen Komponente angehörten, waren gleich weit entwickelt, die je eine Medullarplatte begrenzenden dagegen verschieden weit. Das jüngere Mesoderm der einen Seite hatte die Entwicklung des unterlagerten Ektoderms nicht verlangsamt, das ältere der anderen Seite sie nicht beschleunigt. Der Eintritt der Wirkung hängt vom Zustand des Reaktionssystems ab (die Tatsachen SPEMANN 1918, S. 506f.).

Für das Ende der Wirkung ist dieses schon lange bekannt. In einem gewissen Zeitpunkt ist präsumptive Medullarplatte selbstdifferenzierungsfähig, also determiniert. Zunächst kann sie noch in Epidermis umgewandelt werden, später hört dies auf. Auf dieser Tatsache beruht die Unterscheidung von labiler und fester Determination. Die labile Determination beginnt, wie wir gesehen haben (vgl. S. 111, 161), kurz nach der Unterlagerung der präsumptiven Medullarplatte (O. MANGOLD 1929b) und festigt sich während der Gastrulation. Nach Vollendung derselben kann rein ektodermales Material, welches an seinem Ort gelassen Medullarsubstanz gebildet hätte, im Bereich der Epidermis zu Epidermis werden, und ebenso epidermales Material, in den Bereich der Medullarplatte verpflanzt, zu Medullarplatte. Dabei läßt sich aber aus gewissen Störungen während der Entwicklung entnehmen, daß dieses Material nicht mehr ganz indifferent (man müßte jetzt sagen „schon ziemlich fest determiniert") ist (SPEMANN 1918, S. 472). Alle späteren Versuche, namentlich diejenigen von O. MANGOLD, F. E. LEHMANN, H. MACHEMER, weisen in dieselbe Richtung. Das Ende der Umstimmbarkeit, also die unwiderruflich feste Determination, ist spätestens erreicht, wenn die Medullarplatte eben abgegrenzt ist (O. MANGOLD 1923, S. 254). Es wäre noch zu prüfen, ob die Ektodermzellen durch „Verjüngung", also etwa durch Regeneration, wieder reaktionsfähig gemacht werden können.

Vielleicht läßt sich auf diese Weise auch eine eigentümliche Beobachtung erklären, welche von B. MAYER (1935) bei Verpflanzung halber oberer Urmundlippe verschiedenen Alters gemacht worden ist. Aus einem solchen Implantat geht, wie oben (S. 106) mitgeteilt wurde, immer ein bilateral-symmetrisches Achsensystem hervor, aber auf verschiedene Weise, indem das aus der beginnenden Gastrula stammende jüngere Implantat sich in sich selbst zum Ganzen reguliert, während sich das ältere Implantat aus dem angrenzenden Mesoderm des Wirts ergänzt. In beiden Fällen nun wird im darüber liegenden Ektoderm eine Medullarplatte induziert, deren Mittellinie über der Chorda liegt. Aber nur über dem jüngeren, in sich selbst regulierten Implantat erstreckt die Medullarplatte sich seitlich über beide Reihen von Urwirbeln und läßt ein bilateral-symmetrisches Medullarrohr aus sich hervorgehen. Über dem älteren Implantat dagegen reicht sie nur bis zur Chorda und bildet nachher ein unsymmetrisches Medullarrohr mit stark verkümmerter Innenseite. Die aus dem Mesoderm des Wirts sekundär angegliederten Urwirbel haben also keine Medullarplatte induziert, obwohl ihnen die Fähigkeit dazu schwerlich abgeht. Kommt sie doch sogar solchem Keimmaterial zu, welches aus indifferentem Ektoderm durch Verpflanzung in die obere Urmundlippe erst sekundär zu Mesoderm gemacht worden ist (H. SPEMANN und B. GEINITZ 1927). Wahrscheinlich ist aber diese Induktionsfähigkeit im angegliederten Mesoderm erst verspätet entstanden, so daß dieses dann im gegebenen Augenblick kein reaktionsfähiges Material mehr vorfand (l. c. S. 577).

Sicher erklärt sich so die (früher in keiner Weise problematische) Tatsache, daß die Epidermis zu beiden Seiten der normalen Medullarplatte von den induktiven Wirkungen unberührt bleibt, welche die Ursegmente noch im Neurulastadium aussenden und welche sofort erkennbar werden, wenn man ihnen ein Stück jüngeres, noch reaktionsfähiges Ektoderm aussetzt (J. HOLTFRETER 1933a). Ferner wohl auf ähnliche Weise, warum in O. MANGOLDs (1927, 1929b) Versuchen ein Stück ins Blastocoel gesteckte Augenanlage fast niemals eine Linse induzierte. Denn wenn der Augenbecher den induktionsfähigen Zustand erreicht hat, ist die von ihm berührte Epidermis für Linsenbildung noch zu jung; und wenn sie dafür reif geworden ist, so kann wahrscheinlich der Augenbecher zwar an sich noch Linse induzieren, aber er hat sich inzwischen so stark eingekrümmt, daß der nötige Kontakt mit der Epidermis verloren gegangen ist.

Aus diesen Tatsachen läßt sich eine grundlegende Vorstellung über das Ineinandergreifen der einzelnen Entwicklungsprozesse gewinnen. Wenn aus den ersten Induktionsversuchen zwischen Keimen mit geringem Altersunterschied der allgemeine Schluß gezogen werden konnte (vgl. S. 159f.), daß sich entweder die Induktionsfähigkeit oder die Reaktionsfähigkeit oder alles beides über einen längeren Zeitraum erstreckt, so daß also das ursächliche Ineinandergreifen kein ganz starres ist, sondern mit einem gewissen Spielraum arbeitet, „wie Zahnräder, deren Zähne und Lücken nicht ganz scharf ineinander passen“ (SPEMANN 1921a, S. 534), so können wir das jetzt dahin entscheiden und genauer präzisieren, daß in der frühen Embryonalentwicklung das Stadium der Reaktionsfähigkeit auf Induktionsfaktoren recht eng begrenzt ist, während die Induktionsfaktoren selbst längere Zeit in den entsprechenden Geweben vorhanden sind (O. MANGOLD 1928b, S. 390). Das wies schon damals auf die inzwischen sichergestellte Tatsache hin, daß der Induktionsreiz von allgemeinerer, vielleicht sehr einfacher Natur ist, und daß Eigenart und Komplikation der Induktionswirkung durch die im Reaktionssystem vorgebildeten Möglichkeiten gegeben ist (vgl. SPEMANN 1921a, S. 569).

Einem ganz ähnlichen Verhältnis werden wir bei der regionalen Determination begegnen, der wir uns nunmehr zuwenden.

XIII. Regionale Determination.

Es handelt sich jetzt um die Frage, durch welche Faktoren die regionale Determination der Medullarplatte bestimmt wird; wovon es also abhängt, daß in fremdem Ektoderm unter der Einwirkung eines Induktors nicht nur Medullarsubstanz im allgemeinen entsteht, sondern Gehirn mit Augen und Riechgruben, allein oder an der Spitze eines Rückenmarks, oder aber nur das letztere, mit vorn angelagerten Hörblasen; Gebilde also, welche verschiedenen Querschnitten der Medullarplatte entsprechen.

Diese Frage wurde schon bei den ersten, noch unvollkommen verstandenen Induktionen aufgeworfen (SPEMANN 1918, S. 493f., 534f.). Sie drängte sich erneut und in verstärktem Maße auf, als HILDE MANGOLD die ersten vollständigeren, nach heteroplastischer Induktion genauer analysierbaren sekundären Embryonalanlagen erhalten hatte. In einem Falle nämlich, wo das sekundäre Medullarrohr ohne Gehirn blind endigte, waren seiner Spitze zwei Hörblasen angelagert, welche so genau die Höhe der primären einhielten, daß ein Zufall unwahrscheinlich war (H. SPEMANN und HILDE MANGOLD 1924, S. 618, Abb. 21). Es wurden schon damals die beiden Möglichkeiten erwogen, daß dies auf den Wirt oder auf das Implantat zurückgehen könnte. „Es könnte daher kommen, daß das Ektoderm in diesem Querschnitt vom primären Organisationszentrum aus zur Bildung der betreffenden Abschnitte des Medullarrohrs und der Hörblase veranlaßt wurde; und daß am sekundären Medullarrohr der vordere Abschnitt mit den Augenblasen fehlt, könnte seinen Grund darin haben, daß die sekundäre Anlage nicht bis in die Höhe der Augenregion der primären hinein reichte. Während danach also das primäre Organisationszentrum für den Ausbildungsgrad auch der sekundären Anlage in letzter Linie mitverantwortlich wäre, könnte auch die andere Annahme zutreffen, daß der Defekt auf einen Mangel des implantierten Organisators zurückzuführen ist. Es könnten ihm bestimmte Teile des Organisationszentrums gefehlt haben, die zur Induktion von vorderer Medullarplatte mit Augenanlagen nötig wären" (l. c. S. 631).

Zu Überlegungen ganz ähnlicher Art hatte schon eine ältere Beobachtung geführt. Werden Tritonkeime in frühen Entwicklungsstadien etwas schräg zur Medianebene eingeschnürt, so kann an der entstehenden Doppelbildung das Medullarrohr der benachteiligten Seite so stark defekt sein, daß es in der Höhe der Hörblasen ohne Hirnanschwellung endigt, genau wie das Medullarrohr des eben besprochenen Experiments. Dabei ist auch hier das auffallende, daß die vier Hörblasen der beiden Köpfe meist in gleicher Höhe liegen. Zur Erklärung wurde erwogen, ob sich vielleicht bei der Gastrulation unter schräger Schnürung auf der minder begünstigten Seite ein schmälerer Teil des Urdarmdaches mit seinen beschränkten Potenzen abspaltet, welcher dann seinerseits nach Regulation zur Bilateralität die Bildung der entsprechenden unvollständigen Teile der Medullarplatte im Ektoderm induzieren würde (SPEMANN 1918, S. 535).

Daraus ergab sich folgerichtig die Forderung, „zu prüfen, ob von einem bestimmten Urdarmdachstückchen aus ein bestimmter Medullarplattenabschnitt induziert wird oder ob die Zonenbildung in der Epidermis erfolgt und durch die Lage im Wirtskeim bestimmt wird" (A. MARX 1925, S. 39).

Diese Aufgabe wurde ziemlich gleichzeitig von verschiedenen Seiten in Angriff genommen, wobei Induktoren verschiedener Art, Urdarmdach im allgemeinen, Chorda und ihre Anlage, Medullarplatte zur Verwendung kamen.

1. Regionale Determination durch Urdarmdach.

Zur Prüfung der Frage, ob für die regionale Beschaffenheit der sekundären Anlage das Aktions- oder das Reaktionssystem oder vielleicht

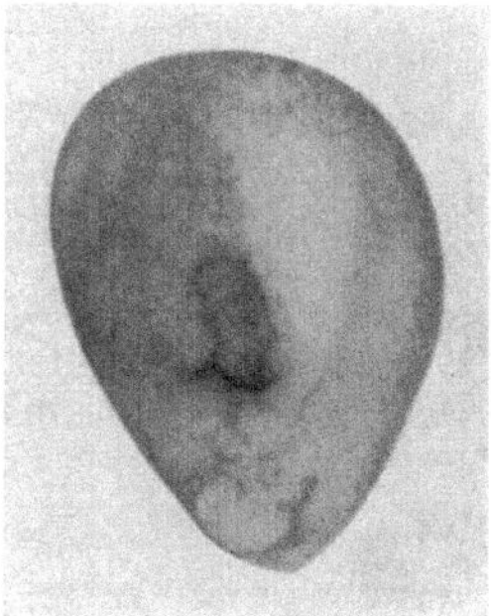

Abb. 121. Gastrula von Triton taeniatus mit mittelgroßem Dotterpfropf; ventral vor diesem das dunkel gefärbte Implantat, mit Urmundlippe am hinteren Rand. (Nach SPEMANN, 1931 a.)

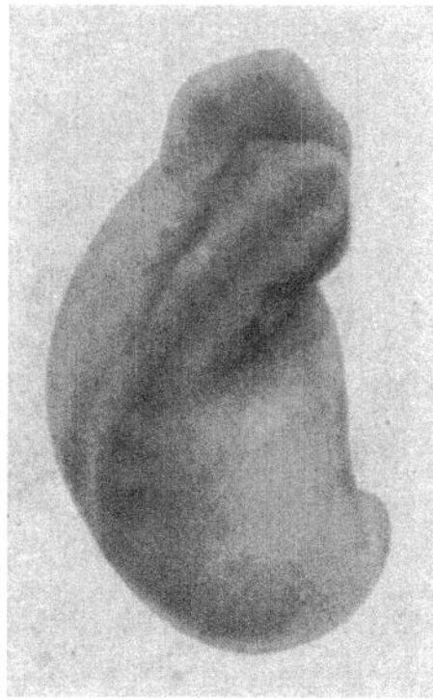

Abb. 122. Derselbe Keim; Aufsicht auf die sekundäre Embryonalanlage, mit wohl ausgebildeten Augenblasen. (Nach SPEMANN, 1931 a.)

alles beides verantwortlich ist, müssen Induktoren derselben Region an verschiedenen Stellen der Epidermis und Induktoren verschiedener Region an derselben Stelle der Epidermis zur Einwirkung gebracht werden. Das kann auf verschiedene Weise geschehen, entweder durch Einstecken von regional verschiedenen Stückchen des Urdarmdaches ins Blastocoel oder durch Einpflanzen von Stückchen der oberen Urmundlippe aus Keimen mit verschieden weit fortgeschrittener Gastrulation. Da sich nämlich dabei das ganze axiale Mesoderm um die obere Urmundlippe herum nach innen einschlägt, so besteht diese nacheinander aus dem Mesoderm der räumlich aufeinander folgenden Regionen und man implantiert um so weiter hinten gelegene Teile, je älteren Stadien man die obere Urmundlippe entnimmt; also Kopfinduktor aus der beginnenden,

Rumpfinduktor aus der fortgeschrittenen, Schwanzinduktor aus der vollendeten Gastrula. Diese Stücke kann man nun in verschiedener

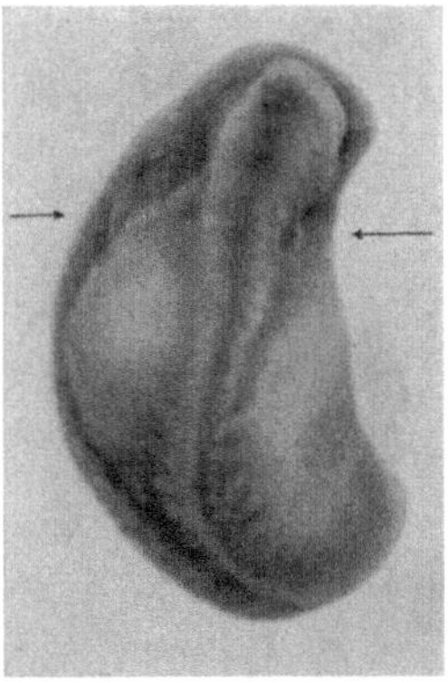

Abb. 123. Embryo von Triton taeniatus mit primären Augenblasen und Hörblasen. Aufsicht auf die sekundäre Embryonalanlage, mit verdicktem Vorderende und Hörblasen (*sek.lab.*) in gehöriger Entfernung dahinter. (Nach SPEMANN, 1931 a.)

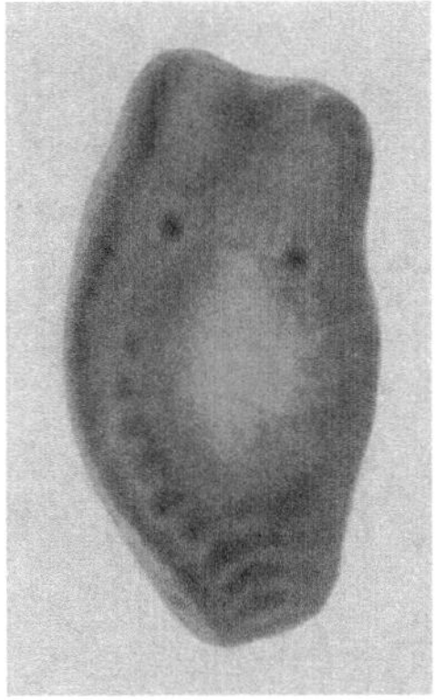

Abb. 124. Derselbe Embryo wie Abb. 123. Aufsicht auf die rechte primäre und linke sekundäre Hörblase, in etwas verschiedener Höhe, aber in derselben Entfernung vom primären und sekundären Vorderende. (Nach SPEMANN, 1931 a.)

Höhe der Gastrula ventral einpflanzen, von der Gegend des animalen Pols bis zur unteren Urmundlippe, und dadurch Kopf-, Rumpf- und Schwanzinduktor in Kopf-, Rumpf- und Schwanzhöhe einwirken lassen (SPEMANN 1927, 1931).

Die vollkommenste Induktion erzielt man, wenn Kopfinduktor in Kopfhöhe einwirkt, sei es nun, daß sich das Urdarmdach so weit nach vorne schiebt, sei es, daß es gleich dahin verpflanzt wurde. Auf diese Weise können sekundäre Embryonalanlagen entstehen, mit Augen und Hörblasen, die sich nur durch geringere Größe oder durch leichten zyklopischen Defekt von normalen unterscheiden. So wurde der sekundäre Embryo der Abb. 122 durch ein medianes Stück obere Urmundlippe induziert, welches einer jüngsten Gastrula entnommen und einem anderen gleichalten Keim möglichst median an Stelle der späteren unteren Urmundlippe (Abb. 121) eingepflanzt worden war (SPEMANN 1931a, S. 424, Abb. 51). Kaum weniger vollkommen, nur mit einem zyklopischen Defekt des vordersten Kopfendes, entwickelte sich ein anderer ebenso behandelter Keim (Abb. 123), bei welchem die gleiche Höhenlage der primären und sekundären Hörblasen (Abb. 124) besonders deutlich

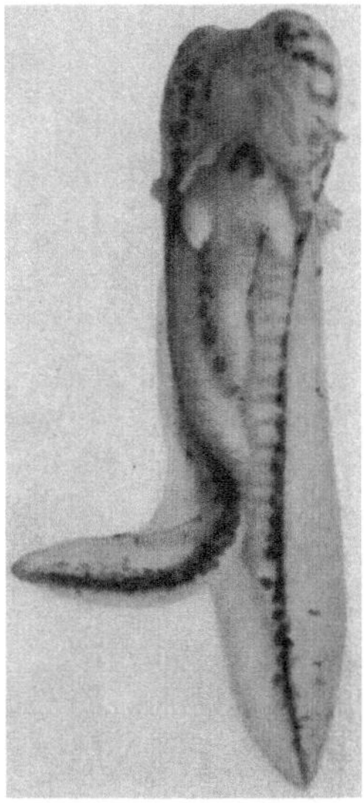

Abb. 125. Larve von Triton taeniatus, mit einer gleich gerichteten sekundären Embryonalanlage auf der ventralen Seite, welche durch die eine Hälfte der oberen Urmundlippe einer frühen Gastrula von Triton alpestris induziert worden ist. Primäre und sekundäre Organanlagen in gleicher Höhe. (Nach HOLTFRETER 1933 e.)

ist (SPEMANN 1931 a, S. 427—430). Dasselbe zeigt ein Fall (Abb. 125) von J. HOLTFRETER (1933 e), der ein beträchtlich höheres Alter erreicht

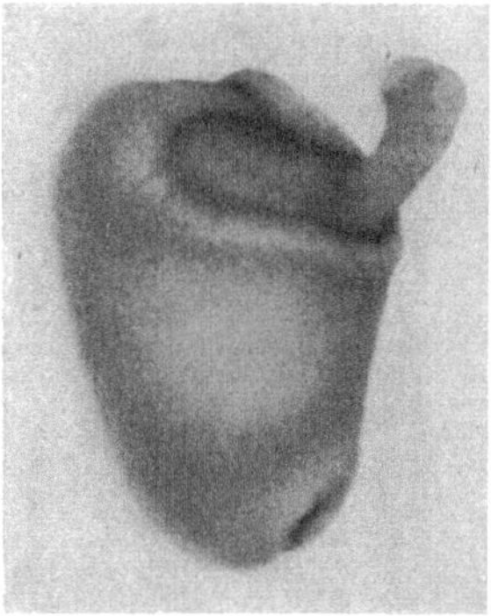

Abb. 126. Keim von Triton taeniatus, Neurula mit offenen Wülsten, von rechts ventral gesehen. Aufsicht auf sekundäre Medullarplatte, welche hinten innerhalb der Wülste ein Hörnchen trägt, vorne mit der primären Medullarplatte zusammenhängt. Induziert durch obere Urmundlippe der beginnenden Gastrula in Kopfhöhe. (Nach SPEMANN, 1931 a.)

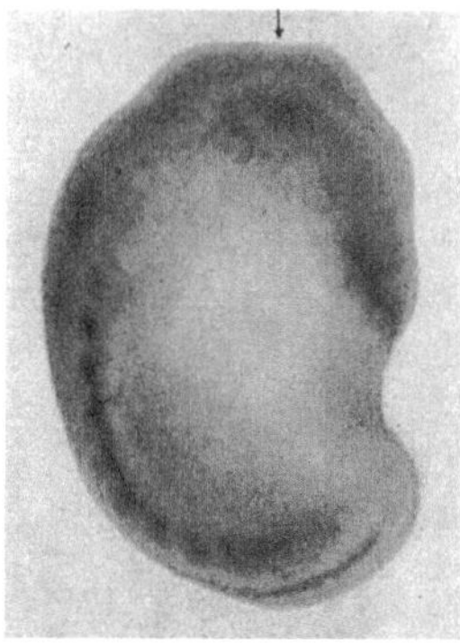

Abb. 127. Derselbe Keim wie Abb. 126 nach Schluß des Medullarrohrs, von der rechten Seite. Kurze sekundäre Anlage stößt vorne auf primäre; die Augenblasen (*r. pr.* + *l. sek. oc.*) sind anscheinend verschmolzen. (Nach SPEMANN, 1931 a.)

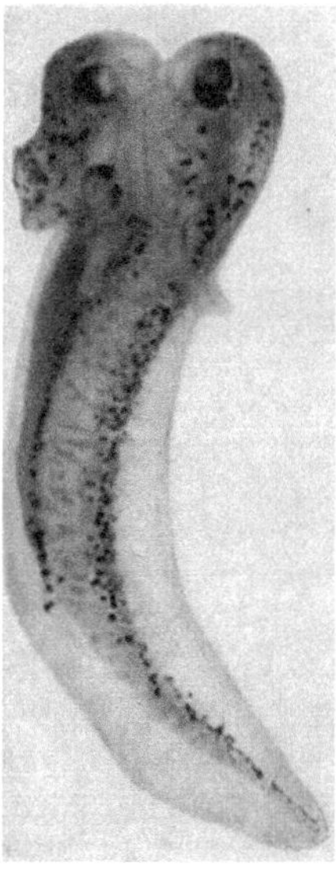

Abb. 128. Ein Fall ähnlich wie Abb. 127, älter. (Nach HOLTFRETER, 1933 e.)

hat. — Isolierte Köpfe mit Augen am vorderen, Hörblasen am hinteren Ende, durch Kopfinduktor in Kopfhöhe hervorgerufen, zeigen die Abb. 126 u. 127 (SPEMANN 1931 a, S. 432) und, weiter entwickelt, Abb. 128 (HOLTFRETER 1933 e).

Dagegen entsteht ein Rumpf, d. h. ein Rückenmark mit oder ohne Hörblasen an der Spitze, von einer Chorda unterlagert, von zwei Reihen von Urwirbeln flankiert, wenn Rumpfinduktor in Rumpfhöhe einwirkt. Solche Fälle werden durch die Abb. 129 und 130 wiedergegeben; im ersteren Fall reicht die sekundäre Anlage bis in die Höhe der primären Hörblasen und trägt deren zwei sekundäre an ihrer Spitze; im zweiten Fall endigt sie vorher, ohne Hörblasen.

Während bei diesen Kombinationen eine Entscheidung über den Sitz der Ursachen für die regionale Determination nicht möglich ist, indem sie sowohl dem Aktions- wie dem Reaktionssystem zukommen kann, führen jene Experimente weiter, bei welchen Kopfinduktor in Rumpfhöhe, Rumpfinduktor in Kopfhöhe zur Wirkung kommt.

Kopfinduktor in Rumpfhöhe unter die Epidermis zu bringen gelingt am leichtesten durch Einstecken in das Blastocoel der Gastrula. Auf diese Weise wurde die sekundäre Embryonalanlage der Abb. 131 induziert, deren Vorderende quer zur Längsachse des Wirts steht. Dieses Vorderende trägt, wie Schnitte nach mehrtägiger Entwicklung zeigen, an

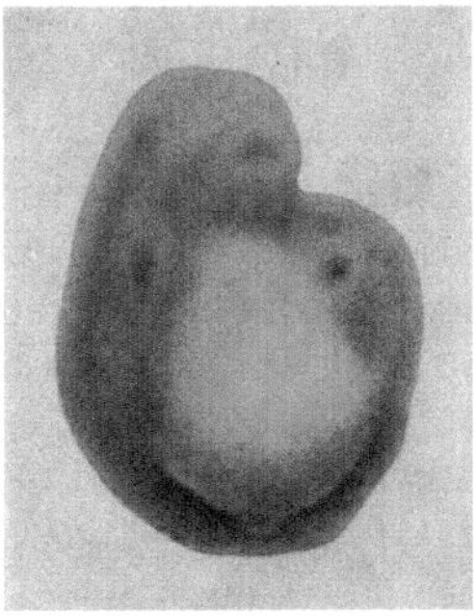

Abb. 129. Keim von Triton taeniatus, mit Augen- und Hörblasen. Ventral sekundäre Embryonalanlage, die nur bis in die Höhe der primären Hörblasen nach vorn reicht und an ihrem Vorderende zwei sekundäre Hörblasen in gleicher Höhe mit den primären trägt. Induziert durch obere Urmundlippe der späten Gastrula in Rumpfhöhe. (Nach SPEMANN, 1931 a.)

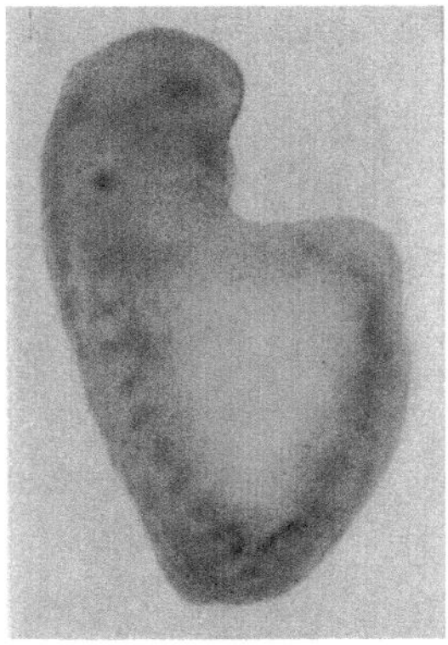

Abb. 130. Keim von Triton taeniatus, mit Augen- und Hörblasen. Ventral sekundäre Embryonalanlage, die nicht bis in die Höhe der primären Hörblasen nach vorn reicht und an ihrem Vorderende keine Hörblasen trägt. Induziert durch obere Urmundlippe der sehr späten Gastrula (sehr kleiner Dotterpfropf) in Rumpfhöhe. (Nach SPEMANN, 1931 a.)

seiner Spitze ein zyklopisches Auge und in gehöriger Entfernung dahinter zwei Hörblasen, von denen die dem Kopfende des Wirts genäherte erheblich größer ist (Abb. 132a und b) als die andere (SPEMANN 1931 a, S. 465—469, Abb. 119 und 120).

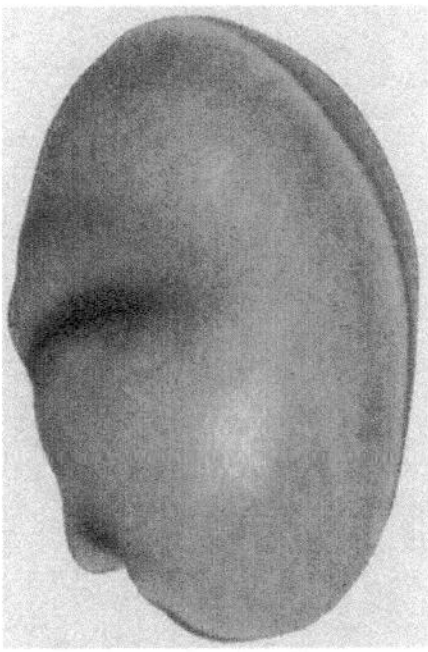

Abb. 131. Neurula von Triton taeniatus mit zusammmengerückten Medullarwülsten. Sekundäre Embryonalanlage, deren Vorderende quer zur Längsachse der primären steht. Induziert durch inneres Blatt der oberen Urmundlippe einer jungen Gastrula, welches ins Blastocoel eines gleichalten Keims gesteckt wurde. (Nach SPEMANN, 1931 a.)

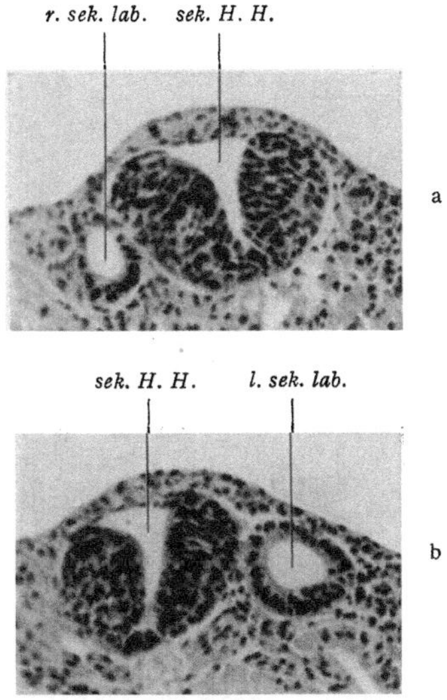

Abb. 132 a und b. Querschnitte durch das Vorderende der sekundären Embryonalanlage von Abb. 131, mehrere Tage später. Dem sekundären Hinterhirn (*sek. H. H.*) sind zwei Hörblasen angelagert, von denen die dem primären Vorderende näherliegende (*l. sek. lab.*) beträchtlich größer ist als die andere (*r. sek. lab.*). (Nach SPEMANN, 1931 a.)

In besonders schöner Weise zeigt die von der Wirtsregion unabhängige Induktionswirkung ein Fall von HOLTFRETER (1933e); ein sekundärer Embryo, dessen Richtung derjenigen des primären genau entgegengesetzt ist; in weit vorgeschrittener Entwicklung dasselbe, was viel weniger deutlich ein jüngerer Embryo aus einer meiner Versuchsreihen aufgewiesen hatte (SPEMANN 1931, S. 420, Abb. 45). Aus einer frühen Gastrula von Triton taeniatus war ein großes Stück der dorsalen Randzone ausgeschnitten und einer gleichalten Gastrula von Triton alpestris ins Blastocoel gesteckt worden, so daß es später unter die Bauchhaut geriet. Dort entwickelte sich, aus Material des Implantats und solchem des Wirts chimärisch zusammengesetzt, ein sekundärer Embryo von großer Vollkommenheit (Abb. 133), mit Gehirn, allen paarigen Sinnesorganen, inneren Kiementeilen und — bis auf Defekte am Herzen und anscheinend fehlende Leber - allen Rumpforganen. Und all dies, obwohl der sekundäre Embryo dem primären genau entgegen gerichtet ist, also in völliger regionaler Unabhängigkeit von ihm entstanden sein muß.

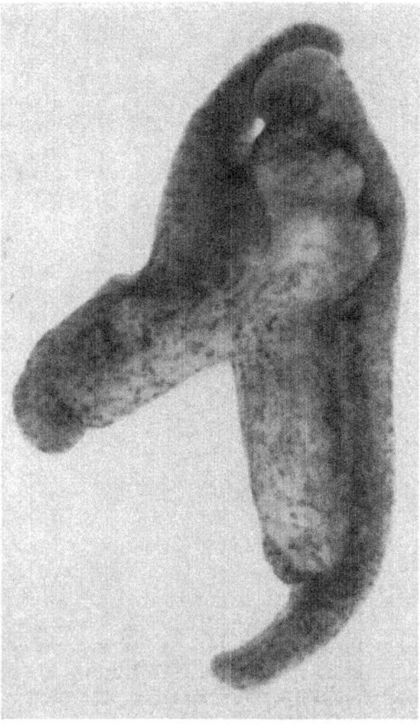

Abb. 133. Embryo von Triton taeniatus, mit einem fast normal entwickelten sekundären Embryo auf der Ventralseite, welcher dem primären entgegengerichtet ist. Dieser ist durch ein großes Stück dorsale Randzone von Triton alpestris induziert worden, welches dem Wirtskeim zu Beginn der Gastrulation ins Blastocoel gesteckt worden war. (Nach HOLTFRETER, 1933 e.)

Ist bei diesen Experimenten der Induktor allein für die regionale Beschaffenheit der Induktion verantwortlich, so hängt

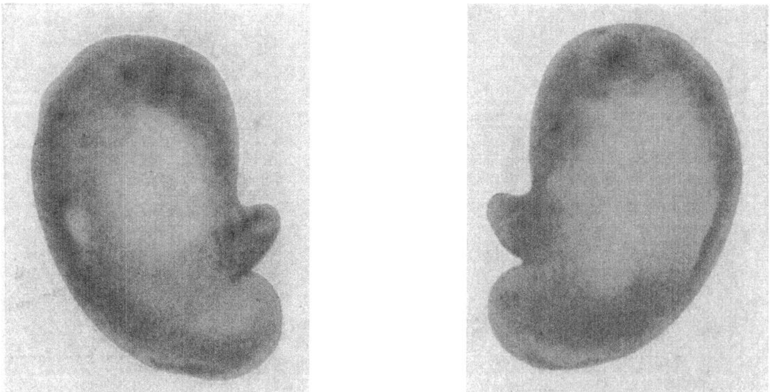

a b

Abb. 134 a und b. Keim von Triton taeniatus, mit geschlossenem Medullarrohr und Augenblasen. Ventral eine sekundäre Embryonalanlage, deren Vorderende mit dem der primären Anlage verschmolzen ist und sich an der Bildung der Augenblasen beteiligt. Die sekundäre Anlage wurde induziert durch ein Stück obere Urmundlippe der späten Gastrula, das in Kopfhöhe implantiert worden war. (Nach SPEMANN, 1931 a.)

diese umgekehrt allein von der Region des Wirts ab, wenn Rumpfinduktor in Kopfhöhe zur Wirkung kommt. Dies ist der Fall, wenn obere

Urmundlippe der späten oder vollendeten Gastrula nahe dem animalen Pol einer beginnenden Gastrula eingepflanzt wird. Es entstand eine sekundäre Medullarplatte, welche an ihrem Vorderende mit dem der primären verschmolzen war, und daraus ein Gehirn mit Augenblasen am vorderen und Hörblasen am hinteren Ende (SPEMANN 1931a, S. 471 bis 474; Abb. 134a und b; 135).

Es vermag also sowohl Kopfinduktor in Rumpfhöhe wie Rumpfinduktor in Kopfhöhe Gehirn mit Augen und Hörblasen zu induzieren.

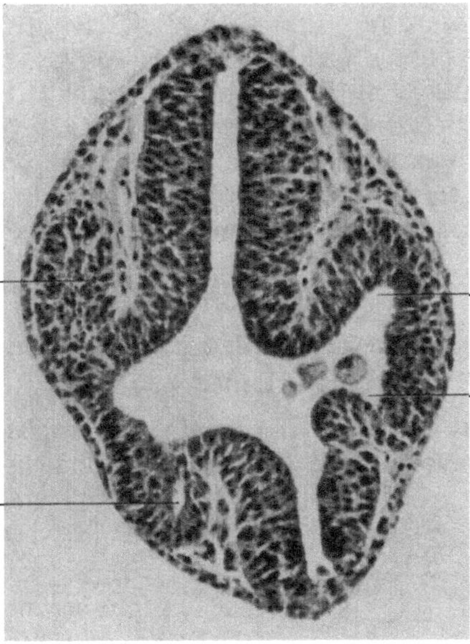

Abb. 135. Querschnitt durch den Kopf des Keimes der Abb. 134. Auf der einen Seite sind die Augenblasen von primärem und sekundärem Embryo einander genähert (*r. pr. oc.* und *l. sek. oc.*), auf der andern miteinander verschmolzen (*l. pr. oc.* und *r. sek. oc.*). (Nach SPEMANN, 1931 a.)

Die Art der Induktion wird einerseits durch die Beschaffenheit des Induktors, andererseits durch die Region des Wirts bestimmt; denn *Rumpfektoderm* kann für sich ebensowenig darauf eingestellt sein, ein Gehirn zu bilden, wie *Rumpfinduktor* ein solches zu induzieren (SPEMANN 1927, 1931).

2. Regionale Determination durch Chorda und Chordaanlage.

Da bei den soeben besprochenen Experimenten immer ein medianes Stück der oberen Urmundlippe zur Induktion verwendet wurde, ein Stück also, welches mindestens neben Urwirbelmaterial auch Chordaanlage enthielt, so bestand die Möglichkeit, daß auch letztere allein Medullarplatte zu induzieren vermag. Dies wurde in der Tat, wie oben (S. 162, 163) mitgeteilt, durch H. BAUTZMANN (1928b) festgestellt. Nun fand sich schon unter den ersten Fällen BAUTZMANNs ein solcher (l. c. S. 189f., 222), bei welchem ein Stück Chorda (aus junger Neurula mit Rückenfurche) ein Gehirn mit zwei Augenblasen induziert hatte. Es lag in gleicher Höhe mit dem primären, die innenständigen Augenblasen waren verschmolzen. Bei einer systematischen Prüfung (BAUTZMANN 1929c) ließ sich nun ein ganz ähnliches Verhalten der einzelnen Chordaabschnitte feststellen, wie es soeben für die Gesamtheit des Urdarmdaches mitgeteilt worden ist. Vordere Chorda („Kopfinduktor") in Rumpfhöhe verursachte zwar bisher nie die Induktion eines Gehirns mit Augen, wohl aber eines Stücks Nachhirn mit Hörblasen, welche beträchtlich hinter den primären lagen (BAUTZMANN 1929c, S. 22, Abb. 17 und 18). Ein hinteres Stück Chorda („Rumpfinduktor") in Kopfhöhe induzierte ebenfalls ein Stück Nachhirn mit angelagerten Hörblasen, zwar nicht in genauer Höhe der primären, aber ihnen doch genähert (l. c. S. 13f.). Im letzteren Falle ist der Einfluß des Wirtskeims greifbar deutlich. Daß überhaupt Medullarrohr entstand, geht auf die Wirkung der Chorda zurück; daß dieses aber Nachhirn mit Hörblasen war, liegt an der Region des Wirts, in welcher es sich bildete.

3. Regionale Verschiedenheiten der Induktionsfähigkeit innerhalb der Randzone.

Hier ist nun der Ort, um noch einmal auf die regionalen Verschiedenheiten zurückzukommen, welche bezüglich Induktions- und Reaktionsfähigkeit innerhalb der Randzone bestehen.

Abb. 136. Zwei Keime von Triton taeniatus, im Zweizellenstadium kreuzweise übereinandergelegt und so zur Verschmelzung gebracht.
(Nach O. MANGOLD und F. SEIDEL 1927.)

H. BAUTZMANN (1926a u. b) prüfte bekanntlich die einzelnen Regionen der beginnenden Gastrula auf ihre Induktionsfähigkeit und kam, wie oben mitgeteilt, zu dem Ergebnis, daß solche dem gesamten präsumptiven Mesoderm zukommt. Als dann (H. BAUTZMANN 1928a und b) für spätere Stadien die überwiegende Bedeutung der Chorda erkannt worden war, wurde es einigermaßen zweifelhaft, ob auch die seitlichen Teile der Randzone, außerhalb der Chordaanlage, noch zu induzieren vermögen. Sollte das induktionsfähige Zellmaterial der oberen Urmundlippe (das „Organisationszentrum") in der Tat auf einen engeren Bereich beschränkt oder dort wenigstens überwiegend kräftig sein, so würde das mit Ergebnissen übereinstimmen, zu welchen G. Ruud (1925), ferner O. Mangold und F. Seidel (1927) auf Grund anderer Versuche für allerjüngste Entwicklungsstadien gelangten.

G. Ruud (1925) trennte die vier ersten Blastomeren des aus allen Hüllen genommenen Tritoneies voneinander. An diesem Ei wird, wie bekannt, bei transversalem Verlauf der ersten Furche die dorsale von

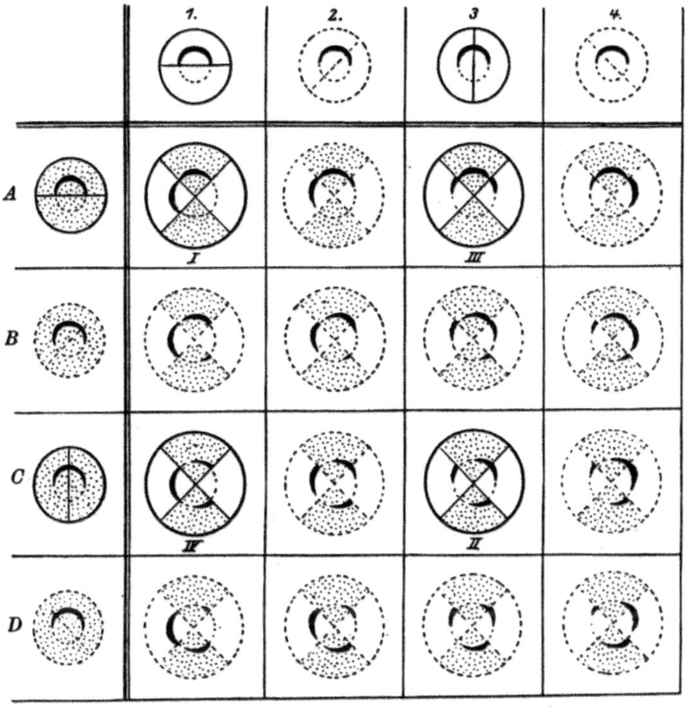

Abb. 137. Verschmelzungsschema, entworfen auf Grund der Annahme, daß die erste Furche jede mögliche Lage zur Median- und Frontalebene einnehmen kann. Die Grundtypen (Lage der ersten Furche median oder frontal) sind ausgezogen, die dazwischen liegenden Typen punktiert dargestellt. (Nach O. Mangold und F. Seidel, 1927.)

der ventralen Keimhälfte geschieden, von denen nach völliger Durchtrennung die dorsale zu einem verkleinerten Embryo, die ventrale zu einem ungegliederten Bauchstück sich entwickelt; dementsprechend nach Durchtrennung in vier Blastomeren die beiden dorsalen zu je einem verkleinerten Embryo, die ventralen zu je einem Bauchstück. Nun kamen aber auch Fälle zur Beobachtung, bei denen nur eine der vier Blastomeren als Rückenstück gastrulierte, die drei anderen als Bauchstücke, und zwar im übrigen so normal, daß Ruud dies durch die Annahme erklärte, es sei infolge schräger Lage der Furchungsebenen nur jener einen Blastomere das Organisationszentrum zugeteilt worden, welches demnach in jenem Stadium nur das dorsale Viertel der Randzone umfassen würde (l. c. S. 274).

Dieselbe Möglichkeit erwogen O. MANGOLD und F. SEIDEL (1927) zur Erklärung von Mehrfachbildungen, welche nach Keimverschmelzung in frühesten Stadien zur Beobachtung kamen. Es handelt sich um jene schönen von O. MANGOLD (1920) zuerst ausgeführten Versuche, bei welchen zwei Keime im Zweizellenstadium kreuzweise übereinander gelegt verschmolzen (Abb. 136) und nun je nach der Lage der ersten Furchungsebene (median, schräg, frontal) Einheits- oder Mehrfachbildungen aus sich hervorgehen ließen. Letztere sind nur verständlich unter der Annahme, daß schon in jenem frühen Stadium die Struktur der Gastrula irgendwie vorgebildet ist. Projiziert man nun, um dies zu veranschaulichen, den Urmund auf das Zweizellenstadium zurück, so bekommt man schematische Bilder der verschiedenen Möglichkeiten der Verschmelzung (Abb. 137), auf welche sich die zur Beobachtung kommenden Typen der entstehenden Embryonen zurückführen lassen. Dabei ist es aber auffallend, daß die einzelnen Verschmelzungstypen nicht stets dasselbe liefern. Das Verschmelzen der nach dem Schema dicht aneinander gelagerten Organisatoren ist nicht konstant, ja sogar viel seltener als das Nichtverschmelzen. Das könnte — neben anderen Möglichkeiten — darauf beruhen, daß das organisationsbefähigte Material den äquatorialen Eiumfang nicht, wie das Schema es vorsieht, zur Hälfte, sondern nur ungefähr zu einem Drittel umfaßt (l. c. S. 651). — Gegen diese Auffassung sprechen freilich zwei interessante Tatsachen, welche dieselben Autoren mitteilen. Neben Embryonalanlagen mit wohl entwickelten Achsenorganen traten nämlich manchmal auch Kümmerbildungen auf (Abb. 138). In ihnen fehlte die Chorda, vielleicht auch die Urwirbel; in einem Fall war ein typisches Medullarrohr entwickelt, im anderen Fall nur ein kompakter Strang von Medullarsubstanz (l. c. S. 655). Die wahrscheinlichste Erklärung hierfür finden die Autoren in der Annahme, daß solche Kümmerbildungen sich von ganz lateral gelegenen Organisatorteilen ableiten (vgl. etwa B × 1 oder D × 4 des Schemas der Abb. 137). Diesen fehlte demnach zwar nicht die Fähigkeit, eine Medullarplatte zu induzieren, wohl aber die andere, Chorda zu bilden und größere Nachbarbezirke organisierend einzubeziehen. In gleichem Sinn wird eine andere Beobachtung gedeutet. Wird ein Tritonkeim in jüngsten Stadien frontal durchgeschnürt, so entwickelt sich bekanntlich, wie oben in Erinnerung gebracht wurde, aus der ventralen Hälfte ein Bauchstück ohne weitere Gliederung. Nun wurde aber gelegentlich beobachtet, daß solche Bauchstücke, ohne Chorda (und Urwirbel?) aufzuweisen, schwache Medullar-

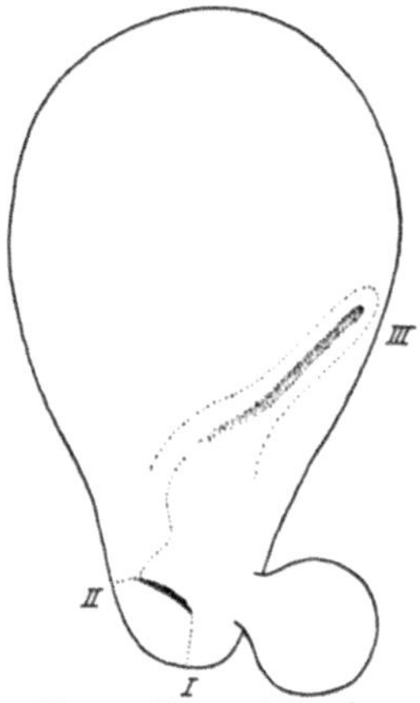

Abb. 138. Kümmerbildung (in späterem Stadium Medulla ohne Lumen, Chorda fehlt, Mesoderm ungeformt), wahrscheinlich abzuleiten von lateralen Teilen des Organisationszentrums. (Nach O. MANGOLD und F. SEIDEL, 1927.)

stränge, Pigment und kleine Schwänzchen zeigten. Das wird durch die Annahme erklärt, daß das Organisationszentrum über die Grenzen der präsumptiven Chorda, also über die Hälfte des Keimumfangs hinausreicht.

Dadurch wird die andere von denselben Autoren angeführte Erklärungsmöglichkeit in den Vordergrund gerückt, die Annahme nämlich, daß die Verschmelzung der nach dem Operationsschema sich berührenden Zentren häufig dadurch verhindert wird, daß sich bei der Furchung des stark abgeplatteten Doppelkeims isolierendes Material zwischen sie schiebt, d. h. Teile, welche nicht oder nur begrenzt organisationsfähig sind (l. c. S. 651). Damit berühren sich Ergebnisse, zu welchen BAUTZMANN (1933) durch Experimente der neuesten Zeit gelangte.

Die bisherigen Versuche über Determination behandelten die Frage nach ihrem ersten Eintritt und ihrer allmählichen Festigung; ersteres durch möglichst vollständige Ausschaltung jedes spezifischen Einflusses, letzteres durch Prüfung der Widerstandskraft gegen induzierende Einwirkungen. H. BAUTZMANN (1933) stellte sich die Aufgabe, die einzelnen Abschnitte der Randzone bezüglich ihres Determinationsgrades und ihrer Induktionskraft miteinander zu vergleichen, dadurch, daß er sie gegeneinander austauschte (vgl. Abb. 139). Das allgemeine Ergebnis dieser Versuche läßt sich kurz dahin zusammenfassen, daß das präsumptive Chordamaterial den übrigen Abschnitten der Randzone sowohl an Festigkeit der Determination als an Induktionskraft überlegen ist. Stückchen außerhalb dieses Vorzugsbereichs, also solche der seitlichen und ventralen Urmundlippe, fügen sich nach Austausch in die neue Umgebung

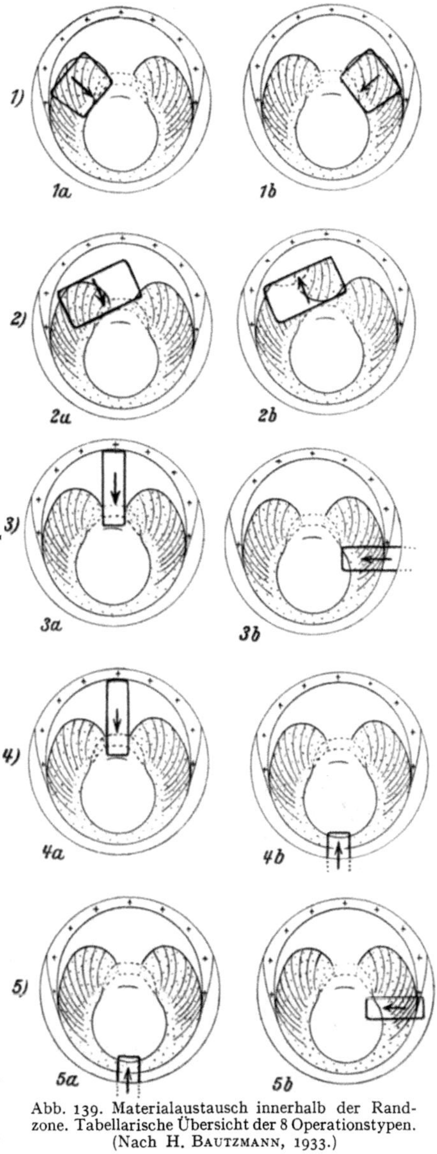

Abb. 139. Materialaustausch innerhalb der Randzone. Tabellarische Übersicht der 8 Operationstypen. (Nach H. BAUTZMANN, 1933.)

ein und entwickeln sich im wesentlichen ortsgemäß weiter (l. c. S. 758). So kann man ein Stück aus der rechten Urwirbelgegend durch das spiegelbildliche linke ersetzen (Abb. 139, 1), oder ein laterales Stück gegen ein ventrales austauschen (Abb. 139, 5), ohne den normalen Ablauf der Entwicklung wesentlich zu stören. Ein Stück Chordaanlage dagegen behält seine Entwicklungsrichtung bei und wirkt, indem es sich durchsetzt, induzierend auf seine Umgebung. Wird ein dorso-laterales Stück, welches präsumptive Chorda und Urwirbel enthält, um 180° gedreht, so daß also die beiden in ihm enthaltenen Anlagen ihren Platz vertauschen (Abb. 139, 2), so entwickeln sie sich herkunftsgemäß weiter. Von der Chorda ist also ein Streifen abgespalten, der durch Urwirbel von dem Rest getrennt ist und in der darüber gelegenen Medullarplatte eine zweite Medianebene induziert hat. Wird ferner ein medianes Stück aus der oberen Urmundlippe in seitliche oder untere Urmundlippe verpflanzt (Abb. 139, 3 und 4), so bildet es, wie seit langem bekannt, Chorda und Urwirbel und induziert eine Medullarplatte. — Überraschend war das Ergebnis, wenn seitliche oder ventrale Urmundlippe median in die dorsale eingepflanzt wurde (Abb. 139, 3 und 4). Es entstand eine vordere Verdoppelung der Chorda mit innenständigen Urwirbeln und eine entsprechende Verdoppelung des Medullarrohrs (Abb. 140). Das zwischengeschaltete Stück hat also die Wirkung eines „Keils“, welcher die Chordaanlage in zwei Hälften spaltet, deren jede sich dann zum Ganzen reguliert und in dem darüberliegenden Ektoderm eine Medullarplatte induziert. Ein Stück präsumptives Ektoderm an dieser Stelle wird, wenn es sich überhaupt einstülpt, von der Umgebung assimiliert und bildet die median gelegene Chorda eines einfachen Vorderendes. Daß laterale und ventrale Urmundlippe sich anders verhalten, führt BAUTZMANN neben der „Induktionsschwäche“ der Chorda dieses Stadiums auf eine in anderer Richtung erfolgte „Bahnung“ zurück. Doch wird an einer größeren Anzahl derselben Experimente noch zu prüfen sein, ob dieser Unterschied ein gesetzmäßiger ist (vgl. BAUTZMANN, l. c. S. 763).

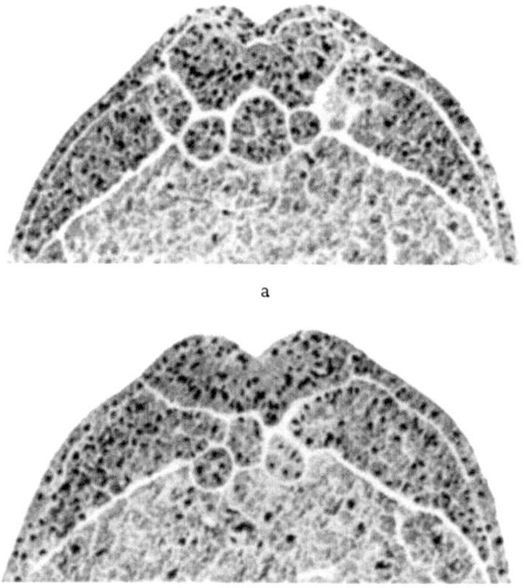

a

b

Abb. 140 a und b. Embryo von Triton alpestris. Querschnitt a durch mittleres Keimdrittel, b weiter hinten. Spaltung der Chorda und strukturelle Verdoppelung des Medullarrohrs durch zwischengeschobenes Mesoderm. Es war ein Stück ventrale Randzone (Mesoderm) in dorsale Randzone (Chordaanlage) verpflanzt worden. (Nach BAUTZMANN, 1933.)

Zusammenfassend läßt sich also sagen, *daß die dorsale Mitte der Randzone ihren anderen Teilen gegenüber einen Vorzugsbereich darstellt, indem sie sowohl selbst fester determiniert ist als auch stärkere Induktionskraft besitzt.*

4. Regionale Determination durch Medullarplatte.

O. MANGOLD (1929b) benützte die von uns entdeckte Fähigkeit der Medullarplatte, in Ektoderm der jungen Gastrula eine Medullarplatte zu induzieren, zu Versuchen, bei welchen auch dieses Induktionssystem auf regionale Verschiedenheit der Aktions- und Reaktionsfähigkeit geprüft werden sollte. Dabei zeigte sich ein überwiegender Einfluß des Induktors. Augeninduktion ist zwar auch hier in der vorderen Wirtsregion am häufigsten, ebenso wie Schwanzinduktion in der hinteren. Doch ist bis jetzt anscheinend kein Fall gefunden worden, in welchem auch ein hinteres Stück der Medullarplatte in Kopfhöhe Augen induziert hätte. Ebenso fehlt Schwanzinduktion zwar in Kopfhöhe, ist aber keineswegs auf die Schwanzregion des Wirts beschränkt. Sehr deutlich ist dagegen der Einfluß des Induktors auf den regionalen Charakter der Induktion. So fanden sich Augeninduktionen nur bei Transplantaten, welche selbst Augen besitzen, ebenso Stützer; alle anderen Transplantate haben nie ein Auge, nie einen Stützer, nie eine Linse induziert. Ebenso fanden sich Schwanzinduktionen mit einiger Regelmäßigkeit bei den Transplantaten aus dem hintersten Teil der Medullarplatte; sie traten in allen anderen Experimenten nie auf, auch nicht bei den Transplantaten aus dem dritten Viertel. — H. BYTINSKI-SALZ (1931) wiederholte diese Experimente mit annähernd demselben Erfolg.

Diese Kopf- und Schwanzinduktionen sind komplexer Natur (komplexe Induktion O. MANGOLD). Das Implantat ist an ihnen entweder nur induktiv beteiligt oder außerdem noch mit eigenem Material (autonome und komplementäre Induktion, O. MANGOLD 1932a). Diese wichtigen Tatsachen verdienen aber eine eigene Behandlung.

XIV. Komplementäre und autonome Induktion.

Die in den vorhergehenden Abschnitten behandelten Induktionserscheinungen lassen sich, wie O. MANGOLD (1932a) in einem interessanten Aufsatz ausgeführt hat, danach unterscheiden, ob sich das Induktionsprodukt mit dem Induktor zusammen zu einer harmonischen Einheit ausbildet oder nicht. Im ersteren Fall ergänzt sich also der Induktor aus dem Reaktionssystem (komplementäre Induktion); im zweiten Fall wird die Neubildung durch den Induktor nur hervorgerufen, entwickelt sich dann aber ohne dessen Beteiligung selbständig weiter (autonome Induktion). Für beide Arten der Induktion sollen nun einige uns schon bekannte Beispiele zusammengestellt und durch neue Fälle vervollständigt werden.

1. Komplementäre Induktion.

Als vollkommenstes Beispiel komplementärer Induktion kann man das Ergebnis des ersten Austauschexperimentes betrachten. Wenn in der beginnenden Gastrula ein Stück des präsumptiven Gehirns entfernt worden ist, so ergänzt sich der Keim aus dem Stück präsumptive Epidermis, welches ihm zum Ersatz für den Verlust dargeboten wird. Stammt das ortsfremde Ersatzstück aus einem Keim derselben Art und desselben Alters, so kann es sich so völlig harmonisch in den Gang des Geschehens einfügen, daß ein ganz normaler Embryo entsteht. — Das gilt auch für den Ersatz von Mesoderm und Ektoderm.

Umgekehrt aber ist das Ergebnis des Austauschs ein anderes. Dem Mesoderm fehlt, jedenfalls unter den Bedingungen dieses Experimentes, die Fähigkeit, sich in den Entwicklungsgang seiner ektodermalen Umgebung einzuordnen. Es ordnet sich vielmehr diese Umgebung selbst unter. Mit ihr zusammen bildet es ein harmonisches Ganzes; aber die Harmonie des größeren Ganzen, von dem es ein dienender Teil sein sollte, ist unheilbar gestört.

Am weitgehendsten ergänzt sich das Implantat dann aus dem Material des Wirts, wenn beide von genau demselben Alter sind, wenn also ein Stück obere Urmundlippe der jungen Gastrula einem anderen gleichalten Keim an geeigneter Stelle, am besten im Bereich der späteren unteren Urmundlippe, eingepflanzt wird. Dann bildet sich, wie wir gesehen haben, im Anschluß an diesen „Organisator" ein sekundärer Embryo aus, der unter Umständen ganz normal gebaut sein und eigene Reizbarkeit und Beweglichkeit besitzen kann. Alle seine Organe ektodermaler Abkunft stammen vom Wirt; darüber hinaus kann sich dieser aber auch, wie heteroplastische Transplantation deutlich zeigt, am Aufbau der Chorda und der mesodermalen Organe beteiligen.

Ist das Alter von Wirt und Implantat etwas verschieden, wird also ein Stück Urdarmdach, welches die Gastrulation schon hinter sich hat, als Induktor verwendet, so vermag es sich zwar wohl noch zum Ganzen zu regulieren und eine ganze Medullarplatte zu induzieren. Ob es aber noch imstande ist, sich aus der neuen mesodermalen Umgebung zu ergänzen, ist zweifelhaft; sicher ist dies nur in geringerem Maße der Fall. Aber auch hier entsteht eine unter Umständen sehr gut ausgebildete sekundäre Medullarplatte, welche sich zum Rohre schließen, Augenblasen ausstülpen, Linsen, Hörblasen, Haftfäden sich angliedern kann. Also auch hier liegt komplementäre Induktion vor (vgl. B. MAYER 1935, S. 127).

Es ist eine Tatsache, welche sicher tief im Wesen der Entwicklung begründet ist, daß wohl das mesodermale Urdarmdach auf das Ektoderm induzierend zu wirken vermag, daß selbst abgegliederte Chorda noch eine Medullarplatte hervorrufen kann, nicht aber umgekehrt. Medullarplatte induziert, wie wir gesehen haben, direkt nur Medullarplatte, an deren Aufbau sie sich nicht harmonisch beteiligt. Nur eine Ausnahme gibt es, welche O. MANGOLD (1932a) entdeckt hat und welche er als Hauptbeispiel komplementärer Induktion anführt.

O. MANGOLD hat schon bei der ersten Mitteilung seiner Induktionsversuche mit Medullarplatte (O. MANGOLD und H. SPEMANN 1927) die Frage aufgeworfen, „ob Stückchen der hinteren Medullarplattenbezirke komplexere Induktionsfähigkeit besitzen" als vordere; „d. h. auch andere Teile des Achsensystems induzieren können, ähnlich wie dies ein Stück Organisator kann" (l. c. S. 406). Diese Vermutung hat sich bestätigt.

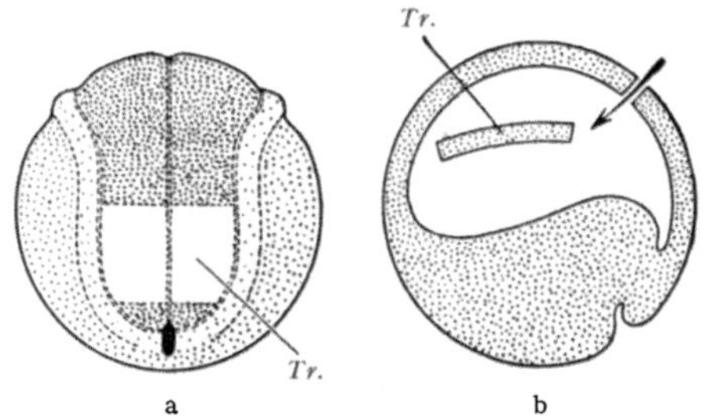

Abb. 141 a und b. Kaudales Viertel (*Tr.*) der Medullarplatte (a) einer beginnenden Gastrula ins Blastocoel gesteckt (b). (Nach O. MANGOLD, 1932 a.)

In einem solchen Fall (O. MANGOLD 1932a, S. 371/372) war der Spender (Triton cristatus) eine Neurula mit erhobenen Wülsten, der Wirt (Triton taeniatus) eine frühe Gastrula; das kaudale Viertel der Medullarplatte ohne Urdarmdach, ohne Medullarwulst und ohne Umschlagsrand gegen den Urmund (Abb. 141 a und b) wurde in der üblichen Weise ins Blastocoel gesteckt. Es entstand ein sekundäres Schwänzchen (Abb. 142), welches keine Chorda, wohl aber Medullarrohr und Ursegmente enthielt. Das Medullarrohr ist, wie die Querschnitte zeigen, aus Material des Wirts und des Implantats chimärisch zusammengesetzt. Von der Stelle an, wo es die normale linke Urwirbelreihe kreuzt, wird es von Urwirbeln begleitet (Abb. 143 und 144), welche im Wirtsmaterial induziert sind und offenbar zum Teil von dessen normaler Urwirbelanlage, zum Teil vom Ektoderm abstammen. „In diesem Fall hat also das medullare Transplantat Medullarplatte und Urwirbel induziert und diese sich so angegliedert, daß ein harmonisches, wenn auch defektes Achsensystem, ähnlich dem eines Schwänzchens entstand. Induktor und Induktion wirken in Richtung auf die Ganzheit zusammen."

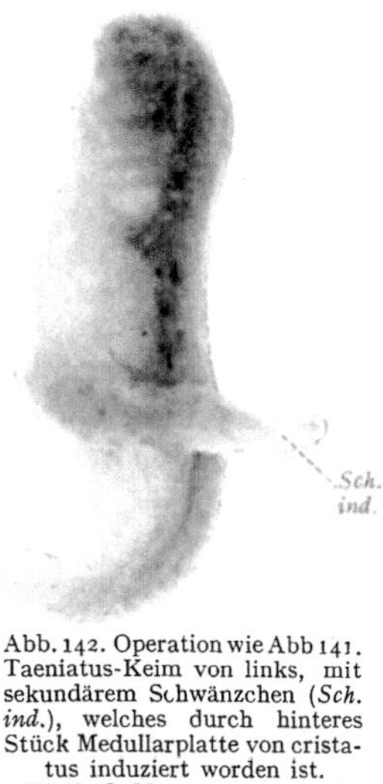

Abb. 142. Operation wie Abb 141. Taeniatus-Keim von links, mit sekundärem Schwänzchen (*Sch. ind.*), welches durch hinteres Stück Medullarplatte von cristatus induziert worden ist. (Nach O. MANGOLD, 1932 a.)

Diese Versuche wurden von BYTINSKI-SALZ (1931) weiter geführt und auch auf das Schwanzmesoderm ausgedehnt, mit wesentlich demselben Ergebnis. Im einzelnen wurde festgestellt, daß die Induktion einen verschiedenen Grad von Vollständigkeit erreichen kann. Im einfachsten Fall besteht der Schwanz nur aus einem von Mesoderm erfüllten

Hautauswuchs mit Flossensaum; selbst im vollkommensten Falle aber fehlt stets die Chorda. Darin unterscheiden sich diese Fälle von den Schwanzbildungen, welche durch eine Chordaanlage (H. BAUTZMANN 1933) oder auch durch ein Stückchen obere Urmundlippe in Schwanzregion induziert werden können. Dagegen gleichen sie ihnen in der assimilatorischen Induktion von Urwirbeln aus dem Material des Wirts.

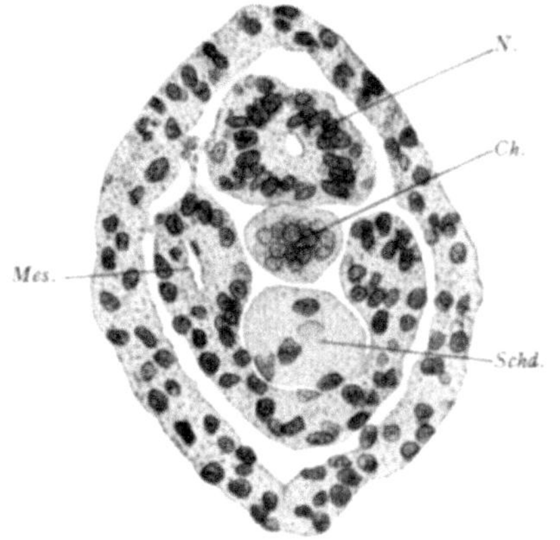

Abb. 143. Derselbe Keim wie in Abb. 142. Querschnitt durch den normalen Schwanz mit Neuralrohr (*N.*), Chorda (*Ch.*), Schwanzdarm (*Schd.*) und Mesoderm (*Mes.*).

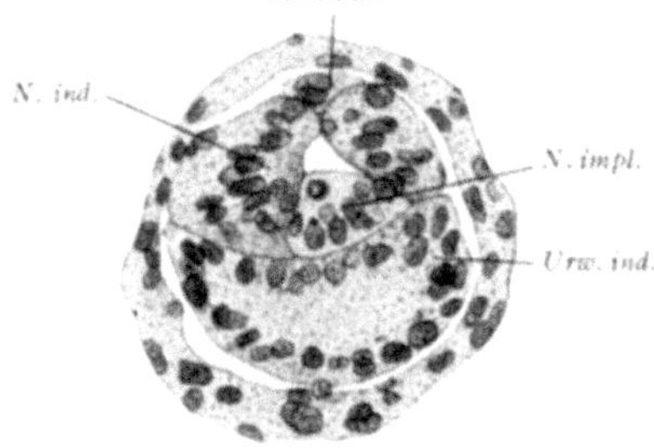

Abb. 144. Querschnitt durch das induzierte Schwänzchen, in geringer Entfernung von der Ansatzstelle. Das implantierte Medullarrohr von cristatus (*N. impl.*) hat im Wirt Medullarrohr (*N. ind.*), Mesoderm (*Mes. ind.*) und Urwirbel (*Urw. ind.*) ergänzend induziert. (Nach MANGOLD, 1932 a.)

2. Autonome Induktion.

Ein Zusammenwirken von Implantat und Wirt zur Bildung eines harmonisch gegliederten Ganzen wird unmöglich, wenn beide Teile in irgend einer Beziehung nicht zusammenpassen. Das ist der Fall bei abnormen Induktoren und bei einer zu großen Art- oder Altersverschiedenheit zwischen den Teilen des Induktionssystems.

Wenn also ein Stück Medullarsubstanz die Induktion bewirkt, so kann es sich nur in dem eben besprochenen Ausnahmefall am Aufbau der sekundären Anlage beteiligen. An sich hätte man ja erwarten können, daß ein Stück eingepflanzte Medullarplatte Chorda und Urwirbel induzieren und sich so aus der neuen mesodermalen Umgebung zu einer sekundären Embryonalanlage ergänzen würde. Das ist aber, mit eben jener Ausnahme, nicht der Fall. Vielmehr wirkt diese Medullarplatte nur auf die noch ganz oder relativ indifferente Epidermis, induziert in ihr auf eine noch nicht ganz klar gestellte Weise eine Medullarplatte, welche nun ihrerseits Linsen, Hörblasen, Haftfäden sich angliedern kann. An dieser Induktion ist also das Implantat nur mit seiner Induktionswirkung, nicht aber mit seinem Material beteiligt; man kann sie mit O. MANGOLD (1932a) als autonome Induktion bezeichnen.

Als Beispiel einer ganz vorwiegend autonomen Induktion mag ein von O. MANGOLD (1932a) genau analysierter Fall einer Kopfinduktion angeführt werden. Spender war eine Neurula von Axolotl mit geschlossenen Medullarwülsten. Ihr wurde das vordere Drittel der rechten präsumptiven Hirnhälfte ohne unterlagerndes Urdarmdach entnommen und einer mittleren Gastrula von Triton taeniatus ins Blastocoel gesteckt (Abb. 145). Nach 2 Tagen zeigte sich auf einem großen, ventral gelegenen Implantathöcker eine starke Medullarplatteninduktion. 8 Tage nach der Operation ist eine Larve mit schwach verzweigten Kiemen entstanden. Sie trägt ventral hinter der Leberregion einen runden Implantathöcker mit einem Haftfaden (Abb. 146). Im Innern ist dieser Höcker zusammengesetzt aus dem Implantat und der von ihm hervorgerufenen Induktion (Abb. 147). Das Implantat hat sich seiner Herkunft entsprechend zu einem halben Hirn mit nur einem Auge und einer Riechgrube weiterentwickelt. Die Induktion aber ist eine bilateral symmetrische, sehr vollständige Kopfinduktion, bestehend aus einem gegliederten Hirn, zwei Riechgruben, zwei Augen mit Linsen, vier Hörblasen, einem Ganglion und einem Haftfaden. Eines der Augen bildet mit dem des Implantats einen gemeinsamen

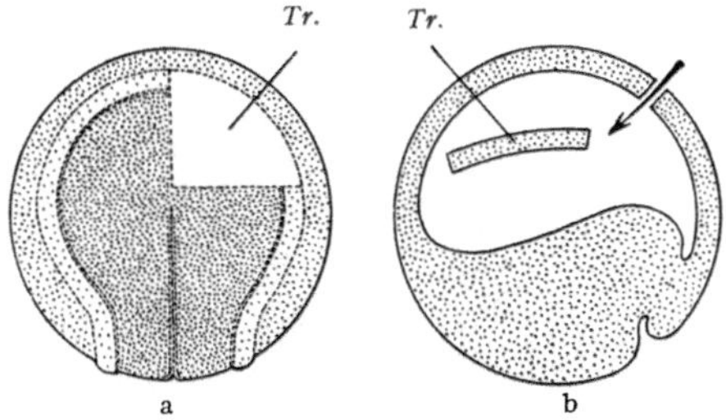

Abb. 145 a und b. Rechte vordere Hälfte der Medullarplatte (*Tr.*) aus Neurula von Axolotl (a) ins Blastocoel einer mittleren Gastrula von taeniatus (b) gesteckt. (Nach MANGOLD, 1932 a.)

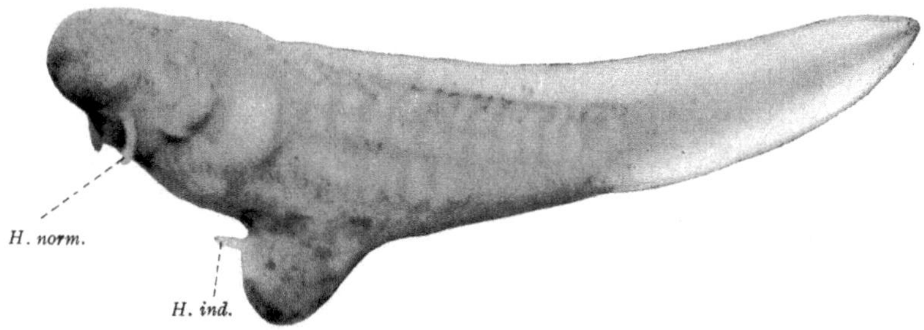

Abb. 146. Operation wie in Abb. 145, doch Medullarplatte schon geschlossen. Larve von Triton taeniatus, mit Haftfäden (*H. norm.*); hat ventral hinter dem Herzen großen Höcker mit Haftfaden (*H. ind.*). (Nach MANGOLD, 1932 a.)

Becher mit einer gemeinsam induzierten Linse; ebenso gehört eine der vier Hörblasen zum Implantat. Abgesehen von den beiden letztgenannten Gebilden, durch welche das Implantat sich ergänzt hat (komplementäre Induktion), ist alles übrige durch autonome Induktion entstanden.

Wenn oben gesagt wurde, daß Medullarplatte nur in Ektoderm induziere, nicht aber in Mesoderm, so gilt dies, auch abgesehen von der geschilderten Schwanzinduktion, wohl nur für die unmittelbare Wirkung. Die soeben beschriebene Kopfinduktion enthielt neben den Organanlagen ektodermaler Abkunft auch reichliches Mesenchym. Es ist durchaus wahrscheinlich, daß dieses im Fortgang der Entwicklung unter den Einfluß jener Organe gekommen wäre und die mesodermalen Hüllen von Gehirn, Augen und Hörblasen gebildet hätte.

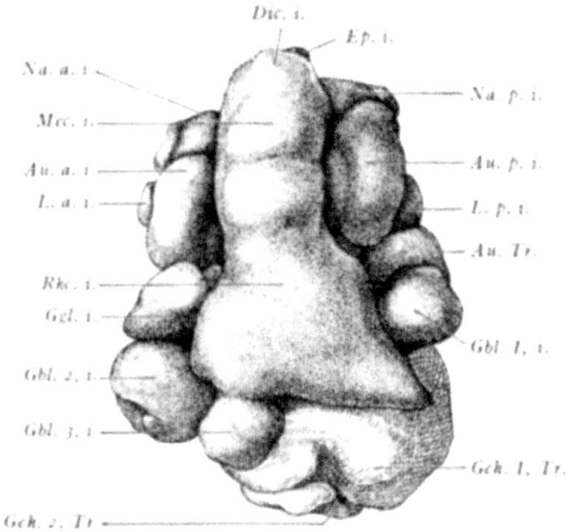

Abb. 147. Plastische Rekonstruktion vom Inhalt des Implantathöckers der Larve von Abb. 146. *Au. a. i.* anteriores Auge der Induktion; *Au. p. i.* posteriores Auge der Induktion; *Au. Tr.* Auge des Implantats; *Dic. i.* Diencephalon induziert; *Ep. i.* induzierte Epiphyse; *Gbl. 1, 2, 3, i.* drei induzierte Gehörblasen; *Geh. 1, 2, Tr.* Gehirnkomplex 1 und 2 des Implantats; *Ggl. i.* induziertes Ganglion; *L. a. i.* induzierte Linse des cephalen induzierten Auges; *L. p. i.* induzierte Linse des kaudalen chimären Auges; *Mec. i.* Mesencephalon induziert; *Na. a. i.* cephale induzierte Nase; *Na. p. i.* kaudale induzierte Nase; *Rhc. i.* induziertes Rhombencephalon. (Nach Mangold, 1932 a.)

So wenig nun Medullarplatte mit Ausnahme dieser hintersten Region sich mit der neuen Umgebung zu einem gleichartigen Induktionssystem verbinden kann, ist eine harmonische Einfügung möglich bei an sich normalen Induktoren, wenn sie das Alter überschritten haben, während welches für sie eine Induktionswirkung normalerweise in Frage kommt. Diese überdauernde Induktionsfähigkeit wurde, wie oben angeführt, von H. Bautzmann (1928b) für die Chorda festgestellt; für die angrenzenden Teile des Mesoderms, in denen Bautzmann höchstens schwache Andeutungen von ihr gefunden hatte, wurde sie neuerdings von J. Holtfreter (1933 a, b, c) mit anderer Methode nachgewiesen. Namentlich die letzteren Experimente

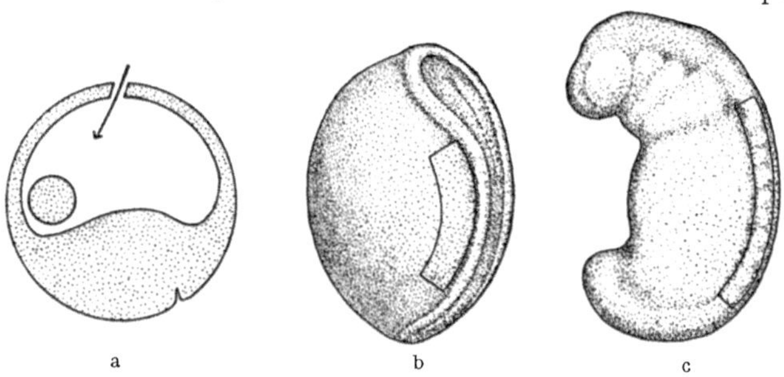

Abb. 148 a—c. Operationsschema. a frühe Gastrula mit abgekugeltem Implantat im Blastocoel. b, c die Spender mit eingezeichnetem Entnahmeort des Mesodermimplantats. (Nach Holtfreter, 1933 b.)

liefern schöne Beispiele autonomer Induktion und sollen deshalb etwas ausführlicher dargestellt werden.

Anlaß der Versuche war eine Nachprüfung der bekannten Angaben Goerttlers (1927b; vgl. S. 77ff.), daß ein Stück präsumptive Medullarplatte, in das Ektoderm einer Neurula eingepflanzt, sich zu Medullarplatte weiter entwickelt, wenn es so orientiert worden ist, daß seine

Gestaltungsbewegungen durch die gleichgerichteten des Wirts unterstützt werden, während es im entgegengesetzten Fall zu Epidermis wird. Bei Wiederholung dieses Versuchs fand HOLTFRFTER (1933a) bekanntlich, daß das Stück sich *immer* zu Medullarplatte entwickelt, gleichgültig wie es orientiert ist; er fand aber noch das weitere, daß ein Stück präsumptive Epidermis dasselbe tut. Es liegt also der von GOERTTLER

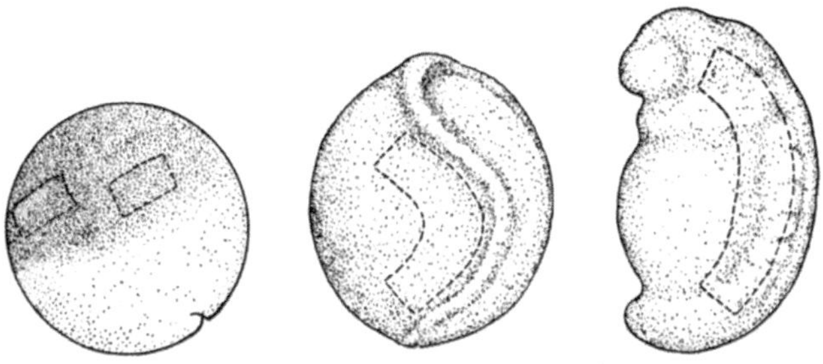
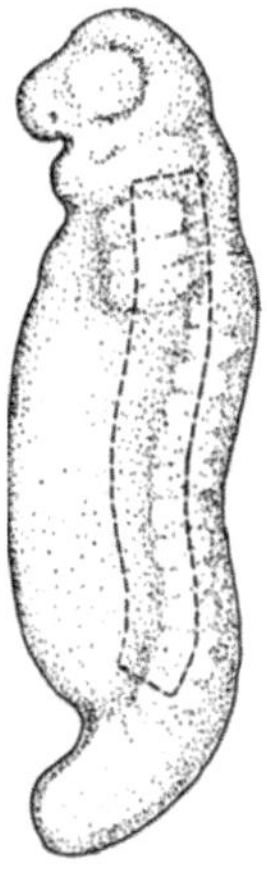

a b c d

Abb. 149a—d. Operationsschema. a frühe Gastrula von der linken Seite. Die häufigsten Entnahmestellen für die Transplantate sind in der präsumptiven Epidermis und der präsumptiven Medullarplatte eingezeichnet. b, c und d Wirtsstadium 1—3. Die Transplantate wurden in die umstrichelte Region verpflanzt. (Nach HOLTFRETER, 1933b.)

(1927b, S. 528; vgl. oben S. 78) für äußerst unwahrscheinlich gehaltene und damals in der Tat nicht vorauszusehende Fall der überdauernden

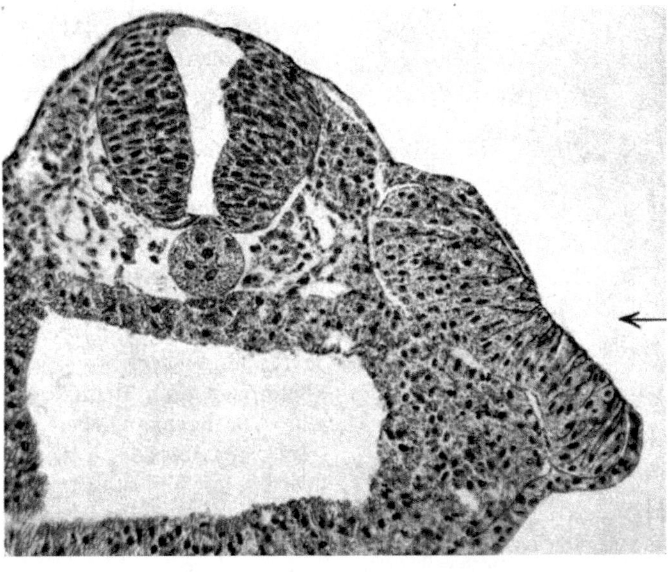

Abb. 150. Querschnitt durch Keim von Axolotl. Präsumptive Epidermis wird auf dem vorderen Kiemenwulst zu Medullarplatte induziert. (Nach HOLTFRETER, 1933 b.)

Induktionsfähigkeit vor. Diesen Tatsachen ist nun HOLTFRETER in mehreren ergebnisreichen Untersuchungen weiter nachgegangen.

In Wiederholung des Experiments von BAUTZMANN wurde aus Keimen verschiedenen Alters, von der Neurula mit deutlichen Wülsten bis zu

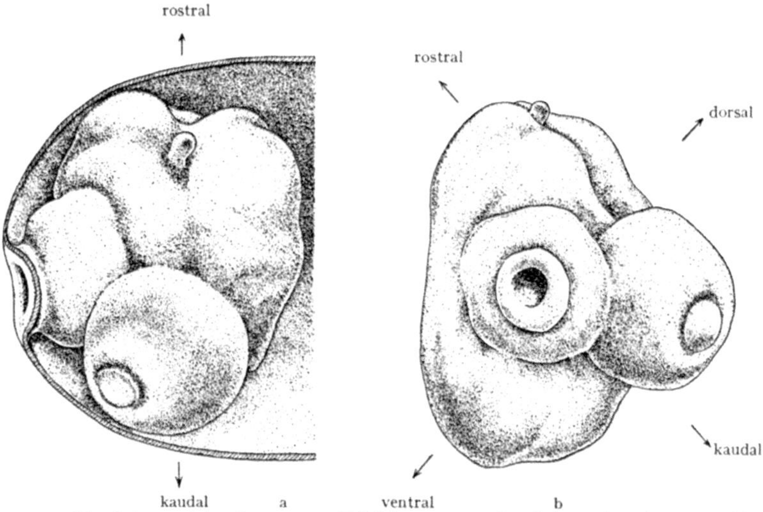

Abb. 151 a und b. Rekonstruktion der nervösen Induktionen, a von dorsal, b von lateral gesehen. Man erkennt den symmetrischen Bau des Gehirns, in dessen medianer Furche die Epiphyse sitzt; seitlich Nase und Auge. (Nach HOLTFRETER, 1933 b.)

gekrümmten Embryonen mit Kiemenbuckeln (Abb. 148 a—c), seitliches Mesoderm entnommen und ganz jungen Gastrulen ins Blastocoel gesteckt (HOLTFRETER 1933 b, Abb. 57a—c). Die Implantate entstammten je nach dem Alter des Keims mehr oder weniger seitlichen Teilen des Mesoderms und enthielten demnach ausschließlich oder vorwiegend das Material für Muskulatur oder Vornierenkanälchen. Sie entwickelten sich unter Selbstdifferenzierung weiter und induzierten in der bedeckenden Epidermis verschiedenartige Bildungen; die Muskulatur (heterogenetisch) Medullarsubstanz, die Vornierenkanälchen (homöogenetisch) ihresgleichen. — Merkwürdig ist die Bildungsweise der induzierten Medullarrohre. Nur ausnahmsweise entstanden sie auf dem normalen Wege über eine in der Oberfläche liegende Medullarplatte; meist ohne äußerlich erkennbare Veränderung des Ektoderms (daher wohl von BAUTZMANN übersehen) durch Wucherung desselben und

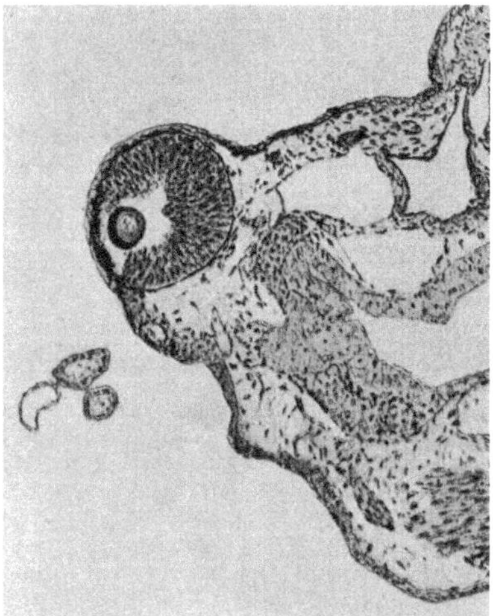

Abb. 152. Schnitt durch das induzierte Auge der Abb. 151, daneben die induzierten Haftfäden. (Nach HOLTFRETER, 1933 b.)

Abspaltung seiner tieferen Schichten. Höchst merkwürdig auch die ganz atypische Entstehung der Vornierenkanälchen aus dem Ektoderm.

Noch ergebnisreicher waren die schon genannten Versuche, bei welchen nicht der Induktor, sondern das Reaktionssystem verpflanzt wurde (HOLTFRETER 1933b). In verschiedenen Entwicklungsstadien, von der Neurula mit deutlichen Wülsten bis zu gestreckten Embryonen, welche schon die ersten Muskelkontraktionen zeigten, wurde ein seitliches Stück Epidermis neben der Medullaranlage abgehoben, in verschiedenen

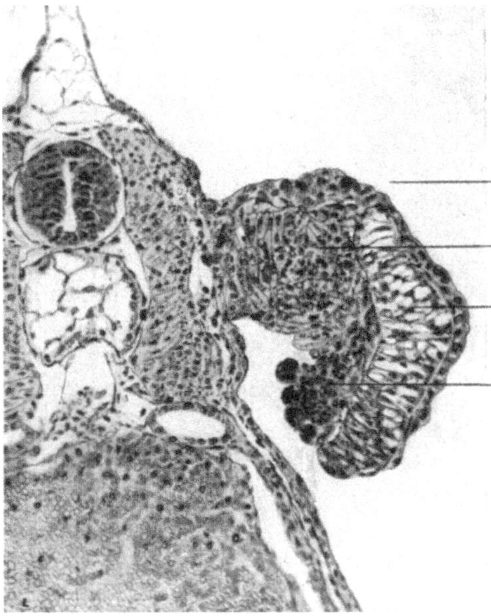

Abb. 153. Das mittlere Implantat entwickelte sich zu einem Zapfen aus Chorda, Muskulatur, Nervengewebe und Epidermis. (Nach HOLTFRETER, 1933 b.)

Höhen, von der zukünftigen Hörblasenregion bis in die Schwanzgegend hinein (Abb. 149b—d). An seine Stelle wurde ein Stück Ektoderm der frühen Gastrula gepflanzt, präsumptive Medullarplatte oder präsumptive Epidermis (Abb. 149a), mit völlig gleichem Ergebnis. Woraus wieder wie aus zahlreichen anderen Tatsachen folgt, daß beide Bezirke der Gastrula dieselben Potenzen in gleicher Reaktionsbereitschaft enthalten. Die Transplantationen wurden teils homöoplastisch, teils xenoplastisch an den Keimen von Triton taeniatus und alpestris und von Axolotl ausgeführt.

In diesen Stückchen indifferenten Ektoderms wurden nun, entsprechend den Regionen des Wirts, Organe aller Art induziert, von oft sehr verwickeltem Bau. So entstand in Kopfregion auf dem vorderen Kiemenwulst eine offene Medullarplatte (Abb. 150); in der Höhe der Hörblasen ein Stück Gehirn mit Riechgrube oder ein solches mit Riechgrube und linsenhaltigem Auge (Abb. 151a u. b, 152). Außerdem Kopfganglienzellen, Plakoden, Haftfäden, Epidermis mit Frontaldrüsen, Mesenchym, Knorpel, Muskulatur. Im Rumpfbezirk fehlten die spezifischen Kopforgane, dagegen traten neu auf vor allem Flossensaum, Vornierenkanälchen, Chorda (Abb. 153) und Schwanz.

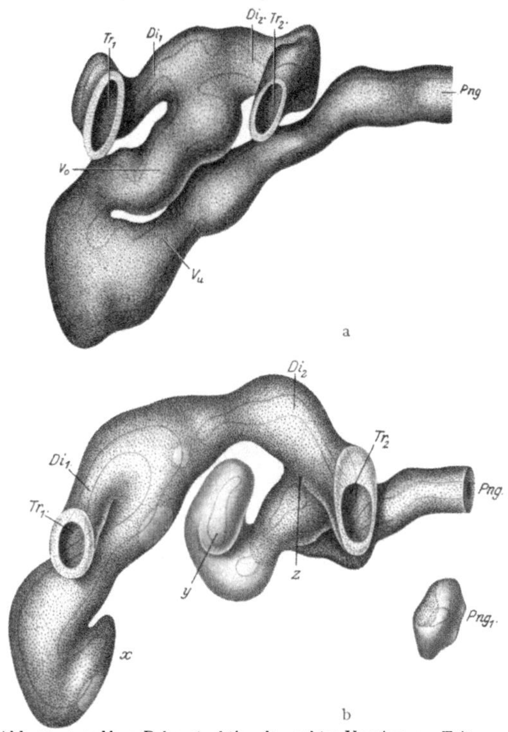

Abb. 154a und b. a Rekonstruktion der rechten Vorniere von Triton. Tr_1 vorderer, Tr_2 hinterer Trichter; Di_1 vorderes, Di_2 hinteres Divertikel; *Png.* Vornierengang; V_o dorsaler, V_u ventraler Teil des U-förmigen Verbindungsstücks; Kontur des Lumens durch Linien angedeutet. b Rekonstruktion der rechten Vorniere von Triton, mit sekundär induzierten überzähligen Teilen. (Nach MANGOLD, 1923.)

An diesen Ergebnissen liegt das Neue nicht darin, daß das Ektoderm die Potenzen all der Organe mit enthält, welche im normalen Entwicklungsverlauf aus dem Mesoderm entstehen. Das war schon seit den ersten Austauschversuchen bekannt, welche O. MANGOLD (1923) zwischen diesen beiden Keimblättern ausführte; wenn es auch noch nie so eindrucksvoll gezeigt werden konnte, wie an diesen bis zur geweblichen Differenzierung aufgezogenen Embryonen. Das Neue liegt vielmehr in der Art, wie diese Potenzen geweckt werden und wie sie sich auswirken; obwohl auch dies schon in einem jener ersten Versuche angedeutet ist.

Bei Verpflanzung von Ektoderm der Gastrula in die Vornierengegend eines anderen gleichalten Keims hat O. MANGOLD (1923) bekanntlich die wichtige Entdeckung gemacht, daß überschüssiges Material, welches nicht völlig eingegliedert werden kann, zur Bildung von überzähligen Vornierenkanälchen verarbeitet wird (Abb. 154 a und b), die mit den primären nicht in Zusammenhang zu stehen brauchen. Also autonome Induktion aus dem Ektoderm im Vornierenfeld, ganz ähnlich denen, welche in HOLTFRETERs Versuchen entstanden.

Vor näherem Eingehen auf die Schlüsse, welche sich aus diesen Tatsachen ergeben, mögen noch zwei weitere Versuchsreihen HOLTFRETERs kurz mitgeteilt werden. Sie knüpfen an die von ihm beschriebene Exogastrulation höchsten Grades an.

Bei dieser Mißbildung verlaufen, wie erinnerlich, alle Gestaltungsbewegungen wie bei der normalen Gastrulation, mit dem einen freilich folgenschweren Unterschied, daß das gesamte mesoentodermale Material sich nicht ein- sondern ausstülpt. Das Ergebnis ist eine Epidermisblase ohne Inhalt und ein umgekrempelter Embryo ohne Hülle, welch beide Teile nur noch durch einen dünnen Stiel zusammenhängen (HOLTFRETER 1933d).

Auf diesen nackten Keim wurden nun wie „Pflaster" kleine Stücke Ektoderm aufgeklebt (Abb. 155), unter absichtlicher Vermeidung der regionalen Übereinstimmung; also z. B. präsumptives Bauchektoderm auf die umgestülpte Kopfregion, präsumptive Medullarplatte auf die Schwanzregion. In diesen Stücken traten nun ortsgemäße (regionsgemäße) Induktionen auf; am Vorderende ein Gehirn mit Augen, Riechgruben und Hörblasen, weiter hinten auf dem Rumpfmesoderm ein längsverlaufendes Rückenmark, am Hinterende ein Schwanz mit Chordamesoderm, Neuralrohr und Flossensaum (HOLTFRETER 1933e; Abb. 16 und 17).

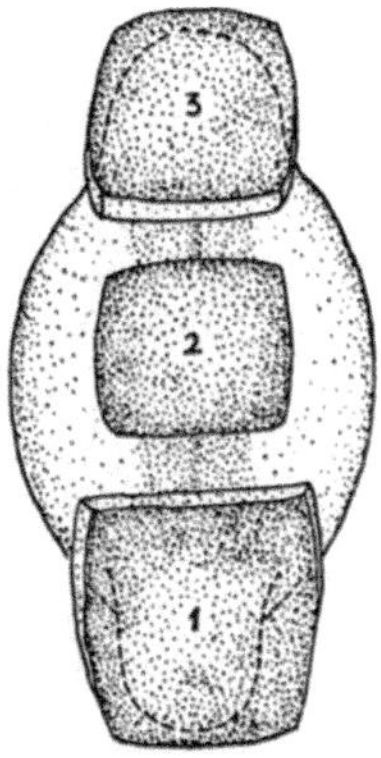

Abb. 155. Operationsschema. Auf den vorderen (1), mittleren (2) und hinteren (3) Dorsalbereich einer Exogastrula (vgl. Abb. 107 links) werden Stücke Ektoderm einer jungen Gastrula gelegt. (Nach HOLTFRETER, 1933 e.)

Etwas ganz ähnliches tritt ein, wenn die Exogastrulation nicht ihren äußersten Grad erreicht. „Die totale Exogastrula stellt nur einen Extremfall dar. Dort war das gesamte Entomesoderm ‚aus der Haut gefahren'. Gewöhnlich isoliert sich aber nur ein Teil der Unterlagerung und ein anderer Teil gerät unter das Ektoderm. Zum Beispiel setzt die Ausstülpung richtig ein, stoppt dann aber ab, und die hinteren Abschnitte der Unterlagerung wandern, statt nach außen, unter das Ektoderm. So erhält man alle denkbaren Stufen von einer minimalen bis zur vollkommenen Invagination" (Abb. 156a und b). Der erste Defekt trifft also das Vorderende; je später die normale Einstülpung einsetzt, um so weiter reicht der Defekt, d. h. die Region des undifferenzierten Epidermissacks, nach hinten. Oder umgekehrt: je früher die abnorme Exogastrulation von der normalen Gastrulation abgelöst wird, um so mehr kopfwärts gelegene Teile des Mesoderms gelangen zur Einstülpung, um so weiter reicht auch die vollständige Ausbildung des Embryos nach vorn. In diesem Zusammenhang wird die gewöhnliche Gastrulation gewissermaßen als ein Naturexperiment aufgefaßt, als eine „Autotransplantation", durch welche aktionsfähiges Material zur Einwirkung auf reaktionsfähiges gebracht wird. Der regionale Charakter der im Ektoderm induzierten Organe wird nach HOLTFRETER lediglich durch das Mesoderm bestimmt; das Ektoderm wäre nach ihm ein zunächst ganz gleichartiges, weitgehend indifferentes Material.

Das Neue, was aus jenen Aufpflanzversuchen gegenüber dem Austausch zwischen gleichalten Keimen hervorgeht, ist wieder die merkwürdige Tatsache der *überdauernden Induktionsfähigkeit.* Die tieferen Keimteile lassen regionale Induktionswirkungen ausgehen, zu einer Zeit, wo diese für die normale Determination keine Bedeutung mehr haben können, da die ihnen entsprechenden Organe längst gebildet sind und das ihnen vorliegende Material längst nicht mehr reaktionsfähig ist. Sie gelangen aber zur Wirksamkeit, wenn jüngeres, reaktionsbereites Material ihrem

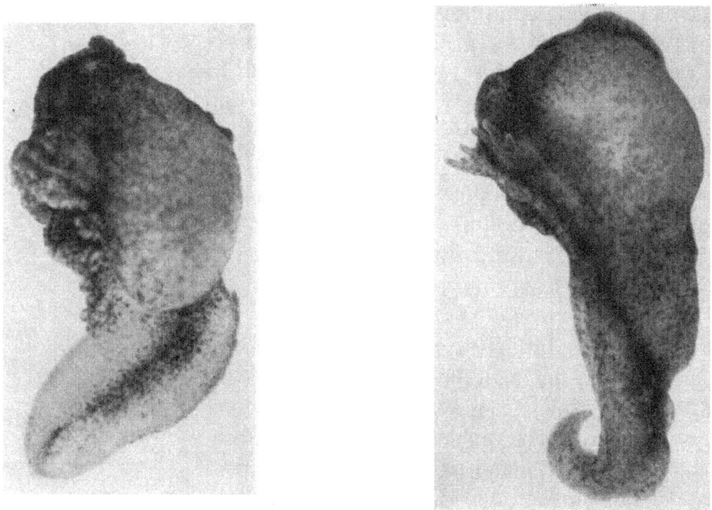

a b

Abb. 156 a und b. Beispiele für die Beziehung zwischen dem Grad der Unterlagerung und dem Maß der Organisierung des Ektoderms. a nur Teile des hinteren Darms bis zum Magen, kaudale Teile der Chorda und der Somiten invaginiert; ein wohlgestalteter Schwanz ausgewachsen, mit einem induzierten Neuralrohr. b Teile des Kopfentomesoderms invaginiert; Kopf fehlt noch, aber äußere Kiemen entwickelt. (Nach HOLTFRETER, 1933 e.)

Einfluß ausgesetzt wird. Aus dem reichen Potenzenschatz dieses Materials wird das Regionsgemäße geweckt, aktiviert; eine genau ortsgemäße Einpassung findet nicht statt.

Wenn dabei nur Medullarrohr mit zugehörigen sekundären Organen wie Linsen und Hörblasen induziert würde, so wäre das weniger merkwürdig. Das präsumptive Ektoderm der jungen Gastrula scheint, nach anderen Versuchsergebnissen zu schließen, ein so labiles System zu sein, daß der Umschlag der präsumptiven Epidermis in Medullarsubstanz und umgekehrt durch ganz geringfügige, unspezifische Anstöße der verschiedensten Art bewirkt werden könnte. Es ist daher von besonderer Wichtigkeit, daß in der Rumpfregion außer Medullarrohr noch andere Organe, wie Chorda, Muskulatur, Vorniere induziert werden könnten. Das dürfte ohne die Annahme orts- und regionsspezifischer Einflüsse nicht zu erklären sein.

Zur Erfassung dieser merkwürdigen und wichtigen Erscheinungen bietet sich ein Begriff als zweckmäßig an, dessen Erörterung und Umgrenzung wir uns nunmehr zuwenden.

XV. Das embryonale Feld.

Die verschiedenen Tatsachen der Induktion, der orts- und der regionsgemäßen Determination lassen sich unter einen Begriff fassen, welcher aus der Physik übernommen ist und von verschiedenen Forschern in die Entwicklungslehre eingeführt wurde. Es ist der Begriff des embryonalen Feldes.

Wenn ortsfremde Epidermis auf die primäre Augenblase verpflanzt dort eine Linse bildet, so läßt sich daraus, wie mehrfach betont wurde, der Schluß ziehen, daß am neuen Orte Einflüsse irgendwelcher Art geherrscht haben, welche die in der Epidermis schlummernden Linsenpotenzen weckten. Dasselbe folgt aus all den anderen Induktionen komplementärer und autonomer Art, von denen im letzten Abschnitt einige Beispiele zusammengestellt sind. Der Organisator schafft sich im indifferenten Gebiet ein „Organisationsfeld" (SPEMANN 1921a), in welchem die reaktionsbereiten Potenzen sinngemäß ansprechen.

Zu diesem Begriff des „embryonalen Feldes" also sind auch andere Autoren gelangt, zum Teil von anderen Tatsachen ausgehend. Vor allem A. GURWITSCH (1922) und P. WEISS (1925) haben ihn, im Gegensatz zu meiner kurzen Andeutung, ausdrücklich aufgestellt und ausführlich erörtert. Neuerdings haben DE BEER (1927) und J. S. HUXLEY (1924) den Feldbegriff zu CHILDs Gradiententheorie in Beziehung gesetzt. Da aber das „Gradientenfeld" der beiden letzteren Autoren dem Begriffe ein wesentlich neues Merkmal einfügt, soll die Gradiententheorie gesondert behandelt werden.

1. A. GURWITSCHs embryonales Feld.

Für GURWITSCH (1922) hat das Feld, wenn ich ihn recht verstehe, eine weitgehende Unabhängigkeit von dem materiell gegebenen Embryo. Nach ihm ist „der Ort des embryonalen Geschehens und der Formbildung ein Feld (im physikalischen Sprachgebrauch), dessen Grenzen mit den jeweiligen des Embryos im allgemeinen nicht zusammenfallen, vielmehr dieselben überschreiten. Die Embryogenese spielt sich mit anderen Worten innerhalb des Feldes ab". ..... „Den Feldern wird hier eine zuweilen komplizierte Anisotropie zugeschrieben, ohne daß dieselbe auf entsprechende Eigenschaften des Feldsubstrats zurückführbar wäre".... „Dasjenige, was uns als lebendes System gegeben ist, bestünde demnach aus dem sichtbaren Keim (bzw. Ei) und aus einem Feld" (l. c. S. 392). „Der Kernpunkt des Feldproblems wäre demnach nicht in der Beziehung des Feldes zu den Elementen zu sehen. Es handelt sich vielmehr darum, wie das Feld selbst im Lauf der Embryogenese evolutioniert" (l. c. S. 414).

2. P. Weiss' Determinationsfeld.

P. Weiss (1925) übernahm von Gurwitsch den Feldbegriff, um gewisse grundsätzlich wichtige Verhältnisse der Entwicklung zu erfassen, welche er auf Grund fremder und eigener Regenerationsversuche am Tritonbein erschlossen hatte.

Wenn an einem Tritonbein ein kleineres oder größeres Stück abgeschnitten wird, so wird bekanntlich vom stehengebliebenen Stumpf aus das Fehlende wieder ersetzt. Es bildet sich über der Wundfläche zunächst eine rundliche Kappe von anscheinend indifferenten Zellen, das Regenerationsblastem, aus dem sich die ortsgemäße Gliedmaße differenziert. Dieser längst bekannte Vorgang konnte nun durch eine Reihe sinnreich abgewandelter Experimente weiter analysiert werden. Wenn man die ganz jungen Regenerationskappen der vorderen und hinteren Extremität vertauscht, so entwickeln sie sich auch jetzt ortsgemäß weiter; d. h. aus dem Regenerationsblastem des Fußes wird auf charakteristischem Wege eine vierfingerige Hand, aus dem Blastem der Hand ein fünfzehiger Fuß (J. Schaxel 1921; B. D. Milojević 1924). Dasselbe Regenerationsblastem bildet auf die Seite des Schwanzes verpflanzt (Abb. 157) einen kleinen Schwanz (E. Guyénot 1927), während umgekehrt Schwanzregenerat in der Gegend der vorderen Gliedmaße nach der Angabe von P. Weiss (1927) zu einer Gliedmaße auswächst.

Abb. 157. Ortsgemäße Entwicklung von Regenerationsgewebe. Ein Regenerationskegel des Beins von Triton cristatus entwickelt sich zu einem kleinen Schwänzchen, wenn es auf die Seite des Schwanzes verpflanzt wird. (Nach O. Schotté aus Guyénot, 1927.)

Aus diesen Tatsachen folgerte P. Weiss, daß das jüngere Regenerationsblastem aus eigener Kraft nichts, unter fremdem Einfluß alles werden kann, oder in seiner Ausdrucksweise, daß es „gestaltlich nullipotent", aber „differenzierungsomnipotent" ist (P. Weiss 1927, S. 336); er folgerte ferner, daß der Gliedmaßenstummel Erzeuger eines Feldes ist, der vordere eines vorderen, der hintere eines hinteren Gliedmaßenfeldes, durch welches in dem omnipotenten Regenerationsblastem die ortsgemäßen Potenzen aktiviert werden; endlich, daß dieses Feld nicht nur von der Gliedmaße selbst ausgeht, bzw. von der an ihr gesetzten Wundfläche, sondern auch von ihrer näheren Umgebung im Rumpf.

Andere Experimente führten zu einigen weiteren Sätzen über das embryonale Feld.

Aus dem Ober- oder Unterarm, bzw. Ober- oder Unterschenkel eines Triton wurde das Skelet herausgenommen und dann Arm oder Bein innerhalb des knochenlosen Abschnittes amputiert. Das Ergebnis war sehr bemerkenswert. Proximal von der Schnittfläche wurde das Skelet nicht regeneriert, wohl aber wurde es distal davon im Regenerat neu gebildet (Abb. 158). Das Skelet des Regenerats stammte also nicht vom Skelet des Stumpfes ab, durch Sprossung der einzelnen Gewebe von der Schnittfläche aus; es wurde auch nicht von diesen Geweben im Regenerat induziert. Vielmehr gliederte sich das Regenerationsblastem nach richtiger Proportion in sich selbst, wie ein harmonisch-äquipotentielles System (P. Weiss 1925).

Dasselbe folgt noch schlagender aus einem weiteren Experiment. Unterarm bzw. Unterschenkel wurde nach Abtrennung der Pfote

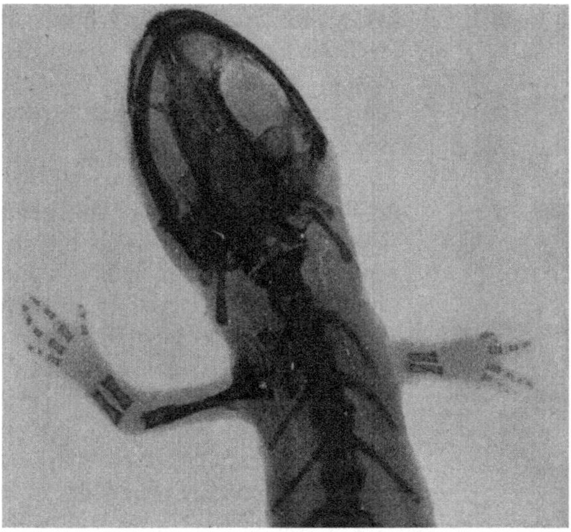

Abb. 158. Regeneration von skeletloser Extremität. Amputation knapp oberhalb des Ellbogens. Schultergürtel und Humerus fehlt. (Nach P. Weiss, 1925.)

zwischen den Knochen längs gespalten; dann wurde die eine Hälfte abgeschnitten, bei der anderen die lange seitliche Wunde durch Zusammenfügen der Hautränder verschlossen. An der distalen Wundfläche des halben Unterarms oder Unterschenkels bildete sich ein Regenerationsblastem und dieses wuchs nicht zu einer halben, sondern zu einer ganzen Gliedmaße aus (Abb. 159), verhielt sich also ebenfalls wie der Teil eines harmonisch-äquipotentiellen Systems (P. Weiss 1926a).

Diesen Begriff von Driesch legt P. Weiss auseinander in die beiden Begriffe des „Wirkungsfeldes", spezieller des „Organisations- oder Determinationsfeldes", und seines „Wirkungskreises" (1926b, S. 23). „Ein Wirkungskreis mit noch gleich teilbarem Feld entspricht also so ziemlich dem äquipotentiellen System Drieschs" (1926a, S. 43). Ich kann mich aber des Eindrucks nicht ganz erwehren, als ob P. Weiss sich das Feld auch in Wirklichkeit in einer gewissen Unabhängigkeit von seinem Substrat vorstellte. Er betont zwar ausdrücklich, daß er den Begriff des Feldes unter starker Abwandlung von GURWITSCH übernommen habe, und daß er empirisch noch nicht auf die Notwendigkeit gestoßen sei, das Feld anders denn als wirksamen Organisationszustand eines in bestimmter Größenordnung organisierten materiellen Systems aufzufassen (1930, S. 132). Das Feld soll nichts unabhängig vom organisierten Keim Existentes sein, sondern mit seiner Setzung mitgesetzt werden (1925, S. 386). Wenn aber ein Feld „über noch indifferentem Material lagert" (1926a, S. 43), „verschieblich" ist (l. c. S. 49), „als Ganzes einem Material zufließen" kann (l. c. S. 43), und endlich „das Bestreben hat, gleichartige und gleichorientierte Felder aus der Umgebung zu sich hinzuziehen" (1926a, S. 46), so mögen diese Ausdrücke bildlich gemeint sein; doch läßt sich dann schwer etwas unter ihnen vorstellen.

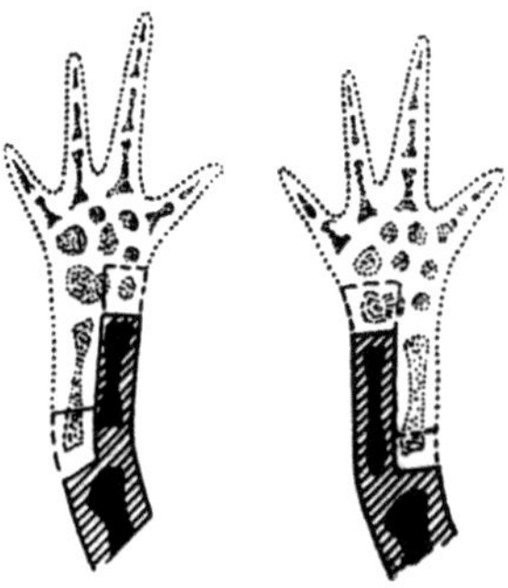

Abb. 159. Ganzregenerat aus halbem Extremitätenquerschnitt. Operationsschema: Fuß abgeschnitten, Haut des Unterschenkels seitlich gespalten, der eine der beiden Knochen des Unterschenkels herausgenommen, die seitliche Wunde mit der abgelösten Haut bedeckt. (Nach P. WEISS, 1926 a.)

Auch glaube ich nicht, daß für die Lösung des Problems, welches im harmonisch-äquipotentiellen System gestellt ist, schon dadurch etwas gewonnen wäre, daß man das Feld von dem „indifferenten Material", „über welchem es lagert", nicht nur begrifflich trennte, sondern auch tatsächlich gelöst dächte. Denn die Struktur des Feldes ist, auch im physikalischen Sinn des Worts, eine extensive Mannigfaltigkeit; ihr Ganzbleiben nach experimenteller Teilung oder Vermehrung des Substrats stellt das Denken vor dieselben Schwierigkeiten, durch welche DRIESCH zur Aufstellung des Begriffs der Entelechie als einer intensiven Mannigfaltigkeit gedrängt wurde.

Hier mag noch auf einige weitere Tatsachen hingewiesen werden, welche zeigen, wie verwickelt die Verhältnisse liegen. Die beiden Hälften eines median durchtrennten jungen Amphibienkeims vermögen zwar bekanntlich noch je einen ganzen Embryo zu bilden; aber diese Zwillinge sind auf ihrer innenständigen Seite häufig, vielleicht immer, schwächer entwickelt. Bei später Durchtrennung führt diese Asymmetrie zu Verkrümmung, welche bis zu spiraliger Aufrollung gehen kann; aber selbst nach Trennung im Zweizellenstadium, ja nach neueren Ergebnissen von G. FANKHAUSER (1930b) sogar nach Durchtrennung des ungefurchten Eies läßt sich diese schwächere Entwicklung der innenständigen Seite mehr oder weniger deutlich feststellen. Wenn nun wirklich die beiden Hälften jede ein ganzes Feld behalten, so muß ihre Struktur zunächst irgendwie halb geworden sein und sich dann erst wieder zur Bilateralität reguliert haben; auf dieses mehr oder weniger asymmetrische Substrat müßte das Feld wirken. Nun ist aber des weiteren von mir beobachtet worden (G. RUUD und H. SPEMANN 1922, S. 156), daß die Regulation zur Bilateralität noch nach vollzogener Determination der Organanlagen weitergeht, indem die schwächer entwickelte innenständige Hälfte des Medullarrohrs rascher wächst als die außenständige. Während sich deren Zellen noch reichlich mit Dotterkörnchen versehen zeigen, sind die ihrigen schon aufgebraucht. Wenn auch dies unter der Wirkung des dauernd ganz bleibenden Feldes geschehen soll, so muß diese hier wohl eine andere sein als bei der normalen Entwicklung.

3. Fassung einiger Tatsachen der Induktion unter den Feldbegriff.

Der Begriff des embryonalen Feldes bietet sich als bequemes Mittel an, um die verschiedenen, namentlich komplizierteren Tatsachen der Induktion zu erfassen. Er leistet mit einem physikalischen Bilde dasselbe, was durch den mehr an das Psychologische anklingenden Begriff der „allgemeinen Situation als Reiz" ausgedrückt werden sollte. Induktion ist nichts anderes als Feldwirkung; wenigstens wenn man, wie ich es tun will, darunter alle Arten von Einwirkungen mit begreift, welche bei der Entwicklung eine Rolle spielen können. Also nicht nur, woran beim physikalischen Feldbegriff wohl ausschließlich gedacht ist, die physikalischen wie Spannung, elektrische Zustände, evtl. Strahlen, sondern auch chemische Einflüsse. So spricht auch P. WEISS von einem Linsenfeld, ohne wohl damit ausschließen zu wollen, daß der linsenbildende Einfluß der Retina auf die Epidermis ein stofflicher sein könnte.

Wir benennen also das Einzelfeld nach dem Gebilde, welches unter seiner Einwirkung entsteht. Dabei muß man sich aber immer gegenwärtig halten, daß das Feld keineswegs mit der präsumptiven oder determinierten Anlage dieses Gebildes zusammenfällt, weder räumlich noch auch begrifflich. Es wurden oben (S. 187) Fälle beschrieben, in denen die embryonalen Felder die Grenzen der von ihnen beherrschten Anlagen überschreiten und sich dabei gegenseitig überschneiden; wir werden bald neue Beispiele dafür kennenlernen. Aber auch begrifflich darf das Feld nicht mit der präsumptiven Anlage verwechselt werden. Die präsumptive Linse oder Medullarplatte liegen *im* Linsenfeld, *im* Medullarfeld; sie sind nicht etwa selbst das Linsenfeld, das Medullarfeld.

Ist das Vorhandensein eines Feldes festgestellt, so ist die nächste Aufgabe zu prüfen, wo die Quellen des Feldes liegen. Wenn also ein Stück präsumptive Epidermis der beginnenden Gastrula inmitten von präsumptiver Medullarplatte selbst zu Medullarplatte wird, so ist damit dieser Ort als „Medullarfeld" nachgewiesen. Die Einflüsse, welche in diesem Felde herrschen, mögen vom ganzen übrigen Keim oder aber nur von der näheren Umgebung des Feldes ausgehen, vielleicht sogar nur von einem Teil dieser Umgebung; beim Medullarfeld z. B. von dem unterlagernden Urdarmdach. Das können wir prüfen, indem wir die einzelnen Teile der Umgebung getrennt an andere Stellen des Keimes verpflanzen und so dort ein Feld zu erzeugen versuchen, in welchem das reaktionsfähige Material mit seinen entsprechenden Potenzen antworten müßte. Wir bringen also das Urdarmdach unter die präsumptive Epidermis. Das Ergebnis ist bekannt; das unterlagerte Ektoderm entwickelt sich nunmehr zu Medullarplatte. Damit ist aber bündig bewiesen, daß eben dieses Urdarmdach mindestens eine der Feldquellen ist. Um auch die übrige Umgebung des Feldes in gleicher Weise zu prüfen, müßten wir ein Probestück präsumptive Epidermis in einen Ring von präsumptiver Medullarplatte einpflanzen und dieses System ohne Unterlagerung sich entwickeln lassen. In dieser Weise ist das Experiment bis jetzt nicht ausgeführt worden, wohl aber so, daß die Unterlagerung ausgeschaltet und die Entwicklung der an Ort und Stelle gelassenen präsumptiven Medullarplatte geprüft wurde. Da nun, wie wir gesehen haben, im Bereich des Unterlagerungsdefekts die schwersten Störungen bis zu völligem Medullardefekt auftreten, so folgt aus dem Experiment, daß das Medullarfeld jedenfalls in der Hauptsache vom unterlagernden Mesoderm beherrscht wird.

Genau dieselben Überlegungen gelten für das Linsenfeld. Auch hier ist seine nähere Umgebung gesondert zu prüfen. Doch scheint es bis jetzt nur möglich, die Rolle des Augenbechers bei der Erzeugung eines Linsenfeldes sicherzustellen, wieder durch Verpflanzung unter andere Stellen der Epidermis. Die Entscheidung ist hier dadurch erschwert, daß die Linsenpotenz stärker eingeschränkt und in den primären Linsenbildungszellen früher aktiviert ist als die Medullarpotenz jener viel jüngeren Entwicklungsstadien.

Gäbe es nur diese einfachen Fälle von komplementärer Induktion, so läge keine Veranlassung vor, den Begriff des embryonalen Feldes aufzustellen und die Tatsachen unter ihn zu fassen. Dagegen erleichtert er die Beschreibung der Tatsachen dort, wo es sich um regionale Determination, um autonome Induktion, um überdauernde und übergreifende Felder handelt. Einige der besprochenen Fälle mögen unter diesem Gesichtspunkt noch einmal erörtert werden.

So können wir die merkwürdige Induktion eines Schwänzchens durch Medullarplatte der hinteren Region, welche O. Mangold (1932a; vgl. S. 202) entdeckt hat, unserem Verständnis wenigstens etwas näherbringen, wenn wir sagen, daß ein solches Stück aus der Schwanzregion oder ihrer nächsten Nähe in der neuen Umgebung ein „Schwanzfeld" induziert, in welchem die mannigfaltigen Potenzen des Wirtskeims, seines Mesoderms und wohl auch seines Ektoderms, sinngemäß ansprechen. Daß ein aus Rumpfregion stammendes Stück Medullarplatte nicht in derselben Weise ein allgemeines „Rumpffeld" induziert, in welchem die im Ektoderm nachweislich vorhandenen Potenzen für „Rumpforgane" ansprechen, daß also durch ein solches Stück nicht ebenfalls mesodermale Organe wie Urwirbel und Vornierenkanälchen induziert werden, hängt wohl damit zusammen, daß die Rumpfregion des Keims schon einen höheren Determinationsgrad besitzt, als die Region des Schwanzes, bei dessen Aussprossen vielleicht alle Teile in Wechselwirkung stehen.

Wenn Rumpforganisator aus der beginnenden Gastrula in Kopfhöhe eines gleichalten Keims Kopforgane induziert (vgl. S. 172), so können wir nunmehr sagen, daß er dort in einem Kopffeld gewirkt hat. Ebenso können wir die Induktion von Kopforganen in Rumpfhöhe darauf zurückführen, daß Kopforganisator die Fähigkeit besitzt, auch im Rumpf ein „Kopffeld" zu erzeugen, in welchem die induzierten Bildungen zu Gehirn werden.

Während die Herkunft des in Rumpfhöhe künstlich erzeugten Kopffeldes ganz klar ist, bleibt sie für das normalerweise in Kopfhöhe bestehende Feld ungewiß (SPEMANN 1931a, S. 502f.). Sehr einfach erscheint zunächst eine Erklärung im Anschluß an die Ideen von CHILD, die Annahme nämlich, daß alle Meridiane des Keims vom vorderen (ursprünglich animalen) zum hinteren Pol ringsum dasselbe Gefälle besitzen, entweder von Anfang an oder sekundär unter dem Einfluß der selbst gegliederten Unterlagerung. Dieser Annahme stehen aber dieselben allgemeinen Bedenken entgegen, welche unten gegen die Gradiententheorie dargelegt werden (vgl. auch 1931a, S. 506). Deshalb „verdient auch die andere Möglichkeit ernsthafte Erwägung, daß nämlich vom primären Organisationsfeld ein determinierender Einfluß auf das sekundäre ausgeübt wird" (l. c. S. 507).

Zur Entscheidung zwischen diesen beiden Möglichkeiten kann vielleicht das Ergebnis eines Experiments herangezogen werden, welches von E. K. HALL (1932) zu anderem Zwecke angestellt worden ist. HALL wollte prüfen, ob die regionale Gliederung der *normalen* Medullarplatte rein durch die induktive Fähigkeit des bei der Gastrulation untergeschobenen Mesoderms determiniert wird oder ob auch das reagierende präsumptive Medullarmaterial dabei eine Rolle spielt. Daher ersetzte er die dorsale und laterale Urmundlippe einer sehr jungen Gastrula durch diejenige einer sehr vorgeschrittenen. Da sich das Implantat einstülpte und bis unter das Vorderende der Medullarplatte gelangte, so war dieses also von Rumpforganisator unterlagert. Die Wirkung war sehr auffallend. Das Vorderende der Medullarplatte war viel schmäler als normal und erstreckte sich etwas über das Vorderende des Embryos hinaus. Weder Augen noch Hirnbläschen traten auf; ebenso fehlte jede Andeutung von Riechgruben, Linsen oder Hörbläschen zu einer Zeit, wo diese Bildungen sichtbar werden.

Eine Antwort auf die von ihm gestellte Frage hat HALL in seiner kurzen Mitteilung nicht aus dem Experiment entnommen. Ohne dem Verfasser darin vorgreifen zu wollen, möchte ich darauf hinweisen, daß mir sein Ergebnis auch für die Frage der regionalen Determination *induzierter* Embryonalanlagen von Bedeutung zu sein scheint. Derselbe

Rumpforganisator, welcher in der präsumptiven Epidermis in Kopfhöhe ein Gehirn induzieren würde, verhindert unter der präsumptiven Anlage des Gehirns die Bildung eines solchen, offenbar indem er den Rumpfteil der Medullaranlage induziert. Das Hirnfeld käme demnach nicht durch eine regionale Beschaffenheit des Ektoderms in einer bestimmten Höhe des Keims zustande, sondern durch eine Feldwirkung des normalen Gehirns, welches seinerseits seinen regionalen Charakter durch den

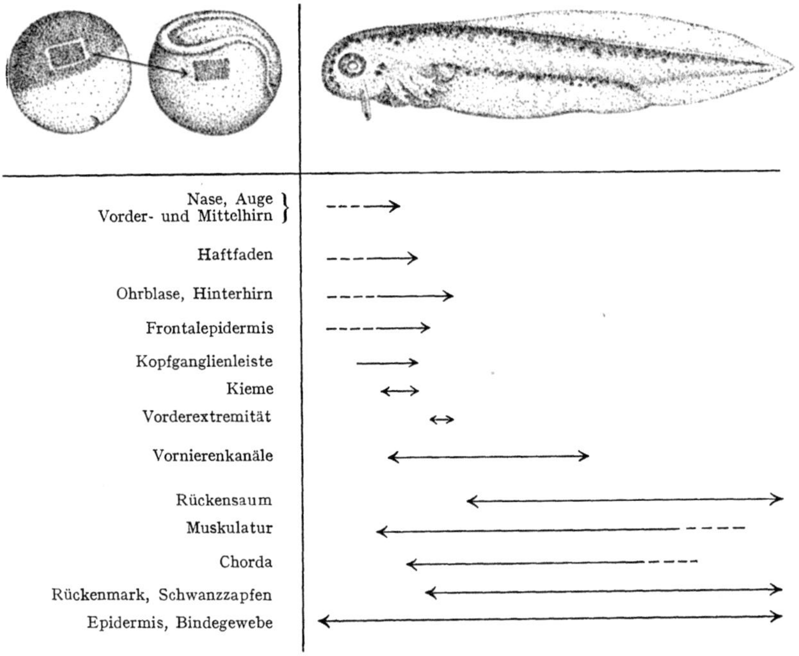

Abb. 160. Regionale Verbreitung der aus Gastrulaektoderm hervorgegangenen Differenzierungen auf dem Wirt (determinierende Felder der Neurula). (Nach Holtfreter, 1933 e.)

normalen Kopforganisator erhalten hätte. Vielleicht ließe sich ein sekundäres Kopffeld dadurch herstellen und damit aus der falsch unterlagerten Medullarplatte ein normales Gehirn erzielen, daß man demselben Keim noch ventral in Kopfhöhe einen Kopforganisator implantierte.

Im gleichen Sinn hat sich Holtfreter (1933e) in dieser Frage entschieden, vor allem auf Grund des oben (S. 189) geschilderten Experiments an der totalen Exogastrula, wobei der hüllenlose Keim nachträglich wieder mit kleinen Stückchen jungen präsumptiven Ektoderms bepflanzt wurde. Der regionale Charakter der in diesen Implantaten induzierten Gebilde war in keiner Weise durch ihre Herkunft, sondern ausschließlich durch die Region des Wirts bestimmt, in welcher sie sich entwickelten. Daher ist das präsumptive Ektoderm zu Beginn der Gastrulation noch regional gleichartig, und kann weder die regionale Gliederung der primären Medullarplatte durch eine solche des Ektoderms unterstützt, noch diejenige der sekundär induzierten Medullarplatte durch eine solche des Ektoderms dadurch hervorgerufen werden; vielmehr müssen beide direkt oder indirekt (letzteres HOLTFRETERs Ansicht) auf eine regionale Gliederung des induzierenden Mesoderms zurückgehen (l. c. S. 422). Es vollzöge sich also die Entwicklung der sekundären Embryonalanlage in einem Felde, welches einerseits vom implantierten Induktor, andererseits von der primären Embryonalanlage bestimmt wird. Daß letztere in der Tat, wenigstens in späteren Stadien, ein solches Feld zu erzeugen vermag, folgt aus dem oben (S. 187f.) mitgeteilten schönen Versuch von HOLTFRETER, bei welchen reaktionsfähiges junges Ektoderm älteren Keimen in verschiedener Höhe eingepflanzt wurde (Abb. 160; 161a und b). Auf diesen letzteren in mehrfacher Hinsicht wichtigen Versuch müssen wir jetzt noch einmal zurückkommen.

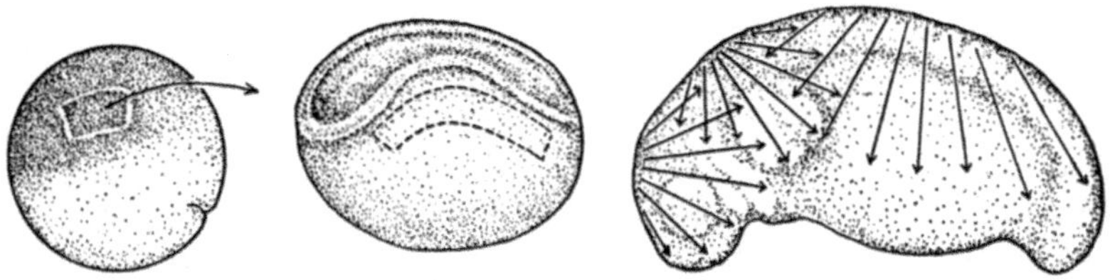

Abb. 161 a—c. Schematische Darstellung einiger Determinationsfelder des älteren Embryo. (Nach HOLTFRETER, 1933 e.)

Das Experiment enthüllt zunächst das Vorhandensein überdauernder embryonaler Felder. Wie ein Medullarfeld erzeugt werden kann durch ein Stück isolierte Chorda aus einem Stadium, in welchem die normale Medullarplatte längst induziert ist, wie dasselbe durch ein Stück Medullarsubstanz, ja sogar durch Hirnsubstanz einer schwimmenden Larve bewirkt wird, so ist auch die unverletzte Larve, selbst in späteren Stadien, von embryonalen Feldern durchsetzt, welche erkennbar werden sowie ein Stück reaktionsfähiges Gewebe in ihren Bereich gebracht wird. Ja selbst am erwachsenen Tier sind, wie wir gesehen haben, diese Felder nicht geschwunden; sie können durch Regenerationsblastem, welches ihrem Einfluß ausgesetzt wird, jederzeit nachgewiesen werden (J. SCHAXEL 1921; B. D. MILOJEVIĆ 1924; E. GUYÉNOT 1927; P. WEISS 1927).

Diese Felder sind nun nicht scharf gegeneinander abgegrenzt wie die Steinchen eines Mosaiks; vielmehr bilden sie ein Muster mit verwaschenen Rändern. Zu diesem Schluß sind, wie schon erwähnt (S. 53 f.), mehrere Forscher von verschiedenen Tatsachen aus geführt worden. Von Zentren höchster Intensität aus würden Aktions- wie Reaktionsvermögen wie in Zerstreuungskreisen nach außen abklingen; an den Rändern könnten sich diese Bezirke sogar überschneiden.

J. HOLTFRETER hat diese Verhältnisse für sein Experiment in klarer Weise auseinandergesetzt und durch schematische Zeichnungen (Abb. 161 a—c) erläutert. Er kam auf Grund seiner Versuchsergebnisse zu dem Schluß,

„daß die Induktionswirkung nicht streng an die unmittelbare Nachbarschaft eines bestimmten geweblichen Induktors gebunden ist, sondern daß sie sich vielfach darüber hinaus mit peripher abnehmender Intensität nach Art eines ‚Determinationsfeldes' verbreitet. Solche Felder.... überschneiden sich, wobei wohl gegenseitige Hemmungen bzw. Förderungen zu erwarten sind" (1933e, S. 424).

Durch solche fördernd oder hemmend interferierenden Einflüsse erklärt sich vielleicht das zunächst schwer verständliche Versuchsergebnis, daß der Bereich der induzierten Anlagen die Grenzen der induzierenden Region nicht nur überschreitet, sondern daß beide auch gegeneinander verschoben sein können. So wurde Gehirn mit Riechgruben und Augen, aber ohne Hörblasen über einem Keimbereich induziert, der sich über Ohrgegend, Kiemenwulst und einen Teil der lateralen Rumpfpartie, also eine weiter hinten gelegene Region erstreckte (HOLTFRETER 1933b, S. 635). Daß in dem zur Prüfung verwendeten Reaktionssystem die Potenzen für die gebildeten Organe reaktionsbereit vorhanden waren, ist nichts neues; ebenso ist es nach anderen Tatsachen nicht überraschend, daß sich das embryonale Feld über das streng Ortsgemäße hinaus auf sämtliche Organe des Kopfes erstreckte. Aber doch wäre zu erwarten gewesen, daß die regionsgemäßen Potenzen bevorzugt würden. Warum sprechen nun die Potenzen für Augen und Riechgruben an, nicht aber die für Hörblasen und Rumpforgane? Oder, muß man vielleicht sagen, die Potenzen für „Vorderhirn", nicht aber die für „Nachhirn", womit dann sekundär auch die ihnen zugeordneten Bildungen gegeben wären? Daß sie besonders dazu prädisponiert gewesen wären, ist bei der Herkunft des Reaktionssystems — präsumptive Epidermis der Herzgegend — schwer anzunehmen. So wird man zu der Annahme gedrängt, daß die auf Schaffung eines „Augenfeldes" gerichteten Induktionswirkungen mit denen für ein „Hörblasenfeld" oder ein „Rumpffeld" in Wettbewerb traten und unter den besonderen Bedingungen des Experiments, vielleicht unterstützt durch das primäre Augenfeld, die stärkeren blieben.

Noch ein weiterer Zusammenhang ergibt sich hier zwischen diesen neuen und älteren Tatsachen. Wie erinnerlich (S. 170f.), induziert zwar „Rumpforganisator" in Kopfregion Kopforgane, dagegen nicht „Kopforganisator" in Rumpfregion Rumpforgane; vielmehr kann auch hier ein Gehirn mit Augen und Hörblasen induziert werden. Der Kopfregion käme also die größere Durchschlagskraft zu. Damit stimmt das neue soeben mitgeteilte Ergebnis überein, daß bei einer Konkurrenz zwischen Kopf- und Rumpffeld das erstere Sieger bleibt.

Danach könnte auch das Geschehen bei dem so einfach erscheinenden Normalfall der streng ortsgemäßen Entwicklung, wie sie bei Austausch zwischen Keimen von gleichem, sehr frühem Entwicklungsstadium stattfindet, in Wirklichkeit viel verwickelter sein als es zunächst den Anschein hat. Es könnte sich als das Ergebnis vieler sich bedingender und gegenseitig beschränkender Induktionswirkungen erweisen, unter deren Wechselspiel auch die normale Entwicklung zustande käme. Diese Harmonie zwischen den aufeinander abgestimmten Systemen würde gestört, wenn sie aus irgendwelchen Gründen, z. B. infolge verschiedenen Alters, nicht mehr genau zusammenpassen (vgl. die interessanten Ausführungen von O. MANGOLD 1932a).

Auch bei jenen anderen Fällen von autonomer Induktion, bei welchen nicht das Reaktionssystem, sondern der Induktor verpflanzt wurde, ist eine Überschreitung der Grenzen des letzteren zur Beobachtung gekommen. So bei dem oben (S. 182f.) angeführten, von O. MANGOLD (1932a) beschriebenen und analysierten Fall. Der zusammengesetzte Kopf, welcher induziert wurde, kann seinen regionalen Charakter nicht von einem „Hirnfeld" des Wirts erhalten haben, da er sich in dessen Rumpfhöhe gebildet hat; vielmehr muß dieses Feld durch den Induktor selbst bestimmt worden sein, als welcher das vordere Drittel der rechten präsumptiven Hirnhälfte aus der Neurula diente. Die von diesem ausgehende Wirkung überschritt aber den eigenen Bestand des Induktors; denn die induzierte Anlage besaß außer Riechgruben und Augen auch Hörblasen, welche dem vorderen Drittel der Medullarplatte nicht zukommen.

Fälle wie dieser liegen aber etwas anders als jene, bei welchen das reaktionsbereite Ektoderm in das zu prüfende Feld gepflanzt wurde; denn dort ist z. B. die Hörblase, um welche sich das nach außen abklingende Hörblasenfeld ausbreitet, bei der Induktion noch vorhanden, wenn auch in anderer Höhe des Keims; während hier nicht die zur Hörblase gehörende Region zur Erzeugung des Feldes verwendet wurde, sondern eine beträchtlich weiter vorne liegende.

Hier scheint also der Versuch einer Ganzbildung vorzuliegen. Wie in dem oben (S. 193) mitgeteilten Versuch von P. WEISS (1925) von der einen Hälfte der Gliedmaße aus ein ganzer Fuß regeneriert wird, so ist hier von der halben Medullarplatte ein ganzes Hirnfeld erzeugt worden. Wie viel dabei der Induktor leistet, wieviel auf Rechnung des Reaktionssystems kommt, das ist eine allgemein wichtige, aber noch sehr wenig zugängliche Frage. Unter diesem Gesichtspunkt werden uns ähnliche Fälle noch einmal zu beschäftigen haben.

Bei dem noch sehr verwickelten Stand dieser Frage ist es für den weiteren Fortschritt von Wichtigkeit, weitere möglichst einfache Fälle embryonaler Felder aufzufinden.

Ein solches ist das *Extremitätenfeld*. Es ist wegen seiner leichten Zugänglichkeit und wegen des charakteristischen, schon von außen erkennbaren Baues seines Entwicklungsprodukts, der vorderen und hinteren Extremität, besonders geeignet für die experimentelle Analyse und in meisterhafter Gründlichkeit bearbeitet worden. In den Händen von HARRISON und seinen Mitarbeitern ist es zum klassischen Objekt für das Problem der Lateralität geworden, für die Frage, wodurch ein seitliches Organ des Körpers eben diesen seinen seitlichen Bau aufgeprägt erhält. Es hat sich herausgestellt, daß dies im wesentlichen eine Frage der Struktur des Feldes ist. Dadurch berühren diese Untersuchungen sich mit den Fragen, welche uns hier beschäftigen, z. B. mit der Frage nach der symmetrischen Struktur der Linse in Abhängigkeit vom Augenbecher. Andererseits liegen sie etwas außerhalb des engeren Rahmens der induktiven Entwicklung, deren Darstellung ich mir hier vorgesetzt habe (vgl. die zusammenfassende Darstellung von O. MANGOLD 1929c).

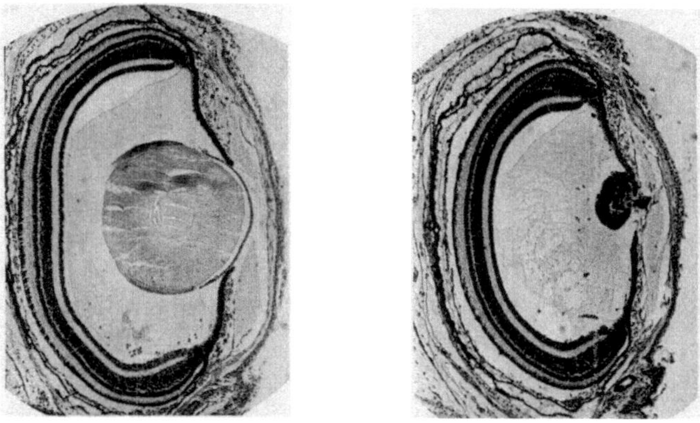

a b

Abb. 162a und b. Auge von Triton cristatus; Stück aus oberem Irisrand durch Schlitz in Kornea zwischen Iris und Linse hindurch in die hintere Kammer geschoben. Wenn die Linse erhalten bleibt (a), so bleibt das Irisstück unverändert (b). (Nach H. WACHS, 1914.)

Ein weiteres embryonales Feld, zugleich vielleicht das erste als solches erkannte, wenn auch nicht so genannte, ist das „*Linsenfeld*“ in der hinteren Kammer des Urodelenauges.

Bei Triton und einigen anderen geschwänzten Amphibien regeneriert, wie erinnerlich (S. 50), der obere Irisrand die operativ entfernte Linse. In einer ausgezeichnet durchgeführten experimentellen Analyse dieses rätselhaften Vorgangs prüfte H. WACHS (1914) auf meine Anregung, wie sich dieses zur Regeneration befähigte Stück der Iris verhält, wenn es aus dem geweblichen Zusammenhang genommen und isoliert weiter gezüchtet wird. Dabei stellte sich heraus, daß es in sich selbst die Fähigkeit zur Umbildung in eine Linse nicht besitzt, wenigstens nicht unmittelbar, sondern nur auf dem Umwege über ein Auge, in welches es sich regulativ umwandelt. Erst dieses regeneriert dann am Irisrand eine Linse (l. c. S. 425). In dieser Weise entwickelt sich das Irisstück z. B. in der ausgeräumten Hörkapsel. Dagegen wandelt es sich unmittelbar zu einer Linse um in der hinteren Kammer des Tritonauges; aber auch hier nur dann, wenn vorher die normale Linse operativ entfernt worden ist oder wenn sie nach stärkerer Verletzung zerfällt und ausgestoßen wird (Abb. 162, 163).

Daraus folgt, daß in der hinteren Kammer des linsenlosen Auges Einflüsse irgendwelcher Art herrschen, auf welche die im oberen Irisrand bereitliegenden Linsenpotenzen ansprechen. Auf das isolierte Irisstück finden dieselben Überlegungen Anwendung, welche schon früher für den unverletzten oberen Irisrand angestellt wurden. Mit der Entstehung der primären Linse verliert der Augenbecher nicht die Fähigkeit, den spezifischen linsenerzeugenden Reiz auszusenden; sie bleibt vielmehr bis in spätere Entwicklungsstadien hinein erhalten. Daß der Augenbecher nicht nach Bildung der ersten die Entstehung einer zweiten und dritten Linse aus der Epidermis veranlaßt, könnte daher

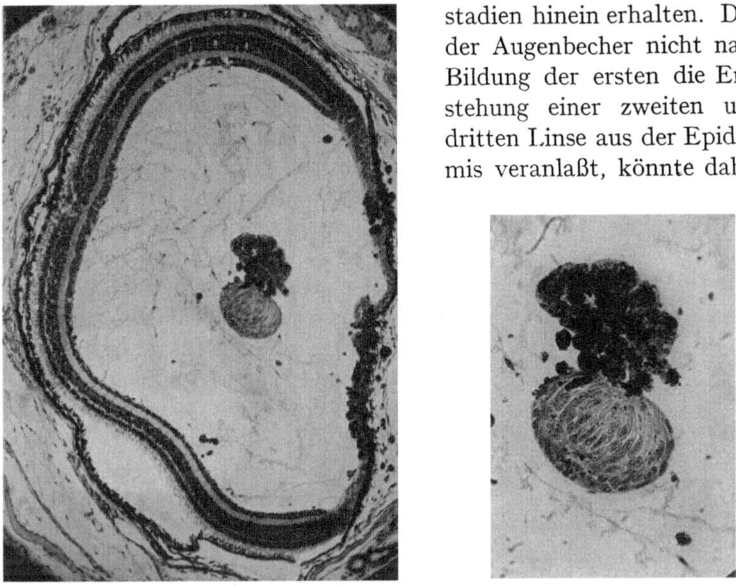

Abb. 163. Auge von Triton cristatus. Linse herausgenommen, oberer Irisrand abgeschnitten und in die hintere Kammer geschoben. Der stehengebliebene obere Irisrand regeneriert eine Linse; das abgeschnittene Stück des oberen Irisrands bildet sich zu einer Linse um, welche frei in der hinteren Kammer liegt. (Nach H. Wachs, 1914.)

kommen, daß er die Haut nicht mehr unmittelbar berührt, die außerdem wohl nicht mehr reaktionsfähig ist. „Wahrscheinlicher aber ist mir, daß außerdem von der vorhandenen Linse Wirkungen ausgehen — vielleicht chemischer Natur —, welche den Einfluß des Augenbechers paralysieren. Wenn nun die Linse entfernt wird und damit auch ihre angenommenen normalen Wirkungen wegfallen, so kommt der Augenbecher in dieser Hinsicht wieder in die Lage, in der er vor der Entstehung der ersten Linse war: seine linsenbildende Fähigkeit wird wieder erwachen, falls sie in der Zwischenzeit geschlummert hat, oder sie wird wieder wirksam werden, falls sie nie aufgehört hatte, sondern nur durch eine Gegenwirkung von seiten der Linse gehemmt worden war.... Das linsenerzeugende Agens könnte nun auf die indifferenten Iriszellen.... einwirken, und in ihnen die Vorgänge anregen, welche zur Linsenbildung führen, wie es ja auch aus der Bauchhaut einer fremden Spezies eine Linse aufbaut“

(SPEMANN 1905, S. 431). Diese Auffassung schien durch die neueren und neuesten Erfahrungen durchaus gestützt zu werden. Daß die Retina eine überdauernde Induktionsfähigkeit besitzt, wäre jetzt kein alleinstehender Fall mehr; und zur Annahme eines solchen sich im Gleichgewicht haltenden Systems von Wirkungen und Gegenwirkungen wurden wir, wie wir oben (S. 158) gesehen haben, auch durch die Ergebnisse der neuesten Forschungen über den Chemismus der Induktion hingeführt (vgl. auch H. W. RAND 1924).

In diesem „Linsenfeld" müßten sich nun alle möglichen Teile des älteren und jüngeren Keims auf ihre Linsenpotenz prüfen lassen. Dafür ist eine Abänderung der Methode von Wichtigkeit, welche schon von G. WOLFF (1901, S. 331) angewandt und von T. SATO (1930) zu größter Vollkommenheit gebracht worden ist. Um Kornea und Iris zu schonen, wird die Linse nicht mehr durch sie hindurch, sondern von der Mundhöhle aus (Abb. 164) durch einen Schnitt in der Retina entbunden; auf demselben Wege kann auch das auf seine Potenz zu prüfende Stück eingeführt werden. Auf diese Weise hat, wie schon angeführt (S. 52), T. SATO zunächst präsumptives Ektoderm der jungen Gastrula geprüft. O. MANGOLD (1931, S. 26) schlägt Ausdehnung der Prüfung auf andere Systeme vor. Ergebnisse sind bis jetzt nicht bekanntgeworden.

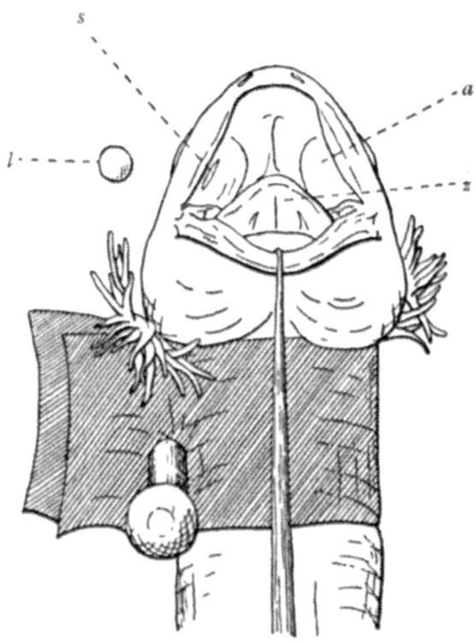

Abb. 164. Methode der Linsenexstirpation durch die Mundhöhle. *a* Augapfel; *l* exstirpierte Linse; *s* Operationsspalt; *z* Zunge. (Nach T. SATO, 1930.)

Über die Fragen der Potenzprüfung hinaus könnten solche Versuche bei positivem Ergebnis wichtige Aufschlüsse über den Bestand und die Wirkungsweise dieses embryonalen Feldes geben. Schon die Entwicklung der Linse aus einem isolierten Stückchen des oberen Irisrandes lehrt gegenüber der gewöhnlichen WOLFFschen Linsenregeneration etwas Neues. Dort können die sich umwandelnden Teile vom Ganzen des Auges her, mit dem sie bis zuletzt in strukturellem Zusammenhang bleiben, geordnete Einwirkungen empfangen; von diesem Ganzen aus könnten die einzelnen Prozesse geleitet werden. Bei dem aus dem geweblichen Zusammenhang gelösten Stückchen ist dies wenig wahrscheinlich. Ausschließen läßt es sich freilich auch hier nicht völlig. Wenn sich ein unbemanntes Flugzeug vom Erdboden aus lenken läßt, so ist dies auch für die Umbildung des Implantats von der Retina aus wenigstens denkbar. Aber für wahrscheinlich wird man es nicht halten, auch bei einer physikalischen Übertragung der induktiven Wirkung. Von einer chemischen Wirkung vollends, die hier viel wahrscheinlicher ist, können wir uns bei unseren heutigen Kenntnissen wohl überhaupt nur vorstellen, daß sie, vielleicht abgesehen von einem Diffusionsgefälle, das Reaktionsmaterial gleichmäßig trifft. Dann liegen aber fast alle Richtungsfaktoren für das höchst verwickelte Geschehen der Linsenbildung in diesem Reaktionssystem. Es leuchtet ein, daß es unter diesem Gesichtspunkt von höchstem Interesse wäre, zu erfahren, nicht nur, auf welche Teile des Keims und auf welche Entwicklungsstadien die einzelnen Potenzen, z. B. zur Linsenfaserbildung, verbreitet sind, sondern noch viel mehr, welchen Grad von struktureller Vollkommenheit und Einpassung in das Ganze des Auges solche induzierte Linsen schließlich erreichen können. Die bei der WOLFFschen Linsenregeneration entstandene ist nach den bisherigen Angaben von einer normalen nicht zu unterscheiden. Durch die Beachtung solcher feinerer Verhältnisse würde sich der Forschung, und zwar nicht nur in diesem Fall, ein großes neues Arbeitsfeld eröffnen.

XVI. Die Gradiententheorie.

Von einer Gradiententheorie kann man in einem weiteren und in einem engeren Sinne sprechen.

Die Gradiententheorie im weiteren Sinn ist die Lehre, daß der Körper vieler, wo nicht aller Tiere, wenigstens im embryonalen Zustand, eine oder mehrere Achsen mit ungleichartigen Polen besitzt, längs derer ein Gefälle irgendwelcher Art besteht. Von diesen Gefällen würde der Gang der Entwicklung weitgehend abhängig sein. Diese Ansicht ist meines Wissens zuerst von BOVERI geäußert und begründet worden.

Die Gradiententheorie im engeren Sinn, welche bekanntlich von C. M. CHILD aufgestellt worden ist, macht eine bestimmte Annahme über die Natur dieses Gefälles, indem sie es für ein solches der Intensität des Stoffwechsels erklärt. Diese Auffassung ist dann besonders von J. S. HUXLEY (1924) und DE BEER (1927) aufgenommen und zur Theorie der Gradientenfelder ("gradient fields") ausgebaut worden (dieselben 1934).

1. Die allgemeine Gradiententheorie.

BOVERI (1901) hat seine Vorstellung am Seeigelei gewonnen, dem er einen Schichtenbau zuschreibt. Damit stellte er sich in bewußten Gegensatz zu DRIESCH, welcher für dieses Ei eine polare Struktur nach dem Bilde eines Magneten postuliert hatte, den man sich in primitiver Weise als zusammengesetzt aus kleinsten Teilchen von derselben Beschaffenheit vorstellen kann. Demgegenüber wies BOVERI darauf hin, daß bei einer solchen Struktur die aus einem Ei gewonnenen Bruchstücke unter sich gleich sein und sich als Ganzes furchen müßten. In Wirklichkeit aber furchten sie sich eben als Bruchstücke und das ließe sich nach BOVERI nur durch die Annahme einer „Schichtung" erklären. Diese Schichtung ist durchaus nach Art eines „Gefälles" gedacht, dessen

Natur jedoch, unseren tatsächlichen Kenntnissen entsprechend, ganz unbestimmt gelassen wird. Je weiter man auf der Eiachse vom vegetativen zum animalen Pole fortschreitet, um so weniger „vegetativ" werden die Schichten; in einem bestimmten Niveau sind sie nicht mehr „vegetativ genug", um noch die Gastrulation zu leisten. Wir wissen durch HERBST (1893), daß man den Keim durch chemische Einwirkung „entodermisieren" kann, wobei jenes noch gastrulationsfähige Niveau

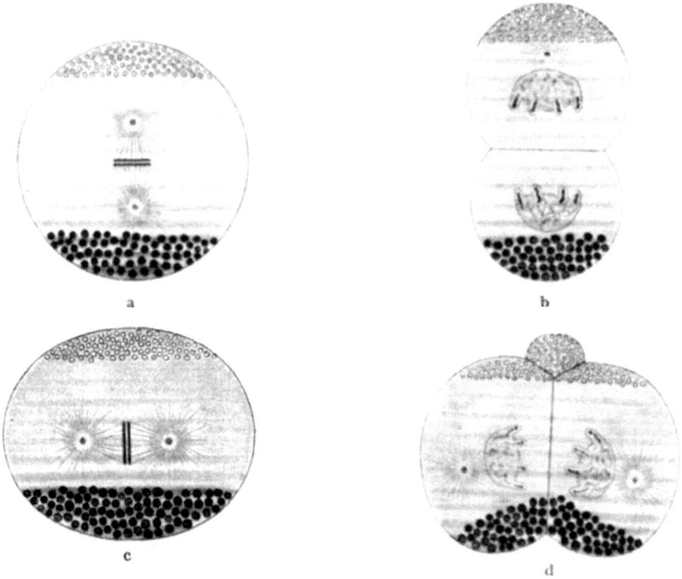

Abb. 165 a—d. Schematische Darstellung der ersten Furchungsteilung von Ascariseiern, welche in de Richtung ihrer Achse (vegetativer Pol der Rotationsachse zugekehrt) zentrifugiert worden sind. Die hypo thetische „Schichtung" des Eies ist durch graue Streifen bezeichnet, welche nach dem vegetativen Po hin an Stärke und gedrängter Stellung zunehmen. Die kleinen schweren Granula haben sich am animalen Pole angesammelt, die leichten Dotterkörner am vegetativen. Während des Zentrifugierens plattet sich das Ei ab (c); wird es vor der ersten Teilung aus der Zentrifuge genommen, so rundet es sich wieder ab (a) und die Teilung erfolgt normal (b); wird es dagegen gezwungen, sich während des Zentrifugierens zu teilen (c), so steht die erste Furchungsebene senkrecht zur längsten Achse des Eies, dieses teilt sich unter Ausbildung eines „Ballens" in zwei gleichwertige Zellen (d). (Nach BOVERI, 1910 a.)

gegen den animalen Pol hin verschoben wird (v. UBISCH 1929). BOVERI hat bekanntlich sogar den Gedanken geäußert, der jeweils vegetativste Teil eines Keimbruchstücks, von einem gewissen absoluten Minimum an, möchte ein „Vorzugsbereich" sein, von dem aus der übrige Keim in seiner Entwicklung determiniert würde.

Einige Jahre später führte BOVERI (1910) für diese Art der Struktur die Bezeichnung „Gefälle" ein (l. c. S. 201). Auch das Ei von Ascaris megalocephala würde ein solches besitzen. Durch dieses animal-vegetative Gefälle soll, von Teilungsschritt zu Teilungsschritt, die Differenzierung der Furchungszellen bewirkt werden, erst ihres Protoplasmas, darauf ihres Kerns. So bewirkt das Gefälle in der normalen Entwicklung, bei welcher die erste Furchungsebene seine Richtung senkrecht schneidet, daß in der einen Zelle das Chromatin zunächst unvermindert erhalten bleibt, während es in der anderen bei der nächsten Teilung die bekannte „Chromatindiminution" erfährt, die Abstoßung von Chromatin an den beiden Enden der Chromosomen. Wird durch experimentellen Eingriff die Furchung nach Rhythmus und Richtung abgeändert, so ändert sich entsprechend die Differenzierung der Zellgenerationen, erkennbar an der Art der Teilung und an dem Verhalten des Chromatins (Abb. 165). Welche Erklärung dies im einzelnen findet, wie diese „Relativitätshypothese" einer anderen Annahme gegenübergestellt wird, nach welcher die zu fordernde Plasmadifferenz in etwas Absolutem bestehen würde, etwa in einem Stoff, welcher der einen Blastomere zugeteilt wird, der anderen aber fehlt — auf all diese höchst scharfsinnigen Erwägungen möchte ich hier nicht eingehen, wo es mir nur darauf ankommt, einen alten Gedanken von BOVERI in Erinnerung zu rufen, daß nämlich ein Gefälle im Keim Plasmadifferenzierung verursachen und diese dann Kerndifferenzierung auslösen kann.

Noch einen anderen Gedanken BOVERIS, der mir nur durch mündliche Überlieferung bekannt ist, möchte ich vor Vergessenheit bewahren. Unser gemeinsamer Freund AUGUST PAULY erzählte mir vor mehr als 40 Jahren, BOVERI, der kurz vorher die Chromatindiminution bei Ascaris megalocephala entdeckt hatte, habe ihm gegenüber die Vermutung geäußert, die Chromosomen möchten eine Art von „Resonanzapparat" sein. Das ist genau die Vorstellung, welche auch zugrunde liegt, wenn man etwa sagt, daß von den reaktionsbereiten Potenzen eines verpflanzten Keimteils die ortsgemäßen in einem embryonalen Felde „ansprechen".

2. Die CHILDsche Gradiententheorie.

Von anderem Ausgangspunkt aus ist auch CHILD zu der Annahme eines „Gefälles" als determinierender Struktur des Eies gekommen. Ebenso entspricht sein Begriff der „dominanten Region" weitgehend dem BOVERIschen des „Vorzugsbereichs". Wie dieser die vegetativste Stelle des Keims, so nimmt die dominante Region den höchsten Punkt des „Gradienten" ein und bestimmt das Schicksal der tieferen. Während aber BOVERI die Natur jenes Gefälles unbestimmt ließ, macht CHILD darüber eine ganz bestimmte Annahme. Das Gefälle ist nach ihm ein solches des Stoffwechsels. Am höchsten Punkt des Gefälles ist dieser am lebhaftesten; je weiter dem niedersten Punkt genähert, um so mehr nimmt seine Lebhaftigkeit ab. Dieser Stoffwechselgradient wäre es, durch welchen das Schicksal der einzelnen Keimteile determiniert wird.

Die über mehrere Jahrzehnte sich erstreckenden Arbeiten von CHILD und seiner Schule sind in zahlreichen Veröffentlichungen niedergelegt und mehrfach übersichtlich zusammengefaßt worden (CHILD 1924, 1928, 1929). J. S. HUXLEY und G. R. DE BEER (1934) haben die Gradiententheorie im Sinne CHILDs übernommen und in ihrem ausgezeichneten

Lehrbuch über experimentelle Embryologie zahlreiche Erscheinungen der Entwicklung und Regeneration unter dem Begriff des „Gradientenfelds" gefaßt. Dieser neue Begriff muß zunächst kurz erörtert werden.

Wenn man mit P. WEISS sagt, das zunächst nichtspezialisierte omnipotente Regenerationsblastem über der Wundfläche des Gliedmaßenstummels liege in einem „Feld", oder wenn man Entsprechendes von der linsenbildenden Epidermis über dem Auge aussagt, so liegen diese Felder außerhalb der Feldquelle, von welcher sie ausgehen. Nun wird aber auch vom ganz jungen Keim, ja vom Ei selbst ausgesagt (P. WEISS 1925, S. 388), daß sie noch ein einheitliches Feld haben und daß dieses mit fortschreitender Entwicklung in Teilfelder zerfalle. Wo liegt nun in diesem Fall die Quelle für das Gesamtfeld? In dieser Frage liegt die ganze Problematik des Begriffs der Gradientenfelder beschlossen. Denn wenn die Analogie mit physikalischen Feldern z. B. einem magnetischen Feld durchgeführt werden soll, dann ist das Feld an die Feldquelle gebunden.

GURWITSCH würde, wenn ich seine oben zitierten Äußerungen richtig verstehe, wohl kein Bedenken tragen, die Feldquelle außerhalb des Keimes anzunehmen; natürlich irgendwie in fester Beziehung zu ihm, sonst könnte sich ein Keim nicht auch bei Rotation, wie ROUX gezeigt hat, normal entwickeln. Die grundsätzliche Bedeutung jenes ROUXschen Experiments wird hier besonders deutlich; denn nach der Anschauung PFLÜGERs, welche von ihm widerlegt wurde, käme in der Tat dem Schwerefeld der Erde determinierende Wirkung zu. Wenn man GURWITSCH in seiner Auffassung des Feldes nicht folgen kann, so muß man die Feldquelle, jedenfalls nach Ablösung des Eies aus dem Ovarium, innerhalb des Keimes selbst suchen; im befruchteten Ei etwa im grauen Halbmond, später innerhalb des Organisationszentrums. Zur Veranschaulichung mag eine schematische Zeichnung von GOERTTLER (1927b) dienen (Abb. 166). Sie und die sehr interessanten theoretischen Erwägungen über die energetische Struktur der jungen Gastrula (l. c. S. 554f.) mögen zu Recht bestehen, wenn auch die Folgerungen, welche GOERTTLER daraus ziehen zu dürfen glaubte, in diesem Fall der experimentellen Prüfung nicht standgehalten haben (vgl. oben S. 125).

Gehen wir nun noch einen Schritt weiter in der Ursachenkette zurück und fragen, woher nun dieses Zentrum des noch einheitlichen embryonalen Feldes stammt, so treffen wir damit auf den Kern der CHILDschen Gradiententheorie, wie sie von HUXLEY und DE BEER auf den Amphibienkeim übertragen worden ist. Schon früher hatte HUXLEY (1924, 1930) die Ansichten CHILDs zu meinen experimentellen Ergebnissen in Beziehung gesetzt. CHILD (1929) selbst ist ihm darin gefolgt. Soweit diese Beziehungen reichen, will ich versuchen, meine Stellung klarzulegen. Dabei folgen wir am besten dem Gang der normalen Entwicklung.

Vergegenwärtigen wir uns noch einmal deren Hauptzüge, soweit sie für die Frage eines Stoffwechselgefälles von Wichtigkeit sind.

Das unbefruchtete Amphibienei hat einen polar differenzierten Bau, welcher sich in dem vom animalen zum vegetativen Pol zunehmenden Dottergehalt und bei vielen Eiern auch äußerlich in der verschiedenen Pigmentierung ausspricht. Die damit gegebene radiäre Symmetrie verwandelt sich mit der Befruchtung in eine bilaterale, bei vielen Eiern äußerlich kenntlich an dem grauen halbmondförmigen Feld, welches der Eintrittsstelle des Spermiums gegenüber an der einen Seite des Eies auftritt. Die darauf einsetzende Zerlegung in Zellen verläuft nun bekanntlich in den einzelnen Eiregionen verschieden schnell, am schnellsten am animalen Pol, am langsamsten am vegetativen; im Bereich des grauen Feldes, der späteren oberen Urmundlippe, rascher als in der Umgebung (O. SCHULTZE 1899). Nun beginnen die Gestaltungsbewegungen der Gastrulation und der Neurulation. Dabei sind nicht alle Regionen des Keims gleich stark beteiligt. Zuerst treten die medianen Teile in Tätigkeit, welche auch in der Anlage von Medullarplatte und Chorda dem animalen Pol am nächsten liegen; aus ihnen bildet sich das Vorderende des Embryos. Dieses ist lange Zeit, vielleicht dauernd, in der Entwicklung voraus (v. UBISCH 1923b).

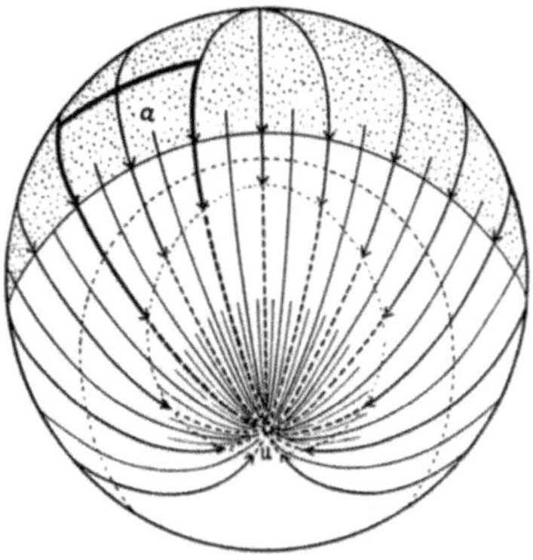

Abb. 166. Schematische Darstellung der Kräfte, welche die Gastrulationsbewegungen verursachen. (Nach GOERTTLER, 1927 b.)

Es läßt sich also in der Tat, so scheint es, in großen Zügen ein Gefälle der Aktivität und des Stoffwechsels feststellen; anfangs liegt dessen höchster Punkt am animalen Pol, später kommt die Gegend des grauen Feldes als ein zweiter Höhepunkt hinzu. Dieses Gefälle würde sich durch die Gestaltungsbewegungen der Gastrulation hindurch auf den späteren Embryo übertragen.

Beide Gradienten werden dem Ei im Sinn der genannten Autoren von außen her mitgeteilt. Die Achse des unbefruchteten Eies soll von der verschiedenen Lebhaftigkeit der Oxydation herrühren, welche an zwei einander gegenüberliegenden, vorher nicht voneinander verschiedenen Polen der Oocyte herrschen würde (HUXLEY und DE BEER 1934). Für die Lokalisation des grauen Feldes und damit der oberen Urmundlippe sind zwei Bestimmungsstücke nötig. Der Meridian, in welchem das graue Feld auftritt, ist mit der Eintrittsstelle des Spermiums gegeben; das folgt aus dem klassischen ROUXschen Versuch der willkürlich lokalisierten Befruchtung. Der Breitenkreis aber, in welchem das graue Feld und später die obere Urmundlippe sich bildet, wäre im Sinn von CHILD (1929, S. 49) nach BELLAMYs (1919) Vermutung gegeben durch den Aktionsradius des primären animalen Aktivitätszentrums, außerhalb dessen infolge von „physiologischer Isolation" neue Aktivitätszentren auftreten. — Damit wären zwei strukturelle Eigenschaften des Keims als Reaktionen auf äußere Einwirkungen erkannt, Morphologisches wäre auf Physiologisches zurückgeführt.

Diesen Aktivitätsgefällen, welche später durch weitere vermehrt werden, wird nun auch die Determination der Organanlagen zugeschrieben. Ehe wir aber darauf eingehen, müssen wir die bisher getanen Schritte noch einmal überprüfen.

So einnehmend die Gradiententheorie, namentlich auch in der Darstellung von HUXLEY und DE BEER, auf den ersten Blick erscheint, so kann ich doch mancherlei Bedenken nicht überwinden. Daß der animale Pol des zuerst isotropen Eies durch das Maß der Sauerstoffzufuhr bestimmt wird, scheint mir für alle Arten von Eiern eine willkürliche Annahme, die für das Amphibienei überhaupt nicht gestützt ist, nachdem BELLAMY seine ersten Angaben (1919) über differentielle Blutversorgung später (1921) abgeändert hat. Denn daß dieser Annahme kein unüberwindliches Hindernis im Wege steht (HUXLEY und DE BEER 1934, S. 35), ist noch keine Stütze. Aber selbst dies zugegeben, ist es keineswegs selbstverständlich, daß eine stärkere Oxydation während der Eibildung einen für längere Zeit beschleunigten Stoffwechsel zur Folge hat; man könnte gerade so gut, vielleicht noch eher, das Gegenteil erwarten. Nicht einmal das scheint mir selbstverständlich, daß die raschere Furchung der dotterärmeren Hälfte eine Folge ihrer größeren Aktivität ist; die von O. HERTWIG aufgestellte ältere Hypothese, daß sie von der geringeren Belastung mit inaktivem Dottermaterial herkommt, scheint mir nicht widerlegt. Eine geringe Erhöhung der Aktivität mag dazu kommen (vgl. unten). — Eine solche scheint in der Tat der rascheren Zellteilung im Bereich des grauen Feldes zugrunde zu liegen; sie hat natürlich einen rascheren Stoffwechsel zur Voraussetzung.

Darauf weisen auch die wichtigen Versuche über differentielle Empfindlichkeit von BELLAMY (1919) und BELLAMY und CHILD (1924) hin, welche schon oben (vgl. S. 154f.) besprochen wurden. Ebenso die gleichfalls schon erwähnten (vgl. S. 153 f.) Feststellungen von WOERDEMAN (1933a) und CH. P. RAVEN (1933) über den auffallend starken Glykogengehalt in den während der Gastrulation besonders aktiven Zellen.

Aber gerade diese Tatsachen zeigen sehr deutlich, wogegen sich die Einwände richten. Nicht gegen die Annahme von erhöhtem Stoffwechsel und erhöhter Aktivität, sondern dagegen, daß diese Erscheinungen die *spezifischen* Ursachen der typischen Gestaltungsbewegungen sein sollen. Diese scheinen mir nicht verständlich ohne eine richtunggebende Struktur, welche mindestens einige Zeit vor Beginn der Gastrulation von einem Zentrum ausgehend dem Keim bis in seine letzten Elemente aufgeprägt wird, derart, daß diese nunmehr auch isoliert die typischen Gestaltungsbewegungen ausführen können. Jene Erscheinungen der rascheren Zellteilung, der Glykogenanhäufung, des erhöhten Stoffwechsels, der vermehrten Zellaktivität scheinen mir nur die Vorbereitungen und energetischen Voraussetzungen der Vorgänge, deren typischer Ablauf auf Struktur beruht. Ich habe schon einmal darauf hingewiesen (1931, S. 506), daß meine Einwände gegen diese Seite der CHILDschen Theorie von derselben Art sind wie die, welche G. H. PARKER (1929, S. 424) geäußert hat.

Die Wirkung eines Gefälles nehmen auch A. PENNERS und W. SCHLEIP (1928) in Anspruch, um gewisse Erscheinungen zu erklären, denen sie bei ihren ausgedehnten, zur Nachprüfung des SCHULTZEschen Umdrehungsversuchs unternommenen Experimenten begegneten. Es entstanden nämlich dabei in manchen Fällen Urmundeinstülpungen mit folgender Embryonalbildung auf der ventralen Keimhälfte, ohne Zusammenhang mit dem grauen Felde, dem Vorläufer des Organisationszentrums. Da die Einstülpungen an der Stelle auftraten, wo durch die Umdrehung verlagertes helles und dunkles Keimmaterial mit scharfer Grenze zusammenstieß, so glauben die genannten Autoren, daß ein zwischen beiden Teilen bestehendes „Gefälle" die Urmundbildung mit ihren Folgen auslöst.

Mir scheint eine andere Erklärung näherzuliegen. Fast immer beginnt nämlich die Gastrulation auch bei den umgedrehten Keimen an der Stelle, wo zuvor die mittlere Region des grauen Halbmondes lag. Wenn nun daraus der für diese Fälle sicher richtige Schluß gezogen wurde, daß das Material des grauen Feldes nicht mitverlagert worden ist, so scheint mir für die seltenen Fälle, wo ein sekundärer Urmund außerhalb des normalen Bereichs entsteht, die nächstliegende Annahme doch die zu sein, daß hier eben eine teilweise Verlagerung des grauen Materials stattgefunden hat. Es läge dann eine sehr früh vorgenommene Organisatortransplantation mit den bekannten Folgen vor und die Einführung einer neuen Erklärung würde sich erübrigen.

Anders wäre es, wenn die Materialverlagerung in der ventralen Keimhälfte erst nach Ausbildung der frontalen Furche, im Zwei- oder Vierzellenstadium, vorgenommen würde; denn dann würde die Zellwand die Verschleppung von grauem Material aus der dorsalen Blastomere verhindern, und wenn trotzdem Gastrulation und Embryonalbildung aufträte, so hätte eine Erklärung wie die von SCHLEIP und PENNERS gegebene viel Wahrscheinlichkeit für sich. Bewiesen aber wäre sie, wenn sich die Bildung eines Urmunds mit ihren Folgen dadurch hervorrufen ließe, daß Material der animalen und vegetativen Keimhälfte durch Transplantation des einen in den Bereich des anderen zu unmittelbarer Berührung gebracht würde. Dabei wäre aber zu beachten, daß ein negativer Ausfall des Experiments die zu beweisende Annahme noch nicht widerlegen würde, da später hergestellte Berührung des verschiedenen Materials nicht dieselben Folgen zu haben braucht, wie sie von den beiden Autoren für die frühe angenommen wurde.

Während die Gestaltungsbewegungen der Gastrulation ablaufen, werden die allgemeinsten Organanlagen determiniert. Sollten auch hierbei Gefälle entscheidend mitwirken, so würde etwa durch ein solches von der Chorda zum überlagernden Ektoderm die Medullarplatte bestimmt, sowohl in ihrer materialen Ausbildung, wie in ihrer vorderen und seitlichen Begrenzung; durch ein Gefälle innerhalb der Medullarplatte von vorn nach hinten ihre regionale Gliederung. Am höchsten Punkte des Gefälles, wo der Stoffwechsel am lebhaftesten wäre, würden die Augenblasen vorgetrieben, die dann noch ihrerseits die Kraft hätten, in der anschließenden und dann später überlagernden Epidermis Linsen zu induzieren. Etwas weiter hinten, wo die Aktivität etwas geringer wäre, würden immerhin noch Hörblasen gebildet; noch weiter hinten nur noch Rückenmark ohne besondere zugehörige Organe.

Auch das ist ja alles zunächst ganz einleuchtend; denkt man es aber schärfer durch, so stößt man doch auf recht erhebliche Schwierigkeiten.

Zunächst eine Schwierigkeit allgemeinster Art, die zu überwinden freilich der Anreiz groß ist, da hinter ihr eine sehr wichtige Erkenntnis zu winken scheint. Sie besteht kurz gesagt darin, daß eine ungemein zweckmäßige und dabei sehr komplizierte Einrichtung gewissermaßen zufällig entstanden sein soll. Daß die wichtigsten Orientierungsapparate eines in der Richtung seiner Körperachse sich vorwärts bewegenden Tieres am vorderen Ende dieser Achse sich entwickeln, ist ein unabweisliches Bedürfnis; daß durch Ausbildung der zugehörigen Zentralapparate das Vorderende des Nervenrohrs zum Gehirn anschwellen muß, die natürliche Folge; daß diese Teile, die am verwickeltsten gebaut nur dann rechtzeitig gebrauchsfähig sein können, wenn sie frühzeitig angelegt und mit Beschleunigung fertiggestellt werden, leuchtet ein. Was dagegen nicht einleuchtet, ist, daß diese ganze Fülle von sinngemäßen Beziehungen durch die einfache Tatsache erklärt werden soll, daß das Ei von seiner Bildung her am einen Pol mehr Sauerstoff bekommt als am anderen und dadurch hier von Anfang an aktiver ist.

Wie das gemeint ist, wird noch deutlicher, wenn wir uns vergegenwärtigen, wodurch beim *erwachsenen* Amphibium die größere Aktivität des Vorderendes ermöglicht wird. Den dafür benötigten besonders reichlichen Sauerstoff erhält der Kopf bekanntlich durch eine ganz bestimmte Art der Blutverteilung, durch welche wenigstens für den Kopf die Nachteile möglichst vermieden werden, die mit der noch unvollkommenen Sonderung von arteriellem und venösem Blut bei dem eben vollzogenen Übergang zur Lungenatmung verbunden sind. Sicher kann man in diesem Fall die bessere Blutversorgung des Hirns als eine der Ursachen seiner größeren Aktivität bezeichnen; aber unser Erklärungsbedürfnis ist dadurch noch keineswegs befriedigt.

Solche Tatsachen machen uns immer wieder vorsichtig den gar so einfachen Erklärungen gegenüber. Aber auch angenommen, es läge in der ersten Entwicklung des Eies alles noch so einfach, so wäre ein solches Gefälle ja nur die relativ einfache Auslösungsursache für verwickelte Vorgänge, welche dadurch in Gang gesetzt werden. Wie das zu denken wäre, hier und überall, wo es sich um die Determination in einem „Gradientenfeld" handelt, muß nun noch kurz erörtert werden.

Es ist nicht so zu denken, daß die verschiedene Aktivität der einzelnen Niveauebenen des Gefälles unmittelbar verschiedenes Wachstum zur Folge hat und dadurch, etwa im Sinne von HIS, all die Aus- und Einstülpungen entstehen, welche eine so große Rolle bei der Bildung der sichtbaren Formen spielen. Denn diese Wachstumsverschiedenheiten sind von so mannigfaltiger Art, daß sie nicht mehr auf ein einfaches Gefälle zurückführbar wären. Und wollte man überall, wo es nötig wird, ein neues sekundäres, tertiäres Gefälle auftreten lassen, so wäre dagegen nichts einzuwenden, als daß dadurch eben nicht viel für die Erklärung gewonnen wird. Auch kann es so nicht gemeint sein, sonst würde man nicht von einem Gradienten*feld* sprechen, also einem Bereich von Kraftwirkungen.

Selbstverständlich ist es auch nicht so zu denken, daß jedem Grad der Aktivität die Determination einer bestimmten Bildung zugeordnet wäre, sonst könnte nur bei einer ganz bestimmten Aktivität aller einzelnen Teile ein normaler Embryo entstehen; jede Herauf- oder Herabsetzung derselben, etwa durch Erhöhung oder Erniedrigung der Temperatur, müßte Mißbildungen unausdenkbarer Art hervorrufen.

Vielmehr müßte der einzelne Gradient als solcher, je nach seiner Steilheit, als auslösende Ursache die Determination bewirken. Das gilt in gleicher Weise für jede Art von Gradienten, nicht nur für solche der Lebhaftigkeit des Stoffwechsels. Daß es schwer vorstellbar ist, darf uns nicht abhalten, mit dieser Möglichkeit zu rechnen; jede Vorstellung, die wir uns über das Geschehen im harmonisch-äquipotentiellen System zu machen versuchen, hat ihre Schwierigkeiten.

Auf eine solche sehr naheliegende Schwierigkeit hat BAUTZMANN (1929c) aufmerksam gemacht; daß es nämlich nicht ohne weiteres verständlich sei, wie aus quantitativen Verschiedenheiten regional qualitativ verschiedene Formbildungen entstehen (l. c. S. 39).

Eine andere Schwierigkeit scheint mir darin zu liegen, daß wir uns das Gefälle, unbeschadet der verschiedenen Steilheit seiner einzelnen Strecken, doch wohl kontinuierlich vorstellen müssen, während das, was von Differenzierungsgeschehen daraus folgen würde, trotz einer allgemeinen Abnahme der Massenentwicklung von vorn nach hinten, im einzelnen durchaus diskontinuierlich ist.

Aber von noch grundsätzlicherer Art ist die ganz allgemeine Schwierigkeit, wieso ein Stoffwechselgradient als solcher Potenzen aktivieren soll. Denn darum handelt es sich doch. Die Augenblase wird nicht deshalb ausgestülpt, weil diese Region von der Gastrula her einen lebhafteren Stoffwechsel und eine größere Aktivität besitzt; vielmehr wird ein bestimmter Bezirk des Ektoderms, welcher zunächst noch keinen lebhafteren Stoffwechsel hat, zu Augenblase determiniert und darauf erst setzen alle die bekannten Vorgänge ein, und zwar auch nach Transplantation des determinierten Stücks an einen Ort mit niederem Stoffwechsel, welche zur Bildung des Auges führen und welche unter anderem auch eine vermehrte Aktivität mit erhöhtem Stoffwechsel zur Voraussetzung haben. Diese Determination nun soll durch einen Gradienten von bestimmter Steilheit bewirkt, durch ihn sollen bestimmte, im Reaktionssystem gegebene Potenzen geweckt werden.

Es scheint mir nun, ein Gefälle kann als solches nur wirken, wenn auch wirklich etwas „fließt“; etwa ein Wasserstrom, ein elektrischer Strom. Der steilste Berg treibt noch keine Mühle! Soll also ein Stoffwechselgradient als solcher determinieren, so muß er entweder selbst einen Strom irgendwelcher Art verursachen, oder aber etwas anderes muß „fließen“, welches dann seinerseits die Ursache der verschiedenen Aktivität längs der Gradientenachse wäre. Was ist nun aber dieses Etwas? „Erregung“, wie W. VOGT (1934) neuerdings glaubt? Wir wissen es eben nicht.

Die tiefe Unwissenheit über das, wovon wir reden, ist die größte Schwierigkeit, welche selbst die Diskussion aller übrigen Schwierigkeiten stark behindert. Darum wird es unser stetes Bestreben sein müssen, die jetzt noch so schmale und unsichere Tatsachenbasis nach Möglichkeit zu festigen und zu erweitern. So liegt auch hier wieder die letzte Entscheidung beim Experiment. Spricht dieses klar und unzweideutig im Sinn der CHILDschen Gradiententheorie, so beruhten die jetzt empfundenen Schwierigkeiten auf wissenschaftlichen Vorurteilen, in deren Überwindung die grundsätzliche Erweiterung unserer Erkenntnis bestehen würde.

Bisher haben die angestellten Experimente, wie mir scheint, eine solche Entscheidung noch nicht, jedenfalls *nicht zugunsten* der Gradiententheorie in der besonderen Fassung von CHILD gebracht.

Zunächst ist die Tatsache von Wichtigkeit, daß Induktoren durch Abtötung ihre Induktionskraft nicht zu verlieren brauchen. Eine höhere Aktivität mit lebhafterem Stoffwechsel kann bei dieser Induktionswirkung nicht in Frage kommen. Nun könnte ja ein Stoffwechselgradient beim lebenden Induktor dieselbe Wirkung ausüben wie ein chemischer Einfluß, den man wohl für die toten und künstlichen Induktoren annehmen muß; aber für sehr wahrscheinlich wird man das doch nicht halten können. Wenn also auch die Theorie durch diese Experimente noch nicht widerlegt ist, so wird sie doch noch weniger durch sie gestützt.

Auch für einen anderen Fall haben sich die tatsächlichen Grundlagen geändert. HUXLEY (1930) glaubte feststellen zu können, daß Keimstücke von Amphibien sich ebenso verhalten wir Bruchstücke von Planarien, Polypen und anderen Wirbellosen. Dabei ging er aus von den oben (S. 75 f.) besprochenen Befunden von W. KUSCHE (1929) und H. BAUTZMANN (1929b), daß Stücke aus verschiedenen Regionen der beginnenden Gastrula von Triton in der ausgeräumten Augenhöhle einer älteren Larve häufig zu Chorda werden. Das wäre nach ihm in Vergleich zu ziehen mit dem Befunde von CHILD, daß bei der Regeneration von Planarien, Coelenteraten u. a. *jedes* Stück isolierten Gewebes sich zunächst zu einer neuen „dominanten Region" (Kopf, apikales Ende) organisiert, vorausgesetzt, daß seine Aktivität nicht durch herabstimmende Agenzien gemindert wird. Ist das Stück sehr klein, so bildet es nur apikale Strukturen; ist es größer, so dominieren die apikalen Strukturen über den Rest des Stückes und induzieren in ihm Organe der niedrigeren Ebenen (l. c. S. 265). Demgegenüber wurde oben (S. 76) darauf hingewiesen, daß nach den abweichenden Ergebnissen der Aufzucht in sicher indifferenten Medien die ausgeräumte Augenhöhle nicht mehr als solche betrachtet werden kann, daß also wohl eine Induktionserscheinung vorliegt.

Von erheblich größerer Wichtigkeit sind Versuche, welche in den letzten Jahren ausgeführt wurden, um die Bedeutung eines etwaigen Stoffwechselgradienten für die Entwicklung direkt festzustellen. Zu diesem Zweck wurde angestrebt, durch fördernde und hemmende Mittel das Gefälle auf den primären Gradientenachsen zu verändern und neue Achsen einzuführen. Es ist ein Zeichen der Folgerichtigkeit, mit welcher die experimentelle Arbeit jetzt fortschreitet, daß mehrere Forscher fast gleichzeitig und unabhängig voneinander diesen Gedanken gefaßt und ausgeführt haben.

J. S. HUXLEY (1927) versetzte Froscheier in frühen Entwicklungsstadien dadurch in ein Temperaturgefälle, daß er sie in ihrer Gallerthülle zwischen Röhren brachte, deren eine von warmem, die andere von kaltem Wasser durchströmt war. Die Wärme wurde entweder am animalen oder am vegetativen Pole zugeführt und dadurch das natürliche Aktivitätsgefälle entweder verstärkt („förderndes Temperaturgefälle") oder vermindert („gegenwirkendes Temperaturgefälle"). Der unmittelbare Erfolg war, wie zu erwarten, und sehr deutlich: im ersten Fall wurde der Unterschied in der Furchungsgeschwindigkeit zwischen animaler und vegetativer Keimhälfte vergrößert, im zweiten verkleinert. Das Endergebnis aber überraschte HUXLEY selbst durch die Geringfügigkeit der abnormen Entwicklung (l. c. S. 497). Bei förderndem Temperaturgefälle war das Vorderende etwas zu groß, bei gegenwirkendem Gefälle etwas zu klein. Doch sind diese Unterschiede schwer exakt faßbar, um so mehr, als bei verschiedenen Arten von Schädigung ähnliches auftreten kann.

Nach der Gradiententheorie wäre ein anderes Ergebnis zu erwarten gewesen. Da die Determination längs einer Gradientenachse nicht vom absoluten Wert jedes ihrer Punkte abhängt, sondern von der Steilheit des Gefälles, so kann eine auch nur einigermaßen normale Entwicklung nur zustande kommen, so lange dieses Verhältnis der einzelnen Punkte zueinander das normale ist. Durch eine gleichmäßige Erhöhung oder Erniedrigung der Temperatur werden nur die absoluten Werte verändert, nicht aber die relative Steilheit der Gradienten; das aber ist gerade die

Folge einer einseitigen Erwärmung und Abkühlung, indem bei förderndem Temperaturgefälle die Gradienten steiler, bei gegenwirkendem Gefälle flacher werden müssen.

Werden die Eier nach kurzer Behandlung wieder in normale Verhältnisse zurückgebracht, so wird auch die normale Teilungsgeschwindigkeit, „welche durch die Verschiedenheit im Dottergehalt bedingt ist", wieder vorherrschend (l. c. S. 486). Das heißt doch wohl, daß nicht eine geringere Aktivität, sondern der größere Dottergehalt Ursache der langsameren Teilung der vegetativen Zellen ist.

Auch bei seitlich einwirkendem Temperaturgefälle entsprach der Erfolg nicht den Erwartungen, die man vom Standpunkt der Gradiententheorie aus hätte hegen dürfen. Es entstanden wohl seitliche Asymmetrien infolge von rascherer Entwicklung der erwärmten Hälfte, welche bei starker Ausbildung bestehen blieben, während sie sich bei schwacher wieder ausgleichen konnten; niemals aber wurde eine Ablenkung der Symmetrieebene des Keims in der Richtung des Wärmegefälles beobachtet.

In ähnlicher Weise suchte F. G. GILCHRIST (1928, 1929, 1933) die Entwicklung durch Temperaturdifferenzen zu beeinflussen. In einem sehr sinnreich konstruierten Apparat wurden die frühen Entwicklungsstadien von Triturus torosus, einem kalifornischen Molch, einem starken Wärmegefälle ausgesetzt, in der ausdrücklichen Erwägung, daß Erwärmung einer Gegend von hoher Stoffwechselaktivität voraussichtlich die Steilheit der Stoffwechselgradienten in der Umgebung erhöht, während Abkühlung einer solchen Gegend die Gradienten abflacht (l. c. S. 258).

Von Wichtigkeit ist auch hier zunächst das negative Ergebnis, daß keine Ablenkung der Symmetrieebene des Keims in der Richtung des Wärmegradienten beobachtet wurde. So findet sich GILCHRIST „in Übereinstimmung mit der Ansicht, daß die grundlegende Bilateralität des Eies schon kurz nach der Befruchtung bestimmt ist". Nichts deutet darauf hin, daß der Wärmegradient die Lage der dorsalen Achse bestimmt oder abändert.

Als wichtigstes positives Ergebnis ist wohl die Differenzierung akzessorischer Medullarplatten zu betrachten, welche im Zusammenhang mit der primären sind, so daß das Bild einer Duplicitas anterior (Abb. 167a und b) entsteht (1928). Dies muß wohl irgendwie mit der einseitigen Erwärmung zusammenhängen, ohne daß es deswegen eine spezielle Folge eines neuen Gradienten zu sein braucht. Bei letzterer Annahme wäre es beachtenswert, daß neben der neu induzierten Medianebene noch die alte erhalten bleibt. Es scheint mir aber nicht ausgeschlossen, daß die Störung der Gastrulation rein mechanisch zu einer Abspaltung von Urdarmmaterial geführt hat, was dann wie bei einer durch Schnürung erzeugten Duplicitas anterior die Verdoppelung auch der Medullarplatte nach sich zog.

Eine sehr charakteristische Folge des in querer Richtung erzeugten Temperaturgefälles ist es, daß der Medullarwulst der erwärmten Seite sich nicht nur rascher, sondern auch massiger entwickelt als derjenige der anderen Seite, was dann eine entsprechende Verkrümmung des Keims nach sich zieht, welche sich später zu einer spiraligen Aufrollung steigern kann. Dabei war der bevorzugte Medullarwulst häufig dunkler pigmentiert als der andere. Diese Erscheinungen werden uns gleich noch einmal entgegentreten und dabei auch ihre Erklärung finden.

Die Wirkung eines Temperaturgefälles auf die ersten Determinationen des Amphibienkeims zu prüfen, war auch einer der Zwecke, welche VOGT (1927a, 1928a u. b, 1932) mit seinen Temperaturdifferenzversuchen verfolgte. Eine kleine Wasserwanne wurde durch eine Scheidewand aus dünnem Silberblech in zwei Kammern geteilt, deren eine von warmem, die andere von kaltem Wasser durchströmt war. In einem Loch am unteren Rande der Scheidewand wurde das Ei untergebracht, ohne äußere Hüllen, nur im Dotterhäutchen, das Loch wie ein Pfropf genau verschließend. So entwickelte es sich in vorbestimmter Orientierung mit der einen Hälfte im warmen, mit der anderen im kalten Wasser. — Die Anordnung dieser Versuche war also eine etwas andere als bei den Experimenten von HUXLEY und GILCHRIST, indem weniger ein gleichmäßiges Gefälle als ein plötzlicher Sprung von Warm zu Kalt mitten durch das Ei hindurch ging. Dies gilt wenigstens für die Eirinde, während nach dem Innern des Eies zu ein sich abflachendes Gefälle zu erwarten ist.

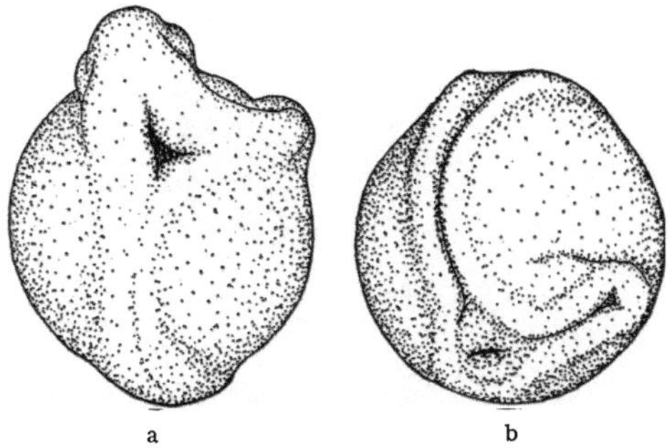

Abb. 167 a und b. Seitliche Auswüchse an der Medullarplatte infolge eines künstlichen, in querer Richtung wirkenden Temperaturgefälles. (Nach GILCHRIST, 1928.)

Dem entsprach nun auch die relative Teilungsgeschwindigkeit der Zellen. Ihre Verschiedenheit ist sehr auffallend und noch lange deutlich in der Medullarplatte, in geringerer Ausprägung am Mesoderm, kaum feststellbar am Entoderm (1928b, S. 47).

Dieselbe Wirkung erreichte VOGT dadurch, daß er die Eier ohne äußere Hülle in einer Grube im Wachsboden des Zuchtschälchens aufzog, wobei also bestimmte Teile ihrer Oberfläche vom Zutritt des Sauerstoffs abgesperrt werden. Durch geeignete Anordnung läßt sich so jeder gewünschte Teil des Eies in der Entwicklung zurückhalten, besonders leicht natürlich seine untere Hälfte und damit das hintere Ende des Embryos.

Nach beiden Methoden entstehen Embryonen von erheblicher, überraschend scharf abgegrenzter Altersdifferenz ihrer beiden Hälften, „Alterschimären". So erhielt VOGT (1927a) einen Embryo mit einem wohl ausgebildeten Schwanz, der Flossensaum und Pigmentzellen aufwies, am hinteren Ende, und einer noch offenen Medullarplatte am vorderen (Abb. 168); oder umgekehrt, mit einem Kopf, der Haftfäden, Kiemenstummel und wohl ausgebildete Pigmentzellen besaß, während das Hinterende noch unpigmentiert war und kaum die Andeutung eines Schwänzchens zeigte (Abb. 169).

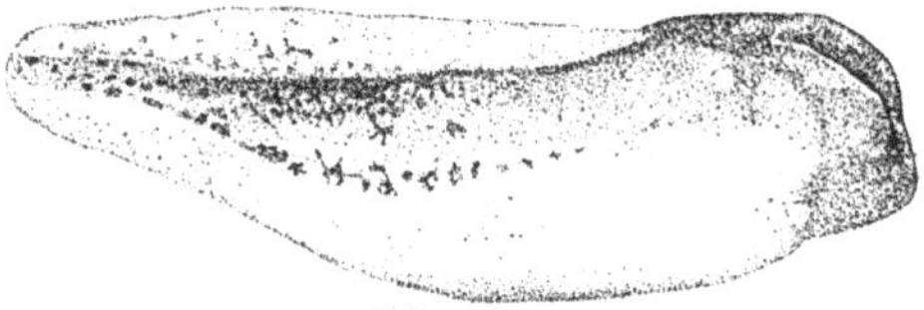

Abb. 168.

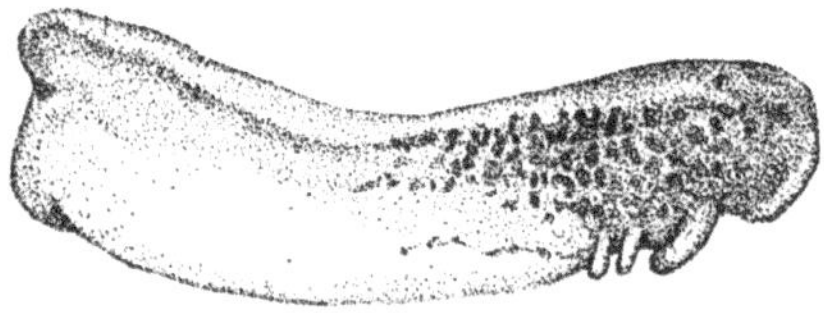

Abb. 169.

In einer Versuchsreihe wurden die Keime vom frühesten Furchungsstadium an vorwiegend in der dorsalen Hälfte abgekühlt, in der ventralen erwärmt. Indem also die Seite der höheren Aktivität, auf welcher später die

Abb. 170.

Abb. 168—170. „Alterschimären", hervorgerufen durch Zurückhaltung der einen Keimhälfte.
Abb. 168. Hemmung des Vorderendes durch Einklemmung. Kopfteil der Medullaranlage offen, alle Einzelanlagen vom Hörbläschen nach vorn fehlen.
Abb. 169. Hemmung des Hinterendes durch Einklemmung.
Abb. 170. Kontrollembryo zu Abb. 168 und Abb. 169.
(Nach VOGT, 1927 a.)

Gastrulation beginnt, in der Entwicklung zurückgehalten, die Gegenseite gefördert wurde, sollte geprüft werden, ob vielleicht, wie man nach der Gradiententheorie erwarten sollte, dadurch die dorso-ventrale Keimachse umgekehrt wird, so daß also die obere Urmundlippe im Bereich der unteren entstehen und die Medullarplatte sich auf der ursprünglichen Bauchseite entwickeln würde. Eine solche Umkehr ist nie erreicht worden, so daß VOGT zu demselben Schluß kommt, wie auch GILCHRIST (vgl. oben S. 216), daß die dorso-ventrale Polarität im befruchteten Ei gegeben und anscheinend unabänderlich ist (VOGT 1928a, S. 141).

Bei quer gerichtetem Temperaturgefälle war der Medullarwulst der begünstigten Seite nicht nur in der Entwicklung voraus, sondern auch absolut stärker entwickelt; also dasselbe uns schon bekannte Ergebnis, über welches kurz darauf auch GILCHRIST berichtete. VOGT konnte nun dadurch tiefer in den inneren Zusammenhang dieses Vorgangs eindringen, daß er zunächst die dabei stattfindende Verwendung des Keimmaterials durch Kenntlichmachung mittels Farbmarken feststellte.

Als besonders ergebnisreich erwiesen sich dafür Versuche, bei denen die Warm-Kalt-Grenze schräg gerichtet war (Abb. 171), derart, daß z. B. die ventro-laterale Hälfte rechts durch Wärme gefördert, die dorsolaterale Hälfte links durch Kälte gehemmt wurde, wobei also in jede Hälfte das Material für einen Medullarwulst fiel. Infolge davon entwickelte sich der geförderte Wulst lange vor dem anderen, im wesentlichen an der normalen Stelle (Abb. 172, 173), und zog dabei mehr Material an sich, als ihm eigentlich zukam, während zugleich eine zu große Menge der Randzone eingestülpt wurde. Der gehemmte Medullarwulst dagegen legte sich viel zu weit median an; Material, das ihm eigentlich zugedacht war, wurde zu Epidermis (Abb. 174). So war er von Anfang an zu schmächtig, der Keim auf dieser Seite eingekrümmt, was bei stärkerem Betrag später nicht mehr ausgeglichen werden konnte und zu einer dauernden Asymmetrie des Embryos führte.

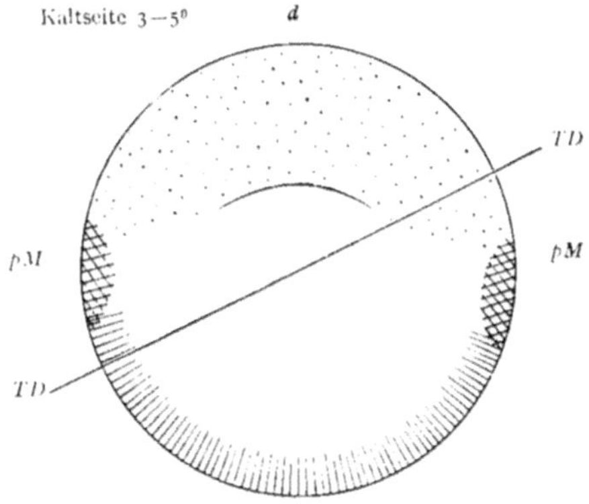

Abb. 171. Amphibiengastrula, vom vegetativen Pol gesehen; *d* Dorsalseite, *v* Ventralseite. Helles Feld der dorsalen Randzone bis an die präsumptive Urmundrinne punktiert; *pM* präsumptives Material des rechten und linken Medullarwulstes (Hinterende). *TD* Grenze der Temperaturdifferenz. (Nach VOGT, 1928 a.)

Da von der in der Entwicklung so stark zurückgehaltenen Keimhälfte kein die Nachbarschaft bestimmender Einfluß anzunehmen, da also die bevorzugte Hälfte physiologisch isoliert ist, so hätte man erwarten können, daß von Anfang an eine Ganzentwicklung einsetzte. Das war aber nicht der Fall; vielmehr legten sich die Organanlagen zunächst in ihrem normalen Materiale an. Daraus schloß VOGT auf eine schon so frühzeitig festgelegte Keimstruktur. Zwar nicht auf Grund einer festen oder auch nur labilen Determination, wohl aber infolge einer „Bahnung" der einzelnen Bezirke für diese Determination würde die Entwicklung zunächst in den normalen Geleisen ablaufen. Die nachentwickelte Hälfte dagegen würde unter dem Einfluß der vorausgeeilten im ganzen determiniert, dann aber in sich nach normalen Proportionen aufgeteilt. Es läuft hier also dieselbe Entwicklung ab, wie sie ROUX für das Froschei nach Abtötung einer der beiden ersten Blastomeren nachwies. Die Übereinstimmung erstreckt sich selbst auf Einzelheiten wie die, daß der nachentwickelte Medullarwulst zuerst vorne sichtbar wird und dann nach hinten fortschreitet. Die Ähnlichkeit würde sich auch ohne weiteres durch die von mehreren Seiten geäußerte Vermutung erklären, daß im ROUXschen Versuch die angestochene Eihälfte häufig nicht ganz getötet, sondern nur vorübergehend in der Entwicklung gehemmt worden sei.

Wenn also bei diesem VOGTschen Versuch in der Tat eine gewisse Schwenkung der Medianebene eintrat, so war sie nach ihm doch nicht

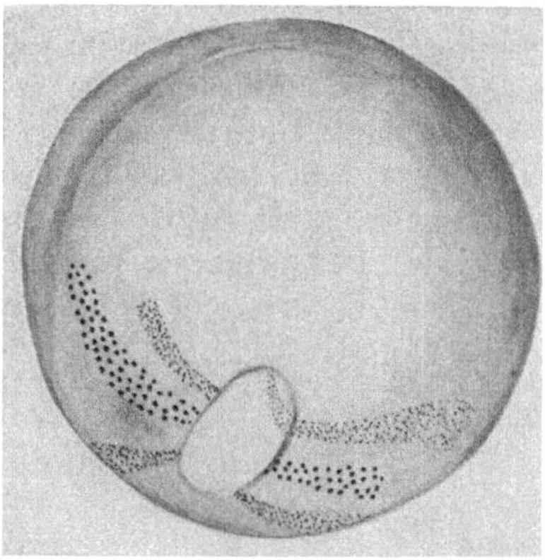

Abb. 172.

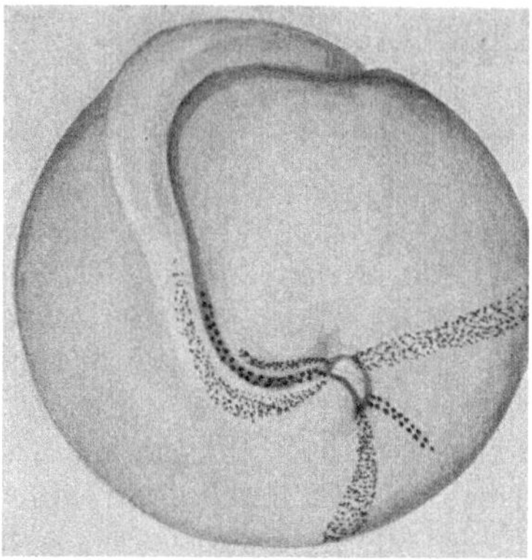

Abb. 173.

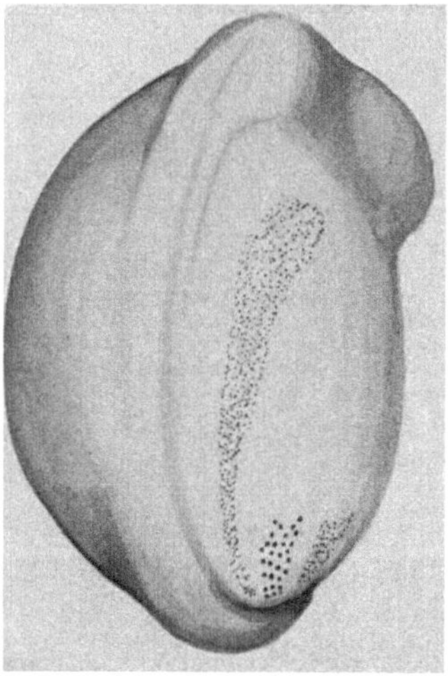

Abb. 174.

Abb. 172—174.
Axolotlkeim vom 4-Zellenstadium an, nach vorheriger Farbmarkierung der Randzone, 3 Tage in *TD*-Behandlung, dorsal rechts kalt.

Abb. 172. Unmittelbar nach Herausnahme, linker Medullarwulst am richtigen Ort angedeutet.

Abb. 173. Auffaltung des linken Wulstes, Vorstoßen der linken Seitenlippe, rechte Seite verharrt im Dotterpfropfstadium.

Abb. 174. Medullaranlage geschlossen, die drei rechten Farbmarken außerhalb des nachentwickelten Wulstes. (Nach VOGT, 1928 a.)

eine direkte Folge des schräggerichteten Temperaturgefälles; vielmehr wurde sie durch eine ziemlich verwickelte Kette von Einzelprozessen bewirkt. Eine Bestätigung der auch von GILCHRIST mit gewissen Einschränkungen angenommenen Gradiententheorie CHILDs glaubt VOGT aus diesen Experimenten nicht folgern zu dürfen, im Gegenteil hält er diese dadurch wenigstens für die Frühentwicklung des Amphibieneies für widerlegt.

In jüngster Zeit hat G. F. GILCHRIST (1933) neue Experimente mitgeteilt, welche darin von seinen früheren abweichen, daß das Temperaturgefälle während der Versuchsdauer einmal umgekehrt wurde. Durch diese sinnreiche, einfache Abänderung suchte GILCHRIST die Altersdifferenz zwischen den beiden Keimhälften als Ursache der aufgetretenen Abnormitäten auszuschalten oder wenigstens in ihrer Wirkung zu verringern (l. c. S. 16). Dies wäre in strenger Weise möglich bei reiner Mosaikentwicklung; dabei könnte der in der ersten Hälfte des Versuchs zurückgehaltene Keimteil in der zweiten das Versäumte nachholen und nach Beendigung des Versuchs wäre der ganze Keim im gleichen Zustand wie ein normaler, dessen beide Hälften sich bei gleichmäßiger mittlerer Temperatur entwickelt hätten. In diesem Fall sind dann aber auch keine Abänderungen in der Determination zu erwarten. Solche Abänderungen traten nun aber nach GILCHRIST in ganz charakteristischer Weise auf. Durch Vergleich mit denen, welche durch konstantes Temperaturgefälle erzielt worden waren, suchte GILCHRIST Aufschluß über den zeitlichen Ablauf der Determination zu erhalten. Der Versuch wurde also in verschiedenen Entwicklungsstadien begonnen, vom frühesten Blastulastadium bis zur fast vollendeten Gastrulation; der Temperaturumschlag erfolgte dann in entsprechend verschiedenem Zeitpunkt und der Versuch wurde nach etwa gleich lang dauernder Gegenwirkung des umgekehrten Temperaturgefälles beendet. Je nachdem nun der erste oder zweite Einfluß überwog, wurde der Höhepunkt der Determination in die erste oder zweite Phase der Entwicklung verlegt. Wenn z. B. ein Keim einem quer gerichteten Temperaturgefälle ausgesetzt wird während einer Zeit, welche im späten Blastula- bis früheren Gastrulastadium beginnt und entsprechend im mittleren bis späten Gastrulastadium endigt, mit Temperaturumkehr etwa in Zeitmitte, so bildet sich später eine asymmetrische Medullarplatte, deren stärker entwickelte Hälfte auf der zuerst erwärmten Seite liegt. Dasselbe wäre auch eingetreten, wenn der Versuch zur Zeit, wo das Temperaturgefälle umgekehrt wurde, ganz abgebrochen, wenn also die ursprünglich gehemmte Seite nicht noch nachträglich gefördert worden wäre. Diese Förderung bleibt wirkungslos, weil „die Prozesse der Determination der Proportionen der Neuralplatte, was rechts und links betrifft, am lebhaftesten im Gang sind während des späten Blastula- und frühesten Gastrulastadiums, lebhafter als später. Dies scheint der Fall zu sein ungeachtet der Tatsache, daß...die zweite spätere Periode der Warm-Kalt-Behandlung (während des frühen und mittleren Gastrulastadiums) näher an das Stadium heranreicht, in welchem die sichtbaren Veränderungen der Neurulation beginnen“ (l. c. S. 33).

Diese Wirkung der Wärmedifferenz erklärt GILCHRIST so, „daß sie wahrscheinlich in einer sehr direkten Art das intime physiologische Muster des sich entwickelnden Eies ändert und damit auch das Muster der Determinationen affiziert, welche zu der Zeit stattfinden“ (l. c. S. 42). Also nicht dadurch erklären sich diese Asymmetrien und die anderen Abweichungen von der Norm, daß, wie VOGT es auffaßt, die in der Entwicklung zeitweilig vorauseilende Keimhälfte dadurch die andere Hälfte vor vollendete Tatsachen stellt, die nicht wieder beseitigt werden können. Vielmehr wird durch das Wärmegefälle das Anlagenmuster bestimmt, das nachher durch die angewandten "weak methods" des Experiments nicht mehr geändert wird. Damit scheint sich GILCHRIST erneut hinter die CHILDsche Gradiententheorie zu stellen, obwohl in dieser Arbeit nicht ausdrücklich auf sie Bezug genommen wird.

In ähnlicher Weise wurde für einige andere Vorgänge und Verhältnisse im jungen Keim der „Höhepunkt ihrer Aktivität“ (l. c. S. 38) festgestellt und durch ein instruktives Schema (Abb. 175) anschaulich gemacht. Für die Determination der Medullarplatte z. B. fällt dieser Höhepunkt in das späte Blastulastadium; ihr Anfang läge noch früher, wird aber unbestimmt gelassen.

Von keinem der übrigen Forscher ist die Determination der Medullarplatte so früh angesetzt worden. Es ist aber wohl nicht ganz richtig,

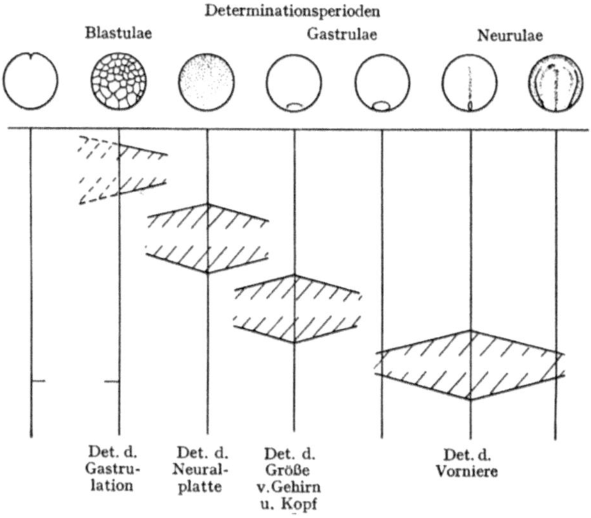

Abb. 175. Determinationsperioden. Die in der oberen Reihe abgebildeten Entwicklungsstadien liegen um Entwicklungszeiten von 24 Stunden bei 15° C auseinander. Die an- und absteigenden Linien darunter bezeichnen Entwicklungsperioden, während welcher einzelne Organe determiniert werden, mit jeweils einem Höhepunkt in der Mitte. (Nach GILCHRIST, 1933.)

diesen Gegensatz der verschiedenen Methode zuzuschreiben (l. c. S. 40). Danach soll das, was GILCHRIST die "strong methods" nennt, durch Weckung der regulativen Fähigkeiten eine späte Determination vortäuschen, während sie nach den "weak methods" viel früher anzusetzen wäre. Ein sachlicher Gegensatz besteht nur, soweit GILCHRIST sich auf die Ansichten von GOERTTLER (1925a) und LEHMANN (1926a, 1928a) stützt, welche nach HOLTFRETERs (1933a) Kritik der Experimente GOERTTLERs nicht mehr aufrechterhalten werden können (vgl. oben S. 122f.). Abgesehen davon beruht der Gegensatz lediglich auf einer verschiedenen Fassung des Begriffs „Determination“. Ich nenne, ebenso wie LILLIE (vgl. oben S. 131), einen Keimteil erst dann determiniert, wenn er zur Selbstdifferenzierung fähig ist; d. h. also, wenn er alle spezifischen Ursachen der Weiterentwicklung in sich selbst trägt. Eine solche Determination kann anfangs noch labil sein, so daß sie durch übermächtige, in anderer Richtung wirkende Einflüsse wieder umgeworfen wird. Das zeigt sich daran, daß ein Keimteil, welcher sich in indifferenter Umgebung herkunftsgemäß weiter entwickelt, in wirksamer Umgebung unter Umständen eine ortsgemäße Entwicklung einschlägt. Die Vorbereitung zur Determination, welche VOGT als Bahnung bezeichnet, fällt danach nicht unter den Begriff (vgl. oben S. 127). GILCHRIST dagegen rechnet alles, was zur Entstehung einer Anlage hinführt, zur Determination, begreift also auch die Bahnung mit unter sie. Daß die Anlage der Medullarplatte so früh „gebahnt" sei wie GILCHRIST es annimmt, ist ein Ergebnis, zu welchem auch VOGT durch seine Temperaturdifferenzversuche geführt wurde (vgl. oben S. 219).

So kann ich mich auf Grund der vorliegenden Tatsachen noch nicht davon überzeugen, daß die Gradiententheorie in der Form, wie sie von CHILD, DE BEER und HUXLEY vertreten wird, auf die Frühentwicklung der Amphibien anwendbar ist. Denn nur gegen diese zwei Punkte richten sich meine Einwendungen. Ob bei CHILDs eigenen Objekten ein Stoffwechselgradient die ungeschlechtliche Fortpflanzung und die Regeneration beherrscht, muß ich dahingestellt sein lassen; und daß bei der Entwicklung vieler tierischer Eier ein „Gefälle" irgendwelcher Art die erste Determination bewirkt, ist eine Hypothese, welche, wie wir gesehen haben, BOVERI (1901, 1910) schon vor vielen Jahren in voller Klarheit ausgesprochen und mit schwerwiegenden Gründen gestützt hat. Doch soll nicht vergessen werden, daß diese Ansicht in jener ganz allgemeinen Fassung kaum ihre jetzige Bedeutung gewonnen haben würde, wenn ihr nicht CHILD, von seiner besonderen Voraussetzung ausgehend, Jahre hindurch ein so eindringendes Studium gewidmet hätte.

XVII. Induktion und Ganzheitsproblem.

Wie überall in der Frühentwicklung, so spielt das Problem der Ganzheit in verschiedener Weise auch in die Vorgänge der Induktion hinein. Ein kleines Stück der oberen Urmundlippe kann einen ganzen Embryo induzieren, ein kleines Stück Urdarmdach eine ganze Medullarplatte. Teils regulieren sich dabei diese Induktoren vorher in sich selbst zum Ganzen, teils ziehen sie die Umgebung zu ihrer Ergänzung heran. Ein Stück totipotentes reaktionsfähiges Ektoderm einem älteren Keim in die Epidermis gepflanzt, entwickelt sich dort nicht ortsgemäß, sondern läßt regionsgemäß die verschiedensten Organe aus sich hervorgehen. Ein Stück seitliche Medullarsubstanz, ins Blastocoel einer beginnenden Gastrula gesteckt, induziert im Ektoderm mehr als ihm selbst und als dem Orte der Einpflanzung entspricht. Also auch hier nähert sich die induzierte Bildung einem Ganzen. Und noch merkwürdiger sind die bald zu besprechenden Ergebnisse heteroplastischer und xenoplastischer Induktion; sie lassen sich bis jetzt nur unter der Annahme erklären, daß eine Linse vom induzierenden Augenbecher, eine Mundbewaffnung von der induzierenden Umgebung gewissermaßen als Ganzes in Arbeit gegeben werden. Diesen wichtigen Dingen müssen wir jetzt noch unsere Aufmerksamkeit zuwenden.

Die Tatsachen, auf denen das Ganzheitsproblem beruht, gehören zu den auffallendsten Lebenserscheinungen und sind den Forschern schon seit langen Zeiten besonders in den Erscheinungen der Regeneration entgegengetreten. Eine Hydra, um eines der ältesten Beispiele zu nennen, vermag bekanntlich nach Zerstückelung aus fast allen Bruchteilen ihres Körpers sich wieder zum Ganzen umzugestalten. Als eine der Regeneration verwandte Erscheinung wurde dann von ROUX die nachträgliche Erzeugung, die Postgeneration der einen Keimhälfte aufgefaßt, deren Material im Zweizellenstadium durch Hitze zerstört worden war. In ganzer Schärfe aber wurde das Ganzheitsproblem erst von H. DRIESCH erfaßt, nachdem ihm die epochemachende Entdeckung geglückt war, daß aus experimentell hergestellten Bruchteilen des Keims ein normal proportionierter Embryo hervorgehen kann.

Wenn ein verstümmelter Organismus das Fehlende wieder ersetzt, wenn das Bruchstück des Keims die Teile, die es selbst nicht gebildet haben würde, aus seinem Bestand hervorgehen läßt, so muß dieser Teil noch irgendwie das Ganze enthalten haben. Eine idealistische Zeit sagte: Die Idee des Ganzen ist in jedem Teile enthalten. Aber auch in unserer realistischen Periode kam man nicht darum herum, die Summe der Möglichkeiten, welche zur Bildung des Ganzen gehören, auch im Teil vorhanden zu denken. So sprechen ROUX und WEISMANN vom Reserveidioplasma, welches noch alle Determinanten enthält. Wie aber werden diese Möglichkeiten dem Plane des Ganzen gemäß verwirklicht? DRIESCH glaubte sich gezwungen, sich dieses das Ganze hervorbringende Etwas unräumlich zu denken, als eine intensive Mannigfaltigkeit, zu deren Bezeichnung er das alte Wort *Entelechie* wieder einführte. Es ist im Grunde nichts so sehr viel anderes als was mit der (auch unräumlichen) Idee gemeint war.

Auch wenn man nicht glaubt, mit DRIESCH diese letzte Folgerung ziehen zu müssen, bleibt das äquipotente System, welches der harmonischen Gliederung fähig ist, ein reales Problem; ein Problem, welches auch dadurch nicht aus der Welt geschafft wird, daß die „harmonisch-äquipotentiellen" Systeme beides vielleicht nie ganz in dem Sinne sind, in welchem DRIESCH es meinte.

Die Beschäftigung mit diesem Problem, teils mehr begrifflich, teils experimentell, war es eben hauptsächlich, was mehrere Forscher veranlaßte, den Begriff des „embryonalen Feldes" in die Entwicklungsphysiologie einzuführen.

Unter dem Begriff der Ganzheit sollen nunmehr noch jene anderen Tatsachen besprochen werden, welche in allerneuester Zeit aufgedeckt den bis jetzt tiefsten Einblick in das Wesen der Induktion gewähren. Zunächst wollen wir uns noch einmal die methodischen und tatsächlichen Grundlagen vor Augen stellen.

Bei Austausch indifferenten Materials zwischen Keimen derselben Art und desselben Alters paßt sich das Implantat so vollkommen in die neue Umgebung ein, daß daraus nur ganz im allgemeinen auf die weitgehende Indifferenz des verpflanzten Materials und auf die am Aufnahmeort herrschende Feldwirkung geschlossen werden kann. „Die Entwicklung eines Keimteils ist eine Funktion seiner Lage im Ganzen": Über diesen von DRIESCH für das harmonisch-äquipotentielle System formulierten allgemeinsten Satz führt das Experiment zunächst nicht viel hinaus. So können wir auf seiner Grundlage auch über das Verhältnis von Aktions- und Reaktionssystem nur die ganz allgemeine Aussage machen, daß das eine den Induktionsreiz aussendet, das andere ihn aufnimmt; aber welcher Anteil an der Wirkung dem einen oder anderen zukommt, das läßt sich nicht erkennen. Welcher Art der Einfluß des Induktors ist, „ob er übermächtig ein bildsames Material formt oder ob er in einem mit eigenen Gestaltungstendenzen begabten Material aus der Fülle der Möglichkeiten die geeigneten auswählt, darüber gibt das Experiment der homöoplastischen Transplantation bei der Gleichartigkeit von Aktions- und Reaktionssystem keine Auskunft" (H. SPEMANN und O. SCHOTTÉ 1932).

Schon bei jenen ersten Austauschversuchen zeigte sich ein Weg, hier weiter zu kommen, in der Verwendung von unter sich etwas verschiedenen Keimen, und zwar etwas verschieden im Alter. Auch dabei entwickeln sich die ausgetauschten Stücke ortsgemäß weiter, ohne daß der Unterschied ihres Entwicklungsgrades verwischt wird. Ließ sich daraus zunächst nur folgern, daß die ursächliche Verzahnung von Aktions- und Reaktionssystem keine ganz genaue zu sein braucht (SPEMANN 1918, S. 481), so brachte die Weiterführung solcher Versuche Ergebnisse von viel größerer Tragweite. Bei den oben (S. 160f.) mitgeteilten Versuchen von O. MANGOLD (1929b) über die zeitliche Korrelation der Entwicklung zeigte es sich, daß die Aufnahmefähigkeit des Reaktionssystems in enge zeitliche Grenzen eingeschlossen ist, während die Wirkungsfähigkeit des Aktionssystems sich über einen viel längeren Zeitraum der Entwicklung erstreckt. H. BAUTZMANN, F. E. LEHMANN, H. MACHEMER, J. HOLTFRETER kamen zu demselben Ergebnis. Schon dadurch wird die Auffassung nahegelegt, daß das Reaktionssystem, welches nur in einem bestimmten, rasch vorübergehenden Entwicklungszustand anspricht, die speziellere Leistung zu vollbringen hat, indessen der Einfluß des Aktionssystems, welches während eines längeren, von tiefgreifenden Veränderungen erfüllten Zeitraums zu wirken vermag, von allgemeinerer Natur sein dürfte. Auf die letztere Frage, die nach der Natur des Induktionsreizes, ist bei Besprechung der „Induktionsmittel" eingegangen worden. Hier soll nunmehr die allgemeinste Wirkungsweise der Induktion behandelt werden.

Es lassen sich nun auch Induktionssysteme zusammenstellen, deren Teile nicht im Alter, also im Entwicklungsgrade, sondern nach der Species, also nach der Entwicklungsweise verschieden sind. Daß dies technisch möglich ist, hat große methodische Bedeutung. Schon der erste derartige Versuch heteroplastischer Induktion brachte ein Ergebnis von entscheidender Wichtigkeit. Präsumptive Medullarplatte von Triton taeniatus, zu Beginn der Gastrulation in die Kiemengegend von Triton cristatus verpflanzt, nimmt als Epidermis an der Kiemenbildung teil, entwickelt

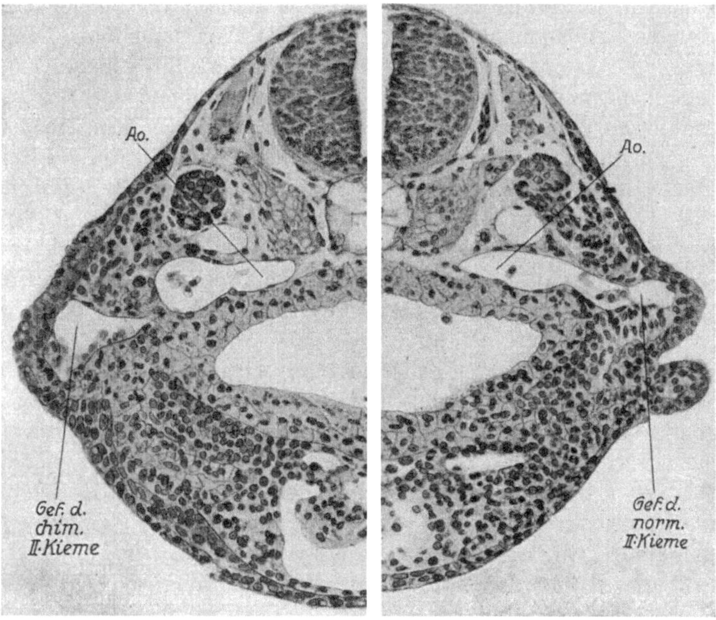

Abb. 176. Querschnitt durch Kopf von taeniatus-Larve in Höhe der 2. Kiemenstummel. Im frühen Gastrulastadium war die präsumptive Kiemenepidermis durch präsumptive Bauchepidermis einer gleich alten Gastrula von Axolotl ersetzt worden. Die chimärische, auf der Abbildung linke Kieme ist mächtiger, aber weniger weit entwickelt als die normale. Entsprechend ist ihr Blutgefäß größer und weniger weit entwickelt. (Nach ROTMANN, 1935 b.)

sich also ortsgemäß; behält dabei aber ihren herkunftsgemäßen taeniatus-Charakter bei, und zwar nicht nur in der histologischen Beschaffenheit, sondern auch in der spezifischen Formbildung (SPEMANN 1921; vgl. S. 540). Danach ist das Reaktionssystem kein unbedingt gefügiges Material, welches vom Induktor geformt wird; vielmehr hat es seine eigenen Gestaltungstendenzen, seine im Erbschatz der Art gegebenen Potenzen, von denen die ortsgemäßen im Induktionsfeld ansprechen.

Die Induktion ist also, wenigstens vorwiegend, ein Auslösungsvorgang, welcher durch den Induktor im Reaktionssystem in Gang gesetzt wird (SPEMANN 1921, S. 569).

Dieser Frage ist nun E. ROTMANN (1931, 1934, 1935a u. b) in meinem Institut weiter nachgegangen. Zunächst konnten meine Befunde über die Entwicklung der Kiemenstummel mit ortsfremdem Ektoderm bestätigt und erweitert werden. Diese charakteristisch geformten Gebilde folgten in ihrer ersten Entwicklung derjenigen Art, von welcher das präsumptive Ektoderm (z. B. präsumptive Medullarplatte aus der beginnenden Gastrula) genommen worden war. Von der verschiedenen Entwicklung waren besonders deutlich die Kiemengefäße betroffen. In dem von mir beschriebenen Fall, taeniatus-Ektoderm auf cristatus,

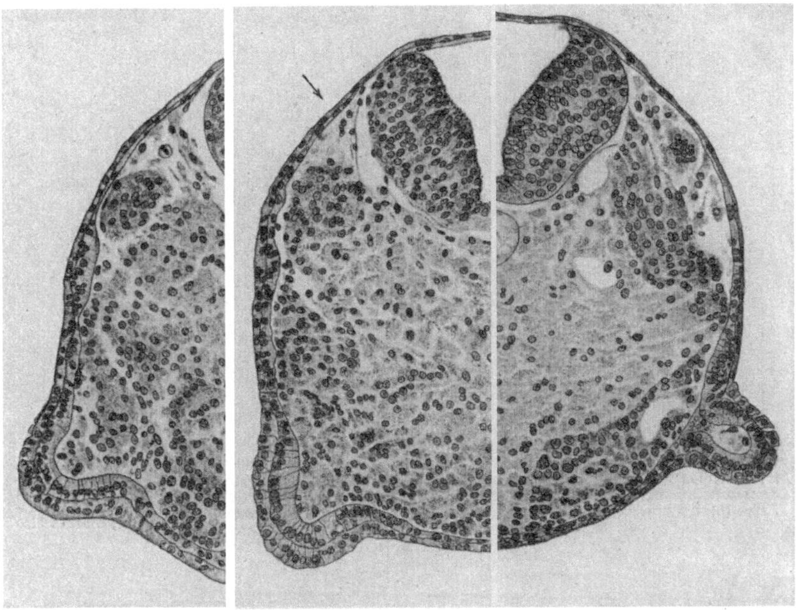

a b c

Abb. 177 a—c. b und c Querschnitte durch Larve von Triton taeniatus, bei welcher Auge, Haftfaden und Kiemenstummel der rechten Seite von cristatus-Epidermis bedeckt sind; der Ersatz war im frühen Gastrulastadium vorgenommen worden. Der Haftfaden der operierten Seite (b) hat sich in genau demselben Umfang angelegt, wie der einer cristatus-Larve (a); er ist viel größer als derjenige der taeniatus-Larve (c), durch welche er induziert worden ist. (Nach Rotmann, 1935 a.)

fanden sie sich auf der operierten, weiter entwickelten taeniatus-Seite schon mit deutlichem Lumen, während sie auf der normalen cristatus-Seite noch nicht zu erkennen waren (Spemann 1921, S. 563; vgl. Abb. 75 auf S. 88). In den neuen Experimenten, Austausch zwischen taeniatus und Axolotl, verhielt es sich ebenso. Unter dem transplantierten Ektoderm der sich langsamer entwickelnden Art (Axolotl) fehlte das Gefäßlumen noch, wenn es auf der taeniatus-Seite schon deutlich zu erkennen war. Später aber bekamen die Gefäße der Axolotl-Seite sogar ein viel weiteres Lumen als diejenigen der normalen taeniatus-Seite, ganz entsprechend den normalen Verhältnissen der beiden Tierarten (Abb. 176).

Diese Entwicklung der Kiemen unter Benützung artfremder Epidermis schien nun auch ein Beispiel induktiver Auslösung von ganzheitlicher Entwicklung abzugeben, derart, daß in dem implantierten Ektoderm

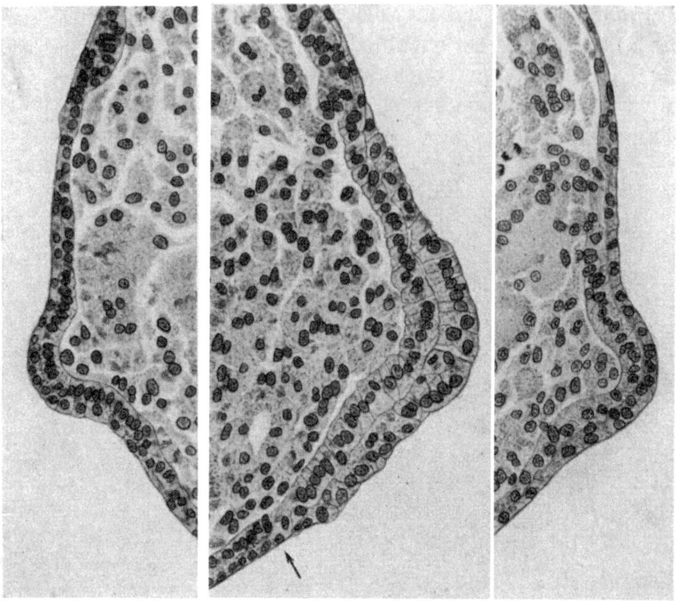

a b c

Abb. 178 a—c. Das reziproke Experiment zu Abb. 177 a—c Querschnitte durch Larve von Triton cristatus, bei welcher der Haftfaden der einen Seite (a) von taeniatus-Epidermis bedeckt ist; der Ersatz war im frühen Gastrulastadium vorgenommen worden. Der Haftfaden der operierten Seite (a) hat sich in genau demselben Umfang angelegt, wie der einer taeniatus-Larve (c); er ist viel kleiner als derjenige der cristatus-Larve (b), durch welche er induziert worden ist. Der Pfeil zeigt die Grenze des Implantats an, welches also weit nach der andern Seite hinüberreicht. (Nach ROTMANN, 1935a.)

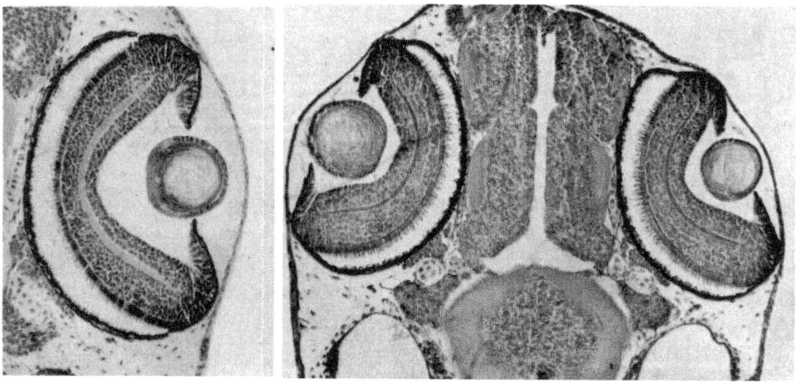

a b

Abb. 179 a und b. (b) Frontalschnitt durch einen Triton taeniatus, dessen rechte Linse (auf der Abbildung links) aus dem cristatus-Implantat entstanden ist. Sie ist größer als die taeniatus-Wirtslinse und zeigt etwa die gleiche Größe, wie eine normale cristatus-Linse (a) des gleichen Entwicklungsstadiums, obwohl deren Augenbecher viel größer ist. (Nach E. ROTMANN, unveröffentlicht.)

zunächst die Kiemenregion als Ganzes induziert und sich dann unabhängig vom Entoderm nach einer der betreffenden Art innewohnenden

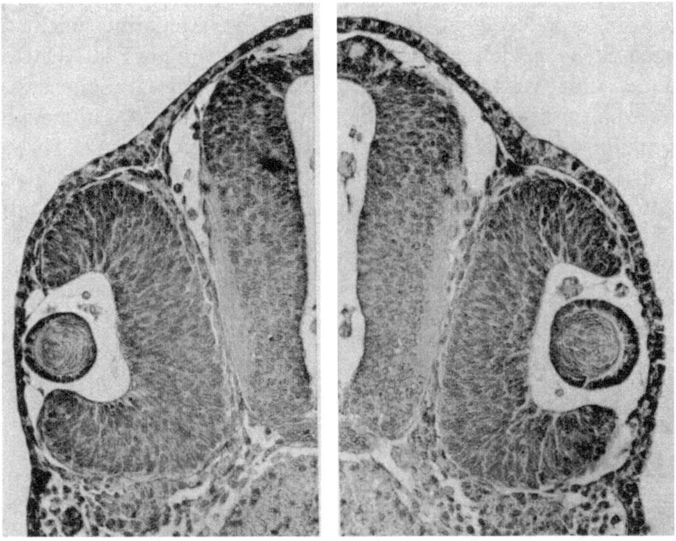

a b

Abb. 180 a und b. Reziprokes Experiment zu dem der Abb. 179. Frontalschnitt durch einen Triton cristatus, dessen rechte Linse (auf der Abbildung links) aus dem taeniatus-Implantat entstanden ist. Sie ist kleiner als die cristatus-Wirtslinse, dieser aber in der Entwicklung voraus. (Nach E. Rotmann, unveröffentlicht.)

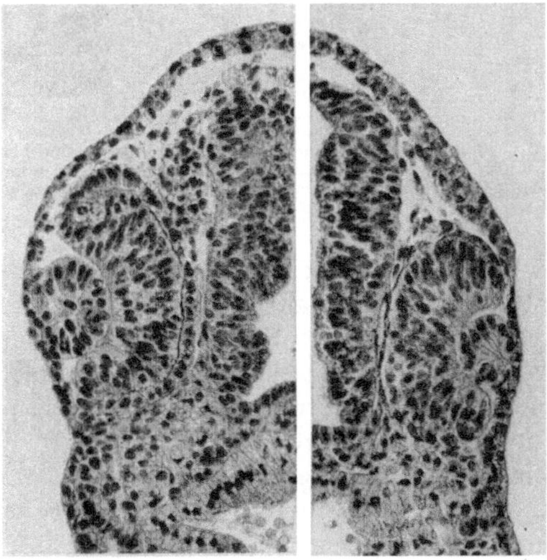

a b

Abb. 181 a und b. Frontalschnitt durch einen Triton taeniatus, dessen rechte Linse (auf der Abbildung links) aus dem cristatus-Implantat entstanden ist. Sie ist größer (a) als die Wirtslinse (b). Experiment entspricht dem der Abb. 179. (Nach E. Rotmann, unveröffentlicht.)

Proportion weiter in die einzelnen Kiemenstummel gliedern würde. Es hatte nämlich den Anschein, als ob entodermaler und ektodermaler

Anteil des chimärischen Kiemenapparats nicht genau aufeinander paßten, indem die entodermalen Kiemenfalten die Epidermis nicht an der richtigen Stelle erreichten. Da letztere Vermutung nur auf Querschnitte gegründet war, welche keine sichere Entscheidung ermöglichen, wurden diese Verhältnisse erneut geprüft und die chimärisch zusammengesetzten Kiemenanlagen auf Horizontalschnitten untersucht (SHEN 1934; ROTMANN 1935b). Dabei ergab sich für diesen Fall die Unrichtigkeit jener Vermutung, indem bei der Bildung der Kiemenfalten offenbar das

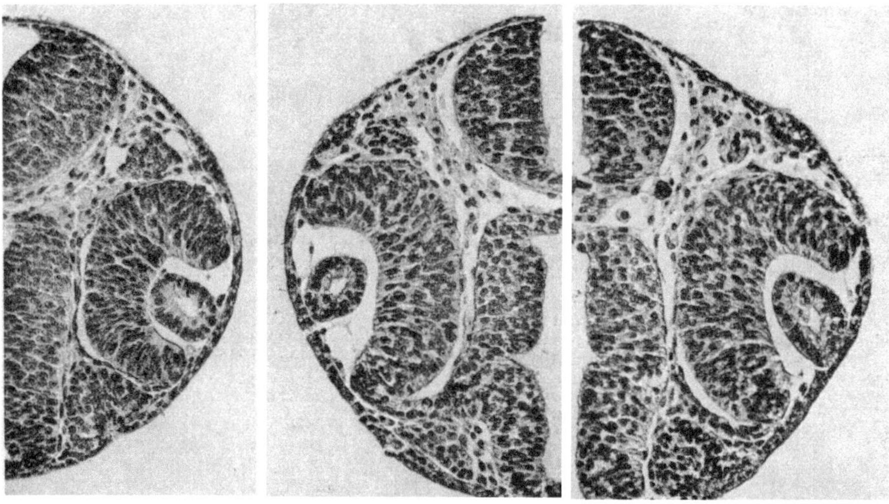

a b c

Abb. 182a—c. b und c Querschnitte durch eine cristatus-Larve, deren rechte Linse (auf der Abbildung links) aus dem taeniatus-Implantat entstanden ist. Sie ist kleiner (b) als die cristatus-Wirtslinse (c) und zeigt etwa die gleiche Größe, wie die einer normalen taeniatus-Larve (a). Experiment entspricht dem der Abb. 180. (Nach ROTMANN, unveröffentlicht.)

Entoderm die Führung hat und die Epidermis sich ganz glatt seiner Oberfläche anlegt, worauf sie an der durch die Entodermfalten bestimmten Stelle zur Bildung der Kiemenspalten auseinanderweicht.

So läßt sich an diesem Beispiel die grundsätzliche Richtigkeit jener Idee nicht prüfen. Dagegen haben *Haftfaden* und *Linse* in dieser Hinsicht sehr interessante Aufschlüsse gewährt.

Die präsumptive Haftfadenepidermis von taeniatus wurde durch Ektoderm von cristatus ersetzt und umgekehrt. „Die voll ausgebildeten chimärischen Haftfäden zeigten nun ausschließlich die Charaktere der Art, von der die Epidermis stammte (Abb. 177a—c; 178a—c). Dabei ist wichtig, daß die größere Dicke des cristatus-Haftfadens wie auch des entsprechenden chimärischen nicht etwa allein durch die größere Dicke der cristatus-Epidermis bedingt ist, sondern in viel stärkerem Maße durch das größere von ihr umschlossene Volumen (E. ROTMANN 1934, S. 702). — Außerdem nehmen die Haftfäden die für beide Arten charakteristische Winkelstellung zum Kopf ein; die aus cristatus-Epidermis gebildeten sind nach vorn gerichtet, die aus taeniatus-Epidermis entstandenen nach hinten.

In einer anderen Reihe von Versuchen wurde die verschiedene Größe und Entwicklungsgeschwindigkeit der Linsen von Triton cristatus und taeniatus als Merkzeichen für die Art der Induktion verwendet. Die präsumptive Linsenepidermis jeder der beiden Arten wurde zu Beginn der Gastrulation durch präsumptive Bauchhaut der anderen Art ersetzt. Die im gegebenen Augenblick sich bildenden Linsen folgen dann nach Größe und Entwicklungsgrad dem Spender. Ungemein deutlich ist das zu erkennen, wenn die Linsenbläschen sich abgeschnürt und mit der Faserbildung begonnen haben (Abb. 179a und b; 180a und b). Es ist sehr unwahrscheinlich, daß der Größenunterschied in solchem Ausmaß und schon so früh durch verschieden starkes Wachstum der beiden Linsen zustande gekommen sein sollte (vgl. SPEMANN 1921, S. 559); es scheint vielmehr so gut wie sicher, daß von Anfang an verschieden große Epidermisbezirke zur Linsenwucherung determiniert wurden. So zeigen denn auch schon solche ganz junge Stadien eine Wucherung der Epidermis, welche für den Augenbecher im einen Fall zu groß (Abb. 181 a und b), im anderen zu klein ist (Abb. 182a und b).

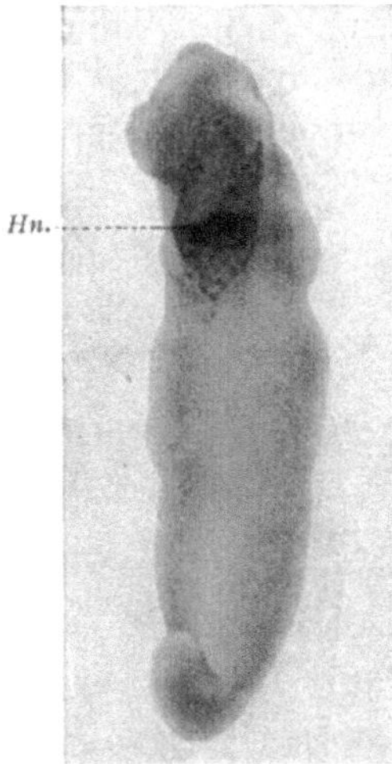

Abb. 183. Embryo von Triton taeniatus, schon ziemlich gestreckt. Ventral vorne ein Stück Epidermis von Rana esculenta, etwas schräg, bedeckt außer Mundbucht einen Teil des linken Auges. Ein querer Epidermisstreifen hinter Mundbucht (*Hn.*) etwas dunkler pigmentiert; sezerniert. (Nach H. SPEMANN und O. SCHOTTÉ, 1932.)

Die Organisationspotenzen für Haftfaden wie für Linse reagieren also in den sie aktivierenden Feldern nicht nur qualitativ, sondern auch quantitativ gemäß dem Erbschatz der Art, welcher sie angehören. Die Linsenpotenzen werden durch den Augenbecher nicht etwa in dem Umfang geweckt, in welchem er mit seiner eingekrümmten Retinaschicht die Epidermis berührt; vielmehr wird die Linse als Ganzes gewissermaßen bei der Epidermis „in Arbeit gegeben" (SPEMANN 1901a, S. 77).

Damit ist nun die andere Tatsache zusammenzuhalten, daß experimentell verkleinerte Augenbecher bei solchen Keimen wie denen von Triton in der Epidermis die Bildung einer entsprechend verkleinerten Linse hervorrufen (vgl. Abb. 38 auf S. 42). Es fehlt also der Epidermis nicht etwa die Fähigkeit, die Größe der Linse derjenigen des Augenbechers anzupassen; vielmehr bekommt sie offenbar bei jenen chimärischen Bildungen nicht den richtigen Reiz dazu. Das ganze Auge scheint das Stichwort: „ganze Linse" auszugeben; und diese wird dann eben von cristatus-Epidermis für das taeniatus-Auge zu groß geliefert und umgekehrt.

Diese Fähigkeit der Induktion, artgemäße Ganzheit auszulösen, müßte sich um so deutlicher zeigen, je größer der Unterschied zwischen Induktor und Reaktionssystem ist. „Wenn es z. B. möglich sein sollte, den Gewebsaustausch zwischen einem Urodelen und einem Anuren erfolgreich vorzunehmen, so könnte man das Ektoderm der Mundbucht des ersteren durch solches des letzteren ersetzen; bekäme dann die Larve Zähne oder Hornkiefer? Im letzteren Fall würde das Stichwort gewissermaßen nur ganz im allgemeinen ‚Mundbewaffnung' lauten, und darauf würde das Ektoderm die Art von Mundbewaffnung liefern, die ihm geläufig ist" (SPEMANN 1921, S. 567).

Dieses Experiment ist seither

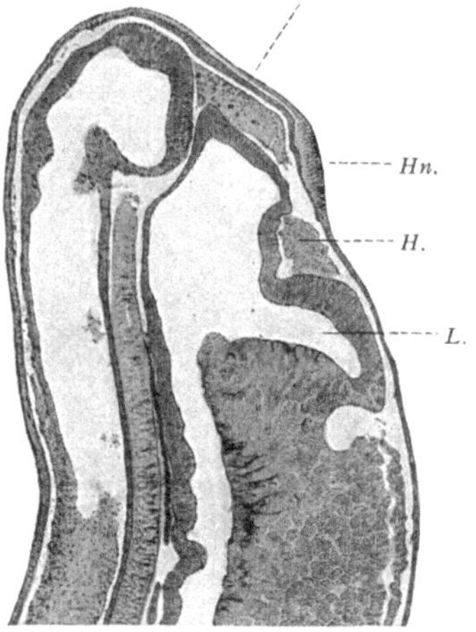

Abb. 184. Normaler Embryo von Bombinator, Medianschnitt. Hinter der Mundbucht (*Mdb.*) die Anlage des Haftnapfes (*Hn.*); dahinter Herzanlage (*H.*) und Leberbucht (*L.*). (Nach H. SPEMANN und O. SCHOTTÉ, 1932.)

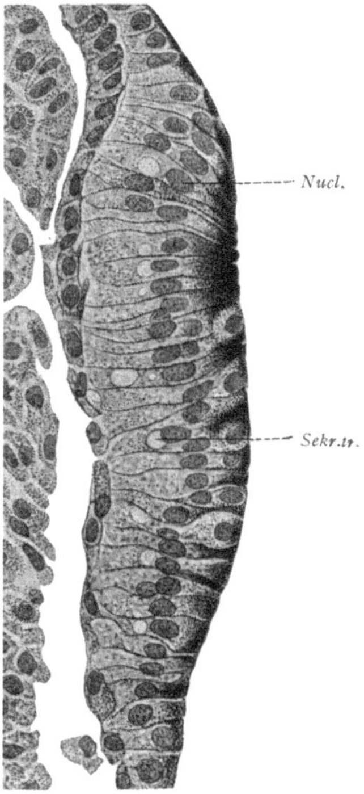

Abb. 185. Der Haftnapf der Abb. 184. Hohe Zylinderzellen mit länglichen Kernen (*Nucl.*), mit Pigment an der Oberfläche und Sekrettröpfchen (*Sekr.tr.*) im Innern. (Nach H. SPEMANN und O. SCHOTTÉ, 1932.)

erfolgreich ausgeführt worden (Abb. 183). Aber damals, als der Gedanke zuerst ausgesprochen wurde, schien seine Verwirklichung so gut wie ausgeschlossen. Die Voraussetzungen des Gelingens, die Verträglichkeit und die gegenseitige Beeinflußbarkeit von Keimteilen so verschiedener Tierarten wie etwa eines Molchs und eines Frosches, waren beide gleich unwahrscheinlich. Als jedoch B. GEINITZ (1925a) bei seinen im Hinblick auf diese Möglichkeiten ausgeführten xenoplastischen Transplantationen in beiderlei Hinsicht Erfolge gehabt hatte, wagte es Dr. SCHOTTÉ auf meine Anregung, Zeit und Kraft an den Versuch zu rücken.

Die ersten Erfolge wurden nicht an Zähnen und Hornkiefern, sondern an zwei anderen Organen der Mundgegend erzielt. Bei der Molchlarve sitzen seitlich am Kopf unter den Augen zwei Haftfäden oder Stützer (balancer der englischen Autoren), während die Kaulquappe hinter dem Mund, nahe der ventralen Mittellinie, zwei niedere Haftnäpfe hat (Abb. 184 und 185). Es ist die Vermutung ausgesprochen worden, daß beide Organe homolog sind. Das mag zutreffen; doch ist für unseren jetzigen Zweck entscheidend, daß sie nicht an derselben Stelle des Kopfes sitzen.

Solche Saugnäpfe wurden nun in ortsfremder Froschepidermis induziert, wenn die Anlage der letzteren, also Ektoderm irgendeiner

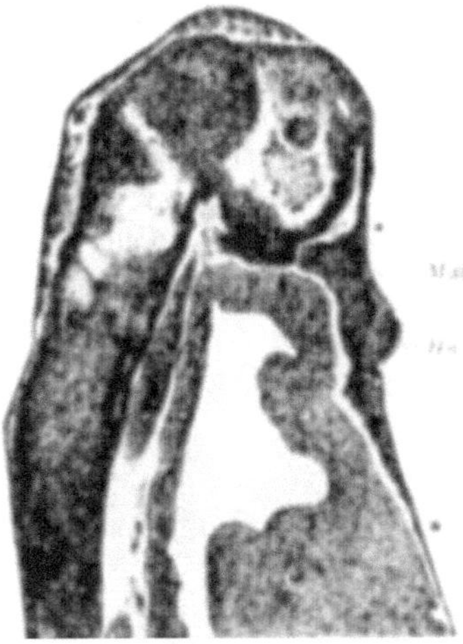

Abb. 186. Embryo von Triton taeniatus, derselbe wie in Abb. 183, Sagittalschnitt, nahezu median. Hinter der Mundbucht (*Mdb.*) liegt die implantierte Epidermis von Rana esculenta (zwischen * und *); vorgewölbte Verdickung (*Hn.*) von der Struktur eines Haftnapfes, mit Sekrettröpfchen in den Zellen und an der Oberfläche.
(Nach H. SPEMANN und O. SCHOTTÉ, 1932.)

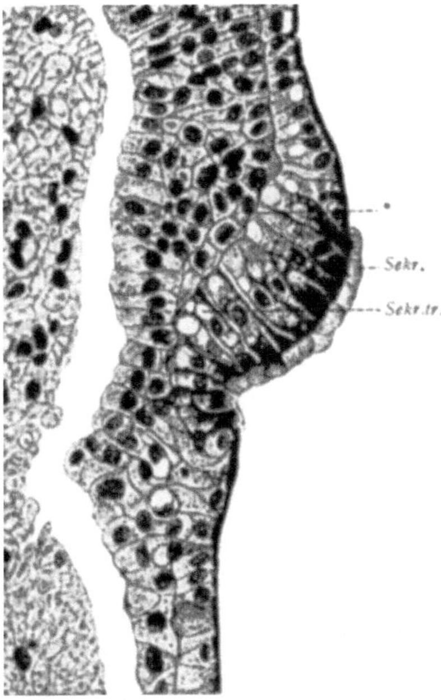

Abb. 187. Der Haftnapf der Abb. 186; mit Sekrettröpfchen (*Sekr.tr.*) im Innern der Zellen und zusammenhängender (im Leben fadenziehender) Sekretschicht (*Sekr.*) an der Oberfläche. * Grenze der äußeren Ektodermschicht.
(Nach H. SPEMANN und O. SCHOTTÉ, 1932.)

Gegend der beginnenden Froschgastrula, in die spätere Mundgegend einer gleich alten Gastrula von Triton verpflanzt worden war. Die Saugnäpfe hatten denselben histologischen Bau, wie die normalen (Abb. 186 und 187), und sonderten denselben zähen, fadenziehenden Schleim ab (H. SPEMANN und O. SCHOTTÉ 1932; vgl. auch Abb. 191 auf S. 236).

Für die Erklärung dieser höchst merkwürdigen Erscheinung könnte man einer etwaigen Homologie von Haftfaden und Haftnapf eine Bedeutung beimessen. Man würde dabei annehmen, daß der die Entwicklung beider Organe auslösende *Reiz* noch derselbe sei wie bei jenem Organ des Vorfahren, aus dem die jetzt verschiedenen Formen sich entwickelt haben; die Art der *Reaktion* des Ektoderms dagegen hätte sich geändert.

Bei dieser Auffassung könnte man sich auf ein Experiment von HARRISON (1925) und vielleicht noch einleuchtender auf eines von O. MANGOLD (1931 b) berufen, durch welches mittels Ektodermaustausch zwischen zwei Urodelenarten mit und ohne Haftfaden geprüft werden sollte, aus welchem Grunde die Larve der letzteren keinen Haftfaden besitzt. MANGOLD konnte zeigen, daß Ektoderm von Axolotl in der Haftfadengegend von Triton keinen Haftfaden bildet, wohl aber umgekehrt solches von Triton am Kopf von Axolotl. Daraus folgt, daß es dem Kopf des Axolotl nicht an der Fähigkeit fehlt, einen Reiz zur Haftfadenbildung auszusenden, wohl aber seiner Epidermis, auf ihn zu reagieren. Hier hätte sich also in der Tat die Reaktionsfähigkeit des Ektoderms geändert; der auslösende Reiz dagegen — wohl ein allgemeiner Situationsreiz — wäre derselbe geblieben.

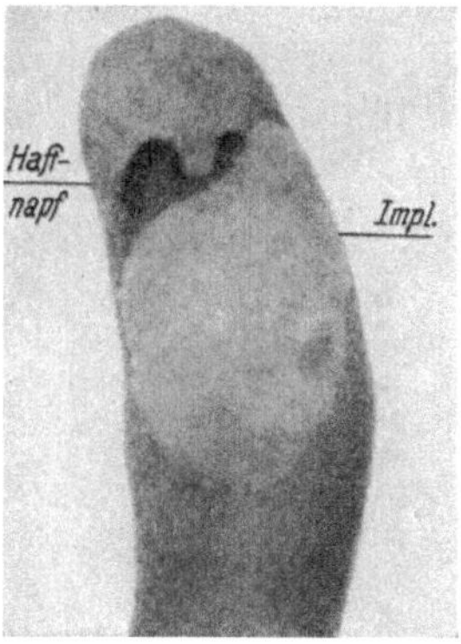

Abb. 188. Larve von Bombinator pachypus, der im frühen Gastrulastadium ein Stück präsumptive hintere Bauchhaut von Triton taeniatus eingesetzt worden war. Das Implantat hat sich nicht an der Bildung des Haftnapfes beteiligt. (Nach E. ROTMANN, 1935 c.)

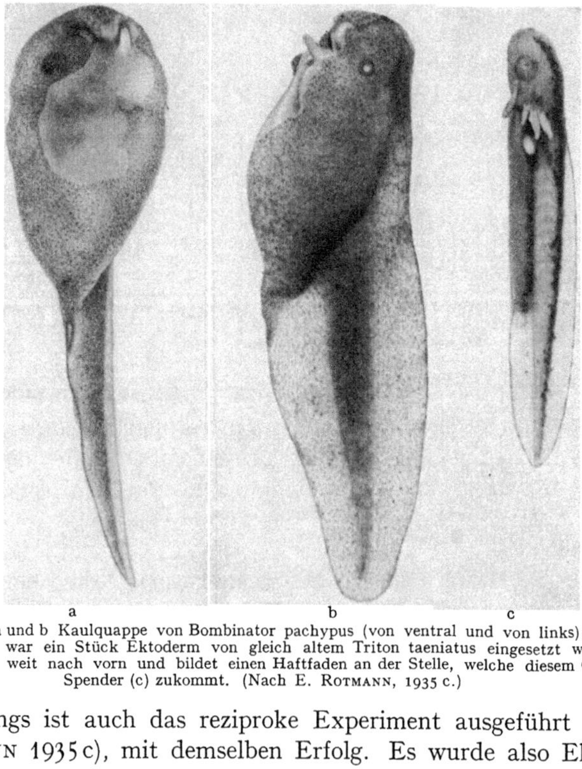

Abb. 189 a—c. a und b Kaulquappe von Bombinator pachypus (von ventral und von links); im frühen Gastrulastadium war ein Stück Ektoderm von gleich altem Triton taeniatus eingesetzt worden. Das Implantat reicht weit nach vorn und bildet einen Haftfaden an der Stelle, welche diesem Organ beim Spender (c) zukommt. (Nach E. ROTMANN, 1935 c.)

Neuerdings ist auch das reziproke Experiment ausgeführt worden, (E. ROTMANN 1935 c), mit demselben Erfolg. Es wurde also Ektoderm einer jungen Tritongastrula in die präsumptive Mundgegend einer gleich alten Anurengastrula verpflanzt. In der Folge entwickelten sich in der implantierten Epidermis, und nur in ihr, am richtigen Ort die für Triton charakteristischen Organe. Besonders lehrreich sind hier die von ROTMANN mitgeteilten Fälle. In einem derselben (Abb. 188) schnitt das Implantat die äußere Hälfte des einen Haftnapfs glatt ab, reichte aber nicht bis in die Höhe der Augen, also nicht bis ins „Haftfadenfeld“. So entstanden denn auch keine Haftfäden, weder vorn unter den Augen noch im Anschluß an den halbierten Haftnapf. In einem anderen Fall erstreckte sich das Implantat auf beiden Seiten bis in die Mundgegend; es entwickelte sich denn auch an ihm rechts und links je ein Haftfaden an der richtigen Stelle. In einem dritten Falle endlich kamen beide Organe nebeneinander vor. Auf der einen Seite, wo das Implantat fehlte, hatte sich an der richtigen Stelle aus seinem normalen Material ein Haftnapf gebildet; auf der anderen Seite dagegen, wo die implantierte Tritonepidermis bis ins Haftfadenfeld nach vorn reichte, ein Haftfaden (Abb. 189a—c).

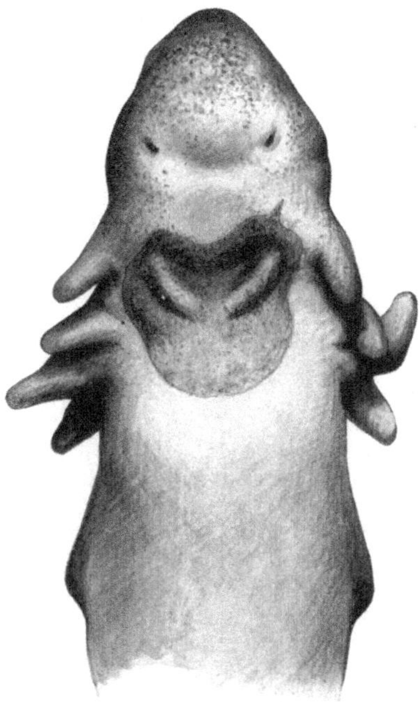

Abb. 190. Urodelenlarve, die Mundgegend durch ein median gelegenes Stück Anurenepidermis bedeckt, welches aber die Gegend der Haftfäden frei läßt. Haftfäden und Haftnäpfe nebeneinander, die ersteren vom Wirtkeim gebildet, die letzteren von ihm in der Anurenhaut induziert. (Nach O. SCHOTTÉ, unveröffentlicht; gezeichnet von Frl. E. KRAUSE in HARRISONS Laboratorium.)

HOLTFRETER (1935b) berichtet über einen ebensolchen, jedoch als nicht ganz eindeutig bezeichneten Fall; desgleichen hat O. MANGOLD (nach mündlicher Mitteilung) dasselbe erzielt.

Jenem Fall von E. ROTMANN, bei welchem Haftfäden und Haftnäpfe an einer und derselben Larve nebeneinander vorkommen, entspricht genau ein reziproker Fall von SCHOTTÉ. Bei ihm hatten sich aus der Epidermis des Wirts (Triton) vorn seitlich aus normalem Material zwei Haftfäden entwickelt, während in dem weniger weit nach den Seiten reichenden Implantat sekundär zwei Haftnäpfe induziert worden waren (Abb. 190). Hier wird es besonders augenfällig, daß die beiden Gebilde nicht an homologen Stellen des Kopfes sitzen. Ob sie trotzdem selbst noch homolog genannt werden dürfen, ist eine Frage, welcher hier nicht näher nachgegangen werden soll; ihre Erörterung würde sich mit Gedankengängen berühren, welche ich vor vielen Jahren (1914) im Zusammenhang darzulegen versuchte.

Derartiger Überlegungen ist man überhoben bei den beiden anderen Kopforganen, an welchen das Verhältnis von Reiz und Reizbeantwortung geprüft wurde, bei den Organen der Mundbewaffnung. Die Tritonlarve hat bekanntlich im Munde echte Zähnchen, von gleicher Entstehung und gleichem Bau wie die Zähne aller Wirbeltiere; der Mund der Kaulquappe hingegen ist mit Hornkiefern und Hornstiftchen besetzt, welche ganz anders entstehen und gebaut sind als echte Zähne und mit ihnen morphologisch wohl nichts zu tun haben. Immerhin verdiente dieser letztere Punkt jetzt eine erneute Prüfung.

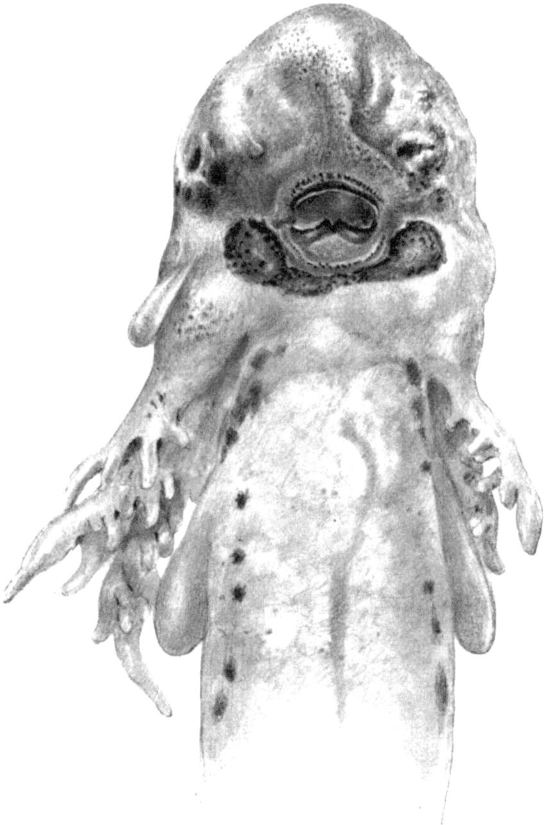

Abb. 191. Eine ebensolche Larve wie diejenige der Abb. 190, weiter entwickelt. Die Urodelenlarve hat aus eigenem Material einen rechten Haftfaden gebildet, im Material des Implantats ein Kaulquappenmaul mit Hornkiefern, Hornstiftchen und Haftnäpfen induziert. (Nach O. SCHOTTÉ, unveröffentlicht; gezeichnet von Frl. E. KRAUSE.)

Auch solche Hornkiefer sind nun im Mundfeld von Triton sekundär induziert worden, und zwar nach ersten, nicht ganz sicheren Fällen (SPEMANN und SCHOTTÉ 1932, S. 466) nunmehr mit aller wünschenswerten, jeden Zweifel ausschließenden Deutlichkeit. In einem Fall, wo das Implantat die ganze Mundgegend bedeckte, war genau am richtigen Ort ein typisches Kaulquappenmaul mit Hornkiefern und umgebenden Hornstiftchen entstanden (Abb. 191). In einem anderen, vielleicht noch interessanteren Fall war die Hälfte des Mundes vom Implantat frei geblieben und hatte sich zu einem Tritonmund mit echten Zähnchen entwickelt (Abb. 192).

Solche xenoplastisch induzierten Hornkiefer und Hornstiftchen hat inzwischen auch HOLTFRETER in großer Zahl und Vollkommenheit erzielt. Außerdem im reziproken Experiment echte Zähnchen aus transplantiertem Urodelenektoderm in Anurenlarven (1935a, b, c).

Das ist nun aber ein Ergebnis von großer Tragweite. Nicht daß im Mundfeld Mundorgane entstehen, ist das Überraschende. Auch daß diese

Organe den Bau besitzen würden, wie er dem Potenzenschatz der Froschhaut entspricht, war mit Sicherheit vorauszusehen. Aber daß überhaupt etwas induziert wird, daß die Potenzen des Froschektoderms auf den Induktionsreiz des Tritonkopfes ansprechen, also Potenzen für Organe, welche Triton gar nicht besitzt, auf Reize, welche sonst ganz andere Bildungen auslösen, das ist das Neue und Merkwürdige.

Im einzelnen ist hier noch alles dunkel und muß durch genaueste Untersuchung der sekundär induzierten Organe, ihres Baues und ihrer

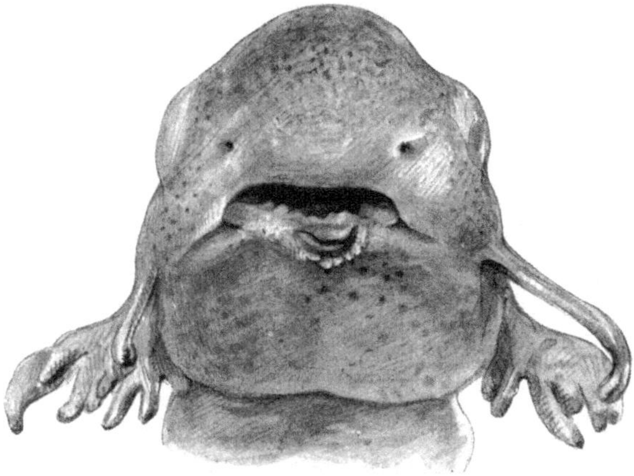

Abb. 192. Urodelenlarve nach derselben Operation. Die Mundöffnung, nur zum Teil vom Implantat bedeckt, besitzt so weit Hornkiefer, im übrigen Zähnchen. (Nach O. SCHOTTÉ, unveröffentlicht; gezeichnet von Frl. E. KRAUSE.)

Lagebeziehungen (z. B. zum knorpeligen Kieferbogen) aufgeklärt werden. Im allgemeinen aber können wir über den induzierenden Reiz jetzt schon mit aller Sicherheit sagen, daß er in Hinsicht dessen, *was* entsteht, ganz spezieller Natur sein muß, ganz allgemeiner Natur jedoch in Hinsicht dessen, *wie* es entsteht. So eben, als lautete, bildlich gesprochen, das Stichwort nur ganz allgemein „Mundbewaffnung", und diese würde dann vom Ektoderm in der im Erbschatz seiner Art vorgesehenen Ausführung geliefert. Was das nun aber, physiologisch gesprochen, eigentlich bedeutet, dafür fehlt uns, wie mir scheint, bis jetzt jede gegründete Vorstellung.

XVIII. Über den Geltungsbereich der für den Amphibienkeim festgestellten Gesetzlichkeiten.

Nach den ersten Versuchen am Tritonei, welche durch folgerichtige Anwendung einer älteren Methode und Ausbildung einer neuen Versuchstechnik ein vorher nicht erhofftes Vordringen möglich erscheinen ließen, wurde die gefundene Spur von einer eng verbundenen Gruppe von Forschern aufgenommen und Jahre lang planmäßig weiter verfolgt, unter bewußter Beschränkung auf das eine, so überaus günstige Versuchsobjekt. Die Ergebnisse dieser Arbeit darzustellen war die erste und wichtigste Aufgabe meiner Ausführungen. Nun wurde aber naturgemäß bald der Wunsch wach, zu erfahren, wie die Keime anderer Tiergruppen sich in dieser Beziehung verhalten, ob die für die Amphibien gefundenen Gesetzlichkeiten auch bei ihnen gelten oder ob und wie weit andere Prinzipien bei ihnen herrschen. Über solche Versuche soll nun noch kurz berichtet werden, und zwar will ich mich auf die wichtigsten in sich geschlossensten Versuchsreihen beschränken, auf die Experimente an den Frühstadien des Hühnchens, des Seeigel- und des Insektenkeims.

1. Experimente an der Keimscheibe des Hühnchens.

Der Formwandel des sich entwickelnden Vogelkeims ist seit den Tagen von CHR. PANDER (1817) und K. E. VON BAER (1828) ein bevorzugter Gegenstand der Forschung gewesen. Aber erst in neuerer Zeit, teils zum Zweck der Vergleichung, teils im Dienst entwicklungsphysiologischer Interessen, ist man näher an die Frage herangetreten, wie sich die späteren Organanlagen auf die einzelnen Bezirke des befruchteten Eies und der jungen Keimscheibe zurückführen lassen. Diese Untersuchungen gehen in Fragestellung und Methode auf ROUX' (1888a) Arbeit über die Lagerung des Materials des Medullarrohrs im gefurchten Froschei zurück. Durch Marken verschiedener Art, eingesteckte feine Haare (ASSHETON 1896), kleine Hitzedefekte (FR. KOPSCH 1898, FL. PEEBLES 1898, 1904), Farbmarken (H. WETZEL 1924/31) wurden die einzelnen Keimteile bis in spätere Stadien durchverfolgt, die Bewegungen selbst durch Laufbildaufnahmen festgehalten und analysiert (L. GRÄPER 1911, 1929), so daß wir jetzt ein ziemlich klares Bild von der „Materialgeschichte" (R. WETZEL 1929) des Vogelkeims entwerfen können.

Danach enthält das eben abgelegte Hühnerei eine zweischichtige Keimscheibe, deren tieferes Blatt, das Entoderm, durch Einstülpung und Einwanderung vom hinteren Scheibenrand aus entstanden ist. Mit dem Beginn der Bebrütung setzt die tagelang unterbrochene Entwicklung wieder ein. Durch eine Verdickung des äußeren Blattes, des Epiblastes, welche hinten in der Mitte des Scheibenrands beginnend axial nach vorne fortschreitet, entsteht das Bild des Primitivstreifens, der sich vorn zum Primitivknoten (HENSENschen Knoten) verdickt und an seiner Oberfläche eine vorn tiefere, hinten seichtere Rinne, die Primitivrinne, trägt (Abb. 193). Von diesem Primitivstreifen aus entsteht nach vorn die Chordaanlage (der sog. Kopffortsatz), nach den Seiten das Mesoderm (Abb. 194).

Diese Bildungen nun kommen nach Ausweis der Farbmarken durch ausgiebige Bewegungen im Bereich des äußeren Blattes zustande (Abb. 195 a—d). Dessen Zellen strömen am Rande der Scheibe nach hinten, in der Achse nach vorn, in einer Art Doppelwirbel; dann von den Seiten her nach der Mittellinie, um dort nach unten ausweichend einen Grat zu bilden, der dem Entoderm zugewandt ist und in der Ansicht von der Oberfläche als Streifen, Primitivstreifen, erscheint. Noch ehe diese Bewegungen völlig zur Ruhe gekommen sind, beginnt die Auswanderung von Zellen aus dem wuchernden Primitivstreifen, zwischen das Ektoderm und Entoderm hinein; also die Bildung des Mesoderms und der Chordaanlage, des „Kopffortsatzes". Kurz darauf wird vor letzterem das vordere Ende der Medullarplatte sichtbar. Das Genauere ist aus der Arbeit von WETZEL (1929) zu ersehen.

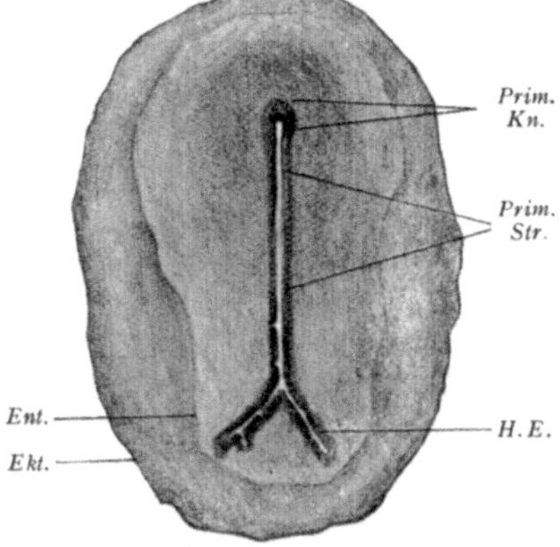

Abb. 193. Keimfeld vom Hühnchen, mit ausgestaltetem Primitivstreifen (*Prim.Str.*), der sich hinten (*H.E.*) gabelt, und vorn im Primitivknoten (*Prim.Kn.*) endigt. *Ekt.* Grenze des Ektoderms; *Ent.* Grenze des Entoderms. Lebend, mit Neutralrot gefärbt, im auffallenden Licht. (Nach R. WETZEL, 1929).

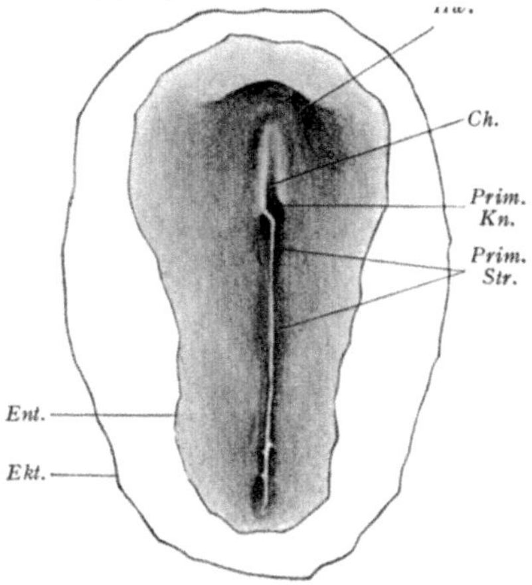

Abb. 194. Keim von Hühnchen, mit kurzer Neural- und Chordaanlage. *Ch.* Chordaanlage; *Ekt.* Grenze des Ektoderms; *Ent.* Grenze des Entoderms; *Hw.* querer Hirnwulst; *Prim.Kn.* Primitivknoten; *Prim. Str.* Primitivstreifen. (Nach R. WETZEL, 1929.)

Markierungen des Keims erfüllen ihren Zweck um so vollkommener, je weniger sie den normalen Ablauf der Entwicklung stören; in demselben Ausmaße aber lehren sie, wenigstens direkt, nichts über die hierbei herrschenden ursächlichen Verhältnisse. Erst wenn z. B. eine durch Anstich gesetzte Marke so groß ist, daß sie zu einem Defekt führt, lassen sich aus den Ausfallserscheinungen Schlüsse nicht nur auf die prospektive Bedeutung der zerstörten Anlage ziehen, sondern unter Umständen, durch Verbindung mit anderen Ergebnissen, auch Hinweise auf eine etwaige induzierende Wirkung gewinnen.

So hat schon FL. PEEBLES (1898) bei ihren Markierungsversuchen die Beobachtung gemacht, daß ein starker Defekt unmittelbar vor dem Vorderende des Primitivstreifens (also im Primitivknoten, HENSENschen Knoten) die weitere Entwicklung verhindert, und hat daraus den Schluß gezogen, daß diese Region mit der Bildung und dem Wachstum des Embryos eng verknüpft ist (l. c. S. 409). Wird die Keimscheibe in derselben Höhe quer durchschnitten, so entwickelt sich aus der hinteren Keimhälfte eine verkürzte Embryonalanlage, anscheinend ohne Vorderkopf; die vordere Keimhälfte dagegen entwickelt sich nicht weiter. Nach diesem Ergebnis allein läßt sich nicht entscheiden, ob mit dem zerstörten Stück das Material für den Kopf ausgeschaltet wurde oder aber irgendein zu seiner Bildung nötiger Einfluß. PEEBLES scheint sich für die erstere Möglichkeit zu entscheiden, indem sie von einer unmittelbar

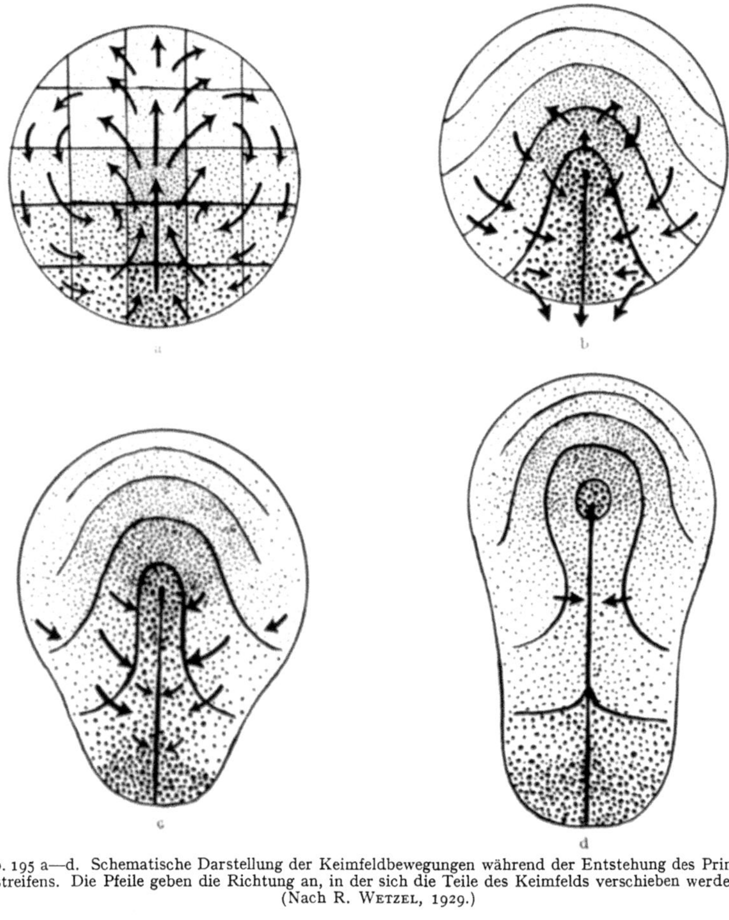

Abb. 195 a—d. Schematische Darstellung der Keimfeldbewegungen während der Entstehung des Primitivstreifens. Die Pfeile geben die Richtung an, in der sich die Teile des Keimfelds verschieben werden. (Nach R. WETZEL, 1929.)

vor dem Primitivstreifen gelegenen „Wachstumszone" spricht. Nun legt aber schon ein anderes Ergebnis derselben Verfasserin — Zerstörung eines medianen Bezirks ein wenig weiter vorn mit nachfolgendem Defekt in den Medullarwülsten — die Auffassung nahe, daß das Material für das Gehirn schon im Stadium des ausgebildeten Primitivstreifens, also im Augenblick der Operation, seinen endgültigen Platz einnimmt und daher von dem hinter ihm gesetzten Defekt nicht selber getroffen wird. Durch die Markierungsversuche von FR. KOPSCH (1927) und R. WETZEL (1929) ist dies zur Gewißheit erhoben. Es muß also etwas normalerweise vom Primitivknoten Ausgehendes sein, was zur Bildung der Medullarplatte nötig ist und durch den Anstich zerstört wurde.

Die Isolierungsversuche von FL. PEEBLES wurden in neuerer Zeit von verschiedenen Forschern wiederholt, nach etwas anderen Methoden, welche teils eine längere Aufzucht der zu prüfenden Stücke, teils eine größere Mannigfaltigkeit von Eingriffen erlauben.

Teile des Hühnerkeimes isoliert aufzuziehen hat gegenüber demselben Experiment am Amphibienkeim die Schwierigkeit, daß die Nahrung den Zellen von außen zugeführt werden muß, indem sie ihnen nicht wie dort einzeln als Dotter zugeteilt ist. Dies wird in recht vollkommener Weise dadurch erreicht, daß die zu prüfenden Stücke auf die gefäßreiche Chorioallantois eines weiter entwickelten Embryos gepflanzt werden (A. AGASSIZ und V. DANCHAKOFF 1922). Dort wachsen sie fest und werden so reichlich ernährt, daß sie sich viele Tage lang fast ungestört weiter entwickeln.

Nach dieser Methode konnte HOADLEY (1929) aus Stücken der jungen Keimscheibe wohlgeformte, erstaunlich hoch differenzierte Gebilde züchten, z. B. ein Auge mit geschichteter Retina und wohl entwickelter Linse. Doch soll hier auf diese an sich wertvollen Ergebnisse nicht näher eingegangen werden, da Nachweise von Selbstdifferenzierung uns in diesem Zusammenhang nur so weit interessieren, als sie zu Induktionsvorgängen in Beziehung gesetzt werden können. So wäre für uns z. B. die etwaige Feststellung von Wichtigkeit, daß sich präsumptive Medullarplatte isoliert, also unter Selbstdifferenzierung, zu Medullarsubstanz weiter entwickeln kann, zu einer Zeit, wo sie noch nicht von präsumptiver Chorda unterlagert ist. Solche Fälle liegen, soviel ich sehen kann, unter den zahlreichen Experimenten HOADLEYs noch nicht vor; für das angeführte Beispiel der Medullarplatte schon deshalb nicht, weil niemals Ektoderm allein isoliert wurde, worauf schon C. H. WADDINGTON (1932, S. 224) hingewiesen hat. Daher läßt sich bis jetzt nicht entscheiden, ob beim Hühnchen wie beim Amphibienkeim eine anderweitig vermittelte Determination etwaigen Induktionswirkungen eines Keimteils auf den anderen vorbereitend entgegenkommt.

Nach derselben Methode wurde von T. E. HUNT (1931, 1932) im ausdrücklichen Anschluß an die älteren Versuche von FL. PEEBLES die Bedeutung des Primitivknotens für die Entwicklung untersucht. Es bestätigte sich, daß Vorderstücke der Keimscheibe, welche vor Ausbildung des Kopffortsatzes isoliert worden sind und nichts vom Primitivknoten enthalten, sich nicht zu irgendwelchen Organen weiter differenzieren, während schon die Anwesenheit eines kleinen Teils des Knotens zur Bildung von Medullarsubstanz genügt. Stücke, welche den ganzen Knoten enthalten, haben eine umfassendere und weitergehende Differenzierungsfähigkeit als solche aus irgendeiner anderen Ebene des Keims; es entstehen Vorderhirn, Augenbecher, Mesonephros. Im Gegensatz dazu liefern Stücke des Primitivstreifens hinter dem Knoten in diesem frühen Stadium nur Differenzierungen allgemeiner Art, wie Integument, Darm, Knorpel, Muskulatur; nicht aber solche Gebilde, welche für das betreffende Niveau des Embryos charakteristisch sind.

Diese Ergebnisse gewinnen durch Verbindung mit solchen anderer Experimente eine Beziehung zur Frage der Induktion. Für die präsumptive Medullarplatte vor Ausbildung des Kopffortsatzes, also vor Unterlagerung durch die Chordaanlage, ist darauf schon oben hingewiesen worden. Für die Entwicklung des Primitivstreifens, der nach R. WETZEL zum Teil zur Bildung von Medullarsubstanz verwendet wird, spricht T. E. HUNT (1932) auf Grund seiner Ergebnisse die Vermutung aus, „daß Zellen, welche vor der Transplantation schon zur Bildung von Nervengewebe determiniert sind, doch das Regionsgemäße nur unter dem Einfluß der Chorda erzeugen. Ferner mag die Chordaanlage für die Formbildung des Neuralrohrs unentbehrlich sein". Die Übereinstimmung dieser Ansichten mit dem für den Tritonkeim Nachgewiesenen springt in die Augen.

Deuten also diese Tatsachen indirekt auf dieselben ursächlichen Beziehungen hin, so sind von C. H. WADDINGTON Induktionswirkungen auch für den Vogelkeim durch exakte Experimente nachgewiesen worden. Die Methode war prinzipiell dieselbe wie die bei den Amphibien angewandte, nämlich transplantative Verlagerung von Keimteilen gegeneinander; in der technischen Ausführung machten die besonderen Verhältnisse des Vogeleies besondere Maßnahmen nötig. Davon ist die wichtigste wohl die, daß die Keimscheibe vom Dotter abgelöst auf einem künstlichen Nährboden gezüchtet wurde (vgl. WADDINGTON 1932a, S. 181f.). Dabei bleiben die Keime zwar nicht so lange am Leben, wie bei wohlgelungener Verpflanzung auf die Chorioallantois, aber immerhin lange genug, um die Wirkung der Induktion erkennen zu lassen.

So wurde an der ganz jungen Keimscheibe mit noch kurzem Primitivstreifen das Entoderm vom Epiblast abgelöst, und um 90° gedreht wieder zur Anheilung gebracht (WADDINGTON 1932a, 1933). Der Erfolg war, daß der nach der Operation sich bildende vordere Teil des Primitivstreifens nach dem Vorderende des Entoderms hin abgelenkt wurde. Daraus zog WADDINGTON den Schluß, daß die Gestaltungsbewegungen des Epiblasts, welche zur Bildung des Primitivstreifens führen, durch das unterlagernde Entoderm ihre Richtung empfangen. Die Vermutung, daß sie dadurch auch in Gang gesetzt werden, ließ sich durch ein anderes Experiment bestätigen, bei welchem Epiblast und Entoderm um volle 180° gegeneinander gedreht wurden. Dadurch konnte entweder das normale Wachstum des Primitivstreifens verhindert oder aber die Bildung eines neuen Primitivstreifens veranlaßt werden (WADDINGTON 1933a) (Abb. 196).

Hier wird also offenbar eine Gestaltungsbewegung induziert. Unter denselben Begriff läßt sich ein weiteres Ergebnis fassen, daß sich nämlich bei Ablenkung des Primitivstreifens auch der Vorderdarm unter dem verlagerten Vorderende des Embryos, also aus fremdem Material, ausbildet (WADDINGTON 1932a).

Zur weiteren Prüfung des Induktionsvermögens wurden einzelne Keimbezirke durch Transplantation mit anderen in abnorme Verbindung gebracht. Zwei Methoden führten dabei zu positiven Ergebnissen.

Stücke des Primitivstreifens wurden von unten her zwischen Epiblast und Entoderm geschoben. Dort entwickeln sie sich verschieden je nach der Höhe, aus der sie stammen. Vordere Stücke des Primitivstreifens werden gewöhnlich zu Medulla, Chorda und Mesoderm; mittlere Stücke zu Mesoderm mit oder ohne medullares Gewebe; hintere Stücke gewöhnlich nur zu Mesoderm. Ob diese letzteren Stücke induzieren können, ist zweifelhaft; bei den vorderen und mittleren Stücken dagegen wurden klare Fälle von Induktion erzielt, und zwar wahrscheinlich auch dann, wenn sich aus dem Implantat nur Mesoderm entwickelt hatte.

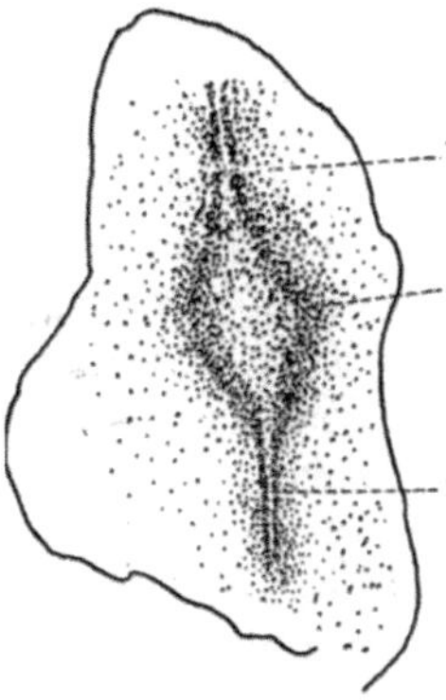

Abb. 196. Keimscheibe von Ente, auf künstlichem Nährboden gezüchtet. Epiblast und Entoderm waren voneinander gelöst und um 180° gedreht wieder zusammengefügt worden. Es haben sich zwei Primitivstreifen entwickelt; der normale (*Prim.Str.*) in der ursprünglichen Richtung, ein sekundär induzierter (*Prim. Str.ind.*) in entgegengesetzter Richtung. Beide stauen sich in der Mitte gegeneinander auf (·); sie würden wohl eine Duplicitas cruciata bilden. (Nach C. H. WADDINGTON, 1933 b.)

Ebenso induzierte der Primitivstreifen, wenn zwei Keimscheiben von Entoderm gereinigt mit der Innenfläche zusammengefügt wurden, derart, daß die gratförmige Verdickung des einen Streifens unter seitliches Ektoderm der anderen Keimscheibe zu liegen kam. Es entstand dann über dem Primitivstreifen eine sekundäre Medullarplatte in dem fremden Epiblast (WADDINGTON 1932a).

Durch spätere Experimente desselben Autors wurden noch andere am Amphibienkeim gewonnene Ergebnisse mit mehr oder weniger Sicherheit auch für den Vogelkeim festgestellt. So kann Induktion durch Mesoderm entgegen der Richtung der embryonalen Achse des Wirts erfolgen (WADDINGTON 1933a). Induktoren aus dem vorderen Teil der embryonalen Achse (Kopffortsatz und Medullarplatte) können im vorderen Teil des Blastoderms des Wirts Strukturen hervorrufen, welche fast in allen Fällen Merkmale des Kopfes tragen. Neuerdings wurde auch eine Kopfinduktion am hinteren Ende des Wirts erzielt (WADDINGTON 1934, S. 212). Dagegen ist bisher nie durch Rumpfinduktor ein Kopf induziert worden, auch nicht in Kopfhöhe des Wirts. Ebensowenig konnte eine Induktionsfähigkeit der Chorda mit Sicherheit festgestellt werden (WADDINGTON 1933a; WADDINGTON und G. A. SCHMIDT 1933).

2. Experimente am Seeigelei.

Das Seeigelei, neben dem Amphibienei lange Zeit das bevorzugte Objekt entwicklungsphysiologischer Forschung, ist wieder mehr in den

Lichtkreis des allgemeinen Interesses getreten, seit die Methode der vitalen Farbmarkierung und die Glasnadeltechnik zur Lösung der alten Probleme herangezogen wurden. Zwei Gruppen dieser Versuche gehören in den Zusammenhang dieser Vorträge. Die Versuche der ersten Gruppe befassen sich mit dem Verhältnis zwischen Ektoderm und Kalkskelet beim Auswachsen der Fortsätze der Seeigellarve, der Arme des Pluteus; die der zweiten mit der Frage, ob der Seeigelkeim ein Organisationszentrum besitzt, welches mit dem der Amphibien verglichen werden kann.

Um diese Experimente wenigstens im Prinzip verständlich zu machen, muß die normale Entwicklung des Seeigeleies in den allgemeinsten Zügen geschildert werden. Die polare Struktur dieses Eies läßt sich nach Boveri (1901a u. b) an dem zuerst von Selenka (1880) beschriebenen, von ihm wieder entdeckten Pigmentring erkennen, dessen oberer Rand etwa mit dem Äquator des Eies zusammenfällt, während der untere Rand an eine pigmentfreie Kappe angrenzt. Durch die drei ersten, aufeinander senkrecht stehenden Teilungen zerfällt das Ei in acht gleich große Zellen. Darauf teilen sich die vier Zellen des animalen Kranzes durch meridionale Furchen in acht, während die vier Zellen des vegetativen Kranzes am unteren Pole je eine kleine Zelle abschnüren. Der Keim besteht also im 16-Zellenstadium aus drei Zellkränzen von verschiedener Größe; aus einem oberen Kranz von pigmentlosen Zellen mittlerer Größe, den acht Mesomeren; einem mittleren Kranze von größten Zellen, welche den Pigmentring enthalten, den vier Makromeren; einem unteren Kranze von kleinen, pigmentlosen Zellen, den vier Mikromeren. An der im Fortgang der Furchung entstandenen Blastula lösen sich die Zellen des vegetativen Poles, die Abkömmlinge der vier Mikromeren, aus dem epithelialen Verbande und wandern ins Blastocoel ein. Sie ordnen sich später in zwei symmetrischen Gruppen an und erzeugen das Kalkskelet der Larve. Die wieder zusammengeschlossenen, nunmehr vegetativsten Zellen stülpen sich zur Anlage des Darms ein (Abb. 197). Dieser gliedert sich durch zwei Einschnürungen in drei Abschnitte und neigt sich nach der ventralen Seite hinüber. Hier verschmilzt er mit der ihm entgegenwachsenden Mundbucht und öffnet sich nach außen; die Stelle der ersten Einstülpung der Darmanlage wird zum After der Larve. Am Scheitel der Larve, dem animalen Pole entsprechend, bildet sich ein Schopf starrer Wimpern aus, die Oberfläche des Keims bedeckt sich mit beweglichen Cilien; um die Mundöffnung herum entsteht ein Flimmerband (Abb. 198a—d; 199).

Zur Beurteilung der Experimente ist es noch wichtig zu wissen, welche Organe sich aus den einzelnen Teilen der jüngsten Stadien entwickeln. Entgegen den älteren, einander zum Teil widersprechenden Angaben von T. H. Morgan (1896), Boveri (1901), Driesch (1902), H. Schmidt (1904) scheint dies in neuester Zeit von S. Hörstadius (1931, 1935) mittels der vitalen Farbmarkierung einwandfrei festgestellt zu sein (Abb. 200). Danach würde die Grenze zwischen Ektoderm und Entoderm nicht, wie BOVERI annahm, mit dem oberen Rande des Pigmentrings, also mit der horizontalen dritten Furche, zusammenfallen, sondern etwas tiefer verlaufen, etwa durch die Mitte der Makromeren; annähernd so, wie es BOVERIS Schüler H. SCHMIDT (1904) auf Grund von Kernzählungen und Oberflächenmessungen berechnet hatte. Von den zwei Zellringen

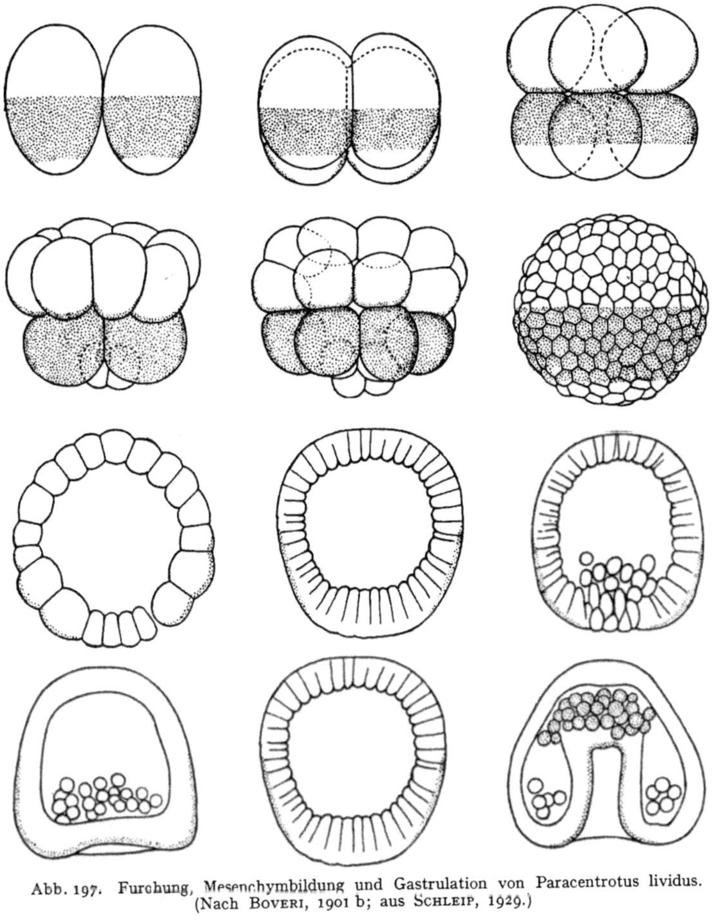

Abb. 197. Furchung, Mesenchymbildung und Gastrulation von Paracentrotus lividus. (Nach BOVERI, 1901 b; aus SCHLEIP, 1929.)

(veg 1 und veg 2), in welche die Makromeren sich teilen, würde der obere (veg 1) noch zum Ektoderm gehören und nur der untere (veg 2) sich als Entoderm einstülpen. v. UBISCH, welcher zuerst (1925 a, 1932) für die Auffassung von BOVERI eingetreten war, hat diese Befunde neuerdings (1933) auf Grund eigener Beobachtungen bestätigt.

Wir schildern nun zunächst die Versuche an den Pluteusarmen.

Das Auswachsen der Seeigelarme ist lange Zeit neben der Entstehung der Wirbeltierlinse das Hauptbeispiel eines Induktionsvorganges gewesen, seitdem C. HERBST (1892) es mit der Bildung der stützenden Skeletstäbe in ursächlichen Zusammenhang gebracht hatte. Schon vorher hatten G. POUCHET und L. CHABRY (1889) durch Aufzucht in Seewasser mit vermindertem Kalkgehalt Larven mit rudimentärem oder gänzlich fehlendem Kalkskelet erhalten und die mangelhafte Ausbildung der

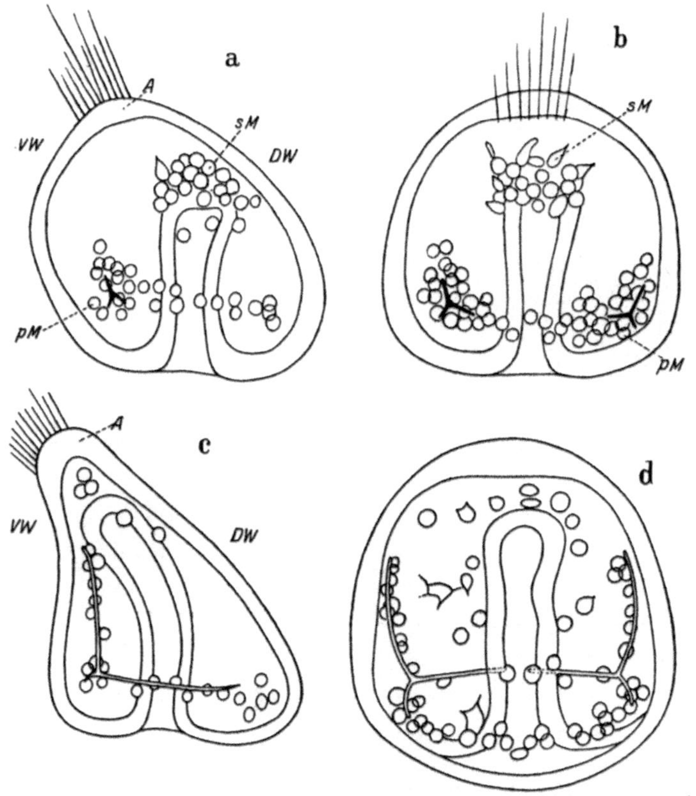

Abb. 198 a—d. Larvenentwicklung von Parechinus microtuberculatus. a und b kugelige Gastrula, a von der linken Seite, b von der Ventralseite; c und d eckige Gastrula, c von der linken Seite, d von der Dorsalseite; *A* Akron; *pM* und *sM* primäres und sekundäres Mesenchym; *VW* und *DW* ventrale und dorsale Wand. (Nach H. SCHMIDT, 1904; aus SCHLEIP, 1929.)

Arme auf den fehlenden Druck von seiten der Skeletstäbe zurückgeführt, welche normalerweise das Ektoderm vor sich hertreiben sollen. HERBST erzielte dasselbe Ergebnis (Abb. 201), durch Zusatz gewisser Salze zum Seewasser und „gelangte zu der Ansicht, daß die Pluteuslarven mit rudimentärem oder gänzlich fehlendem Skelet deshalb keine Arme erhalten hatten, weil das intensive Wachstum der betreffenden Stellen des Wimperrings wegen Wegfall des Reizes, den sonst die sich vergrößernden Kalkstäbe auf dieselben ausüben, unterblieben war". Er hält die Wirkung also nicht, wie anscheinend POUCHET und CHABRY, für eine mechanische, sondern für einen Auslösungsvorgang. Eben deswegen gehören diese Experimente hierher.

Können diese Versuche HERBSTs als Defektversuche aufgefaßt werden — Entfernung der vermutlichen Ursache und Beobachtung der Ausfallserscheinungen —, so wären spätere Versuche desselben Autors (HERBST

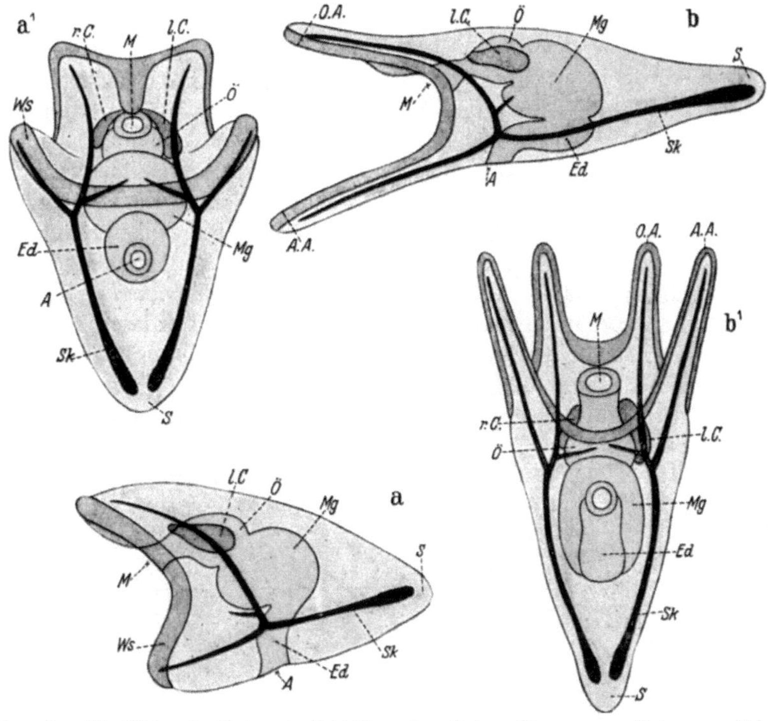

Abb. 199 a und b. Bildung des Pluteus der Echiniden, schematisch. a Übergang zum Pluteus, von links; a¹ dasselbe, von ventral; b junger Pluteus, von links; b¹ dasselbe, von ventral. *M* Mund; *Ö* Oesophagus; *Ed* Enddarm; *A* After; *l.C.* linkes, *r. C.* rechtes Coelombläschen; *S* Scheitel; *Ws* Wimperschnur; *Sk* Skelet; *O. A.* Oralarm; *A. A.* Analarm. (Aus SCHLEIP, 1929.)

1893) mit Transplantationsversuchen zu vergleichen. Durch längeren Aufenthalt der Seeigelkeime in einer geeigneten Lithiumlösung werden die Kalkbildungszellen und in der Folge die Kalknadeln nach dem animalen Pol hin verschoben. „Hand in Hand mit der Verlagerung der Kalknadeln geht eine solche der gitterförmigen Armstützen und endlich der Arme selbst, deren Hervorwachsen durch den Reiz der sich vergrößernden und vorwärts schiebenden Kalkstäbe hervorgerufen wird" (l. c. S. 193). Daraus folgt, „daß nicht diese oder jene Zellgruppe des Ektoderms von vorneherein zur Bildung eines Fortsatzes bestimmt ist, sondern daß hierzu eine jede fähig ist, wenn sie nur durch eine sich vorwärts schiebende Kalknadel den Anstoß dazu erhält" (l. c. S. 194).

Während gegen jene ersten Versuche HERBST selbst den Einwand zuläßt, daß durch die abnormen Bedingungen nicht nur die Kalkbildung, sondern auch das Wachstum jener Zellterritorien, von denen die Armbildung ausgeht, direkt aufgehoben sein könne, hält er durch die Verlagerungsversuche die Indifferenz des Ektoderms und die Induktionswirkung der Kalkstäbe für unumstößlich festgestellt (HERBST 1896).

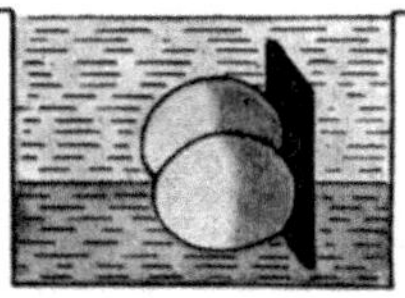

Abb. 200. Vitale Anfärbung an Seeigeleiern durch angelegten Farbträger. (Nach v. UBISCH, 1925 a.)

Doch bleiben diese Versuche im Gegensatz zu operativer Transplantation demselben Einwand ausgesetzt, daß nämlich die den ganzen Keim treffende chemische Einwirkung nicht nur die Anordnung des Kalkskelets, sondern auch das Anlagenmuster im Ektoderm verändert haben könnte. Ja, dieser Einwand liegt hier sogar besonders nahe, da die vorausgehende, abnorme Anordnung der Skeletbildner auf eine abnorme Lage der Attraktionszonen im Ektoderm schließen läßt. So sind denn auch diese scheinbar so gut gesicherten Sätze durch neuere Tatsachen erschüttert worden.

J. RUNNSTRÖM (1929) fand wie HERBST, daß durch Zusatz von KCl zum Seewasser die Bildung des Skelets geschädigt oder ganz unterdrückt wird und daß dann auch keine Fortsätze gebildet werden. Aber

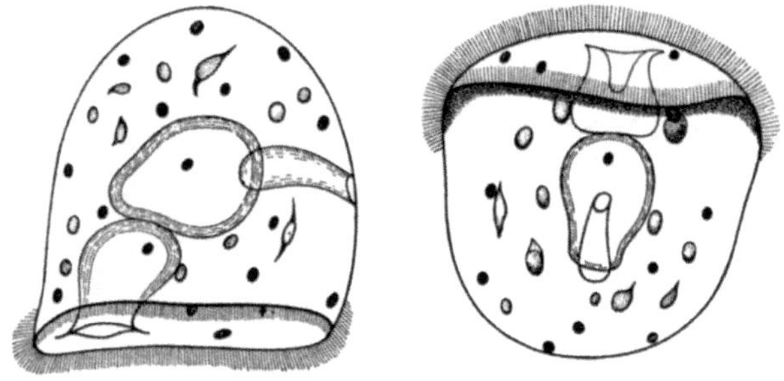

Abb. 201. Zwei Kaliumlarven ohne jede Spur von Kalkgerüst. (Nach C. HERBST, 1892.)

an der Stelle, wo sie entstehen sollten, war das Ektoderm bei manchen Larven niedriger und hatte denselben Bau wie bei der normalen Entwicklung da, wo die Skeletstäbe von innen andrücken (l. c. S. 136).

Ferner erreichte RUNNSTRÖM durch kombinierte Wirkung von LiCl und KCl, daß wohl die Skeletbildner und in der Folge die Skeletstäbe animalwärts verschoben wurden, nicht aber die Grenze zwischen Ektoderm und Entoderm, so daß in dieser Hinsicht annähernd normale Larven entstanden. Man würde nun erwarten, daß mit der Verschiebung der Analstäbe auch die von ihnen gestützten Analfortsätze eine entsprechende Verlagerung zeigten. Das war aber im allgemeinen nicht der Fall; vielmehr entstanden die Fortsätze meist in normaler Lage und die verlagerten Skeletstäbe paßten sich ihrer Form an (l. c. S. 127; vgl. auch 1917, S. 239).

Aus diesen Tatsachen zieht RUNNSTRÖM, wie schon HÖRSTADIUS (1928, S. 111) aus anderen Tatsachen, den Schluß, daß die Lage der Fortsätze schon vor der Ausbildung der Skeletstäbe determiniert ist und daß die weitere Entwicklung der letzteren vom determinierten Ektoderm aus geleitet wird. Doch hält er daran fest, daß die Skeletstäbe eine induzierende Wirkung ausüben, welcher bei der normalen Entwicklung die Rolle einer Verstärkung der schon bestehenden Determination zufallen würde (l. c. S. 131). Jene Determination aber würde unter Wechselwirkungen der Teile wohl in einem sehr frühen Stadium der Entwicklung, vielleicht schon im ungefurchten Ei erfolgen (l. c. S. 139).

Damit stellt RUNNSTRÖM diesen Fall ähnlichen Erscheinungen in der Amphibienentwicklung, z. B. der doppelten Determination der Medullarplatte oder der Linse, an die Seite (l. c. S. 125).

In mehrjährigen Versuchen hat auch v. UBISCH diese Frage wieder in Angriff genommen und dazu eine wertvolle neue Methode beigesteuert. Mittels einer Glasnadel werden einem Keim im 16-Zellenstadium die Mikromeren entnommen und dann einem anderen ganzen oder halben Keim durch einen Schlitz ins Blastocoel eingeführt, so wie das an Amphibienkeimen zu den verschiedensten Zwecken geübt wird. Dort unterliegen sie dem Einfluß der ektodermalen Anziehungsbezirke, ordnen sich in zwei Gruppen an, liefern die gewöhnlichen Dreistrahler und in der Folge ein mehr oder weniger normales Kalkskelet (v. UBISCH 1931, S. 194).

In diesem Zusammenhang interessieren uns vor allem jene Fälle, in welchen eine animale Keimhälfte sich mit den im Blastulastadium implantierten Mikromeren entwickelte. Es entstanden Larven, welche wohl ein Skelet besaßen, aber trotzdem keine Fortsätze bildeten und daher die äußere Form der Blastula beibehielten (1931, S. 196f.). v. UBISCH schließt daraus (l. c. S. 234), daß ein Druck von seiten der vordringenden Skeletstäbe noch nicht genügt, um die Bildung von Fortsätzen hervorzurufen, daß vielmehr das dazu auswachsende Ektoderm vorher in dieser Richtung determiniert worden sein muß. Dies wurde schon von RUNNSTRÖM (1929, S. 131) ausdrücklich betont.

So wahrscheinlich dieser Schluß sachlich das Richtige trifft, so muß doch darauf hingewiesen werden, daß er noch nicht völlig bindend ist. Die Mikromeren sind nicht unerheblich jünger als der Keim, in welchen sie verpflanzt worden sind; es ist also mit der Möglichkeit zu rechnen, daß im Zeitpunkt, wo die Kalkstäbe gebildet werden und einen Reiz ausüben könnten, das Ektoderm, auf das sie treffen, nicht mehr reaktionsfähig ist (vgl. HÖRSTADIUS 1935, S. 439, 445—450).

Ist also einerseits in zahlreichen Fällen höchst unwahrscheinlich gemacht und in keinem einzigen Falle bewiesen, daß die Stäbe des Kalkskelets in *unvorbereitetem* Ektoderm Fortsätze hervorrufen können, so sind andererseits von mehreren Autoren (J. W. JENKINSON 1911; MCBRIDE 1914; J. RUNNSTRÖM 1931) Fälle beschrieben worden, in denen sich Fortsätze ohne Skeletstütze wenigstens angelegt haben. Neuerdings hat auch v. UBISCH (1933a) aus rein animalen Halbkeimen ohne implantierte Mikromeren Larven mit deutlich abgesetzten Analfortsätzen erzielt (vgl. dazu HÖRSTADIUS 1935, S. 438, 446).

Man wird aus all dem mit RUNNSTRÖM und v. UBISCH schließen können, daß die Lokalisation der Fortsätze nicht erst durch die von innen anstoßenden Kalkstäbe bewirkt wird; andererseits aber ist nicht zu verkennen, daß die Ausbildung der Fortsätze durch die auswachsenden Stäbe sehr wesentlich gefördert wird. Danach würde die Entstehung der normalen Pluteusarme als „kombinative Einheitsleistung" im Sinne F. E. LEHMANNS (vgl. oben S. 62) zu bezeichnen sein.

Wie in diesen Experimenten ein angenommener Induktionsvorgang nachgeprüft wurde, so legten andere Experimente der neueren Zeit die Frage nahe, ob die ersten Entwicklungsvorgänge des Seeigeleies wie diejenigen des Amphibieneies von einem Organisationszentrum aus determiniert werden. Dabei wurde an jene grundlegenden Versuche von HANS DRIESCH angeknüpft, welche, durch den Anstichversuch von W. ROUX hervorgerufen, bekanntlich darin bestanden, daß Seeigelkeime in verschiedenen Stadien der Entwicklung zerteilt wurden, durch mechanische oder chemische Mittel; daß also dem Ausgangsmaterial der Entwicklung Teile genommen wurden, die, wenn sie schon zu ihrem späteren Schicksal unwiderruflich bestimmt gewesen wären, nachher der Larve hätten fehlen müssen. Daß das nicht der Fall war, daß vielmehr statt defekter verkleinerte ganze Larven von normalen Proportionen entstanden, wurde zum Ausgangspunkt weittragender Schlüsse.

Schon auf Grund solcher Defektversuche hat BOVERI (1901) eine Erklärung dieser Erscheinungen gegeben, welche sich mit später auftretenden Ideen nahe berührt. Er führt die polar geordneten Vorgänge auf einen Schichtenbau des Eies zurück; wir würden heute sagen, auf ein Gefälle eines unbekannten Agens. An der jeweils vegetativsten Stelle des normalen so gut wie des zerstückelten Keims würde die Differenzierung einsetzen und von diesem „Vorzugsbereich" aus würden alle anderen Bereiche in ihrer Rolle bestimmt.

Diese Zerteilungsversuche also wurden von verschiedenen Forschern wieder aufgenommen, und zwar mit den inzwischen am Amphibienkeim ausgearbeiteten verfeinerten Methoden. Sie sollen hier nur so weit angeführt werden, als sie auf die Frage des Organisationszentrums Bezug haben.

v. UBISCH (1925c) zerschnitt normale Blastulen von Echinocyamus pusillus quer in der Mitte, senkrecht zu der bei dieser Seeigelart stark gestreckten Hauptachse, und verfolgte die Entwicklung der beiden Keimhälften. Dabei fand er, daß die vegetative Hälfte eine Gastrula bilden kann, die animale aber nicht (wie früher ZOJA 1895, TERNI 1914, nach Isolierung im 16-Zellenstadium). Es hat also die vegetative Hälfte, falls die Gastrula normal proportioniert ist (was nicht immer der Fall war), präsumptives Entoderm als Ektoderm verwendet, während die animale Hälfte nicht imstande ist, präsumptives Ektoderm in Entoderm umzuwandeln. Allerdings hat v. UBISCH (1933a) jetzt auch an rein animalen Hälften nicht vorbehandelter Keime Urdarmbildung verschiedenen Grades beobachtet; doch scheint dies eine ganz seltene Ausnahme zu sein, welche bei dem zu jenen früheren Versuchen verwendeten Material niemals vorkam.

Zu diesen Angaben hat HÖRSTADIUS (1935) neuerdings kritisch Stellung genommen. v. UBISCHs frühere Angabe, daß animale Hälften *niemals* gastrulieren, konnte er an einem sehr großen Material (328 animalen Hälften) bestätigen (1928, S. 35, 274; 1935, S. 289, 434). Er hält dies für eine feste Regel und jene drei Fälle, über welche v. UBISCH neuerdings berichtet, nur für scheinbare Ausnahmen, welche er durch die Annahme erklärt (1935, S. 434—436), daß die dritte Furche etwas schräg durchgeschnitten habe. Dann hätte die anscheinend rein animale Hälfte in Wirklichkeit etwas vegetatives Material enthalten. — Schärfer ist der Gegensatz bezüglich der vegetativen Keimhälfte, indem HÖRSTADIUS rundweg in Abrede stellt, daß sie nach Isolation Entoderm regulatorisch als Ektoderm verwendet. Nicht nur, daß nach den oben (S. 245) mitgeteilten Befunden auch der vegetativen Hälfte präsumptives Ektoderm zukommt; vielmehr wird dieses auch, nach seiner auf Farbmarkierungen gegründeten Ansicht, *allein* zur Bildung des Ektoderms verwendet und nicht durch ektodermisiertes Entoderm ergänzt (HÖRSTADIUS 1935, S. 302). Das müßte also zur Bildung eines verhältnismäßig zu großen Urdarms führen, wie auch v. UBISCH (s. oben) sie offenbar beobachtet hat. Wie dann dessen andere Fälle, in welchen die Gastrula normal proportioniert war, zu erklären sind, ob durch eine Verkleinerung des Entoderms infolge von Bildung überzähliger Mesenchymzellen, wie HÖRSTADIUS (1935, S. 303) andeutet, oder doch durch eine regulative Ektodermisierung von präsumptivem Entoderm, das ist wohl noch nicht mit Sicherheit zu entscheiden.

Diese äquatoriale Durchtrennung wurde nun von v. UBISCH (1925c) mit einem anderen Eingriff kombiniert. Nach der Entdeckung von C. HERBST (1892) kann man einen Seeigelkeim durch Behandlung mit Lithium „entodermisieren“, d. h. man kann den Bereich des Entoderms in der Blastula nach dem animalen Pol hin erweitern. Wurden nun solche entodermisierten Blastulen äquatorial durchschnitten, so war die Entwicklungsweise beider Keimhälften sehr bemerkenswert. Die vegetative Hälfte konnte immer noch zu einer Gastrula werden, also trotz der Entodermisierung einen Teil ihres Entoderms (nach HÖRSTADIUS' Auffassung: ihr gesamtes präsumptives Ektoderm) als Ektoderm verwenden; aber auch die animale Hälfte konnte nunmehr gastrulieren.

Da nun „trotz des trennenden Schnitts die Entomesodermdifferenzierung, die in der vegetativen Hälfte begonnen hatte, in der animalen

Hälfte selbständig abläuft", so kommt v. UBISCH (1925c, S. 482) zu dem Schluß, daß „das Vorhandensein eines keimblattdeterminierenden Organisationszentrums am vegetativen Pol des Keims nicht anzunehmen ist". Dagegen läßt sich natürlich der Einwand erheben, daß ein vom vegetativen Pol ausgehender „entodermisierender" Einfluß zur Zeit der Durchtrennung den Äquator schon überschritten haben könnte. Als Gegengrund führt v. UBISCH (1925c, S. 484) an, daß das Entoderm im Blastulastadium noch nicht fest determiniert sein könne, weil dann keine Regulation mehr möglich wäre. Es ist aber keineswegs ausgemacht, daß nicht auch eine labile Determination für organisatorische Wirkungen genügt.

Diesen Einwänden unterliegt nicht eine andere Tatsache, welche v. UBISCH in einer späteren Arbeit (1929) mitteilt und verwertet; daß nämlich eine animale Blastulahälfte auch dann gastrulieren kann, wenn sie der Lithiumwirkung erst nach der Trennung von der vegetativen ausgesetzt worden ist. Darauf wird zurückzukommen sein.

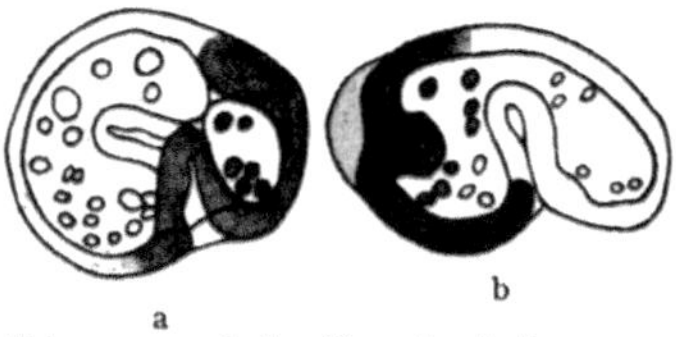

Abb. 202a und b. Doppelgastrulae von Echinus miliaris, durch Verschmelzung von zwei Halbkeimen entstanden, von denen der eine vorher vital gefärbt worden war. (Nach v. UBISCH, 1925b.)

Einen weiteren Beweisgrund gegen die Annahme eines Organisationszentrums entnimmt v. UBISCH einer anderen Gruppe von ihm ausgeführter Experimente. Gefärbte und ungefärbte halbe und ganze Seeigelkeime frühester Entwicklungsstadien wurden nach bekannten Methoden in Massenkulturen auf Geratewohl zur Verschmelzung gebracht (1925b). Unter den Verschmelzungskeimen befanden sich zwei (l. c. S. 464, Fig. 9 und 12), bei welchen der aus halbem Material entstandene Darm des einen Partners unmittelbar an das Ektoderm des anderen anstößt, ohne es in die Entodermbildung einzubeziehen und sich so aus ihm zu ergänzen (Abb. 202a und b). Darin sieht v. UBISCH (1925c, S. 485) einen Gegensatz zu dem Verhalten eines Amphibienkeims in gleicher Lage. Daß er den Unterschied für einen grundlegenden hält, geht aus dem ganz allgemein gehaltenen Satz hervor: „das Vorhandensein und die Wirksamkeit von Organisationszentren ist also wie abhängige und unabhängige Differenzierung usw., lediglich eines der vielen Mittel, deren sich die Natur bei der Entwicklung zur Hervorbringung eines harmonischen Ganzen bedient".

Ehe auf diese Schlußfolgerungen näher eingegangen wird, sollen nunmehr die einschlägigen Experimente von S. HÖRSTADIUS besprochen werden. Sie bestanden einmal darin, daß die Eier vor und nach der Befruchtung äquatorial durchschnitten oder später die einzelnen Zellenkränze des 16—64-Zellenstadiums nach Auflockerung in Ca-freiem Seewasser mit der Glasnadel voneinander getrennt wurden; und dann darin, daß diese Teile, um andere vermehrt oder vermindert, in normaler oder abnormer Orientierung wieder zusammengefügt wurden (Abb. 203).

Von den überaus reichen und wertvollen Ergebnissen dieser Versuche sollen hier auch wieder nur diejenigen kurz berührt werden, welche sich auf Induktion und Organisationszentrum beziehen (Abb. 204).

In dieser Frage kam S. HÖRSTADIUS (1928a und b) in ausgesprochenem Gegensatz zu v. UBISCH zu dem Ergebnis, daß das Seeigelei vom Stadium der Reife an in der vegetativen Hälfte ein Organisationszentrum besitzt. Dies wurde aus folgenden Tatsachen erschlossen.

Jüngste Keime von Paracentrotus lividus wurden in verschiedenen Stadien, vor und nach der Befruchtung, im 8- und 16-Zellenstadium, als Blastula, äquatorial durchschnitten. Dabei stellte sich heraus, daß schon vom reifen, unbefruchteten Ei an animale und vegetative Keimhälfte nicht gleichwertig sind. „Die animale Hälfte kann nicht gastrulieren, wenn sie von dem vegetativen Material gesondert wird. (Damit ist aber nicht gesagt, daß animales Material an der Bildung vegetativer Organe nicht teilnehmen kann.) Das vegetative Material kann sich zwar regulatorisch zu einem ektodermalen Plattenepithel differenzieren, aber weder Stomodaeum noch Wimperschopf und Flimmerband bilden, auch nicht die Skeletnadeln dirigieren. Die Bildung von Stomodaeum und Flimmerband ist aber von dem Entoderm abhängig" (1928b, S. 41).

Abb. 203. Methode für Zusammenheilung von Furchungsstadien des Seeigelkeimes. In einem Grübchen des Wachsbodens liegen zwei meridionale Hälften eines 16-Zellenstadiums von Paracentrotus, die eine Hälfte gegen die andere um 180° gedreht; durch eine kleine Glaskugel etwas zusammengepreßt. (Nach HÖRSTADIUS, 1928 a.)

In der Ausbildung der ektodermalen Organanlagen verhält sich die animale Hälfte verschieden je nach dem Zeitpunkt, in welchem die vegetative Hälfte abgetrennt worden ist. Sie wird nach früher Durchtrennung nur zu einer Dauerblastula, während sich nach späterer Durchtrennung sowohl Stomodaeum als auch Flimmerband ausdifferenzieren. Es geht also, folgert HÖRSTADIUS, von der vegetativen Hälfte ein Determinationsstrom aus, welcher bei frühzeitiger Operation die Schnittebene noch nicht überschritten hat. — Daß die vegetative Hälfte trotz ekto-entodermaler Regulation jene ektodermalen Organe nicht bilden kann, zeigt, daß ihr die Potenzen („Differenzierungspotenzen" P. WEISS) dazu fehlen; während die animale Hälfte diese Potenzen zwar besitzt, aber frühzeitig isoliert des Anstoßes zu ihrer Aktivierung („Organisationspotenz" P. WEISS) ermangelt.

Auch gewisse Verschmelzungsversuche führten HÖRSTADIUS (1928b) zu einem anderen Ergebnis als dem, zu welchem v. UBISCH gelangt war; solche nämlich, bei welchen an Keimen mit einem Überschuß von Ektoderm („unharmonischen" Keimen) ein Teil des letzteren als Entoderm verwendet und eingestülpt wurde.

So wurde z. B. eine animale Hälfte (die 8 Mesomeren) und eine meridionale Hälfte (4 Mesomeren, 2 Makromeren, 2 Mikromeren) zur

Verschmelzung gebracht (vgl. Abb. 204k). Die entstandene Blastula besitzt dann einen beträchtlichen Überschuß an präsumptivem Ektoderm;

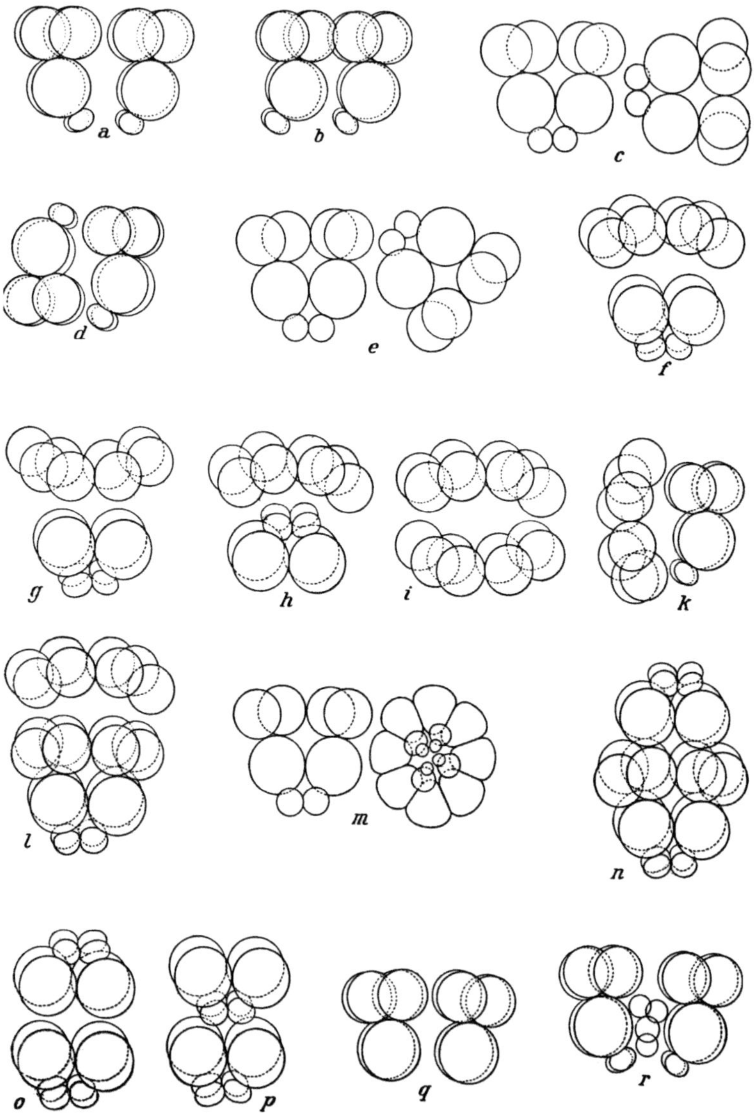

Abb. 204 a—r. Seeigelkeime des 16-Zellenstadiums, in verschiedenen Ebenen durchtrennt und in neuer Richtung und Zusammenstellung wieder vereinigt. (Nach S. Hörstadius, 1928 a.)

außerdem stehen die Achsen der beiden zusammensetzenden Hälften senkrecht aufeinander. Trotzdem können sich diese Keime zu typischen, wohl proportionierten Plutei entwickeln. Dabei ist, wie sich durch vitale

Farbmarkierung des einen Partners exakt nachweisen ließ, ein Teil des präsumptiven Ektoderms im Anschluß an präsumptives Entoderm in die Gastrulation mit einbezogen worden (Abb. 205 a—c).

In diesem Falle war also das präsumptive Entoderm im Verhältnis zum experimentell vermehrten Ektoderm zu klein geworden; die dem System eigene normale Proportion konnte nur durch Heranziehung von Ektoderm zur Gastrulation wiederhergestellt werden. Außerdem war die endgültige Achse des Verschmelzungskeims gegenüber den aufeinander senkrecht stehenden Achsen der beiden Partner verschoben.

Dabei scheint das präsumptive Entoderm der meridionalen Hälfte sich annähernd herkunftsgemäß weiterentwickelt zu haben, indem es kaum mehr als eine halbe Darmanlage bildete. Das vermehrte Ektoderm dagegen hat sich völlig der neuen Lage angepaßt. Namentlich die letztere Tatsache weist darauf hin, daß das Entoderm ein Vorzugsbereich im Sinne BOVERIs, oder eine dominante Region im Sinne CHILDs ist; daß von ihm aus in irgendeiner Weise, wenn auch nur indirekt, die Determination des Ektoderms bestimmt wird. Daß bei den Experimenten von v. UBISCH die Darmanlage sich nicht aus dem angrenzenden Ektoderm ergänzte, führt HÖRSTADIUS darauf zurück, daß bei jenen Keimen das Mengenverhältnis zwischen Ektoderm und Entoderm nicht gestört war, so daß zu einer regulativen Einbeziehung des fremden Materials kein Grund vorlag (HÖRSTADIUS 1928b, S. 103), wie dies aus dem Verhalten isolierter Meridionalhälften hervorgeht (l. c. S. 63).

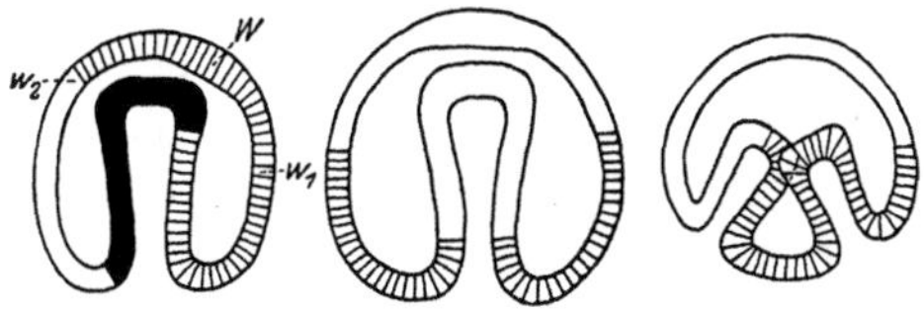

Abb. 205 a—c. a Die Materialverwertung bei einer Larve, die aus $^3/_4$ Ektoderm- und $^1/_4$ Entodermmaterial (schwarz) besteht; vgl. Abb. 204 k. Das präsumptive Ektoderm der animalen Hälfte schraffiert, dasjenige der Meridionalhälfte weiß. b Entodermisierung von präsumptivem Ektoderm bei einem Keim, der aus $^2/_3$ Ektoderm- und $^1/_3$ Entodermmaterial zusammengesetzt ist; vgl. Abb. 204 l. Das präsumptive Ektoderm des ganzen Sechzehnerstadiums schraffiert. c Die Gastrulation eines Individuums mit $^3/_4$ Entoderm- und $^1/_4$ Ektodermmaterial; vgl. Abb. 204 m. Die vegetative Hälfte schraffiert, die Meridionalhälfte ungefärbt. (Nach HÖRSTADIUS, 1928 a.)

Fortgesetzte Versuche von HÖRSTADIUS (1931, 1935) brachten im Tatsächlichen neben Bestätigungen einige nicht unwichtige Ergänzungen und Neuerungen; im Theoretischen, wie mir scheint, eine gewisse Wandlung der Vorstellung über Wesen und Wirksamkeit des „Organisationszentrums" im Seeigelkeim. Auf Einzelheiten im Tatsächlichen einzugehen verbietet sich im Rahmen dieser Vorträge um so mehr, als bei ihrer Ausarbeitung nur die sehr gedrängte, ungemein inhaltsreiche vorläufige Mitteilung (1931) vorlag. Nach dem Erscheinen der ausführlichen Arbeit (1935) kann jetzt nur das prinzipiell Wichtigste kurz hinzugefügt werden.

Zunächst wird die Auffassung vieler schon bekannter Tatsachen dadurch etwas geändert, daß die Grenze zwischen präsumptivem Ektoderm und Entoderm, wie nunmehr festgestellt (vgl. oben S. 245), nicht mit der horizontalen dritten Furche zusammenfällt, sondern etwas weiter gegen den vegetativen Pol hin liegt und die animale Hälfte der

Makromeren noch dem Ektoderm zuteilt. Wenn also die isolierte vegetative Keimhälfte eine ziemlich normal proportionierte Gastrula bildet, so ist deren Ektoderm nur zum Teil aus präsumptivem Entoderm entstanden. Nach HÖRSTADIUS (1935) überhaupt nur aus präsumptivem Ektoderm.

Auch über die Entwicklungsfähigkeit dieser isolierten Keimhälften ergaben die Versuche Neues. So wird in ausgesprochenem Gegensatz zu den früheren Angaben mitgeteilt, daß bei Eiern von gewissen Weibchen isolierte vegetative Hälften Wimperschopf (verspätet), Flimmerband, Mundöffnung und Armfortsätze bilden können. Bei den Eiern von anderen Weibchen ist das nicht der Fall (1931, S. 5; 1935, S. 306). Ebenso verhält sich die animale Hälfte nicht immer gleich. Ein Darm wurde zwar nie gebildet, wohl aber erreichten die ektodermalen Organanlagen einen verschiedenen Grad der Differenzierung. Es erschienen alle Übergänge von der Blastula mit stark vergrößertem Wimperschopf, ohne weitere Differenzierung, bis zum animalen Larvenbruchstück mit annähernd normal großem Wimperschopf, mit Flimmerband und Stomodaeum. Nach HÖRSTADIUS soll das mit dem Reifegrad der Eier zusammenhängen; bei überreifen Eiern wird die horizontale dritte Furche vegetativwärts verschoben, wodurch die animale Hälfte mehr vom (relativ) vegetativen Material erhält. Oder aber sind die „Gefälle" bei rein äquatorialer Lage der dritten Furche in der Weise verschoben, daß das Resultat nach Isolierung dasselbe wird (1935, S. 309). — Dieselbe Entwicklungsfähigkeit hatte v. UBISCH (1925c, 1929) schon früher angegeben.

Zur Stütze seiner Ansicht, daß der vegetative Teil des Keimes induzierend wirkt, hat HÖRSTADIUS (1931, 1935) sich auf Versuche berufen, bei welchen der animalen Keimhälfte Teile der vegetativen in quantitativ und qualitativ abgestufter Menge belassen, bzw. wieder zugegeben wurden mit dem Erfolge, daß ihre Differenzierungsfähigkeit in gleichem Maße abgeändert wurde. Wird zu einer animalen Hälfte, welche isoliert eine Larve mit stark vergrößertem Wimperschopf und schließlich nur eine Wimperblastula geworden wäre, das unterste Drittel des Ektoderms (veg 1) hinzugefügt, so entsteht daraus eine Larve mit Stomodaeum und Flimmerband und die Ausbreitung des Wimperschopfs wird zurückgehalten (1935, S. 325); vgl. dieselbe Differenzierung der animalen Hälften bei subäquatorialer Lage der dritten Furche. Werden in eine animale Hälfte oder auch in das gesamte präsumptive Ektoderm unmittelbar nach der Isolierung am unteren Pol vier Mikromeren eingesetzt, so entstehen vollständige Plutei. Dabei wird das Skelet von den implantierten Mikromeren gebildet, der Urdarm aus dem präsumptiven Ektoderm; er wird also induziert. Daß bei den Einsteckversuchen v. UBISCHs kein Darm induziert wurde, schreibt HÖRSTADIUS dem Umstand zu, daß die animalen Hälften zu lange isoliert waren und sich inzwischen dermaßen in animaler Richtung entwickelt hatten, daß sie nicht mehr für eine Darminduktion zugänglich waren (l. c. S. 439). —

Wurden vier Mikromeren seitlich in die Wand eines Ganzkeims eingefügt, so induzierten sie auch hier einen Urdarm (l. c. S. 392). An den Seiten dieses überzähligen Urdarms werden auch überzählige Skeletstücke angelegt. Auch in diesem Fall ist also nicht nur ein Urdarm induziert worden, sondern außerdem hat das Ektoderm solche Qualitäten erhalten, daß es jetzt die Skeletbildner um den induzierten Urdarm herum zur Skeletausscheidung veranlassen und das weitere Auswachsen der Skeletstäbe leiten kann. — Die Wirkung der Mikromeren ist dermaßen stark, daß sie sogar die Eipolarität invertieren können, wenn sie am animalen Pol in eine animale Hälfte implantiert werden (l. c. S. 405). — In ausgedehnten Versuchsserien mit Implantation von 1, 2 oder 3 Mikromeren in die verschiedenen Schichten des 32- und 64-Zellenstadiums konnte gezeigt werden, daß die Ausdifferenzierung eines harmonischen Pluteus nicht von der absoluten Menge des animalen oder vegetativen Materials abhängt, sondern von der relativen: wenn nur die animalen und vegetativen Kräfte in etwa demselben Stärkegrad wie im normalen Keim zueinander stehen, stellt sich ein Gleichgewicht ein, das zur Ausbildung eines typischen Pluteus führt (l. c. S. 371—388, 420). Nach diesem Prinzip kann ein Ganzkeim durch Hinzufügen von einem Überschuß von Mikromeren in eine Larve von einem vegetativen Typus (ähnlich einer vegetativen Hälfte) umgewandelt werden (l. c. S. 354). Werden Keime durch Wegnahme vegetativen Materials „animaler“ gemacht, so entwickeln sie sich zu viel harmonischeren Larven, wenn gleichzeitig auch animales Material entfernt wird, und vice versa (l. c. S. 341).

Auf Grund dieses reichen Tatsachenmaterials macht Hörstadius (1931, 1935) sich eine Vorstellung zu eigen, welche von Runnström (1928, S. 572f.; 1929, 1933) entwickelt worden ist. Zwei „Gefälle“ stünden demnach im Keim in Wechselwirkung und Wettstreit; ein „animales“ mit dem Höhepunkt am animalen, und ein „vegetatives“ mit dem Höhepunkt am vegetativen Pol. Durch diese Vorstellung wird Hörstadius dazu geführt, den Begriff des Organisators für die erste Entwicklung des Seeigelkeims aufzugeben. Wohl vermag vegetatives Material zu induzieren — das haben gerade die neuen Versuche von Hörstadius mit voller Deutlichkeit gezeigt — und man könnte dieses Material daher mit Recht als Organisator bezeichnen. Aber da das animale Gefälle den vegetativen Kräften entgegenwirkt, gewissermaßen ein Gegengewicht gegen sie bildet, so wäre nach Runnström (1928, S. 570) und Hörstadius (1935, S. 470—473) zu erwägen, ob man nicht jenem „vegetativen Organisator“ einen „animalen Organisator“ gegenüberzustellen hätte. „Es wird aber den Tatsachen besser Rechnung getragen, die Deutung der Vorgänge wird anschaulicher, wenn wir, statt von drei Organisatoren (es könnte sich auch um einen ventralen handeln) zu sprechen, die Differenzierung in jedem Fall als ein Resultat der Wirkung des vorhandenen Gefällsystems betrachten, ein(es) System(s), das nach gröberen Eingriffen umgeordnet wird, bis ein neues Gleichgewicht etabliert ist, wobei die Umordnung oft zu einer Anreicherung der Kräfte an den neuen Polen führt" (Hörstadius 1935, S. 473).

In seiner jüngsten Veröffentlichung über diese Fragen wendet sich v. Ubisch (1933) erneut gegen „alle Hypothesen, die besagen, daß am vegetativen Pol oder auch nur in der vegetativen Hälfte des Keimes ein für die Gastrulation unerläßliches, qualitativ besonders geartetes Material vorhanden sei, das in der animalen Hälfte fehle". Er stützt sich dabei auf jene Lithiumversuche, bei welchen die animale Keimhälfte auch dann zur Bildung von Entoderm gebracht wurde, wenn sie erst nach der Abtrennung der vegetativen Hälfte der Lithiumwirkung ausgesetzt war.

Gegen diese Schlußfolgerung wendet Hörstadius (1925, S. 470) ein, daß Entodermbildung und Gastrulation des präsumptiven Ektoderms ohne organisierende Wirkungen vom vegetativen Pol aus noch nicht beweise, daß dem vegetativen Material die Fähigkeit zu solchen Wirkungen fehle. Da aber v. Ubisch den Nachdruck wohl auf das „unerläßlich" legt und Hörstadius annimmt, daß die organisierende Wirkung des Entoderms in den Lithiumversuchen durch eine Verstärkung des Gefälles ersetzt ist, so scheint mir hier eine wirkliche Meinungsverschiedenheit nicht mehr vorzuliegen. Um so weniger, als v. Ubisch sich nunmehr der soeben angeführten Ansicht von Runnström und Hörstadius anschließt, und auch ein „vom animalen zum vegetativen Pol hin abnehmendes und umgekehrt ein anderes vom vegetativen zum animalen Pol hin abnehmendes Gefälle" fordert (1933, S. 185).

Damit ist für dieses Objekt eine weitgehende Übereinstimmung der tatsächlichen Befunde und ihrer Deutung erreicht.

3. Versuche am Insektenei.

Seit etwa einem Jahrzehnt ist auch das Insektenei in den Kreis der Objekte eingetreten, deren Entwicklung mit derjenigen der Amphibien Vergleichspunkte aufweist. Nach älteren Versuchen war das überraschend; sie schienen das Insektenei dem streng determinativen Typus zuzuordnen. So zeigten die Versuche am Ei des Kartoffelkäfers (R.W. Hegner 1911), ebenso der Stubenfliege (F. Reith 1925, M. E. Pauli 1927) eine sehr frühzeitige, schon bei oder kurz nach der Eiablage vorhandene feste Determination der einzelnen Eibezirke.

Demgegenüber hat Fr. Seidel (1924) darauf hingewiesen, daß die Eier der verschiedenen Insektengruppen schon im sichtbaren Ablauf ihrer Entwicklung keineswegs alle demselben Typus angehören. Auf Grund rein deskriptiv gewonnener Kriterien konnte er eine Formenreihe aufstellen, in welcher die Glieder nach dem Grade ihrer Zugehörigkeit zu einem strukturell determinativen oder nichtdeterminativen Typus geordnet waren. Aus solchen Erwägungen heraus kam er dazu, das Ei einer Libellenart (Platycnemis pennipes), welches auch sonst viele experimentell günstige Eigenschaften besitzt, als Objekt der Analyse zu wählen (1926). Dem glücklichen Griff folgte eine jahrelange systematische Arbeit, welche von verschiedenen Mitarbeitern auf andere Objekte ausgedehnt wurde und schon jetzt sehr wertvolle neue Ergebnisse gefördert hat.

Über die normale Frühentwicklung des Libelleneies unterrichten die Arbeiten SEIDELs (vgl. besonders 1929, S. 331 f.; 1932); ich muß mich hier auf das zum Verständnis Unerläßliche beschränken. Auch von den reichen experimentellen Ergebnissen werde ich nur das im jetzigen Zusammenhang Wichtigste anführen und mich dabei nicht streng an den zeitlichen Gang der Untersuchungen halten.

Während der Furchungskern sich in synchronen Teilungsschritten vermehrt, breiten sich die Tochterkerne gleichmäßig im Innern des Eies aus und streben vom 64-Kernstadium an, umgeben von ihren Plasmahöfen, der Oberfläche zu, wobei nur wenige Kerne mit Plasmahof als Vitellophagen im Dotter zurückbleiben. Nach dem 9. Teilungsschritt, welcher noch ganz oder nahezu synchron ist, werden die Zellgrenzen ausgebildet, womit das Blastodermstadium eingeleitet ist (Abb. 206). Wenn die Kerne sich durch einige weitere, nunmehr heterochrone Teilungen auf 600—700 vermehrt haben, beginnen sie sich in gesetzmäßiger Weise zusammenzuscharen (SEIDEL 1929, S. 334, Abb. 8—10) (Abb. 207). Auf den beiden Flanken des lang gestreckten, durch eine leichte Biegung bilateralsymmetrischen Eies entstehen zwei Längsfelder dichter stehender Kerne (Abb. 208), welche bald darauf unter Verkürzung nach der Ventralseite zusammenrücken. Dieser Zusammenschluß erfolgt von hinten nach vorne; die Vorderenden der Streifen bleiben getrennt (Abb. 209). So entsteht die Anlage des Keimstreifens und der paarigen Kopflappen. Am lebenden Keim lassen sich in diesem Stadium nicht mehr die Kerne selbst unterscheiden, sondern nur die Zellen, in denen sie enthalten sind. Diese verändern bei der scheinbaren Kernwanderung ihre Form, werden dünn und flach, wo die Kerne auseinander rücken, während sie da, wo die Kerne sich zusammenscharen, eine dickere Schicht bilden, welche bei Randstellung sich durchsichtig gegen den dunkleren Dotter abgrenzt. Wenn dieser Zustand erreicht ist, beginnt der Keimstreifen sich von seinem Hinterende her ins Innere des Dotters einzurollen; später, nach vollzogener Gliederung des Embryos, wird diese Bewegung durch eine Ausrollung, unter gleichzeitiger Drehung um die Längsachse, wieder rückgängig gemacht. Da die experimentellen Eingriffe aber vor Einsetzen dieser Vorgänge gemacht wurden, können wir sie hier außer acht lassen.

Angesichts dieser Entwicklungsvorgänge erhebt sich nun zunächst und als Ausgangspunkt alles Weiteren die Frage, welchen Grad von Determination der Keim in den einzelnen Entwicklungsstadien erreicht hat. Die allgemeine Methode, dies festzustellen, liegt wieder, solange transplantativer Austausch von Keimteilen nicht möglich ist, in der Prüfung des Regulationsvermögens. Solange Defekte von der Nachbarschaft her ersetzt werden, solange aus getrennten Teilen Ganzbildungen entstehen oder eine unvollkommene Spaltung Doppelbildungen hervorruft, solange sind die in Betracht kommenden Teile noch nicht

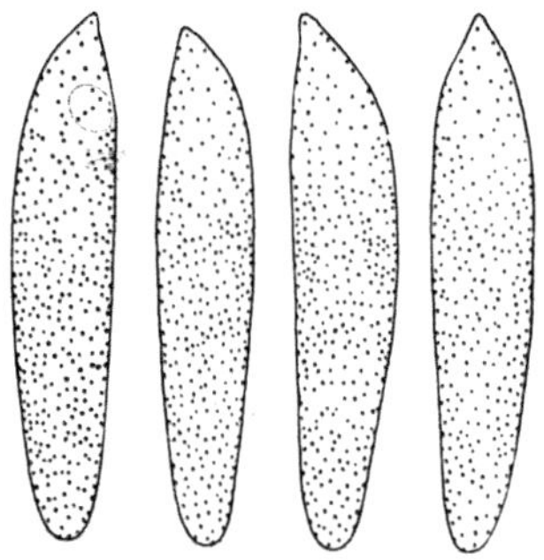

Abb. 206.

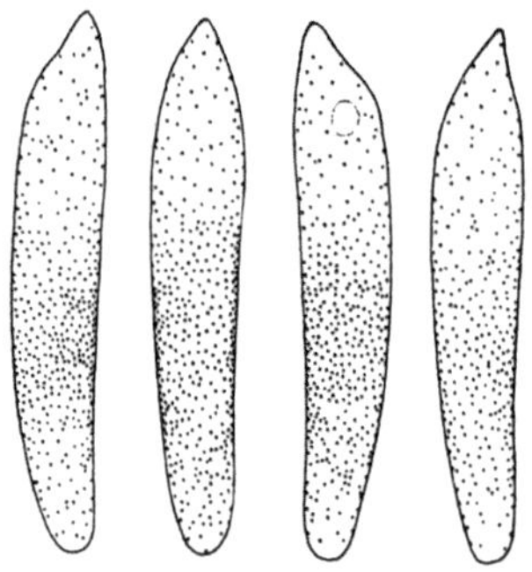

Abb. 207.

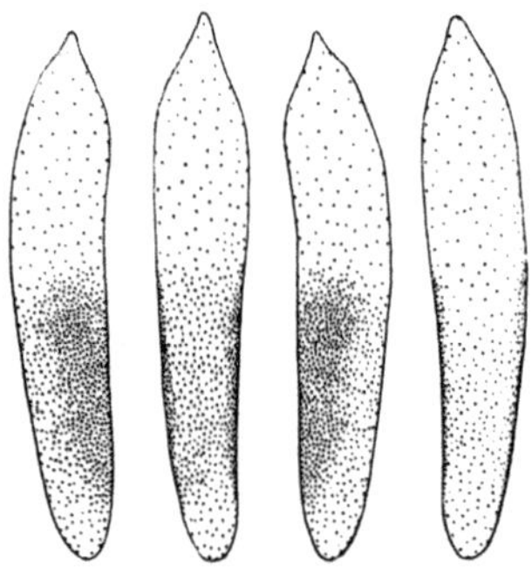

Abb. 208.

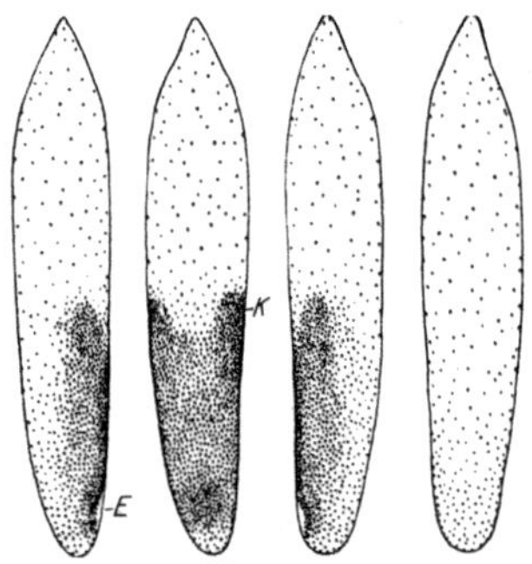

Abb. 209.

Abb. 206—209. Die Bildung der Keimanlage im Ei der Libelle Platycnemis. a linke, b flache, c rechte d gewölbte Seite des Eies.

Abb. 206. Beginn der Zusammenscharung der Kerne zur Bildung der Keimanlage; Abwanderung vom Vorderende und von der gewölbten Seite des Eies.

Abb. 207. Zusammenscharung der Kerne zur Bildung der Keimanlage auf zwei einander gegenüberliegenden Seiten.

Abb. 208. Stadium der zweiteiligen Keimanlage. Beginn einer Verbindung beider Teile am hinteren Ende auf der flachen Eiseite.

Abb. 209. Vollendete Keimanlage. Vereinigung beider Teile auf der flachen Eiseite. Ausbildung von Kopflappenanlagen (*K*). Beginn der Einrollung. *E* Einrollungsstelle. (Nach F. Seidel, 1929 b.)

fest determiniert. Ein Nebenumstand bei einem zu anderem Zweck ausgeführten Eingriff ermöglichte die technische Ausführung. Bei Berührung des Eies mit dem Thermokauter an der Seite oder an einem Ende kann man beobachten, daß in der Mitte des Eies, außerhalb des Brenndefekts, Längsspalten auftreten, die in dem in der Durchsicht hellen Dotter sich dunkel markieren (Seidel 1928, S. 235).

Aus diesem teilweise gespaltenen Keimmaterial entstanden nun Mehrfachbildungen (Abb. 210a—c); je nach Zahl, Lage und Tiefe der

Spalten Verdoppelungen des Vorder- und Hinterendes, zum Teil von außerordentlicher Regelmäßigkeit (1928). Auch bei querer Lage des Spaltes, ebenfalls mit Hilfe des Thermokauters oder durch mechanische Knickung erzeugt, können Zwillinge entstehen (1929a). Daraus läßt sich schließen, daß die einzelnen Bezirke des Libelleneies bis kurz vor Erscheinen der Keimanlage (1928, S. 237) noch nicht fest zu ihrem späteren Schicksal determiniert sind.

In etwas anderer Weise, durch Anstich mit einer spitzen Glasnadel, wurden von G. KRAUSE (1934) am Keim der Heuschrecke Tachycines Zwillings-Doppel- und Mehrfachbildungen erzeugt (Abb. 211).

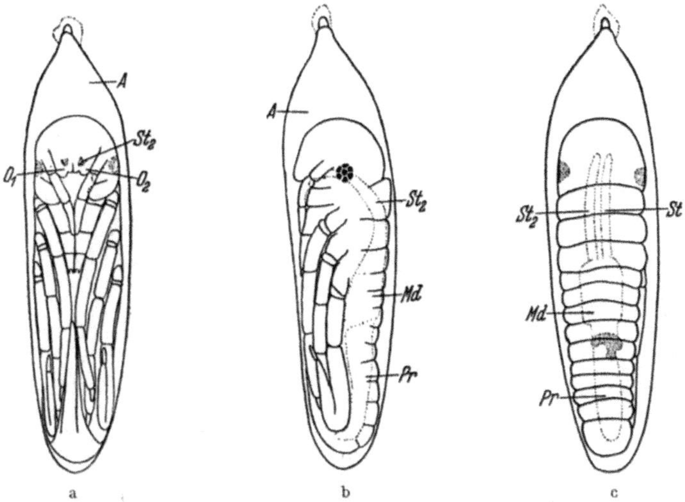

Abb. 210 a—c. Experimentell erzeugte Doppelbildung am Keim der Libelle Platycnemis; a Ventralseite, b Seitenansicht, c Dorsalseite. Verdoppelung von Oberlippe (O_1 und O_2) und Stomodaeum (St_1 und St_2), nach Brennung am Vorderende des Eies im Blastodermstadium. *Md* Mitteldarm; *Pr.* Proctodaeum. (Nach F. SEIDEL, 1928.)

Auf das höchst merkwürdige „abgestufte Regulationsvermögen", welches M. SCHNETTER (1934b) am Keim der Honigbiene entdeckte, wird später genauer einzugehen sein.

Über diese allgemeine Feststellung hinaus, daß der junge Libellenkeim in seinen einzelnen Teilen noch nicht oder höchstens labil determiniert ist, wurde SEIDEL (1926) durch seine Schnürungsversuche zu einer Entdeckung von großer Tragweite geführt. Wurde nämlich ein solches Ei kurz nach der Ablage, ehe die sich ausbreitenden Furchungskerne die Oberfläche erreicht hatten, in der Mitte der präsumptiven Keimanlage, d. h. etwas hinter seiner eigenen Mitte, vollkommen durchgeschnürt, so zeigte sich das überraschende Ergebnis, daß sich nur hinter der Schnur ein Keimstreif entwickelte, vor der Schnur aber nicht (Abb. 212a und b). Dabei hatte das Haar sicher innerhalb der präsumptiven Keimanlage durchgeschnitten, was sich daraus entnehmen ließ, daß sich nach unvollkommener Schnürung an derselben Stelle aus der vorderen Hälfte regelmäßig ein Kopf mit Augenanlagen entwickelte. Ebenso ließ sich aus verschiedenen Anzeichen erkennen, daß die abgeschnürte vordere Keimhälfte nicht etwa abgestorben war. Durch dieses Ergebnis sah SEIDEL sich zu dem Schluß gezwungen, „daß zur Zeit der superfiziellen Furchung die vorderen Teile des Eies bei der Bildung der Keimanlage von den hinteren Teilen abhängig sind" (1926, S. 330).

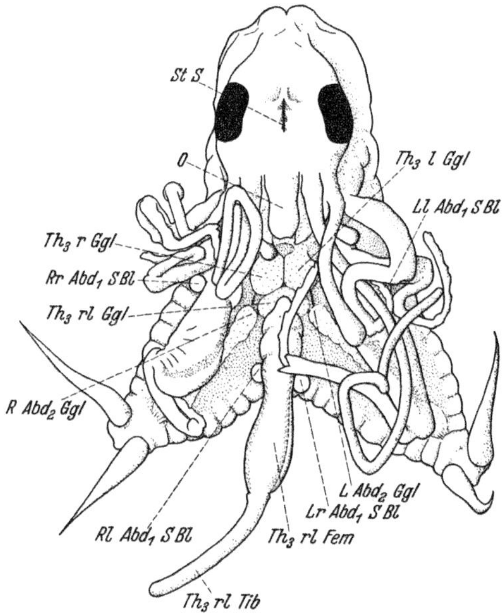

Abb. 211. Experimentell erzeugte Verdoppelung des Hinterendes am Keim der Heuschrecke Tachycines asynamorus. (Nach G. KRAUSE, 1934.)

Durchtrennung des Keims in verschiedener Höhe erlaubte den fraglichen Bezirk, ohne welchen die Keimanlage nicht gebildet werden kann, auf eine Zone des Keims einzuengen, in welcher die spätere Einrollung der Keimanlage ins Eiinnere einsetzt (l. c. S. 331). Hier liegt also das „Zentrum", von welchem sich Einflüsse irgendwelcher Art nach vorn ausbreiten.

Andere Versuche führten zu demselben Ergebnis. Durch Berührung des hinteren Eipols mit dem Mikrothermokauter (nach PÉTERFI) wurden größere oder kleinere, genau meßbare Strecken des Eies abgetötet und dann festgestellt, bei welcher „Brennlänge" zum erstenmal die Bildung der Keimanlage ausbleibt. Die Versuche wiesen wieder auf dieselbe Stelle, unmittelbar vor dem Punkt der späteren Einrollung, hin (l. c. S. 334).

Wird nun derselbe Versuch auf spätere Entwicklungsstadien ausgedehnt, so zeigt sich, daß bei derselben Brennlänge, bei welcher im frühen Stadium die Bildung der Keimanlage unterbleibt, das Zentrum also samt seiner Wirkung entfernt worden ist, sie in späterem Stadium noch auftritt. Woraus zu schließen ist, daß in der Zwischenzeit der vom Zentrum ausgehende Einfluß die Grenze des Brenndefekts überschritten hat und fortschreitend weiterwirkt. „Schrittweise gewinnen immer weiter fern vom Bildungszentrum gelegene Teile dieselbe Fähigkeit, die in frühem Stadium nur dem Bildungszentrum zugeschrieben wurde" (SEIDEL 1929b, S. 426).

Dieses Fortschreiten des Einflusses vom Bildungszentrum nach vorn vollzieht sich bei höherer Temperatur schneller, bei niedrigerer langsamer (l. c. S. 414—426).

Aber nicht nur im allgemeinen konnte so gezeigt werden, daß von einem hinten gelegenen Zentrum aus etwas nach vorn sich ausbreitet; es konnte darüber hinaus durch planmäßige Steigerung der Brennweite mit fortschreitender Entwicklung der zeitliche Verlauf dieser Ausbreitung, ihr Beginn und ihr Ende festgestellt werden (1926, 1929b). Danach fällt der Beginn der Wirksamkeit des Zentrums mit dem Zeitpunkt zusammen, in dem die Furchungskerne die Eioberfläche erreichen. Die Ausbreitung schreitet dann anscheinend gleichmäßig fort und würde bei stetigem Weiterverlauf (über das letzte beobachtete Stadium hinaus) im Augenblick des Sichtbarwerdens der Keimanlage einen Punkt in deren präsumptiver Thoraxgegend erreicht haben. Dies ist aber derselbe Ort, an welchem die Zusammenscharung der Kerne zur Bildung der Keimanlage beginnt und welcher damit ein (zunächst morphologisches) Zentrum der Differenzierung darstellt (vgl. aber 1934, 141—143).

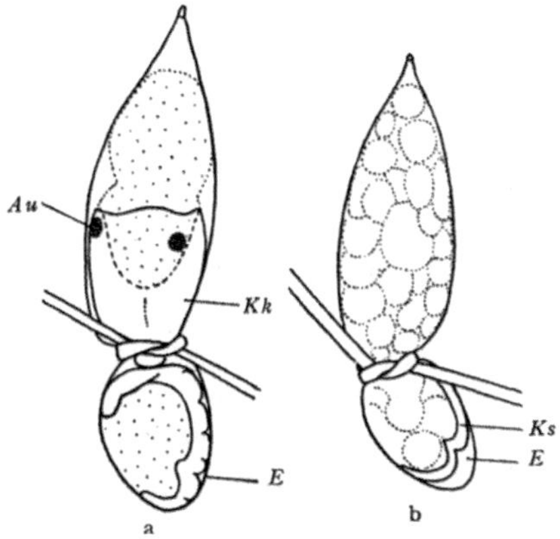

Abb. 212 a u. b. Schnürung am Libellenei, zur Prüfung der Abhängigkeit der verschiedenen Eibereiche voneinander. a unvollkommene Durchschnürung vor dem Bildungszentrum; Entwicklung der Keimanlage vor und hinter der Ligatur. b vollkommene Durchschnürung; Keimstreifen nur hinter der Ligatur entwickelt; vor der Ligatur Dotterfurchung. *Au* Auge; *E* Einrollungsstelle des Keimstreifens; *Kk* Kopfkapsel; *Ks* Keimstreifen. (Nach SEIDEL, 1926.)

Durch sinnreiche Versuche verschiedener Art wurden diese Vorstellungen erweitert und schärfer präzisiert.

So konnte gezeigt werden, daß nicht ein im Ei vorgebildeter Stoff die Wirkung des Bildungszentrums ausübt, sondern daß dazu lebende, kernhaltige Zellen nötig sind. Wird nämlich durch leichte Einschnürung des Eies zwischen Eikern und dem hinteren Eipol die Kernversorgung des Bildungszentrums verhindert, so hat dies dieselbe Wirkung, wie wenn es ganz ausgeschaltet worden wäre; wird sie nur verzögert, so werden die Differenzierungsprozesse gleichfalls verzögert. Es bedarf also einer Reaktion zwischen Kernen und Plasma, um das Bildungszentrum zu aktivieren. Andererseits sind dazu nicht bestimmte Abkömmlinge des Furchungskerns erforderlich; denn tötet man im 2-Kernstadium den hinteren der beiden Kerne ab, so versorgt der vordere allein das ganze Ei samt dem Bildungszentrum und die Entwicklung verläuft normal (SEIDEL 1932).

Besteht also das Bildungszentrum nicht aus einem im Ei vorgebildeten Stoff, so erzeugt es doch wahrscheinlich einen solchen, der sich dann nach vorn ausbreitet. Am geschnürten Ei genügtein außerordentlich dünner, ohne weiteres gar nicht nachweisbarer Verbindungsgang, um das Agens durchzulassen. Dies ließ sich durch die

„Fixierungsprobe" feststellen, die darin bestand, daß der unter Schnürung entwickelte Keim in eine Fixierungsflüssigkeit (BOUINs Gemisch) gebracht und hierauf das sonst undurchlässige Chorion hinter der Schnur mit einer spitzen Glasnadel angestochen wurde. Es zeigte sich, daß, wenn die durch die Öffnung eingedrungene Fixierungsflüssigkeit unter der Ligatur durchpassieren konnte, es auch das Agens gekonnt und die vordere Eihälfte eine Keimanlage entwickelt hatte.

Da bei so starker Schnürung der Zusammenhang des Blastoderms unterbrochen sein muß, so kann die fortschreitende Wirkung des Bildungszentrums nicht an die Zellen gebunden sein, sondern muß sich frei durch den Eiraum hindurch ausbreiten können. Dabei verändert sich von hinten nach vorn fortschreitend die Eistruktur, was an einer in gleicher Richtung fortschreitenden Aufhellung des Eies zu erkennen ist (SEIDEL 1934, S. 171f.).

Mit Sicherheit folgt aus den festgestellten Tatsachen, daß das Bildungszentrum für die Entwicklung der Keimanlage unentbehrlich ist (SEIDEL 1929b, S. 427f., 438f.). Die Art und Weise dieser ursächlichen Verknüpfung aber ist verwickelter als es anfangs den Anschein hatte. Die Vorgänge, welche zur Bildung der Keimanlage führen und mit ihr verbunden sind, die heterochrone Zellvermehrung, die Zusammenscharung der Kerne, die Festigung der Determination, werden nicht unmittelbar, sondern nur mittelbar durch das Bildungszentrum angeregt (SEIDEL 1931, S. 197).

Schon in seiner ersten Mitteilung machte SEIDEL (1926), wie erwähnt, auf die merkwürdige Tatsache aufmerksam, daß der Einfluß des Bildungszentrums bei weiterem gleichmäßigen Fortschreiten bis zum Erscheinen der Keimanlage nicht deren vorderes Ende erreichen, sondern nur bis in die Thorakalgegend gelangen würde. Diese Region ist aber auch sonst ausgezeichnet; sie ist von Anfang an, vielleicht noch ehe ein Bildungszentrum wirksam wird, den übrigen in der Entwicklung voraus. Im präsumptiven 1. Thoraxsegment fangen die Zellen des Blastoderms an, sich zur Bildung des Keimstreifs zusammenzuscharen, von hier nehmen auch die weiteren Differenzierungsprozesse ihren Ausgang. Dasselbe ist für die anderen bisher daraufhin untersuchten Insekten festgestellt worden; für die Feuerwanze Pyrrhocoris von SEIDEL (1924), für die Mehlmotte Ephestia von SEHL (1931), für die Honigbiene Apis von SCHNETTER (1934a). Diese Region wurde daher von SEIDEL als „Differenzierungszentrum" bezeichnet (1924).

Zunächst lag kein Grund vor, diesen Begriff anders als rein beschreibend zu fassen, als Ausdruck dafür, daß die Differenzierungsprozesse nicht im ganzen Keim gleichmäßig ablaufen, sondern daß sie an einem Punkt beginnen und sich von ihm als einem Zentrum ausbreiten. Erst in neuester Zeit wurden Tatsachen gefunden, aus denen hervorgeht, daß diese raum-zeitliche Folge eine ursächliche Verknüpfung bedeutet.

Wir erinnern uns zunächst an die oben geschilderten Schnürversuche, bei welchen der Keim im Blastodermstadium, also vor beginnender Zusammenscharung der Zellen zur Keimstreifbildung, so stark eingeschnürt wurde, daß der Gewebszusammenhang sicher unterbrochen war und nur ein feiner Kanal unter der Ligatur den vorderen Eiraum mit dem hinteren verband. In diesem Fall konnte das vom Bildungszentrum ausgehende Agens die vordere Keimhälfte erreichen und in ihr die Bildung einer Keimanlage ermöglichen (vgl. SEIDEL 1926, Abb. 5 b). Schon damals wurde festgestellt, daß dies nur für einen mittleren Bereich des Eies gilt; wird dieser von der Schnürung nach hinten oder vorn überschritten, so bleibt die Keimanlage hinten oder vorn aus (SEIDEL 1929 b, S. 359). Dies wurde damals darauf zurückgeführt, daß dann der vordere oder hintere Teil des Eies zu klein ist, um die Bildung einer Keimanlage zu gestatten (l. c. S. 353; dagegen 1934, S. 152).

Diese Ergebnisse wurden durch neue Versuche befestigt und erweitert, vor allem aber in anderer Weise gedeutet. Der Bereich, innerhalb dessen die Schnürung liegen muß, wenn vor und hinter ihr eine Keimanlage gebildet werden soll, fällt mit dem anderen Bereich zusammen, in welchem die Zusammenscharung der Zellen beginnt und welcher daher als Differenzierungszentrum, zunächst in rein morphologischem Sinn, bezeichnet wurde. Man kann also das Ergebnis der Experimente auch so formulieren, daß ein abgetrennter Eiteil, der mit dem Bildungszentrum noch in wirksamer Verbindung steht, nur dann eine Keimanlage zu bilden vermag, wenn er auch mit dem Differenzierungszentrum zusammenhängt. Für diesen letzteren Zusammenhang genügt aber der enge Verbindungskanal nicht, welcher das vom Bildungszentrum ausgehende Agens durchließ. Zuerst schien es, als müsse der Zusammenhang des Blastoderms gewahrt bleiben und als pflanzte sich durch dieses der fragliche Einfluß fort (1931). Jedoch zeigte sich bei weiteren Versuchen, daß dieser Zusammenhang einerseits nicht nötig ist, andererseits nicht genügt. Denn zerstört man durch Bestrahlung mit ultraviolettem Licht eine ringförmige Zone des Blastoderms im Bereich des gesamten Differenzierungszentrums, so hindert das die Zusammenscharung der außerhalb des Zentrums überlebenden Kerne nicht (1934, S. 158). Andererseits kann man die Wirkung des Differenzierungszentrums durch einen Grad der Schnürung „abdämmen", bei welchem weder das Blastoderm noch der Dotter noch das ihn durchziehende Plasmanetz zerteilt wird (1934, S. 156).

Aus diesen Tatsachen zieht SEIDEL den Schluß, daß wenigstens die primäre Wirksamkeit des Differenzierungszentrums nicht an die Weitergabe eines Stoffes gebunden ist (l. c. S. 156); daß sie ferner nicht vom Blastoderm ausgeht und in ihm weitergeleitet wird, daß vielmehr das ganze „Dottersystem" — Netzplasma mit Vitellophagen und Dotter — ihr Träger ist. Dadurch wird diesem Teile des Eies, den man bisher nur als ein Lager toter Reservestoffe, durchsetzt von wenigen, mit deren Aufarbeitung betrauten Zellen, also als etwas wesentlich Passives ansah, eine wichtige aktive Leistung bei der Differenzierung zugeschrieben. Auf Schnürung sowohl wie auf Unterbrechung des blastodermalen Zusammenhangs mittels ultravioletten Lichts würde das Dottersystem, sofern es einen Teil des (physiologischen) Differenzierungszentrum enthält, als ein harmonisch-äquipotentielles System reagieren, in welchem die Stelle der ersten Zusammenscharung der Kerne mit Bezug auf die Größe des Ganzen bestimmt wird.

Auf Grund von Beobachtungen, welche gelegentlich der Brennversuche gemacht wurden, hat SEIDEL sich besondere Vorstellungen über die Aufteilung dieses dynamischen Systems und die Art seiner Einwirkung auf das Blastoderm gebildet. Bei Annäherung einer heißen Nadel findet eine Zuckung, eine Kontraktionsbewegung des ganzen Dotters statt, die sich vom Berührungspunkt aus wellenförmig über das ganze Ei fortpflanzt (1929b, S. 328). Auch nach Bestrahlung mit ultraviolettem Licht tritt eine geringe Kontraktion des Dotters an der betroffenen Stelle (1934, S. 159) ein. Dabei hebt sich der Dotter vom Chorion ab; nach Maßgabe dieser Abhebung scharen sich die Blastodermzellen zusammen (1934, S. 166). Damit ist auch eine „Erklärung der normalen Formbildung der Keimanlage gegeben: Das Dottersystem ist der Prägungsstock für die Form der Keimanlage. Die Zeitfolge der Zellzusammenscharungen für die Keimanlage wird bedingt durch eine vom Differenzierungszentrum aus im Dottersystem fortschreitende Kontraktionswelle, die die Bewegung der Blastodermzellen zu diesem Ort hin nach sich zieht. Damit ist ein Verständnis dafür angebahnt, in welcher Weise das Differenzierungszentrum der Mittelpunkt eines Wirkungsfeldes sein kann, ohne daß ein Stoff Träger der Wirkung ist. Nur so ist das Resultat der Schnürungsversuche...erklärlich: Durch Anlegen einer Schnur wird dem Dottersystem seine Bewegungsfreiheit genommen, so daß dadurch eine Dotterkontraktion, die vom Differenzierungszentrum aus anhebt, aufgehalten wird, und die Fortsetzung der Keimanlage über die Schnur hinaus verhindert sein kann, ohne daß der Dotter- und Blastodermverband durchschnitten ist. Nur wenn die Schnur nicht weiter, als ihr Durchmesser beträgt, in den Dotter einschneidet..., behält er die genügende Beweglichkeit um eine vom Differenzierungszentrum aus eingeleitete Kontraktionsbewegung nach vorn und hinten fortzusetzen" (1934, S. 167).

Auf die weitreichenden allgemeinen Erwägungen, welche SEIDEL an diese Tatsachen und Schlüsse anknüpft, wird noch einmal zurückzukommen sein.

Auch von anderen Autoren sind Tatsachen an anderen Insekten festgestellt worden, welche das Vorhandensein eines Differenzierungszentrums nahe legen oder beweisen.

R. GEIGY (1931 b und c) konnte zeigen, daß die Eier von Drosophila in ihren verschiedenen Entwicklungsstadien gegen schwache Bestrahlung mit ultraviolettem Licht verschieden empfindlich sind. Bei einer bestimmten Strahlendosis zeigen jüngste Eier im Stadium des Keimhautblastems eine Mortalität von etwa 50%, während dieselbe Dosis bei etwas älteren Eiern des Blastodermstadiums (2—3 Stunden nach der Eiablage) schon eine Mortalität von 85—95% zur Folge hat und noch etwas ältere Eier (4—7 Stunden nach der Ablage) selbst schwächere Dosen nicht mehr ertragen. Auf diese erste Periode zunehmender Empfindlichkeit folgt nun aber eine zweite wachsender Widerstandsfähigkeit. Wurden nun solche Larven, welche den Eingriff überlebt hatten, zur Metamorphose gebracht, so traten an den geschlüpften Fliegen häufig Defekte verschiedenen Grades auf, von leichter Verkrüppelung bis zu völligem Fehlen einzelner Teile. Dies kann, da die Larven weder in ihrer Gestalt noch in ihrer Entwicklung irgendwie abnorm erschienen, nur darauf beruhen, daß bestimmte Zellen, aus welchen später die Imaginalscheiben für jene Teile entstehen, geschädigt worden waren; daß sie also größere Empfindlichkeit als ihre Umgebung besessen hatten. Nun ist aber die Empfindlichkeit auch dieser noch „embryonaleren" Zellen weder während der ganzen Entwicklung noch in allen Teilen des Eies gleich groß. In der ersten Periode vor Eintritt der allgemeinen Empfindlichkeit mit ihrer großen Mortalität entstanden so gut wie nie Defekte; erst später, wenn die Periode der allgemeinen Empfindlichkeit abgelaufen ist, wird sie auch in den Imaginalzellen deutlich. Aber hier nun nicht gleichmäßig im ganzen Keim, sondern in einer von der präsumptiven vorderen Thoraxregion nach hinten verlaufenden Welle der Empfindlichkeit, welche von einer solchen der zunehmenden Widerstandsfähigkeit gefolgt ist. Geigy vergleicht dies selbst mit der vom Differenzierungszentrum des Libellenkeims sich ausbreitenden determinierenden Wirkung.

G. Krause (1934) fand an der Heuschrecke Tachycines, bei Untersuchung des Regulationsvermögens nach sagittaler Spaltung der Keimanlage, daß das 1. Thorakalsegment den vor und hinter ihm liegenden Segmenten in der Determination voraus ist, und bringt dies mit dem Vorhandensein eines in diesem Segment gelegenen Differenzierungszentrums in Zusammenhang (l. c. S. 202).

Die erste Entwicklung des Eies der Honigbiene wurde von M. Schnetter (1934a und b) sehr eingehend und mit bemerkenswerten Ergebnissen untersucht, sowohl nach sichtbarem Ablauf wie nach ursächlichem Zusammenhang der Einzelvorgänge. Was zunächst seinen Bau und den äußeren Gang der Entwicklung anlangt, so unterscheidet sich dieses Ei bei mancher Übereinstimmung doch in mehreren nicht unwichtigen Punkten vom Libellenei. Das Ei (Abb. 213) ist langgestreckt, zylinderförmig, in der Länge leicht gebogen, ventral konvex, dorsal konkav; am vorderen Pol breiter als am hinteren. Am schmalen Pol ist es in der Wabenzelle befestigt, in waagerechter Lage, mit der konvexen ventralen Seite nach oben. Dieser Polarität und bilateralen Symmetrie der äußeren Form entspricht eine solche des inneren Baues. Das Bienenei hat, wie viele andere Insekteneier, ein Keimhautblastem, eine zusammenhängende, dünne Plasmaschicht an der Oberfläche, welche mit dem plasmatischen Netzwerk des Innern zusammenhängt. Diese Schicht ist im allgemeinen auf der Ventralseite etwas verdickt, besonders deutlich in einem Bereich nahe dem Vorderende, wo das Ei den größten Durchmesser hat. Dort ist auch das Netzplasma am dichtesten und gewinnt vom 32-Kernstadium an eine besondere Affinität zu Thionin (1934a, S. 154) (Abb. 214 a—c). Es ist derselbe Bereich, welchen die weiteren Entwicklungsvorgänge und die Experimente in späteren Stadien als morphologisches und physiologisches Differenzierungszentrum erweisen, das also hier schon so früh strukturell unterscheidbar wird. Hier bleiben während der Furchung die sich ausbreitenden Kerne am dichtesten beisammen und erreichen zuerst die Oberfläche; hier setzt zuerst die heterochrone Kernteilung ein, bilden sich Zellgrenzen aus, erreicht das Blastoderm die größte Stärke. Auch später, bei der Entstehung des Mesoderms und der Bildung der Segmente, geht diese Region den anderen in der Entwicklung voraus. Ihre prospektive Bedeutung läßt sich etwa auf das Gebiet zwischen 3. Kiefersegment und 1. Thorakalsegment festsetzen, also auf annähernd dieselbe Höhe des Keims, die auch das Differenzierungszentrum der übrigen daraufhin untersuchten Insekten einnimmt (SCHNETTER 1934a). — Beim Bienenei erscheint also „der *zeitliche* Vorrang des Differenzierungszentrums vor den übrigen Eigebieten in die *räumlichen* Besonderheiten der Eistruktur gegründet" (SCHNETTER 1934b, S. 286).

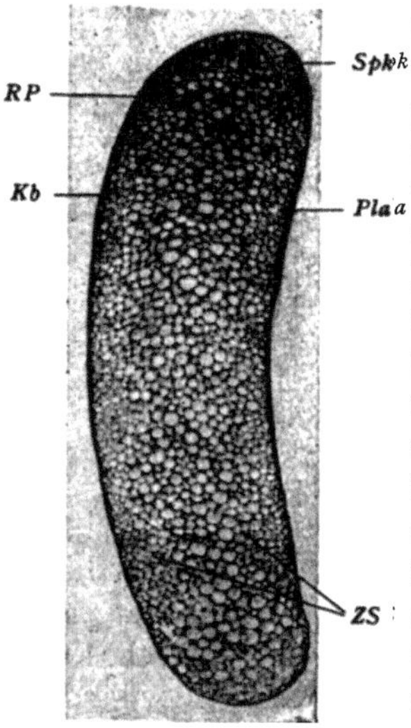

Abb. 213. Übersicht über die Plasma- und Dotterverteilung im frisch abgelegten Bienenei (Längsschnitt). Keimhautblastem und zentrale Plasmasäule sind im Gebiet des Querschnittmaximums am stärksten ausgebildet. *Kb* Keimhautblastem; *Pla* Plasma; *RP* Richtungsplasma; *Spk* Spermakern; *ZS* zentrale Plasmasäule. (Nach M. SCHNETTER, 1934a.)

In der kausalen Analyse dieses Entwicklungsgeschehens steckte SCHNETTER sich als nächstes Ziel die Feststellung, ob das abgelegte Bienenei überhaupt noch Regulationsvermögen besitzt; bejahendenfalls, wie dieses sich auf die einzelnen Regionen des Eies verteilt und wann es unwiderruflich fester Determination weicht. Als einzige Methode diente quere Durchtrennung mittels Schnürung in verschiedenen Stadien der Entwicklung und in verschiedener Höhe des Eies. Es ist eine Gunst des Objekts, daß das Blastodermstadium relativ lang, von der 12. bis zur 32. Stunde nach der Eiablage, andauert; daß am Anfang dieser Strecke noch Regulationsvermögen besteht, während 12 Stunden später, 24 Stunden nach der Eiablage, die Keimteile schon fest determiniert sind; endlich, daß während dieser Zeit keine wesentlichen Materialverschiebungen in der Längsachse des Eies stattfinden. Daher konnte zuerst durch Schnürung des 24 Stunden alten Keims der Anlageplan festgestellt, hernach durch Schnürung des jüngeren Keims die Regulationsfähigkeit geprüft werden.

Wenn nun zu letzterem Zweck mit der Schnürung des 12 Stunden alten Keims vorn begonnen und in kleinen Schritten immer weiter nach hinten gerückt wird, so entstehen zunächst verkleinerte, aber vollständige, normal proportionierte Ganzbildungen (Abb. 215), bis eine Entfernung von 21 Teilstrichen (die Länge des ganzen Eies zu 100 Teilstrichen gerechnet) vom Vorderende erreicht ist. Damit ist das Gebiet des präsumptiven Vorderkopfes und mindestens eines Teiles der Mandibeln entfernt und unter neuer Aufteilung des ganzen Keimmaterials durch weiter hinten gelegene Teile ersetzt worden. Rückt nun die Schnürung weiter nach hinten, so fehlt mit einem Schlag der ganze Vorderkopf; der in sich proportionierte Körper beginnt nun mit den Mandibeln. Das bleibt so bis zum 27. Teilstrich, der etwa der vorderen Grenze des 1. Thoraxsegments entspricht. Von da an bis zum 33. Teilstrich, also etwa bis zur vorderen Grenze des 2. Thorakalsegments, ergaben sich nur Thoraxganzbildungen (Abb. 216) und schließlich folgt als letzte Stufe ein Gebiet mit Abdomenganzbildung.

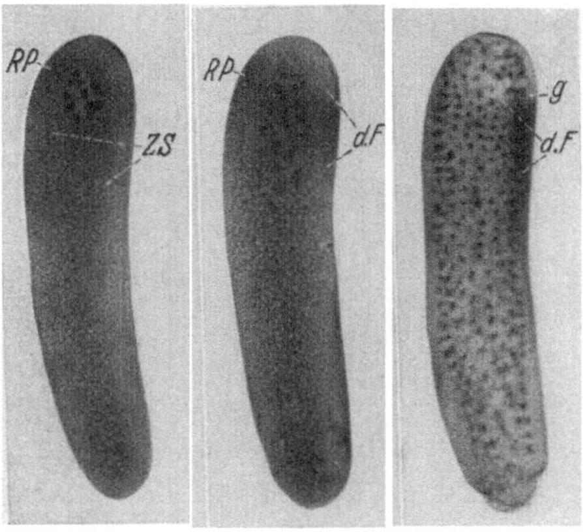

a b c

Abb. 214 a—c. Auftreten und Ausbreitung der differentiellen Färbung (*dF*), mit scharfer Grenze (*g*) nach vorne; nach Thioninpräparat. a 16-Kernstadium, ohne differentielle Färbung; b 32-Kernstadium, Auftreten auf der dorsalen Eiseite; c 512-Kernstadium, gürtelförmige Ausbreitung. *RP* Richtungsplasma; *ZS* zentrale Plasmasäule. (Nach M. Schnetter, 1934 a.)

Dieses durch exakte Messungen ermittelte Resultat ist in Abb. 217a und b schematisch dargestellt; rechts die fest determinierten Keimbezirke im 24 Stunden alten Keim, links die „Potenzbereiche" 12 Stunden früher. Von jedem dieser Potenzbereiche muß zum mindesten ein kleiner Teil dem Ei verbleiben, damit der entsprechende Organbereich gebildet werden kann.

Das ist ein ebenso wichtiges wie merkwürdiges Ergebnis. Es ist ja nicht etwa so, daß die einzelnen Organbezirke schon im jüngeren Keim als harmonisch-äquipotentielle Teilsysteme determiniert sind und sich nun nach Verkleinerung ihres Ausgangsmaterials in sich nach normalen Proportionen gliedern. So wie Braus (1910) es für die Armanlage von Bombinator fand, welche schon den Bereich von Schultergürtel und freier Extremität als gesonderte Teilsysteme enthält, so daß sich nach Verkleinerung des distalen Materials ein in sich normal proportionierter Arm entwickelte, dessen Gelenkkopf am Humerus für die Gelenkpfanne am Gürtel zu klein war. Ebenso müßte hier ein normal proportionierter Rumpf von normaler Größe entstehen, mit einem ebenfalls in sich normal proportionierten Kopf, der um so kleiner würde, bis zum völligen Verschwinden, je mehr von seiner Anlage entfernt worden wäre. Dasselbe würde sich bei den nach hinten folgenden Organbereichen wiederholen, bis schließlich nur noch ein immer kleiner werdendes Abdomen entstünde.

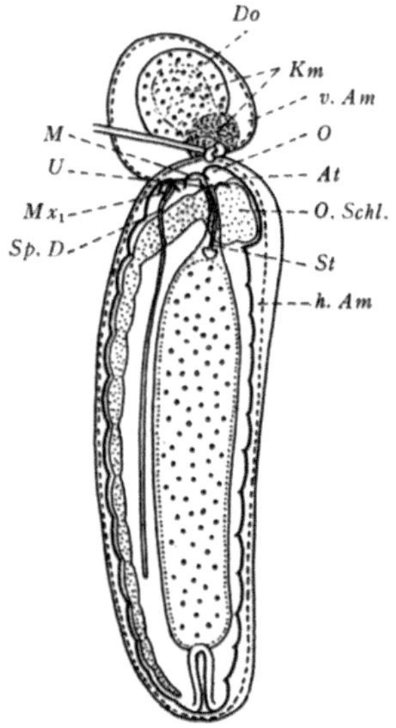

Abb. 215.

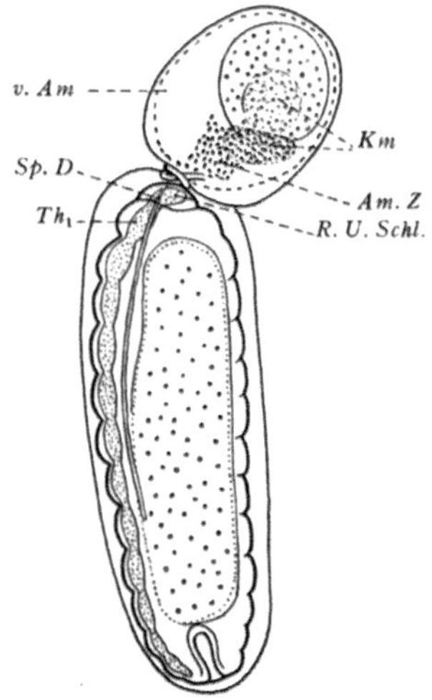

Abb. 216.

Abb. 215. Schnürung von 21 Teilstrichen, 12 Stunden nach der Eiablage (gleichmäßiges Blastoderm). Hinter der Schnur: Ganzbildung, bei welcher der Kopf unharmonisch klein wirkt; vor der Schnur: Amnion und Keimmaterial ohne Organsonderung. *At* Antenne; *Do* Dotter; *h.Am* Amnion hinter der Schnur; *Km* Keimmaterial ohne Organsonderung; *M* Mandibel; Mx_1 erste Maxille; *O* Oberlippe; *O.Schl.* Oberschlundganglion; *Sp.D* Spinndrüse; *St* Stomodaeum; *U* Unterlippe; *v.Am* Amnion vor der Schnur. (Nach M. SCHNETTER, 1934b.)

Abb. 216. Schnürung von 27 Teilstrichen, 12 Stunden nach der Ablage (gleichmäßiges Blastoderm). Thoraxganzbildung. Hinter der Schnur: vollständiger Rumpf (Thorax und Abdomen) mit einem kleinen Anhang; vor der Schnur: das Keimmaterial in Auflösung begriffen. *Am.Z* Amnionzellen; *R.U.Schl.* Rest des Unterschlundganglions; Th_1 erstes Thorakalganglion; im übrigen wie auf Abb. 215. (Nach M. SCHNETTER, 1934 b.)

Dann würden die Grenzen von Potenzbereich und Keimbezirk zusammenfallen. Statt dessen ist der ganze hinter der Schnürung entstandene Embryo in sich harmonisch gegliedert; es fehlen ihm aber vorn diejenigen Teile, deren Potenzbereich bei der Schnürung überschritten worden ist.

Auch hierbei wäre es von vornherein denkbar, daß Potenzbereiche und Keimbezirke sich räumlich deckten. Ein Vergleich der Bilder, durch welche beide schematisch dargestellt sind (Abb. 217a und b), zeigt aber, daß nur die Grenzen zwischen Kiefer und Thorax in gleicher Höhe liegen, daß man dagegen die übrigen Grenzen nur dadurch zur Deckung bringen kann, daß man die Potenzbereiche sich nach vorn und hinten ausdehnen läßt. Nicht die Potenzen würden sich ausbreiten, sondern irgendetwas,

was diese Potenzen weckt. Denn es ist ja nicht etwa so, daß die Potenzen z. B. für Thorax auf den Potenzbereich Thorax beschränkt sind; denn das Material für das Abdomen wird zur Bildung des Thorax mit herangezogen, wenn diese Bildung durch einen kleinen stehen gebliebenen Rest des thorakalen Potenzbereichs in Gang gesetzt worden ist.

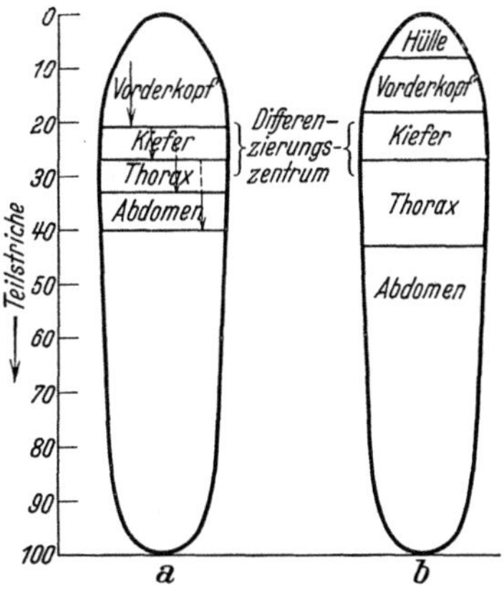

Abb. 217 a und b. Anlageplan der Organkreise im Bienenei (schematisch). a hintere Grenze der Potenzbereiche im 12stündigen Blastoderm, d. h. derjenigen Bereiche, von denen ein kleiner Teil dem Keim verbleiben muß, damit ein entsprechender ganzer Organbereich gebildet werden kann. b Ausdehnung der Keimbezirke entlang der Eilängsachse im 24stündigen Blastoderm. (Nach M. SCHNETTER, 1934 b.)

Die Ähnlichkeit dieser Vorgänge mit denen, welche von SEIDEL für das Libellenei festgestellt worden waren, springt in die Augen. Auch dort ist mindestens ein kleiner Teil des Differenzierungszentrums nötig, damit in dem abgetrennten hinteren Teil des Keims überhaupt eine Embryonalanlage entsteht; dieser Rest genügt aber auch, um unter regulativ abgeänderter Materialverwendung eine Ganzbildung entstehen zu lassen. Außerdem liegen schon Tatsachen vor, welche auch für eine Abstufung des Regulationsvermögens in der Längsachse des Eies zu sprechen scheinen. So teilt SEIDEL (1929b) mit, daß bei querer Durchschnürung nur dann in der hinteren Keimhälfte ein Kopf entstand, wenn die Schnur nicht zu weit hinten lag (l. c. S. 436). Diese Frage wird nunmehr wohl auch erneut untersucht werden.

4. Allgemeine Erörterung dieser Ergebnisse.

Durch die Arbeiten von SEIDEL und seinen Schülern ist zunächst einmal die für alles weitere grundlegende Tatsache festgestellt worden, daß die Entwicklung bei gewissen Insekteneiern, wie bei den Seeigel- und Amphibieneiern, unter fortschreitender Determination vorher indifferenter oder wenigstens noch nicht fest determinierter Teile erfolgt. Bei den Amphibien kennen wir bis jetzt zwei Wege, auf denen diese Determination vor sich geht; beide mögen etwas Grundsätzliches gemeinsam haben, lassen sich aber bis jetzt nicht als zusammenfallend erweisen. Sehr klar ist das am Beispiel der Linseninduktion zu zeigen. Wenn die primären Linsenbildungszellen schon vor der Berührung mit dem Augenbecher zu ihrem späteren Schicksal determiniert sind, wie das am ausgeprägtesten bei Rana esculenta der Fall ist, so muß diese frühe Determination auf andere Weise erfolgt sein als die spätere, die auch hier mitwirkt, in anderen Fällen aber die Hauptrolle spielt, nämlich die Determination durch den Augenbecher. Auch jene frühe Determination mag irgendwie im Zusammenhang stehen mit derjenigen der Augenanlage in der Medullarplatte; ja es mögen selbst chemische Einflüsse von derselben Art sein, wie sie später vom Augenbecher ausgehen. Ein wesentlicher Unterschied scheint aber doch in der Art der Lokalisation zu liegen, indem bei der späteren Determination der Induktor das Reaktionssystem unmittelbar berührt, während bei der frühen Determination zwischen beiden ein Streifen Gewebes liegt, welches von der Induktion nicht betroffen wird. Es scheint mir noch nicht ausgemacht, ob auch die Determination der Medullarplatte in dieser doppelten Weise vor sich geht. Sicher bewiesen ist die Induktion durch Unterlagerung; aber auch die andere von Anfang an ins Auge gefaßte Möglichkeit einer von der oberen Urmundlippe aus im Ektoderm fortschreitenden Determination scheint mir, trotz der Beobachtungen an der totalen Exogastrula, noch nicht ausgeschlossen.

Wahrscheinlich aber sind beide Arten der Determination noch tiefer, nämlich auch in der Natur der Induktionsmittel verschieden, indem die Entstehung solcher harmonischer Muster durch Vorgänge dynamischer Natur zum mindesten eingeleitet wird. GOERTTLER glaubte sogar, die von W. VOGT aufgeworfene Frage, ob Gestaltungsbewegungen, also etwas Dynamisches, determinieren können, auf Grund exakter experimenteller Tatsachen bejahen zu dürfen. Dieser Nachweis ist zwar mißlungen, doch scheint mir auch der Gegenbeweis nicht geliefert (vgl. S. 81). Dynamisch müßte auch die etwaige Wirkung eines Gradienten aufgefaßt werden. Denn es wäre ja nicht der absolute Wert jedes Punktes des Gefälles, dem eine bestimmte Determination fest zugeordnet ist, vielmehr der Gradient als solcher, also die Steilheit des Gefälles, was determiniert. Diese letztere aber kann, scheint mir, nur wirken, wenn auch etwas „fließt“, d. h. eben dynamisch.

Von diesen beiden Arten der Determination hat SEIDEL beim Libellenei bisher die eine, die Herstellung eines harmonischen Musters von einer bevorzugten Keimregion aus, experimentell nachgewiesen. Er führt, wie wir gesehen haben, die harmonische Gliederung des Keims nach Abtrennung eines nicht zu großen vorderen Stücks auf einen dynamischen Prozeß zurück, auf eine Kontraktion des Dottersystems, welche an einer harmonisch zum Ganzen bestimmten Stelle des Eies einsetzt und sich wellenförmig nach vorn und hinten ausbreitet. Die dadurch bewirkte Abhebung des Keims von seiner äußeren Hülle soll dann die Zusammenscharung der Blastodermzellen zur Bildung der Keimanlage hervorrufen.

Was nun die Frage anlangt, ob das „Differenzierungszentrum“ des Libellenkeims dem „Organisationszentrum“ des Amphibienkeims zu vergleichen ist, so handelt es sich natürlich nur um die Sache, nicht um die Bezeichnung. Habe ich doch selbst früher für jene ausgezeichnete Region des Amphibieneies das Wort Differenzierungszentrum gebraucht. SEIDEL hat neuerdings (1934) zu dieser Frage Stellung genommen; ich möchte seine auch sonst interessanten Darlegungen wörtlich anführen.

„Beide Zentren sind Faktorenbereiche, deren Wirkungsmöglichkeit dem dynamischen Geschehen des ganzen Eies untergeordnet ist. Die Lage der ersten Zellansammlung und damit die Lage des Thorax im Insektenkeim ist bestimmt durch die Kontraktionswelle des Dottersystems, deren Ablauf von dem Strukturgefälle des ganzen Eies mit dem ausgezeichneten Höhepunkt im physiologischen Differenzierungszentrum bestimmt wird. Die Größe und regionale Gliederung des Achsensystems der Amphibien ist bedingt durch den Verlauf des Gastrulationsvorgangs, der ebenfalls von der gesamten Eistruktur mit dem Mosaik der Gastrulationspotenzen und dem in ihm ausgezeichneten Ort der oberen Urmundlippe als Ort besonderer Einstülpungstendenz abhängt. Blastodermstadium (Dottersystem) und Blastula (Gastrulationssystem) tragen beide bei abgeänderter Größe die Möglichkeit harmonischen Ausgleichs der an ihnen ablaufenden Prozesse, der Zusammenscharung der Zellen und der Invagination von Urdarm in sich. Die Regulation ist bei beiden nicht durch das Zentrum, sondern durch das System des Ganzen vermittelt, dem die Zentren eingeordnet sind. So verläuft *formal* das Determinationsgeschehen bei Amphibien und Insekten gleich. *Inhaltlich* aber ist erst dann ein Vergleich zwischen dem Organisationszentrum und dem Differenzierungszentrum zu ziehen möglich, wenn der Einfluß des Differenzierungszentrums auf die Organbildung weiter analysiert ist" (l. c. S. 182). Damit scheinen mir einige wichtige neue Gesichtspunkte beigebracht und zur Diskussion gestellt, ohne daß ich mir jede einzelne Vorstellung, wie etwa die von der Rolle der Abhebung des Keims vom Chorion, jetzt schon aneignen könnte.

Was das Seeigelei anlangt, so stimmen HÖRSTADIUS und v. UBISCH nunmehr im wesentlichen überein, nachdem sich der letztere der Ansicht von RUNNSTRÖM und HÖRSTADIUS angeschlossen hat, daß die Determination der ersten Organanlagen unter der Wirkung von zwei Gefällen zustande kommt, einem der „animalen" und einem der „vegetativen Eigenschaften", mit den Höhepunkten am animalen bzw. vegetativen Pol. Aus den Ergebnissen von HÖRSTADIUS geht in überzeugender Weise hervor, daß zur harmonischen Entwicklung des Seeigelkeims die Wechselwirkung zwischen dem animalen und dem vegetativen Gefälle nötig ist. Man könnte die Sache vielleicht auch so ausdrücken, daß beim Seeigelkeim zwei gegeneinander gerichtete und ineinander greifende Induktionsströme wirksam sind. Ohne ihre richtige Auswägung gegeneinander wird die Entwicklung unharmonisch.

Der Gegensatz zwischen v. UBISCH und HÖRSTADIUS, soweit überhaupt noch einer bestand, beruhte auf einer verschiedenen Fassung des Begriffs „Organisationszentrum", indem v. UBISCH sich, wie oben (S. 258) erwähnt, gegen alle Hypothesen wendet, „die besagen, daß am vegetativen Pol oder auch nur in der vegetativen Hälfte des Keims ein für die Gastrulation unerläßliches, qualitativ besonders geartetes Material vorhanden sei, das in der animalen Hälfte fehle" — womit ja wohl die Annahme eines Organisationszentrums gemeint ist; während HÖRSTADIUS dem vegetativen Gefälle die Wirkung eines Organisationszentrums zuschreibt und damit diesen Begriff in einem weiteren Sinne faßt. Nach der neuesten Veröffentlichung von HÖRSTADIUS (1935) erscheint auch diese begriffliche Verschiedenheit ausgeglichen, indem HÖRSTADIUS nunmehr unter Verzicht auf den Begriff des Organisationszentrums nur von der Wirkung des Gefällsystems spricht (l. c. S. 473; vgl. oben S. 257). SEIDEL (1934), der auf den älteren Arbeiten von HÖRSTADIUS fußt, schließt sich v. UBISCH an, indem er meint, die Wirkungsart eines solchen Zentrums müßte dann beim Amphibien- und beim Seeigelei eine grundsätzlich verschiedene sein (l. c. S. 184).

Dies trifft wohl zu, wenn man die Wirkung des Gefälles im Sinn der Gradiententheorie faßt, also annimmt, daß der Gradient als solcher je nach seiner Steilheit die Determination bewirkt. Diese Auffassung ist aber nicht die einzig mögliche; sie ist z. B. nicht diejenige von BOVERI (1901). Nach ihm würde die Differenzierung am jeweils vegetativsten Punkte des Keims einsetzen und von diesem „Vorzugsbereich“ aus würden alle anderen Bereiche in ihrer Rolle bestimmt. Das würde also heißen, oder jedenfalls heißen können, daß am jeweils vegetativsten Punkt, vorausgesetzt daß er überhaupt noch „vegetativ genug“ ist, ein Organisationszentrum entsteht, von welchem aus dann die übrigen Teile determiniert werden.

Zu einer grundsätzlich verschiedenen Wirkungsweise beider Zentren kommt man auch dann, wenn man beim Amphibienkeim nur an die Induktion der Medullarplatte denkt und diese nur durch Unterlagerung möglich sein läßt. Aber letztere Ansicht scheint mir, wie gesagt, noch nicht bewiesen, und die Wirkung des „Organisators“ beschränkt sich nicht auf die Induktion von Medullarplatte, sondern begreift auch die Angliederung der mesodermalen Nachbarschaft in sich.

Während es demnach noch zweifelhaft ist, wie weit sich die erste Entwicklung jener wirbellosen Tiere in ihrer ursächlichen Verknüpfung mit derjenigen des Amphibienkeims vergleichen läßt, ist für den Keim des Hühnchens, wie wir gesehen haben, von mehreren Forschern eine weitgehende Übereinstimmung mit ihr festgestellt worden.

Schlußbemerkungen.

Es ist nicht meine Absicht, die hier mitgeteilten experimentellen Beiträge zu einer Theorie der Entwicklung mit dem Versuch einer solchen zu beschließen. Es steht zwar nicht ganz so, wie GURWITSCH (1927) mir mit liebenswürdiger Ironie vorhält, daß ich mich in meiner Abneigung gegen Theorien auch durch die wunderbarsten mir entgegentretenden Tatsachen nur wenig beirren lasse. Aber allerdings widerstrebt es mir, Hypothesen aufzustellen, wo, freilich durch mühsame experimentelle Einzelarbeit, die Gewinnung gesicherter Tatsachen möglich ist. Werden solche Tatsachen nicht wahllos zusammengetragen, sondern in folgerichtigem Fortschreiten gewonnen, so fügen sie sich hernach von selbst zu einem planvollen Ganzen, zu einer echten Theorie, einer Gesamtschau alles in der Erfahrung Gegebenen zusammen.

Als Vorbild schwebt mir dabei die Arbeitsweise des Archäologen vor, der aus den Bruchstücken, die allein er in Händen hält, ein Götterbild wieder zusammenfügt. Er muß an das Ganze glauben, das er nicht kennt; aber er darf nicht nach eigenen Gedanken gestalten. Er muß selbst soweit Künstler sein, daß er den Plan des hohen Meisters schrittweise nachschaffen kann; aber sein oberstes Gebot ist, die „Bruchflächen“ heilig zu halten. Nur so darf er hoffen, neue Funde an ihrem richtigen Orte einfügen zu können.

Sicher gibt es auch andere Wege des Fortschritts; aber dies ist der mir durch Begabung und Neigung gewiesene.

So möchte ich hier betonen, daß ich meines Wissens nie eine „Organisatortheorie“ aufgestellt habe. Ich habe das Wort „Organisator“ geprägt, um gewisse neue, sehr merkwürdige Erscheinungen zu bezeichnen, welche mir bei meinen Experimenten entgegengetreten waren. Aber ich habe den Begriff von Anfang an als vorläufig betrachtet und wiederholt und ausdrücklich als vorläufig bezeichnet. Allen Versuchen, ihn jetzt schon zum Baustein einer Theorie zu machen, stehe ich fern. Immerhin halte ich den Begriff mit Einschränkungen noch jetzt für brauchbar. Über diese notwendig gewordenen Einschränkungen möchte ich einige Worte sagen.

Daß durch Einpflanzung eines Stückchens der oberen Urmundlippe in eine indifferente Stelle des Keims dort ein neues „Organisationszentrum“ gebildet wird, ist nur ein anderer Ausdruck dafür, daß im Anschluß an dieses Stück, zum Teil aus dessen eigenem Material, zum Teil aus dem Material des Wirts, eine vollständige sekundäre Embryonalanlage entsteht. Ein solches Stück einen „Organisator“ zu nennen, dürfte ebenfalls unanfechtbar sein. Dagegen könnte es schon zu Mißverständnissen führen, wenn nun auch der ganze Bereich der jungen Gastrula, in welchem diese Organisatoren beisammen liegen, als Organisationszentrum bezeichnet wird. Es spielte bei dieser Konzeption von mir wohl die Anschauung herein, daß dieses primäre Organisationszentrum dem sekundären, welches durch den transplantierten Organisator hervorgerufen wird, ohne weiteres vergleichbar sei, was nicht durchaus richtig ist. Denn es fällt ja nicht jedem Teil des primären Organisationszentrums die Aufgabe zu, seine Nachbarschaft zu ihrem späteren Schicksal zu bestimmen. Auch ist die Bedeutung dieser Region als eines „Zentrums“ eine wesentlich verschiedene, je nachdem von ihr eine determinierende Wirkung, ein „Determinationsstrom“ ausgeht, oder sie nur die Zellgruppen enthält, welche nach Verpflanzung an eine andere Stelle des Keims ihre Umgebung, auch die mesodermale, organisierend sich angliedern können. Deshalb möge bis auf weiteres beim Amphibienkeim unter diesem Namen rein deskriptiv der ganze Bereich des präsumptiven Chorda-Mesoderms verstanden werden, welcher (nach H. BAUTZMANNs Feststellung) nach Verpflanzung in indifferentes Ektoderm oder nach Einstecken ins Blastocoel eine sekundäre Embryonalanlage zu induzieren vermag.

Die induzierende Wirkung des Organisators wurde von mir von Anfang an als eine auslösende betrachtet. Auch wurde von Anfang an die Frage aufgeworfen, welchen Anteil Aktions- und Reaktionssystem am Zustandekommen und am Charakter des Induktionsproduktes haben. Bei den zur Lösung dieser Frage unternommenen Experimenten stellte sich der Anteil des Reaktionssystems als immer größer heraus; schließlich als so groß, daß dadurch der Organisatorbegriff selbst problematisch wird. Wenn die verschiedensten Gewebsarten, sogar von Warmblütern, in Triton als Wirt induzieren können, wenn Gebilde von hoher morphologischer Struktur durch einfache Stoffe hervorgerufen werden, dann liegt in diesen Fällen die ganze Komplikation auf Seiten des Reaktionssystems; dann paßt aber hier auch der Begriff des Organisators nicht mehr. Ein „toter Organisator" ist ein Widerspruch in sich selbst.

Dadurch wird aber andererseits das experimentelle Ergebnis nicht aus der Welt geschafft, daß ein Stück obere Urmundlippe sich in der seinem inneren Bau entsprechenden Richtung einstülpt, auch entgegen den Achsen des Wirts; daß es sich aus der mesodermalen Umgebung zu einem vollkommenen Achsensystem ergänzt; daß ein ins Blastocoel gestecktes und dadurch unter das Ektoderm gebrachtes Stück Urdarmdach eine Medullarplatte induziert, welche auch quer oder entgegengesetzt zur primären orientiert sein kann und sich in richtiger Ordnung und Proportion Linsen und Hörblasen angliedert. Hier hängt also die ganze Richtung und Ordnung des Geschehens von der organisatorischen Wirkung des verpflanzten Stücks Urmundlippe oder Urdarmdach ab; durch seine Lage wird bestimmt, was aus jeder von seiner Wirkung getroffenen Zelle des Reaktionssystems werden soll.

Offenbar unterscheidet sich also die Induktion durch einen Induktor ohne morphologische Struktur zum mindesten in *einem* wichtigen Punkt von der durch einen lebenden Organisator bewirkten; nämlich darin, daß Richtung und Art des Geschehens *allein* im Reaktionssystem, in seiner Struktur und in seinem sonstigen Zustand, begründet sind. Dies würde dem Verständnis keine grundsätzlichen Schwierigkeiten bereiten, wenn die sekundären Embryonalanlagen den primären immer gleich gerichtet wären und in derselben Höhe mit ihnen, also in ihrem Felde lägen. Dieses letztere scheint aber nicht immer der Fall zu sein.

Von großer Bedeutung ist in dieser Hinsicht das schon erwähnte (vgl. S. 55) Experiment von J. HOLTFRETER (1934a u. b), bei welchem augenlose Linsen durch abnorme Induktoren (wie frische Leber, gekochtes

Salamanderherz) hervorgerufen wurden; Induktoren also, deren Einfluß kein spezifischer sein kann. Diese Linsen lagen nun nicht in Augenhöhe, sondern in der Kiemen-Herz- oder Lebergegend, d. h. beträchtlich weiter hinten. Da also weder der induzierende Reiz noch auch eine etwaige Feldwirkung speziell auf Linsenbildung gerichtet gewesen sein kann, so wird es eine Frage von höchster Wichtigkeit, warum es gerade zu dieser Bildung kam und nicht etwa zur Entstehung einer Medullarplatte. In diesem Zusammenhang weist HOLTFRETER (1934b, S. 367) darauf hin, daß jedenfalls in einigen seiner Fälle das Reaktionsmaterial älter war als gewöhnlich. Es hatte also vielleicht das Stadium der Bereitschaft zur Bildung von Medullarplatte schon überschritten. Ähnliche Gedanken hatte kurz vorher O. MANGOLD (1933) ausgeführt. Dieselbe Vorstellung liegt auch dem oben (S. 59) zitierten, hypothetisch ausgesprochenen Satz zugrunde, daß die Epidermis in einem bestimmten Entwicklungsstadium mit der Fähigkeit, eine Linse zu bilden, gewissermaßen „geladen" sein könnte, so daß ein ganz unspezifischer Reiz wie etwa der Zug des anhaftenden, sich einkrümmenden Augenbechers zur Auslösung der Linsenbildung genügen würde (H. SPEMANN 1912a, S. 90).

Im einzelnen ist diese von mir angedeutete Möglichkeit hier nicht verwirklicht. Soweit es sich um die Natur des Reizes — physikalisch oder chemisch — handelt, wiesen die Tatsachen schon damals auf eine stoffliche Wirkung hin; durch die eben angeführten Versuche von HOLTFRETER ist das so gut wie sicher geworden. Und was jenen Zustand des „Geladenseins", d. h. der höchsten Reaktionsbereitschaft, anlangt, so wäre er nach HOLTFRETER auf einen beträchtlich früheren Zeitpunkt zu verlegen, in welchem ein Zug von seiten des sich einkrümmenden Augenbechers nicht in Frage kommt. Nur die ganz allgemeine in jenem Satze enthaltene Anschauung würde durch die neuen Ergebnisse eine Stütze erhalten, daß nämlich ein Mutterboden wie das Ektoderm in fortschreitender Entwicklung Zustände durchläuft, in welchen er jeweils zur Bildung ganz bestimmter Organanlagen bereit ist, und daß in diesen einzelnen Etappen der Entwicklung Reize von unspezifischer Art genügen, um die Entstehung der Bildungen auszulösen, welche an der Reihe sind.

Der lebende Organisator würde dann zunächst nur Wirkungen ganz allgemeiner Art ausgehen lassen, etwa Strukturgefälle neu herstellen, welche die Hauptzüge der induktiven Entwicklung bestimmen. Vielleicht ließe sich das mit toten Induktoren dadurch nachahmen, daß man ihnen eine Richtungsstruktur einfachster Art verleiht; etwa indem man dem Induktor eine längliche Form gibt und ihn am einen Ende wirksamer macht, also ein Intensitätsgefälle seiner Wirksamkeit herstellt.

Wenn der Fortschritt der Forschung ein so reißend schneller ist, wie jetzt gerade auf diesem Gebiet, fällt es nicht schwer, sich zu gedulden, bis durch solche oder ähnliche Experimente schrittweise sicherer Boden gewonnen ist. So will ich denn mit dem Hinweis schließen, daß an dieser Stelle die drängendsten Fragen der Antwort harren.

Aber eine Erklärung glaube ich dem Leser noch schuldig zu sein. Immer wieder sind Ausdrücke gebraucht worden, welche keine physikalischen, sondern psychologische Analogien bezeichnen. Daß dies geschah, soll mehr bedeuten als ein poetisches Bild. Es soll damit gesagt werden, daß die ortsgemäße Reaktion eines mit den verschiedensten Potenzen begabten Keimstückes in einem embryonalen „Feld", sein Verhalten in einer bestimmten „Situation", keine gewöhnlichen, einfachen oder komplizierten chemischen Reaktionen sind. Es soll heißen, daß diese Entwicklungsprozesse, wie alle vitalen Vorgänge, mögen sie sich einst in chemische und physikalische Vorgänge auflösen, sich aus ihnen aufbauen lassen oder nicht, in der Art ihrer Verknüpfung von allem uns Bekannten mit nichts so viel Ähnlichkeit haben wie mit denjenigen vitalen Vorgängen, von welchen wir die intimste Kenntnis besitzen, den psychischen. Es soll heißen, daß wir uns, ganz abgesehen von allen philosophischen Folgerungen, lediglich im Interesse des Fortschritts unserer konkreten, exakt zu begründenden Kenntnisse diesen Vorteil unserer Stellung zwischen den beiden Welten nicht sollten entgehen lassen. An vielen Orten dämmert diese Erkenntnis jetzt auf. Auf dem Wege zu dem neuen hohen Ziel glaube ich mit meinen Experimenten einen Schritt getan zu haben.

Literaturverzeichnis.

ADAMS, A. EL., 1924: An experimental study of the development of the mouth in the amphibian embryo. J. of exper. Zool. **40**, 311—380. — ADELMANN, H. B., 1928: The formation of lenses from the margin of the optic cup in eyes implanted in the belly wall of Triton and the possibility of the formation of lenses from belly ectoderm. Roux' Arch. **113**, 704—723. — 1929a: Experimental studies on the development of the eye. I. The effect of the removal of median and lateral areas of the anterior end of the urodelan neural plate on the development of the eyes. (Triton taeniatus and Amblystoma punctatum.) J. of exper. Zool. **54**, 249—290. — 1929b: Experimental studies on the development of the eye. II. The eye-forming potencies of the median portions of the urodelan neural plate. (Triton taeniatus and Amblystoma punctatum.) J. of exper. Zool. **54**, 291—317. — 1934: A study of cyclopia in Amblystoma punctatum with special reference to the mesoderm. J. of exper. Zool. **67**, 217—281. — AGASSITZ, A. and V. DANCHAKOFF, 1922: Growth of the medullary tube grafted into the allantois. Anat. Rec. **23**. — ALTEKRÜGER, W., 1932: Über den Einfluß experimentell erzeugter Formänderungen auf die Induktionsfähigkeit von Organisatoren. Roux' Arch. **126**, 1—19. — ASSHETON, R., 1896: An experimental examination into the growth of the blastoderm of the chick. Proc. Roy. Soc. Lond. **60**.

BAER, K. E. VON, 1828: Über Entwicklungsgeschichte der Tiere. Beobachtung und Reflexion, I. Teil. Königsberg 1828. — BALINSKY, B. J., 1925: Transplantation des Ohrbläschens bei Triton. Roux' Arch. **105**, 718—731. — 1926: Weiteres zur Frage der experimentellen Induktion einer Extremitätenanlage. Roux' Arch. **107**, 679—683. — 1927a: Xenoplastische Ohrbläschentransplantation zur Frage der Induktion einer Extremitätenanlage. Roux' Arch. **110**, 63—70. — 1927b: Über experimentelle Induktion der Extremitätenanlage bei Triton mit besonderer Berücksichtigung der Innervation und Symmetrieverhältnisse derselben. Roux' Arch. **110**, 71 bis 88. — 1929a: Über die Mesodermverschiebungen bei der Extremitäteninduktion. Roux' Arch. **116**, 604—632. — 1929b: Exstirpation of the pronephros in Triton. Mém. de la classe sciences phys. et math. de l'Acad. des Sciences de l'Ukraine, Tome 12. — 1931: Zur Dynamik der Extremitätenknospenbildung. Roux' Arch. **123**, 566—648. — BALTZER, F., 1928: Über metagame Geschlechtsbestimmung und ihre Beziehung zu einigen Problemen der Entwicklungsmechanik und Vererbung. (Auf Grund von Versuchen an Bonellia.) Verh. dtsch. zool. Ges., 32. Verslg 273—325. — BANCHI, A., 1905: Sviluppo degli arti pelvici del Bufo vulgaris innestati in sede anomala. Arch. ital. Anat. **4**. — BANKI, Ö., 1927a: Die Lagebeziehungen der Spermiumeintrittstelle zur Medianebene und zur ersten Furche nach Versuchen mit örtlicher Vitalfärbung am Axolotlei. Verh. anat. Ges. — 1927b: Die Entstehung der äußeren Zeichen der bilateralen Symmetrie am Axolotlei, nach Versuchen mit örtlicher Vitalfärbung. 10. Congr. internat. Zool. Budapest. — BARFURTH, D., 1893: Halbbildung oder Ganzbildung von halber Größe? Anat. Anz. **8**, 493—497. — BAUTZMANN, H., 1926a: Neues zur Analyse des Organisationszentrums. Verh. anat. Ges., 35. Verslg, Freiburg i. Br. Anat. Anz. **61**, Erg.-H., 59—61. — 1926b: Experimentelle Untersuchungen zur Abgrenzung des Organisationszentrums bei Triton taeniatus, mit einem Anhang: Über Induktion durch Blastulamaterial. Roux' Arch. **108**, 283 bis 321. — 1927: Über Induktion sekundärer Embryonalanlagen durch

Implantation von Organisatoren in isolierte ventrale Gastrulahälften. Roux' Arch. **110**, 631—642. — 1928a: Über Induktionsleistungen von Chorda und Mesoderm bei Triton. Vorl. Mitt. Verh. anat. Ges., 37. Verslg, Frankfurt a. M. Anat. Anz. **66**, Erg.-H., 193—197. — 1928b: Experimentelle Untersuchungen über die Induktionsfähigkeit von Chorda und Mesoderm bei Triton. Roux' Arch. **114**, 177—225. — 1929a: Über Züchtung von Organanlagen junger Embryonalstadien von Urodelen und Anuren in Bombinatorhautbläschen. Ges. Morph. u. Physiol. München, Sitzg 11. Dez. 1928, **39**, 1—18. — 1929b: Über bedeutungsfremde Selbstdifferenzierung aus Teilstücken des Amphibienkeimes. Naturwiss. **17**, 818—827. — 1929c: Über Induktion durch vordere und hintere Chorda in verschiedenen Regionen des Wirtes. Roux' Arch. **119**, 1—46. — 1932: Versuche zur Analyse der Induktionsmittel in der Embryonalentwicklung. Naturwiss. **20**, 971/972.— 1933: Über Determinationsgrad und Wirkungsbeziehungen der Randzonenteilanlagen (Chorda, Ursegmente, Seitenplatten und Kopfdarmanlage) bei Urodelen und Anuren. Roux' Arch. **128**, 666—765. — BECHER, S., 1912: Über doppelte Sicherung, heterogene Induktion und assoziativen Induktionswechsel. Ein neuer Fall und die theoretische Bedeutung der ganzen Erscheinung. Zool. Jb. **15**, Suppl., **3**. — BECKWITH, CORA, 1927: The effect of the exstirpation of the lens rudiment on the development of the eye in Amblystoma punctatum, with special reference to the choroid fissure. J. of exper. Zool. **49**, 217—259. — BELLAMY, A., 1919: Differential susceptibility as a basis for modification and control of development in the frog. Biol. Bull. Mar. biol. Labor. Wood's Hole **37**. — BIERENS DE HAAN, J. A., 1913a: Über homogene und heterogene Keimverschmelzungen bei Echiniden. Arch. Entw.mechan. **36**, 473—536. — 1913b: Über die Entwicklung heterogener Verschmelzungen bei Echiniden. Arch. Entw.mechan. **37**, 420—432. — BIJTEL, J., 1930: Beiträge zur Schwanzentwicklung der Amphibien. Anat. Anz. **71**, 87—93. — 1931: Über die Entwicklung des Schwanzes bei Amphibien. Roux' Arch. **125**, 448—486. — BLACHER, L. J., 1930: Resorptionsprozesse als Quelle der Formbildung. I. Die Rolle der mitogenetischen Strahlungen in den Prozessen der Metamorphose der schwanzlosen Amphibien. Roux' Arch. **122**. — BLACHER, L. J., L. D. LIOSNER et M. A. WORONZOWA, 1934: Mechanismus der Perforation der operculären Membran der schwanzlosen Amphibien. Extr. Bull. de l'Acad. polon. des sciences et des lettres. — BOEREMA, J., 1928: Over het sluiten van de neuraalbuis. Diss. Groningen. — BORN, G., 1884: Über den Einfluß der Schwere auf das Froschei. Breslau. ärztl. Z. **1885**. Vgl. Roux 1885, Ges. Abh. II, 343, Anm. — 1893: Über Druckversuche an Froscheiern. Anat. Anz. **8**. — BOVERI, TH., 1901a: Über die Polarität des Seeigeleies. Verh. physik.-med. Ges. Würzburg **34**, 145—175. — 1901b: Die Polarität von Ovocyte, Ei und Larve des Strongylocentrotus lividus. Zool. Jb., Abt. Anat. u. Ont. **14**, 630—653. — 1910a: Über die Teilung centrifugierter Eier von Ascaris megalocephala. Festschrift für Prof. ROUX, II. Teil. Arch. Entw.mechan. **30**, 101—125. — 1910b: Die Potenzen der Ascaris-Blastomeren bei abgeänderter Furchung. Zugleich ein Beitrag zur Frage qualitativ ungleicher Chromosomenteilung. Festschrift zum 60. Geburtstag von R. HERTWIG, Bd. 3. Jena. — BRACHET, A., 1904: Recherches expérimentales sur l'oeuf de Rana fusca. Arch. de Biol. **21**, 103—160. — 1905: Recherches expérimentales sur l'oeuf de Rana fusca. Arch. de Biol. **21**. — 1906: Recherches expérimentales sur l'oeuf non-segmenté de Rana fusca. Arch. Entw.mechan. **22**, 325—341. — 1923: Recherches sur les localisations germinales et leurs propriétés ontogenétiques dans l'oeuf de Rana fusca. Arch. de Biol. **33**. — 1927: Étude comparative des localisations germinales dans l'oeuf des amphibiens urodéles et anoures. Roux Arch. **111**. — BRANDT, W., 1927: Extremitäten-Transplantationen an

Pleurodeles Waltlii. Verh. anat. Ges. 63. Verslg Kiel. Anat. Ant. **63**, Erg.-H. 18—24. — 1928: Das typologische Grundprinzip. Roux' Arch. **114**, 54—64. BRAUS, H., 1906a: Ist die Bildung des Skeletts von den Muskelanlagen abhängig? Gegenbaurs Jb. **35**, 38—119. — 1906b: Vordere Extremität und Operculum bei Bombinator-Larven. Ein Beitrag zur Kenntnis morphogener Korrelation und Regulation. Gegenbaurs Jb. **35**, 139—220. — 1910: Angeborene Gelenkveränderungen, bedingt durch künstliche Beeinflussung des Anlagemateriales. Ein experimenteller Beitrag zur Entwicklungsgeschichte der Gelenke und ihrer Abnormitäten (kongenitale Luxation). Arch. Entw.mechan. **30**, 459—496. — 1920: Über Cytoarchitektonik des embryonalen Rückenmarkes. Verh. anat. Ges. Jena. Anat. Anz. **53**, Erg.-H. BRÖER, W. u. L. v. UBISCH, 1935: Über die Bildung von Linsen aus Bauchhaut von Bombinator pachypus. Roux' Arch. **132**, 504—508. — BRUNS, E., 1931: Experimente über das Regulationsvermögen der Blastula von Triton taeniatus und Bombinator pachypus. Roux' Arch. **123**, 682—718. — BYRNES, E. F., 1898: On the regeneration of limbs in frog after the exstirpation of limb-rudiments. Anat. Anz. **15**. — BYTINSKI-SALZ, H., 1929a: Untersuchungen über das Verhalten des präsumptiven Gastrulaektoderms der Amphibien bei heteroplastischer und xenoplastischer Transplantation ins Gastrocoel. Roux' Arch. **114**, 594—664. — 1929b: Die Wirkung von xenoplastischen Implantaten und Embryonalextrakten auf die Entwicklung junger Amphibienkeime. Roux' Arch. **114**, 666—685. — 1929c: Untersuchungen über die Determination und die Induktionsfähigkeit einiger Keimbezirke der Anuren. Roux' Arch. **118**, 121—163. — 1931: Untersuchungen über die Induktionsfähigkeit der hinteren Medullarplattenbezirke. Roux' Arch. **123**, 519—564.

CHILD, C. M., 1924: Physiological foundations of behaviour. New York: Holt. — 1928: The physiological gradients. Protoplasma (Berl.) **5**. — 1929a: Physiological dominance and physiological isolation in development and reconstitution. Roux' Arch. **117**, 21—66. — 1929b: Lateral grafts and incisions as organizers in the hydroid, Corymorpha. Physiologic. Zool. **2**, 342—374. — CHOI, M. H., 1932: Production of a limb by grafting of a nose anlage. Fol. anat. jap. **10**, 29—33. — COHEN-KYSPER, 1926: Determination und Entwicklung. Zool. Jb. Allg. Zool. **42**. — 1933: Die Bedeutung des Gens für Determination und Entwicklung. Naturwiss. **21**, 229—235. — COLUCCI, V. L., 1891: Sulla rigenerazione parziale dell'occhio nei tritoni. Mem. della R. Accad. della Sc. dell'Istit. di Bologna S. V., Tome 1. — CONKLIN, E. G., 1905: Organization and cell-lineage of the Ascidian egg. Proc. Acad. natur. Sci. Philad. **13**. — 1932: The embryology of Amphioxus. J. Morph. a. Physiol. **54**, 69—118. — 1933: The development of isolated and partially separated blastomeres of Amphicxus. J. of exper. Zool. **64**, 303—352.

DANCHAKOFF, V., 1922: Grafts in the allantois of embryonic Anlages of the chick. Anat. Rec. **23**. — 1924: Wachstum transplantierter embryonaler Gewebe in der Allantois. Z. Anat. I **74**. — 1932: Determination in der Keimscheibe des Hühnchens. I. Der HENSENsche Knoten. Experimentelle Untersuchungen mittels Radiumemanation. Roux' Arch. **127**, 542—568. — DE BEER, G. R., 1927: The mechanics of vertebrate development. Biol Rev. **2**, 137—197. — DESCLIN, L., 1927: Études de la localisation des ébauches ganglionnaires craniennes dans le germe de Rana fusca. Extr. Arch. de Biol. **37**. — DRAGOMIROW, N., 1934: Über die Determination der Augenbecherblätter bei Triton taeniatus. Roux' Arch. **131**, 540—542. — DREW, A. H., 1923: Growth and differentiation in tissue-cultures. Brit. J. exper. Path. **4**, 46—52. — DRIESCH, H., 1891: Entwicklungsmechanische Studien I. Der Wert der beiden ersten Furchungszellen in der Echinodermenentwicklung.

Experimentelle Erzeugung von Teil- und Doppelbildungen. Z. Zool. **53**. — 1892: Entwicklungsmechanische Studien IV. Experimentelle Veränderung des Typus der Furchung und ihre Folgen (Wirkung von Wärmezufuhr und Druck). Z. Zool. **55**. — 1893a: Entwicklungsmechanische Studien VII. Exogastrula und Anenteria. Mitt. zool. Stat. Neapel **11**. — 1893b: Entwicklungsmechanische Studien X. Über einige allgemeine entwicklungsmechanische Ergebnisse. Mitt. zool. Stat. Neapel **11**, 221—253. — 1894: Analytische Theorie der organischen Entwicklung. Leipzig: Wilh. Engelmann. — 1900: Die Verschmelzung der Individualität bei Echinidenkeimen. Arch. Entw.mechan. **10**, 411—434. — 1902: Neue Ergänzungen zur Entwicklungsphysiologie des Echinidenkeimes. Arch. Entw.mechan. **14**, 500—531. — 1910: Neue Versuche über die Entwicklung verschmolzener Echinidenkeime. Arch. Entw.mechan. **30**, 8—23. — Dürken, B., 1925: Das Verhalten embryonaler Zellen im Interplantat. Verh. dtsch. zool. Ges. Jena. Zool. Anz., Erg.-Bd., S. 84—88.

Ekman, G., 1913: Experimentelle Untersuchungen über die Entwicklung der Kiemenregion (Kiemenfäden und Kiemenspalten) einiger anuren Amphibien. Gegenbaurs Jb. **47**. — 1914a: Experimentelle Beiträge zum Linsenproblem bei den Anuren mit besonderer Berücksichtigung von Hyla arborea. Arch. Entw.mechan. **39**, 328—351. — 1914b: Zur Frage nach der frühzeitigen Spezifizierung der verschiedenen Teile der Augenanlage. Arch. Entw.mechan. **40**, 121—130. — 1922: Neue experimentelle Beiträge zur frühesten Entwicklung der Kiemenregion und Vorderextremität der Anuren. Soc. Sci. fenn., Com. Biol. **1**, 3. — Endres, H., 1895: Über Anstich- und Schnürversuche an Eiern von Triton taeniatus. Schles. Ges. vaterländ. Kultur, 73. Jber. — Erdmann, W., 1931: Über das Selbstdifferenzierungsvermögen von Amphibienkeimteilen bekannter prospektiver Bedeutung im Explantat. Roux' Arch. **124**, 666—706.

Fankhauser, G., 1925: Analyse der physiologischen Polyspermie des Tritoneies auf Grund von Schnürungsexperimenten. Roux' Arch. **105**, 502—580. — 1930a: Zytologische Untersuchungen an geschnürten Triton-Eiern. 1. Die verzögerte Kernversorgung einer Hälfte nach hantelförmiger Einschnürung des Eies. Roux' Arch. **122**, 116—139. — 1930b: Die Entwicklungspotenzen diploidkerniger Hälften des ungefurchten Tritoneies. Roux' Arch. **122**, 672—735. — Filatow, D., 1925a: Über die unabhängige Entstehung (Selbstdifferenzierung) der Linse bei Rana esculenta. Arch. mikrosk. Anat. u. Entw.mechan. **104**, 50—71. — 1925b: Die Transplantation der Linse bei Larven von Triton taeniatus und das Verhalten des Epithels im Bereich des Transplantats. Rev. zool. Russe Moscou **3**—**11**. — 1925c: Ersatz des linsenbildenden Epithels von Rana esculenta durch Bauchepithel von Bufo vulgaris. Roux' Arch. **105**, 475—482. — 1927: Die Aktivierung des Mesenchyms durch eine Ohrblase und einen Fremdkörper bei Amphibien. Roux' Arch. **110**, 1—32. — 1928: Über die Verpflanzung des Epithels und des Mesenchyms einer vorderen Extremitätenknospe bei Embryonen von Axolotl. Roux' Arch. **113**, 240—244. — 1930a: Die Beeinflussung der Extremitätenanlage von Anuren durch in ihrer Nähe angebrachte Transplantate. Roux' Arch. **121**, 272—287. — 1930b: Über die Wechselbeziehungen des Epithels und des Mesenchyms einer vorderen Extremitätenknospe beim Axolotl. Roux' Arch. **121**, 288—311. — 1933: Über die Bildung des Anfangsstadiums bei der Extremitätenentwicklung. Roux' Arch. **127**, 776—802. — Fischer, F. G., 1935: Zur chemischen Kenntnis der Induktionsreize in der Embryonalentwicklung. Verh. dtsch. zool. Ges., 37. Jverslg Stuttgart, S. 171—176. — Fischer, F. G. u. Else Wehmeier, 1933a: Zur Kenntnis der Induktionsmittel in der Embryonalentwicklung. Naturwissenschaften **21**, 518. — 1933b: Zur Kenntnis der Induktionsmittel in der

Embryonalentwicklung. Nachr. Ges. Wiss. Göttingen, Fachgr. VI, Nr 9, 394—400. — FISCHER, F. G., E. WEHMEIER, H. LEHMANN, L. JÜHLING u. K. HULTZSCH, 1935: Zur Kenntnis der Induktionsmittel in der Embryonalentwicklung. Ber. dtsch. chem. Ges. **68**, 1196—1199.

GARBOWSKI, T., 1904: Über Blastomerentransplantation bei Seeigeln. Bull. Acad. Sci. Cracovie, S. 169—183. — GEIGY, R., 1931a: Action de l'ultraviolet sur le pol germinal dans l'oeuf de Drosophila melanogaster (castration et mutabilité). Rev. Suisse Zool. **38**, 187—288. — 1931b: Diskussion zu F. SEIDEL 1931. Verh. dtsch. zool. Ges., 199. — 1931c: Erzeugung rein imaginaler Defekte durch ultraviolette Eibestrahlung bei Drosophila melanogaster. Roux' Arch. **125**, 406—447. — GEINITZ, B., 1925a: Embryonale Transplantation zwischen Urodelen und Anuren. Roux' Arch. **106**, 357—408. — 1925b: Zur weiteren Analyse des Organisationszentrums. Verslg.ber. Ges. Vererbgsforsch. Z. Abstammgslehre **37**, 117 bis 119. — GIERSBERG, H., 1926: Beiträge zur Entwicklungsmechanik der Amphibien. III. Neue Untersuchungen zur Neurulation bei Rana und Triton. Roux' Arch. **107**, 74—97. — GILCHRIST, F. G., 1928: The effect of a horizontal temperature gradient on the development of the egg of the Urodele, Triturus torosus. Physiologic. Zool. **1**, 231—268. — 1929a: The determination of the neural plate in urodeles. Quart. Rev. Biol. **4**, 544—561. — 1929b: The progress of determination in the newt egg, analysed by means of thermal gradients (Abstract). Anat. Rec. **44**, 260. — 1933: The time relations of determination in early amphibian development. J. of exper. Zool. **66**, 15—51. — GLASER, C. O., 1914: On the mechanism of morphological differentiation in the nervous system. I. The transformation of a neural plate into a neural tube. Anat. Rec. **8**. — GLICK, B., 1931: The induction of supernumerary limbs in Amblystoma. Anat. Rec. **48**. — GOERTTLER, K., 1925a: Die Formbildung der Medullaranlage bei Urodelen. Sitzgsber. Ges. Morph. u. Physiol. München **36**, 57—66. — 1925b: Die Formbildung der Medullaranlage bei Urodelen im Rahmen der Verschiebungsvorgänge von Keimbezirken während der Gastrulation und als entwicklungsphysiologisches Problem. Roux' Arch. **106**, 503—541. — 1926a: Spina bifida-Bildung bei Urodelen. Verh. anat. Ges. 35. Verslg Freiburg i. B. Anat. Anz. **61**, Erg.-H., 77—87. — 1926b: Experimentell erzeugte „Spina bifida" und „Ringembryonenbildungen" und ihre Bedeutung für die Entwicklungsphysiologie der Urodeleneier. Z. Anat. **80**, 283—343. — 1927a: Die Bedeutung der Formbildungsvorgänge am undifferenzierten Urodelenkeim für die Entstehung des Medullarmaterials. Verh. anat. Ges., 36. Verslg, Kiel. Anat. Anz. **63**, Erg.-H., 75—80. — 1927b: Die Bedeutung gestaltender Bewegungsvorgänge beim Differenzierungsgeschehen (Transplantationsexperimente an Urodelenkeimen zur Frage der Differenzierung des Medullarmaterials). Roux' Arch. **112**, 518—576. — 1931: Desorganisation durch Einwirkung von Organisatoren auf organisierendes Material. Verh. anat. Ges. 3. internat. anat. Kongr. Amsterd. **1930**. Anat. Anz. **71**, Erg.-H., 132. Diskussion BAUTZMANN. — GOLDSCHMIDT, R., 1927: Physiologische Theorie der Vererbung. Berlin: Julius Springer. — GOODALE, H. D., 1911: The early development of Spelerpes bilineatus (GREEN). Amer. J. Anat. **12**, 173—247. — GRÄPER, L., 1911: Beobachtungen von Wachstumserscheinungen an Reihenaufnahmen lebender Hühnerembryonen nebst Bemerkungen über vitale Färbung. Arch. Entw.mechan, **33**, 303—327. — 1923: Determination und Differenzierung. Arch. mikrosk. Anat. u. Entw.mechan. **98**, 210—220. — 1929: Die Primitiventwicklung des Hühnchens nach stereokinematographischen Untersuchungen, kontrolliert durch vitale Farbmarkierung und verglichen mit der Entwicklung anderer Wirbeltiere. Roux' Arch. **116**, 382—429. — GURWITSCH, A., 1922: Über den Begriff des embryonalen Feldes. Arch. Entw.mechan. **51**, 383—415. — 1927: Weiterbildung und Verallgemeinerung des Feldbegriffs. Roux' Arch. **112**, 433—454. — Guyénot, E., 1927: Le problème morphogénétique dans la régénération des Urodèles: détermination et potentialités des régénérats. Rev. Suisse Zool. **34**, 127—154. — Guyénot, E. et K. Ponse, 1930: Territoires de régénération et transplantations. Bull. biol. France et Belg. **64**, 251—287.

Hall, E. K., 1932: Die Wirkung regionaler Verschiedenheiten im Organisationszentrum. Roux' Arch. **127**, 573, 574. — Harrison, R. G., 1898: The growth and regeneration of the tail of the frog-larva. Studied with the aid of Born's method of grafting. Arch. Entw.mechan. **7**, 430—485. — 1903: Experimentelle Untersuchungen über die Entwicklung der Sinnesorgane der Seitenlinie bei den Amphibien. Arch. mikrosk. Anat. **63**, 35—149. 1915: Experiments on the development of the limbs in amphibia. Proc. Nat. Acad. Sci. — 1918: Experiments on the development of the fore limb ob Amblystoma, a self-differentiating equipotential system. J. of exper. Zool. **25**, 413—461. — 1920: Experiments on the lens in Amblystoma. Proc. Soc. exper. Biol. a. Med. **17**, 199—200. — 1921a: Experiments on the development of the gills in the Amphibian embryo. Biol. Bull. Mar. biol. Labor. Wood's Hole **41**. — 1921b: On relation of symmetry in transplanted limbs. J. of exper. Zool. **32**, 1—136. — 1925a: Heteroplastic transplantation of the eye in Amblystoma. Anat. Rec. **31**, Nr 4, 299. — 1925b: The development of the balancer in Amblystoma, studied by the method of transplantation and in relation to the connective-tissue problem. J. of exper. Zool. **41**. — 1929a: Correlation in the development and growth of the eye studies by means of heteroplastic transplantation. Roux' Arch. **120**, 1—55. — 1929b: Heteroplastic transplantation in amphibian embryos. Proc. 10. internat. Zool. Congr. Budapest **1927**. — 1933: Some difficulties of the determination problem. Amer. Naturalist **67**, 306—317. — Hecht, O., 1924: Embryonalentwicklung und Symbiose bei Camponotus ligniperda. Z. Zool. **122**, 173—204. — Hegner, R. W., 1911: Experiments with Chrysomelid Beetles. III. The effects of killing parts of the eggs of Septinotarsa decemlineata. Bull. Mar. biol. Labor. Wood's Hole **16**, 19—26. — Heider, K., 1900: Das Determinationsproblem. Verh. dtsch. zool. Ges. — Helff, O. M., 1924: Factors involved in the formation of the opercular leg perforation in anuran larvae during metamorphosis. Anat. Rec. **29**, 102. — 1926: Studies on amphibian metamorphosis. I. Formation of the opercular leg perforation in anuran larvae during metamorphosis. J. of exper. Zool. **45**, 1—67. — Hellmich, W., 1930: Untersuchungen über Herkunft und Determination des regenerativen Materials bei Amphibien. Roux' Arch. **121**, 135—203. — Herbst, C., 1892: Experimentelle Untersuchungen über den Einfluß der veränderten chemischen Zusammensetzung des umgebenden Mediums auf die Entwicklung der Tiere. I. Versuche an Seeigeln. Z. Zool. **55**, 446—518. — 1893: Experimentelle Untersuchungen über den Einfluß der veränderten chemischen Zusammensetzung des umgebenden Mediums auf die Entwicklung der Tiere. II. Weiteres über die morphologische Wirkung der Lithiumsalze und ihre theoretische Bedeutung. Mitt. zool. Stat. Neapel **11**, 136—220. — 1894/95: Über die Bedeutung der Reizphysiologie für die kausale Auffassung von Vorgängen in der tierischen Ontogenese. Biol. Zbl. **14**, 15. — 1896: Experimentelle Untersuchungen über den Einfluß der veränderten chemischen Zusammensetzung des umgebenden Mediums auf die Entwicklung der Tiere. III. Schluß. Arch. Entw.mechan. **2**, 455—516. — 1897: Über die zur Entwicklung der Seeigellarven notwendigen anorganischen Stoffe, ihre Rolle und ihre Vertretbarkeit. I. Die zur Entwicklung notwendigen anorganischen Stoffe. Arch. Entw.mechan. **5**, 649—793. — 1900: Über das Auseinandergehen von Furchungs- und Gewebszellen im kalkfreien Medium. Arch.

Entw.mechan. **9**, 424—463. — 1901: Formative Reize in der tierischen Ontogenese. Leipzig. — 1913: Entwicklungsmechanik oder Entwicklungsphysiologie der Tiere. Handbuch Naturwissenschaften, Bd. 3, S. 542—634. — 1928: Untersuchungen zur Bestimmung des Geschlechts. I. Ein neuer Weg zur Lösung des Geschlechtsbestimmungsproblems bei Bonellia viridis. Sitzgsber. Heidelberg. Akad. Wiss., Math.-naturwiss. Kl. 1—19. — 1929: Untersuchungen zur Bestimmung des Geschlechts. II. Weitere Experimente über die Vermännlichung indifferenter Bonellia-Larven durch künstliche Mittel. Sitzgsber. Heidelberg. Akad. Wiss., Math.-naturwiss. Kl. 1—43. — 1932: Untersuchungen zur Bestimmung des Geschlechts. III. Die Vermännlichung der Larven von Bonellia viridis durch Kupferspuren. Naturwiss. **20**, 375—379. — 1935: Untersuchungen zur Bestimmung des Geschlechts. IV. Die Abhängigkeit des Geschlechts vom Kaliumgehalt des umgebenden Mediums bei Bonellia viridis. Roux' Arch. **132**, 576—599. — Herlitzka, A., 1897: Sullo sviluppo di embrioni completi da blastomeri isolati di uova di tritone (Molge cristata). Arch. Entw.mechan. **4**, 624—658. — Hertwig, O., 1893: Über den Wert der ersten Furchungszellen für die Organbildung des Embryo. Arch. mikrosk. Anat. **42**, 662—806. — His, W., 1874: Unsere Körperform und das physiologische Problem ihrer Entstehung. Briefe an einen befreundeten Naturforscher. Leipzig: F. C. W. Vogel. — 1894: Über mechanische Grundvorgänge tierischer Formenbildung. Arch. f. Anat. 1—80. Hoadley, L., 1924: The independent differentiation of isolated chick primordia in chorio-allantoic grafts. I. Biol. Bull. Mar. biol. Labor. Wood's Hole **46**. — 1926a: Developmental potencies of parts of the early blastoderm of the chick I—III. J. of exper. Zool. **43**, 151. — 1926b: The in situ development of sectioned chick blastodermis. Archives de Biol. **36**. — 1927: Concerning the organisation of potential areas in the chick blastoderm. J. of exper. Zool. **48**. — 1929: Differentiation versus cleavage in chorio-allantoic grafts. Roux' Arch. **116**, 278—299. — 1931: Mesoblast differentiation in implants of portions of the tail-bud (Amblystoma punctatum). Archives de Biol. **42**. — Hörstadius, S., 1928a: Transplantationsversuche am Keim von Paracentrotus lividus Lk. Roux' Arch. **113**, 312—322. — 1928b: Über die Determination des Keimes bei Echinodermen. Acta zool. (Stockh.) **9**. — 1931: Über die Potenzverteilung im Verlaufe der Eiachse bei Paracentrotus lividus Lk. Ark. Zool. (schwed.) **23** B, Nr 1. — 1935: Über die Determination im Verlauf der Eiachse bei Seeigeln. Publ. Staz. zool. Napoli **14**, 251—479. — Holtfreter, J., 1925: Defekt- und Transplantationsversuche an der Anlage von Leber und Pancreas jüngster Amphibienkeime. Roux' Arch. **105**, 330—384. — 1929a: Über die Aufzucht isolierter Teile des Amphibienkeimes. I. Methode einer Gewebezüchtung in vivo. Roux' Arch. **117**, 422—510. — 1929b: Über histologische Differenzierung von isoliertem Material jüngster Amphibienkeime. Verh. dtsch. zool. Ges. 174—181. — 1931a: Potenzprüfungen am Amphibienkeim mit Hilfe der Isolationsmethode. Verh. dtsch. zool. Ges. 158—166. — 1931b: Über die Aufzucht isolierter Teile des Amphibienkeims. II. Züchtung von Keimen und Keimteilen in Salzlösung. Roux' Arch. **124**, 404—466. — 1932: Versuche zur Analyse der Induktionsmittel in der Embryonalentwicklung. Naturwiss. **20**, 973. — 1933a: Nicht typische Gestaltungsbewegungen, sondern Induktionsvorgänge bedingen medullare Entwicklung von Gastrulaektoderm. Roux' Arch. **127**, 591—618. — 1933b: Der Einfluß von Wirtsalter und verschiedenen Organbezirken auf die Differenzierung von angelagertem Gastrulaektoderm. Roux' Arch. **127**, 619—775. — 1933c: Nachweis der Induktionsfähigkeit abgetöteter Keimteile. Isolations- und Transplantationsversuche. Roux' Arch. **128**, 585—633. — 1933d: Die totale Exogastrulation, eine Selbstablösung des Ektoderms vom Entomesoderm.

Entwicklung und funktionelles Verhalten nervenloser Organe. Roux' Arch. **129**, 670—793. — 1933e: Organisierungsstufen nach regionaler Kombination von Entomesoderm mit Ektoderm. Biol. Zbl. **53**, 404—431. — 1933f: Eigenschaften und Verbreitung induzierender Stoffe. Naturwiss. **21**, 766 bis 770. — 1934a: Der Einfluß thermischer, mechanischer und chemischer Eingriffe auf die Induzierfähigkeit von Triton-Keimteilen. Roux' Arch. **132**, 226—306. — 1934b: Über die Verbreitung induzierender Substanzen und ihre Leistungen im Triton-Keim. Roux' Arch. **132**, 308—383. — 1935a: Experimentell erzeugte Chimären aus den Organanlagen von Frosch- und Molchkeimen. Sitzgsber. Ges. Morph. u. Physiol. München **44**. — 1935b: Morphologische Beeinflussung von Urodelenektoderm bei xenoplastischer Transplantation. Roux' Arch. **133**, 367—426. — 1935c: Über das Verhalten von Anurenektoderm in Urodelenkeimen. Roux' Arch. **133**, 427—494. — Hunt, T. E., 1929: Hensen's node as an organizer in the formation of the embryo. Anat. Rec. **42**, 22. — 1931: An experimental study of the independent differentiation of the isolated Hensen's node, and its relation to the formation of axial and non-axial parts in the chick embryo. J. of exper. Zool. **59**. — 1932: Potencies of transverse levels of the chick blastoderm in the definitive streak stage. Anat. Rec. **55**, 41—60. — Huxley, J. S., 1924: Early embryonic differentiation. Nature (Lond.) **113**, 276—278. — 1926: Modification of development by means of temperature gradients. Anat. Rec. **34**, 126, 127. — 1927: The modification of development by means of temperature gradients. Roux' Arch. **112**, 480—516. — 1930: Spemanns „Organisator" und Childs Theorie der axialen Gradienten. Naturwiss. **18**, 265. — Huxley, J. S. and G. R. de Beer, 1934: The elements of experimental embryology. Cambridge. — Huxley, J. S. u. F. Gross, 1934: Regeneration und „Organisatorwirkung" bei Sabella. Naturwiss. **22**, 456 bis 458.

Jenkinson, J. W., 1906: On the effect of certain solutions upon the development of the frog's egg. Arch. Entw.mechan. **21**, 367—460. — 1911: On the development of isolated pieces of the gastrulae of the sea-urchin, Strongylocentrotus lividus. Arch. Entw.mechan. **32**, 269—297. — 1915: On the relation between the structure and the development of the centrifuged egg of the frog. Quart. J. microsc. Sci. **60**.

King, H. D., 1902: Experimental studies on the formation of the embryo of Bufo lentiginosus. Arch. Entw.mechan. **13**, 545—564. — 1905: Experimental studies on the eye of the frog embryo. Arch. Entw.mechan. **19**, 85—107. — Kingsbury, B. J., 1924: The developmental significance of the notochord (Chorda dorsalis). Z. Morph. u. Anthrop. **24**. — Köhler, W., 1925: Gestaltprobleme und Anfänge einer Gestalttheorie. Jber. Ges. Physiol. **3 I**, 512—539. — Kopsch, Fr., 1895a: Über die Zellenbewegungen während des Gastrulationsprozesses an den Eiern von Axolotl und vom braunen Grasfrosch. Sitzgsber. Ges. naturforsch. Freunde Berl. 181—189. — 1895b: Beiträge zur Gastrulation beim Axolotl- und Froschei. Verh. anat. Ges. Basel. — 1898: Experimentelle Untersuchungen am Primitivstreifen des Hühnchens und an Scyliumembryonen. Anat. Anz. **14**, Erg.-H. — 1927: Primitivstreifen und organbildende Keimbezirke beim Hühnchen, untersucht mittels elektrolytischer Marken am vital gefärbten Keim. Z. mikrosk.-anat. Forsch. **8**, 512. — Krämer, W., 1934: Über Regulations- und Induktionsleistungen destruierter Induktoren. Roux' Arch. **131**, 220—237. — Krause, G., 1934: Analyse erster Differenzierungsprozesse im Keim der Gewächshausheuschrecke durch künstlich erzeugte Zwillings-, Doppel- und Mehrfachbildungen. Roux' Arch. **132**, 115—205. — Kusche, W., 1929: Interplantation umschriebener Zellbezirke aus der Blastula und Gastrula der Amphibien. I. Versuche an Urodelen. Roux' Arch. **120**, 192—271.

Lehmann, F. E., 1926a: Entwicklungsstörungen an der Medullaranlage von Triton, erzeugt durch Unterlagerungsdefekte. Roux' Arch. **108**, 243—283. 1926b: Entwicklungsstörungen in der Medullaranlage von Triton als Folge von Defekten im unterlagernden Mesoderm II. Verh. dtsch. zool. Ges. — 1927: Entwicklungsstörungen in der Bildung der Spinalganglien von Pleurodeles, erzeugt durch Defekte des umgebenden Mesoderms. Rev. Suisse Zool. **34**, 155—159. — 1928a: Die Bedeutung der Unterlagerung für die Entwicklung der Medullarplatte von Triton. Roux' Arch. **113**, 123—171. — 1928b: Neuere experimentelle Forschungen über die Morphogenese des Nervensystems der Wirbeltiere. Z. Neur. **115**, 768—783. — 1928c: Die Entwicklung der Differenzierungspotenzen im Ektoderm der Triton-Gastrula. Verh. dtsch. zool. Ges. 32. Verslg 267—272. — 1928d: Alkoholbeständige Fixation vitaler Färbungen von Nilblausulfat demonstriert an Schnittpräparaten von Keimen von Triton taeniatus. Verh. dtsch. zool. Ges. 32. Verslg 267—272. — 1929a: Die Entwicklung des Anlagenmusters im Ektoderm der Tritongastrula. Roux' Arch. **117**, 313—383. — 1929b: Die Regulationsfähigkeit des ektodermalen Anlagenmusters der Pleurodeles- und der Triton-Gastrula. Rev. Suisse Zool. **36**, 169—178. — 1930: Beeinflussung der Primitiventwicklung von Amphibien durch Adrenalin. Rev. Suisse Zool. **37**, 313—321. — 1932: Die Beteiligung von Implantats- und Wirtsgewebe bei der Gastrulation und Neurulation induzierter Embryonalanlagen. Roux' Arch. **125**, 566—639. — 1933a: Die Augen- und Linsenbildung von Amphibienembryonen unter dem Einfluß chemischer Mittel. Rev. Suisse Zool. **40**, 251—264. — 1933b: Phasenspezifische Beeinflussung der Linsenentwicklung beim Froschembryo durch chemische Mittel. Verh. Schweiz. naturforsch. Ges. Altdorf. — 1933c: Das Prinzip der kombinativen Einheitsleistung in der Biologie, im besonderen in der experimentellen Entwicklungsgeschichte und seine Beziehung zur Gestalttheorie. Biol. Zbl. **53**, 471—496. 1933d: Hemmung der Chordabildung durch chemische Mittel bei Tritonembryonen. Naturwiss. **21**, 737, 738. — 1934a: Die Linsenbildung von Rana fusca in ihrer Abhängigkeit von chemischen Einflüssen. Roux' Arch. **131**, 333—361. — 1934b: Die Erzeugung chordaloser Tritonlarven durch chemische Behandlung des Gastrulastadiums. Verh. Schweiz. naturforsch. Ges. Zürich. — 1935: Die Entwicklung von Rückenmark, Spinalganglien und Wirbelanlagen in chordalosen Körperregionen von Tritonlarven. Rev. Suisse Zool. **42**, 405—415. — Leopoldseder, F., 1931: Entwicklung des Eies von Clepsine nach Entfernung des vegetativen Polplasmas. Z. Zool. **139**, 201—248. — Leplat, G., 1919: Action du milieu sur le développement des larves d'Amphibiens. Localisations et différentiation des premières ébauches oculaires chez les vertébrés. Cyclopie et anophthalmie. Archives de Biol. **30**. — Lewis, W. H., 1904: Experimental studies on the development of the eye in Amphibia. I. On the origin of the lens. Rana palustris. Amer. J. Anat. **3**, 505—536. — 1907a: Experimental studies on the development of the eye in Amphibia. III. On the origin and differentiation of the lens. Amer. J. Anat. **6**, 473—509. — 1907b: Experiments on the origin and differentiation of the optic vesicle in Amphibia. Amer. J. Anat. **7**, 259—278. 1907c: Transplantation of the lips of the blastopore in Rana palustris. Amer. J. Anat. **7**. — Lillie, Fr. R., 1927: The gene and the ontogenetic process. Science (N. Y.) **66**, 361—368. — 1929: Embryonic segregation and its rôle in the life history. Roux' Arch. **118**, 499—533. — Loeb, J., 1894: Über eine einfache Methode, zwei oder mehr zusammengewachsene Embryonen aus einem Ei hervorzubringen. Pflügers Arch. **55**, 525—530.

MacBride, 1914: The development of Echinocardium cordatum. Part I. The external features of the development. Quart. J. microsc. Sci. **59**. — McClendon, J. F., 1910: The development of isolated blastomeres of the frogs egg. Amer. J. Anat. **10**. — Machemer, H., 1929: Differenzierungsfähigkeit der Urnierenanlage von Triton alpestris. Roux' Arch. **118**, 200—251. 1930: Wirkung des Organisators auf verschieden alte präsumptive Epidermis. Naturwiss. **18**, 566, 567. — 1932: Experimentelle Untersuchung über die Induktionsleistungen der oberen Urmundlippe in älteren Urodelenkeimen. Roux' Arch. **126**, 391—456. — Manchot, E., 1929: Abgrenzung des Augenmaterials und anderer Teilbezirke in der Medullarplatte; die Teilbewegungen während der Auffaltung (Farbmarkierungsversuche an Keimen von Urodelen). Roux' Arch. **116**, 689—708. — Mangold, H. geb. Pröscholdt †, 1929: Organisatortransplantationen in verschiedenen Kombinationen bei Urodelen, ein Fragment mitgeteilt von Otto Mangold. Roux' Arch. **117**, 697—710. — Mangold, O., 1920: Fragen der Regulation und Determination an umgeordneten Furchungsstadien und verschmolzenen Keimen von Triton. Roux' Arch. **47**, 250—301. — 1921: Situs inversus bei Triton. Arch. Entw.-mechan. **48**, 505—516. — 1922: Transplantationsversuche zur Ermittlung der Eigenart der Keimblätter. Verh. dtsch. Zool. Ges. **27**, 51—52. — 1923: Transplantationsversuche zur Frage der Spezifität und der Bildung der Keimblätter bei Triton. Arch. mikrosk. Anat. u. Entw.mechan. **100**, 198 bis 301. — 1925a: Die Bedeutung der Keimblätter in der Entwicklung. Naturwiss. **13**, 213—218, 231—237. — 1925b: Hauptprobleme der Entwicklungsmechanik. Verh. dtsch. zool. Ges. 30. Verslg Jena 50—84. — 1926a: Elementare Einheiten in der Entwicklung der Amphibien. Sitzgsber. Ges. naturforsch. Freunde. — 1926b: Über formative Reize in der Entwicklung der Amphibien. Naturwiss. **14**, 50—51, 1169—1175. — 1928a: Das Determinationsproblem I. Das Nervensystem und die Sinnesorgane der Seitenlinie unter spezieller Berücksichtigung der Amphibien. Erg. Biol. **3**, 152—227. — 1928b: Neue Experimente zur Analyse der frühen Embryonalentwicklung des Amphibienkeims. Naturwiss. **16**, 387—392. — 1928c: Entwicklungsmechanik der Tiere; Methodik der Wissenschaft Biologie, Bd. 2, S. 679—803. — 1928d: Probleme der Entwicklungsmechanik. Naturwiss. **16**, 661—665. — 1929a: Die Induktionsfähigkeit der Medullarplatte und ihrer Bezirke. Verh. dtsch. zool. Ges. **1929**, 166—173. — 1929b: Experimente zur Analyse der Determination und Induktion der Medullarplatte. Roux' Arch. **117**, 586—696. — 1929c: Das Determinationsproblem II. Die paarigen Extremitäten der Wirbeltiere in der Entwicklung. Erg. Biol. **5**, 290—404. — 1929d: Entwicklung der paarigen Wirbeltierextremität. Klin. Wschr. 1937—1941. — 1931b: Versuche zur Analyse der Entwicklung des Haftfadens bei Urodelen; ein Beispiel für die Induktion artfremder Organe. Naturwiss. **19**, 905—911. — 1931c: Das Determinationsproblem. III. Das Wirbeltierauge in der Entwicklung und Regeneration. Erg. Biol. **7**, 196—403. 1932a: Autonome und komplementäre Induktionen bei Amphibien. Naturwiss. **20**, 371—375. — 1932b: Versuche zur Analyse der Induktionsmittel in der Embryonalentwicklung. Naturwiss. **20**, 974. — 1933: Über die Induktionsfähigkeit der verschiedenen Bezirke der Neurula von Urodelen. Naturwiss. **21**, 761—766. — Mangold, O. u. F. Seidel, 1927: Homoplastische und heteroplastische Verschmelzung ganzer Tritonkeime. Roux' Arch. **111**, 494—665. — Mangold, O. u. H. Spemann, 1927b: Über Induktion von Medullarplatte durch Medullarplatte im jüngeren Keim, ein Beispiel homoeogenetischer oder assimilatorischer Induktion. Roux' Arch. **111**, 341—422. — Manuilowa, N. A. u. M. N. Kislow, 1934: Über die Einwirkung des Augenbechers auf das neutrale und determinierte Epithel bei Amphibien bei Homo- und Heterotransplantationen. Zool. Jb., Abt. allgem. Zool. **53**, 521—552. Marx, A., 1925: Experimentelle Untersuchungen zur Frage der Determination der Medullarplatte. Roux' Arch. **105**, 20—44. — 1931: Über Induktionen durch narkotisierte Organisatoren. Roux' Arch. **123**, 333—388. — Marx, W.,

1931: Zum Problem der Determination der Bilateralität im Seeigelkeim. (Nebst einem Beitrag zur Kenntnis des Geschlechtsdimorphismus einiger Seeigel.) Roux' Arch. **125**, 96—147. — MAYER, B., 1935: Über das Regulations- und Induktionsvermögen der halbseitigen oberen Urmundlippe von Triton. Roux' Arch. **133**, 518—581. — MENCL, E., 1903a: Ein Fall von beiderseitiger Augenlinsenausbildung während der Abwesenheit von Augenblasen. Arch. Entw.mechan. **16**, 328—339. — 1903b: Ist die Augenlinse eine Thigmomorphose oder nicht? Anat. Anz. **24**, 169—173. — MILOJÉVIC, B. D., 1924: Beiträge zur Frage über die Determination der Regenerate. Arch. mikrosk. Anat. u. Entw.mechan. **103**, 80—94. — MORGAN, T. H., 1895: Half embryos and whole embryos from one of the first two blastomeres. Anat. Anz. **10**. — 1896: Experimental studies of the blastula- and gastrula-stages of Echinus. Arch. Entw.mechan. **2**, 257—267. — MOSZKOWSKI, M., 1902: Zur Analysis der Schwerkraftswirkung auf die Entwicklung des Froscheies. Arch. mikrosk. Anat. **61**, 348—390. — MUTZ, ELFRIEDE, 1930: Transplantationsversuche an Hydra mit besonderer Berücksichtigung der Induktion, Regionalität und Polarität. Roux' Arch. **121**, 210—271.

NEEDHAM, J., C. H. WADDINGTON, D. M. NEEDHAM, 1934a: Physico-chemical experiments on the Amphibian organizer. Proc. Roy. Soc. B **114**, 393—422. — 1934b: Physico-chemical experiments on the Amphibian organizer. Arch. exper. Zellforsch. **15**. — NICHOLAS, J. S., 1922: The effect of the rotation of the area surrounding the limb bud. Anat. Rec. **23**. — NOWINSKI, W. W., 1934: Die vermännlichende Wirkung fraktionierter Darmextrakte des Weibchens auf die Larven der Bonellia viridis. Pubbl. Staz. zool. Napoli **14**, 110—144.

PANDER, CHR., 1817: Beiträge zur Entwicklung des Hühnchens im Ei. Würzburg 1817. — PARKER, G. H., 1929: The metabolic gradient and its applications. Brit. J. exper. Biol. **6**, 412—426. — PASQUINI, P., 1927: Trapianti omeoplastici degli abbozzi oculari negli embrioni di Pleurodeles Waltli. Atti Accad. Naz. Lincei VI. s. Rend. **5**, 453—456. — 1931: Sul differenziamento correlativo della lente cristallina e della cornea nello sviluppo di Anfibi ed Urodeli. Rend. Accad. Naz. Lincei **14**, 56—61. — 1932a: Nuove ricerche sulla meccanica dello sviluppo della lente negli Anfibi e considerazioni sul corrispondente organizzatore di II ordine. Boll. Soc. Zool. **3**, 85—91. — 1932b: Sulla determinazione e sul differenziamento del cristallino in Rana catesbiana (Shaw). J. of exper. Zool. **61**, 45—95. — PATTERSON, J. TH., 1909: Gastrulation in the Pigeon's egg; a morphological and experimental study. J. Morph. a. Physiol. **20**, 65—123. — PAULI, M. E., 1917: Die Entwicklung geschnürter und zentrifugierter Eier von Calliphora vomitoria und Musca domestica. Z. Zool. **129**, 483—540. — PEEBLES, FL., 1898: Some experiments on the primitive streak of the chick. Arch. Entw.mechan. **7**, 405—429. — 1904: The location of the chick embryo upon the blastoderm. J. of exper. Zool. **1**. — PENNERS, A., 1924: Experimentelle Untersuchungen zum Determinationsproblem am Keim von Tubifex rivulorum Lam. I. Die Duplicitas cruciata und organbildende Keimbezirke. Arch. mikrosk. Anat. u. Entw.mechan. **102**, 53—100. — 1925: Experimentelle Untersuchungen usw. II. Die Entwicklung teilweise abgetöteter Keime. Z. Zool. **127**. — 1929: SCHULTZEscher Umdrehungsversuch an ungefurchten Froscheiern. Roux' Arch. **116**, 53—103. — PENNERS, A. u. W. SCHLEIP, 1928: Die Entwicklung der SCHULTZEschen Doppelbildungen aus dem Ei von Rana fusca. Teil I—IV Z. Zool. **130**. Teil V—VI Z. Zool. **131**. — PERRI, T., 1934: Ricerche sul comportamento dell'abbozzo oculare di Anfibi in condicioni di espianto. Roux' Arch. **131**, 113—134. — PETERSEN, H., 1922: Histologie und mikroskopische Anatomie 1. u. 2. Abschnitt. München u. Wiesbaden: J. F. Bergmann. — 1923/24: Berichte über Entwicklungsmechanik. I. Entwicklungsmechanik des Auges. Erg. Anat. **24**, 327—347; **25**, 623—660. — PFEFFER, W., 1881: Pflanzenphysiologie. Ein Handbuch des Stoff- und Kraftwechsels in der Pflanze. Leipzig: Wilh. Engelmann. — PFLÜGER, E., 1883: Über den Einfluß der Schwerkraft auf die Teilung der Zellen. Pflügers Arch. **31**. — POUCHET, G. et L. CHABRY, 1889: Sur le developpement des larves d'Oursin dans l'eau de mer privée de chaux. C. r. Soc. Biol. Paris (9) **1**.

RABL, C., 1898: Über den Bau und die Entwicklung der Linse. I. Selachier und Amphibien. Z. Zool. **63**, 496—572. — RAND, H. W., 1924: Inhibiting agencies in ontogeny and regeneration. Anat. Rec. **29**, 98, 99. — RAVEN, CHR. P., 1931: Zur Entwicklung der Ganglienleiste. I. Die Kinematik der Ganglienleistenentwicklung bei den Urodelen. Roux' Arch. **125**, 210—292. — 1933: Experimentelle Untersuchungen über den Glykogenstoffwechsel des Organisationszentrums in der Amphibiengastrula. Proc. Akad. Wetensch. Amsterd. **36**, Nr 5, 566—569. — REITH, F., 1925: Die Entwicklung des Musca-Eies nach Ausschaltung verschiedener Eibereiche. Z. Zool. **126**, 182—238. — 1931: Versuche über die Determination der Keimesanlage bei Camponotus ligniperda. Z. Zool. **139**, 665—734. — 1932: Über die Lokalisation der Entwicklungsfaktoren im Insektenheim. I. Zentrifugierversuche an Ameiseneiern. Roux' Arch. **127**, 283—299. — RHUMBLER, L., 1897: Stemmen die Strahlen der Astrosphäre oder ziehen sie? Arch. Entw.mechan. **4**, 659—730. — RÖHLICH, K., 1929: Experimentelle Untersuchungen über den Zeitpunkt der Determination der Gehörblase bei Amblystomaembryonen. Roux' Arch. **118**, 164—199. — ROTMANN, E., 1931: Die Rolle des Ektoderms und Mesoderms bei der Formbildung der Kiemen und Extremitäten von Triton. Roux' Arch. **124**, 747—794. — 1934: Heteroplastischer Austausch einiger induktiv entstehender Organanlagen. (Kurze Mitteilung.) Roux' Arch. **131**, 702—704. — 1935a: Der Anteil von Induktor und reagierendem Gewebe an der Entwicklung des Haftfadens. Roux' Arch. **133**, 193—224. 1935b: Der Anteil von Induktor und reagierendem Gewebe an der Entwicklung der Kiemen und ihrer Gefäße. Roux' Arch. **133**, 225—244. — 1935c: Reiz und Reizbeantwortung in der Amphibienentwicklung. Verh. zool. Ges. **1935**, 76—83. — ROUX, W., 1884: Beiträge zur Entwicklungsmechanik des Embryo, II. Über die Entwicklung der Froscheier bei Aufhebung der richtenden Wirkung der Schwere. Breslau. ärztl. Z. **1884**; Ges. Abh. II, 256—276. — 1885: Beiträge zur Entwicklungsmechanik des Embryo, III. Über die Bestimmung der Hauptrichtungen des Froschembryo im Ei und über die erste Teilung des Froscheies. Breslau. ärztl. Z. **1885**; Ges. Abh. **II**, 277—343. — 1887: Beiträge zur Entwicklungsmechanik des Embryo, IV. Die Bestimmung der Medianebene des Froschembryo durch die Copulationsrichtung des Eikernes und des Spermakernes. Arch. mikrosk. Anat. **29**; Ges. Abh. **II**, 344—418. — 1888a: Über die Lagerung des Materials des Medullarrohres im gefurchten Froschei. Ges. Abh. **II**, 522—538. — 1888b: Beiträge zur Entwicklungsmechanik des Embryo, V. Über die künstliche Hervorbringung „halber" Embryonen durch Zerstörung einer der beiden ersten Furchungszellen, sowie über die Nachentwicklung (Postgeneration) der fehlenden Körperhälfte. Virchows Arch. **114**; Ges. Abh. **II**, 419—521. — 1892: Über das entwicklungsmechanische Vermögen jeder der beiden ersten Furchungszellen des Eies. Verslg. anat. Ges. Wien Verh. 22—60. — 1893: Beiträge zur Entwicklungsmechanik des Embryo, VII. Über Mosaikarbeit und neuere Entwicklungshypothesen. Anat. H.; Ges. Abh. **II**, 818—871. — 1895: Gesammelte Abhandlungen über Entwicklungsmechanik der Organismen, Bd. 2. Leipzig: Wilh. Engelmann. — 1905: Die Entwicklungsmechanik, ein neuer Zweig der biologischen Wissenschaft. Vorträge und Aufsätze über Entwicklungsmechanik der Organismen, Nr 1. — 1912: Terminologie der Entwicklungsmechanik der Tiere und Pflanzen. Leipzig. — RUFFINI, A.,

1906: Contributo alla connoscenza della Ontogenesi degli Anfibi urodele ed anuri. Atti Accad. Fisiocritici Siena **18**. Arch. ital. Anat. **6** (1907). — 1907: Contributo alla connoscenza della Ontogenesi degli Anfibi urodele ed anuri. Anat. Anz. **31**. — 1925: Fisiogenia. La biodinamica dello sviluppo ed i fondamentali problemi morphologici dell'embryologia generale. Milano. — RUNNSTRÖM, J., 1914: Analytische Studien über die Seeigelentwicklung, I. Arch. Entw.mechan. **40**, 526—564. — 1915: Analytische Studien über die Seeigelentwicklung, II. Arch. Entw.mechan. **41**, 1—56. — 1917: Analytische Studien über die Seeigelentwicklung, III. Arch. Entw.mechan. **43**, 223—328.— 1918: Analytische Studien über die Seeigelentwicklung, IV, V. Arch. Entw.-mechan. **43**, 409—431, 432—447. — 1928: Plasmabau und Determination bei dem Ei von Paracentrotus lividus Lk. Roux' Arch. **113**, 556—581. — 1929: Über Selbstdifferenzierung und Induktion bei dem Seeigelkeim. Roux' Arch. **117**, 123—145. — 1931: Zur Entwicklungsmechanik des Skeletmusters bei dem Seeigelkeim. Roux' Arch. **124**, 273—297. — RUUD, G., 1925: Die Entwicklung isolierter Keimfragmente frühester Stadien von Triton taeniatus. Roux' Arch. **105**, 209—293. — 1931: Die Determination der dorsoventralen Achse und die Ursache zur „Resorption" transplantierter Vorderextremitätenanlagen bei Axolotlembryonen. Roux' Arch. **124**, 522—570. — RUUD, G. u. H. SPEMANN, 1922: Die Entwicklung isolierter dorsaler und lateraler Gastrulahälften von Triton taeniatus und alpestris, ihre Regulation und Postgeneration. Arch. Entw.mechan. **52**, 95—165.

SANTOS, F. V., 1929: Studies on transplantations in Planaria. Biol. Bull. Mar. biol. Labor. Wood's Hole **57**, 188—197. — SATO, T., 1930: Beiträge zur Analyse der WOLFFschen Linsenregeneration. I. Roux' Arch. **122**, 451—493. — 1931: Über die Ursache der Lokalisation der Linsenregeneration. Verh. zool. Ges. **1931**, 166—171. — 1933a: Über die Determination der fetalen Augenspalte bei Triton taeniatus. Roux' Arch. **128**, 342—377. — 1933b: Beiträge zur Analyse der WOLFFschen Linsenregeneration, II. Roux' Arch. **130**, 19—78. — SCHAXEL, J., 1921: Untersuchungen über die Formbildung der Tiere. Arb. exper. Biol. H. 1. — 1922: Über die Herstellung tierischer Chimären durch Kombination von Regenerationsstadien und durch Pfropfsymbiose. Genetica ('s-Gravenhage) **4**, 339—362. — SCHLEIP, W., 1927: Entwicklungsmechanik und Vererbung. Handbuch der Vererbungswissenschaft, Bd. 3. — 1929: Die Determination der Primitiventwicklung. Eine zusammenfassende Darstellung der Ergebnisse über das Determinationsgeschehen in den ersten Entwicklungsstadien der Tiere. Leipzig. — SCHLEIP, W. u. A. PENNERS, 1925: Über die Duplicitas cruciata bei den O. SCHULTZEschen Doppelbildungen von Rana fusca. Verh. physik.-med. Ges. Würzburg, N. F. **50**. — 1926: Weitere Untersuchungen über die Entstehung der SCHULTZEschen Doppelbildungen beim braunen Frosch. Verh. physik.-med. Ges. Würzburg, N. F. **51**. — SCHMIDT, G. A., 1933. Schnürungs- und Durchschneidungsversuche am Anurenkeim. Roux' Arch. **129**, 1—44. SCHMIDT, H., 1904: Zur Kenntnis der Larvenentwicklung von Echinus microtuberculatus. Verh. physik.-med. Ges. Würzburg **36**, 297—336. — SCHNETTER, M., 1934a: Morphologische Untersuchungen über das Differenzierungszentrum in der Embryonalentwicklung der Honigbiene. Z. Morph. u. Ökol. Tiere **29**, 114—195. — 1934b: Physiologische Untersuchungen über das Differenzierungszentrum in der Embryonalentwicklung der Honigbiene. Roux' Arch. **131**, 285—323. — SCHÜTZ, H., 1924: Schnürversuche an Tritoneiern vor Beginn der Furchung. Dissertation, nicht gedruckt (verwertet in SPEMANN 1928). — SCHULTZE, O., 1894: Die künstliche Erzeugung von Doppelbildungen bei Froschlarven mit Hilfe abnormer Gravitationswirkung. Arch. Entw.mechan. **1**, 269—305. — 1899: Über das erste Auftreten der bilateralen Symmetrie im Verlauf der Entwicklung. Arch. mikrosk. Anat. **55**.

SEHL, A., 1931: Furchung und Bildung der Keimanlage bei der Mehlmotte Ephestia Kuehniella Zell. Z. Morph. u. Ökol. Tiere **20**, 533—596. — SEIDEL, F., 1924: Die Geschlechtsorgane in der embryonalen Entwicklung von Pyrrhocoris apterus L. Z. Morph. u. Ökol. Tiere **1**, 429—506. — 1926: Die Determinierung der Keimanlage bei Insekten I. Biol. Zbl. **26**, 321. — 1928: Die Determinierung der Keimanlage bei Insekten II. Biol. Zbl. **48**, 230—251. — 1929a: Die Determinierung der Keimanlage bei Insekten III. Biol. Zbl. **49**, 577—607. — 1929b: Untersuchungen über das Bildungsprinzip der Keimanlage im Ei der Libelle Platycnemis pennipes I—V. Roux' Arch. **119**, 322—440. — 1931: Die Reaktionsfolge im Determinationsgeschehen des Libellenkeims. Verh. dtsch. zool. Ges. 193—200. — 1932: Die Potenzen der Furchungskerne im Libellenei und ihre Rolle bei der Aktivierung des Bildungszentrums. Roux' Arch. **126**, 213—276. — 1934: Das Differenzierungszentrum im Libellenkeim I. Roux' Arch. **131**, 135—187. — SELENKA, E., 1880: Keimblätter und Organanlage der Echiniden. Z. Zool. **33**. — SEVERINGHAUS, A. E., 1930: Gill development in Amblystoma punctatum. J. of exper. Zool. **56**, 1—30. — SHEN, T. H., 1934: Experimentelle und histologische Untersuchungen an der Kiemenanlage von Amphibienembryonen I. Roux' Arch. **131**, 206—219. — SPEMANN, H., 1901a: Über Korrelationen in der Entwicklung des Auges. Verh. anat. Ges. 15. Verslg Bonn 61—79. — 1901b: Entwicklungsphysiologische Studien am Tritonei, I. Arch. Entw.mechan. **12**, 224—264. — 1902: Entwicklungsphysiologische Studien am Tritonei, II. Arch. Entw.mechan. **15**, 448—534. — 1903a: Entwicklungsphysiologische Studien am Tritonei, III. Arch. Entw.mechan. **16**, 551—631. — 1903b: Über Linsenbildung bei defekter Augenblase. Anat. Anz. **23**, 457—464. — 1904a: Über neue Linsenversuche. Sitzgsber. physik.-med. Ges. Würzburg. — 1904b: Über experimentell erzeugte Doppelbildungen mit cclopischem Defekt. Zool. Jb. **7**, Suppl., 429—470. — 1905: Über Linsenbildung nach experimenteller Entfernung der primären Linsenbildungszellen. Zool. Anz. **28**, 419—432. — 1906: Über eine neue Methode der embryonalen Transplantation. Verh. dtsch. zool. Ges. Marburg 196—202. 1907: Neue Tatsachen zum Linsenproblem. Zool. Anz. **31**, 379—386. — 1908: Neue Versuche zur Entwicklung des Wirbeltierauges. Verh. dtsch. zool. Ges. Stuttgart 101—110. — 1910: Die Entwicklung des invertierten Hörgrübchens zum Labyrinth. Ein kritischer Beitrag zur Strukturlehre der Organanlagen. Arch. Entw.mechan. **30**, 437—458. — 1912a: Zur Entwicklung des Wirbeltierauges. Zool. Jb., Abt. allg. Zool. u. Phys. Tiere **32**, 1—98. 1912b: Über die Entwicklung umgedrehter Hirnteile bei Amphibienembryonen. Zool. Jb. **15**, Suppl., 3, 1—48. — 1914: Über verzögerte Kernversorgung von Keimteilen. Verh. dtsch. zool. Ges. Freiburg 216—221. — 1915: Zur Geschichte und Kritik des Begriffs der Homologie. Die Kultur der Gegenwart, Bd. 3, IV, I. — 1918: Über die Determination der ersten Organanlagen des Amphibienembryo, I—VI. Arch. Entw.mechan. **43**, 448—555. — 1919: Experimentelle Forschungen zum Determinations- und Individualitätsproblem. Naturwiss. **7**, H. 2. — 1920: Mikrochirurgische Operationstechnik. ABDERHALDENs Handbuch der biologischen Arbeitsmethoden, 2. Aufl., S. 1—30. — 1921a: Die Erzeugung tierischer Chimären durch heteroplastische embryonale Transplantation zwischen Triton cristatus und taeniatus. Arch. Entw.mechan. **48**, 533—570. — 1924: Über Organisatoren in der tierischen Entwicklung. Naturwiss. **12**, 1092—1094. — 1927a: Neue Arbeiten über Organisatoren in der tierischen Entwicklung. Naturwiss. **15**, 947. — 1927b: Über Organisatoren in der tierischen Entwicklung. Verh. 10. internat. zool. Kongr. Budapest. — 1928: Die Entwicklung seitlicher und dorso-ventraler Keimhälften bei verzögerter Kernversorgung. Z. Zool. **132**, 105—134. — 1929: Über den Anteil von Organisator und Wirtskeim am Zustandekommen der Induktion. Naturwiss. **17**, 287—289. — 1931a: Über den Anteil von Implantat und Wirtskeim an der Orientierung und Beschaffenheit der induzierten Embryonalanlage. Roux' Arch. **123**, 390—517. — 1931b: Das Verhalten von Organisatoren nach Zerstörung ihrer Struktur. Verh. dtsch. zool. Ges. 129—132. — 1932: Induktionsvermögen nach Abtötung durch Alkohol. Naturwiss. **20**, 973, 974. — SPEMANN, H. u. E. BAUTZMANN, geb. WESSEL, 1927: Über Regulation von Tritonkeimen mit überschüssigem und fehlendem medianem Material. Roux' Arch. **110**, 557—577. SPEMANN, H. u. H. FALKENBERG, 1919: Über asymmetrische Entwicklung und Situs inversus viscerum bei Zwillingen und Doppelbildungen. Arch. Entw.mechan. **45**, 371—422. — SPEMANN, H., F. G. FISCHER u. ELSE WEHMEIER, 1933: Fortgesetzte Versuche zur Analyse der Induktionsmittel in der Embryonalentwicklung. Naturwiss. **21**, 505, 506. — SPEMANN, H. u. B. GEINITZ, 1927: Über Weckung organisatorischer Fähigkeiten durch Verpflanzung in organisatorische Umgebung. Roux' Arch. **109**, 129—175. — SPEMANN, H. u. HILDE MANGOLD, 1924: Über Induktion von Embryonalanlagen durch Implantation artfremder Organisatoren. Arch. mikrosk. Anat. u. Entw.mechan. **100**, 599—638. — SPEMANN, H. u. O. SCHOTTÉ, 1932: Über xenoplastische Transplantation als Mittel zur Analyse der embryonalen Induktion. Naturwiss. **20**, 463—467. — SPENGEL, J. W., 1879: Die Eibildung, die Entwicklung und das Männchen der Bonellia. Mitt. zool. Stat. Neapel **1**, 357—419. — STELLA, EMILIA, 1932: Ricerche sperimentali sulla localizzazione del territorio d'origine dell'occhio in Axolotl e Rana esculenta, mediante trapianti embrionali. Arch. Zool. ital. **18**, 133—155. — STOCKARD, C. R., 1907: The artificial production of a single median cyclopean eye in the fish embryo by means of sea water solution of Magnesiumchlorid. Arch. Entw.mechan. **23**, 249—258. — STONE, L. S., 1922: Experiments on the development of the cranial ganglia and the lateral-line sense organs in Amblystoma punctatum. J. of exper. Zool. **35**. — 1926: Further experiments on the extirpation and transplantation of mesectoderm in Amblystoma punctatum. J. of exper. Zool. **44**. — STREETER, G. L., 1907: Some factors in the development of the amphibian ear vesicle and further experiments on equilibration. J. of exper. Zool. **4**. — SUZUKI, SH., 1928: Defektversuche an ventralen und lateralen Bezirken der Randzone von Pleurodeles-Keimen. Roux' Arch. **114**, 372—457. — SWETT, F. H., 1932: Reduplication in heteroplastic limb grafts. J. of exper. Zool. **61**.

TERNI, T., 1914: Studio sulle larve atipiche (blastule permanenti) degli Echinoidi. Analisi della limitate equipotenzialità dell'uovo di Echinoide. Mitt. zool. Stat. Neapel **22**.

UBISCH, L. VON, 1923a: Linsenbildung bei Rana fusca trotz Entfernung des Augenbechers. Verh. dtsch. zool. Ges., 28. Verslg Leipzig, 35—36. — 1923b: Das Differenzierungsgefälle des Amphibienkörpers und seine Auswirkungen. Arch. Entw.mechan. **52**, 641—670. — 1924a: Über den Entwicklungsmodus der Amphibienlinse. Verh. physik.-med. Ges. Würzburg N. F. **48**, 1—8. — 1924b: Über den Einfluß verschieden hoher Temperatur auf die Bildung der Linse bei Rana esculenta und Bombinator pachypus. Z. Zool. **123**, 213—252. — 1925a: Entwicklungsphysiologische Studien an Seeigelkeimen. I. Über die Beziehung der ersten Furchungsebene zur Larvensymmetrie und die prospektive Bedeutung der Eibezirke. Z. Zool. **124**, 361—381. — 1925b: Entwicklungsphysiologische Studien an Seeigelkeimen. II. Die Entstehung von Einheitslarven aus verschmolzenen Keimen. Z. Zool. **124**, 457—468. — 1925c: Entwicklungsgeschichtliche Studien an Seeigelkeimen. III. Die normale und durch Lithium beeinflußte Anlage der Primitivorgane bei animalen und vegetativen Halbkeimen von Echinocyamus pusillus. Z. Zool. **124**, 469—486. — 1925d: Über die Entodermisierung ektodermaler Bezirke des Echinoideenkeimes und die Reversion dieses Vorgangs. Verh. physik.-med. Ges. Würzburg, N. F. **50**. — 1925e: Über die unabhängige Linsenbildung bei Rana fusca. Roux' Arch. **106**, 27—40. — 1927: Beiträge zur Erforschung des Linsenproblems. Z. Zool. **129**, 214—252.— 1929: Über die Determination der larvalen Organe und der Imaginalanlage bei Seeigeln. Roux' Arch. **117**, 80—122. — 1931: Untersuchungen über Formbildung mit Hilfe experimentell erzeugter Keimblattchimären von Echinodermenlarven. Roux' Arch. **124**, 182—240. — 1932: Untersuchungen über Formbildung mit Hilfe experimentell erzeugter Keimblattchimären von Echinodermenlarven. Roux' Arch. **126**, 20—68. — 1933a: Untersuchungen über Formbildung mit Hilfe experimentell erzeugter Keimblattchimären von Echinodermenlarven. V. Roux' Arch. **129**, 68—84. — 1933b: Formbildungsanalyse an Seeigellarven. Naturwiss. **21**, 183—186. — UMANSKI, E., 1932: Über Induktion der Medullarplatte bei Triton taeniatus durch Implantation von Regenerationsblastem in die Blastula. Zool. Anz. **97**, 286.

VOGT, W.: 1913: Über Zellbewegungen und Zelldegenerationen bei der Gastrulation von Triton taeniatus. I. Untersuchung lebender Embryonalzellen. Anat. H. **144**. — 1922a: Über die Dynamik der Keimblattbildung nach Versuchen an Triton. Dtsch. med. Wschr. Nr. 27. — 1922b: Operativ bewirkte „Exogastrulation" bei Triton und ihre Bedeutung für die Theorie der Wirbeltiergastrulation. Verh. anat. Ges. 32. Verslg Erlangen. Anat. Anz. **55**, Erg.-H., 53—64. — 1922c: Operativ bewirkte „Exogastrulation" bei Triton und ihre Bedeutung für die Theorie der Wirbeltiergastrulation. Demonstration. 303—305. — 1922d: Die Einrollung und Streckung der Urmundlippen bei Triton nach Versuchen mit einer neuen Methode embryonaler Transplantation. Verh. dtsch. zool. Ges. **27**, 49—51. — 1923a: Weitere Versuche mit vitaler Farbmarkierung von Triton. Anat. Anz. **57**, Erg.-H. — 1923b: Morphologische und physiologische Fragen der Primitiventwicklung, Versuche zu ihrer Lösung mittels vitaler Farbmarkierung. Sitzgsber. Ges. Morph. u. Physiol. München **35**, 22—32. — 1925: Gestaltungsanalyse am Amphibienkeim mit örtlicher Vitalfärbung. Vorwort über Wege und Ziele. I. Teil: Methodik und Wirkungsweise der örtlichen Vitalfärbung mit Agar als Farbträger. Roux' Arch. **106**, 542—610. — 1926a: Die Beziehungen zwischen Furchung, Hauptachsen des Embryo und Ausgangsstruktur im Amphibienei, nach Versuchen mit örtlicher Vitalfärbung. Sitzgber. Ges. Morph. u. Physiol. München **37**. — 1926b: Über Wachstum und Gestaltungsbewegungen am hinteren Körperende der Amphibien. Verh. anat. Ges. 35. Verlg Freiburg i. Br. **61**, Anat. Anz. Erg.-H., 62—75. — 1927a: Über Hemmung der Formbildung an einer Hälfte des Keims. (Nach Versuchen an Urodelen.) Verh. anat. Ges. 36. Verslg Kiel, Anat. Anz. **63**, Erg.-H., 126—139. — 1927b: Diskussion zu W. BRANDT 1927. Verh. anat. Ges. 63. Verslg Kiel. Anat. Anz. **63**, Erg.-H., 24, 25. — 1928a: Ablenkung der Symmetrie durch halbseitige Beschleunigung der Frühentwicklung (nach Versuchen an Pleurodeles- und Axolotlkeimen). Verh. anat. Ges. 37. Verslg Frankfurt a. M. Anat. Anz. **66**, Erg.-H., 139—155. — 1928b: Mosaikcharakter und Regulation in der Frühentwicklung des Amphibieneies. Verh. dtsch. zool. Ges. 32. Verslg München, 26—70. — 1929a: Chorda, Hypochorda und Darmentoderm bei anuren Amphibien. Verh. anat. Ges. 38. Verslg Tübingen. Anat. Anz. **67**, Erg.-H., 153—163. — 1929b: Gestaltungsanalyse am Amphibienkeim mit örtlicher Vitalfärbung. II. Teil: Gastrulation und Mesodermbildung bei Urodelen und Anuren. Roux' Arch. **120**, 385—706. — 1932: Einige Ergebnisse aus Versuchen mit halbseitiger Temperaturhemmung am Amphibienkeim. Rev. Suisse Zool. **39**, 309—324. — 1934: Entwicklungsmechanik und Gewebezüchtung. Arch. exper. Zellforsch. **15**, 269—280. — VOGT, W. u. E. BRUNS, 1930: Experimente über das Regulationsvermögen der Blastula von Triton taeniatus und Bombinator pachypus. Kurze Mitteilung. Roux' Arch. **122**, 667—669.

WACHS, H., 1914: Neue Versuche zur WOLFFschen Linsenregeneration. Arch. Entw.mechan. **39**, 384—451. — 1919: Zur Entwicklungsphysiologie des Auges der Wirbeltiere. 1. Die Linsenbildung aus der Haut. 2. Die regenerative Bildung der Linse aus der oberen Iris. Naturwiss. **7**, 322—327, 705 bis 712. — 1920: Über Augenoperationen an Amphibienlarven. Ges. naturforsch. Freunde Berl. **1920**, 133—154. — WADDINGTON, C. H., 1932: Experiments on the development of Chick and Duck embryos, cultivated in vitro. Philos. trans. Roy. Soc. B **221**. — 1933a: Induction by the primitive streak and its derivatives in the chick. J. of exper. Biol. **10**, 38—46. — 1933b: Induction by the endoderm in birds. Roux' Arch. **128**, 501—521. — 1933c: Induction by coagulated organizers in the chick embryo. Nature (Lond.) **131**, 275. — WADDINGTON, C. H., J. NEEDHAM, D. M. NEEDHAM, 1933a: Physico-chemical experiments on the Amphibian organizer. Nature (Lond.) **132**, 239, 240. — 1933b: Beobachtungen über die physikalisch-chemische Natur des Organisators. Naturwiss. **21**, 771, 772. — WADDINGTON, C. H., J. NEEDHAM, W. W. NOWINSKI, D. M. NEEDHAM, R. LEMBERG, 1934: Active principle of the Amphibian organisation centre. Nature (Lond.) **134**, 103, 104. — 1935: Studies on the nature of the amphibian organisation centre. I. Chemical properties of the evocator. Proc. Roy. Soc. **117**, 289—310. — WADDINGTON, C. H. and G. A. SCHMIDT, 1933: Induction by heteroplastic grafts of the primitive streak in birds. Roux' Arch. **128**, 521—563. — WEBER, A., 1931: Recherches expérimentales sur la métamorphose des Batraciens anoures. Arch. d'Anat. microsc. **27**, 230—299. — WEBER, H., 1928: Über Induktion von Medullarplatte durch seitlich angeheilte Keimhälften bei Triton taeniatus. Roux' Arch. **113**, 669—703. — WEHMEIER, E., 1934: Versuche zur Analyse der Induktionsmittel bei der Medullarplatteninduktion von Urodelen. Roux' Arch. **132**, 385—423. — WEISS, P., 1924: Entwicklungsmechanik, Regeneration, Transplantation. Jber. Ges. Physiol. **3**, 47—78. — 1925: Unabhängigkeit der Extremitätenregeneration vom Skelett (bei Triton cristatus). Arch. mikrosk. Anat. u. Entw.mechan. **104**, 359—394. — 1926a: Ganzregenerate aus halbem Extremitätenquerschnitt. Roux' Arch. **107**, 1—53. — 1926b: Morphodynamik. Abh. theor. Biol., H. 23. — 1927: Potenzprüfung am Regenerationsblastem. 1. Extremitätenbildung aus Schwanzblastem im Extremitätenfeld bei Triton. Roux' Arch. **111**, 316—340. — 1928: Morphodynamische Feldtheorie und Genetik. Verh. 5. internat. Kongr. Vererbgswiss. **2**, Suppl., 1567—1574. — 1930: Entwicklungsphysiologie der Tiere. Dresden u. Leipzig: Theodor Steinkopff. — WEISSENBERG, R., 1931: Grundzüge der Entwicklungsgeschichte des Menschen. Leipzig: Georg Thieme. — WETZEL, G., 1895: Über die Bedeutung der circulären Furche in der Entwicklung der SCHULTZEschen Doppelbildungen von Rana fusca. Arch. mikrosk. Anat. **46**. — WETZEL, R., 1921: Über den Primitivknoten des Hühnchens. Verh. physik.-med. Ges. Würzburg **49**. — 1925a: Untersuchungen am Hühnerkeim. Verh. anat. Ges. Anat. Anz. **60**, Erg.-H. — 1925b: Untersuchungen am Hühnerkeim I. Arch. Entw.mechan. **106**, 463—468. — 1926: „Wachstumszentren" und „Kopfproblem" in der ersten Entwicklung des Huhnes. Anat. Anz. **61**, Erg.-H. — 1929: Untersuchungen am Hühnchen. Die Entwicklung des Keims während der ersten beiden Bruttage. Roux' Arch. **119**, 188—321. — 1931: Urmund und Primitivstreifen. Erg. Anat. **29**, 1—24. — WILLIER, B. H. and E. M. RAWLES, 1931: The relation of HENSEN's node to the differentiating capacity of whole chick blastoderms as studied in chorio-allantoic grafts. J. of exper. Zool. **59**. — WILSON, H. V., 1900: Formation of the blastopore in the frog egg. Anat. Anz. **18**, 209—239. — WOERDEMAN, M. W., 1922: Über

Linsenexstirpation bei Grasfroschlarven. Arch. Entw.mechan. **51**, 625—627. 1929: Experimentelle Untersuchungen über Lage und Bau der augenbildenden Bezirke in der Medullarplatte beim Axolotl. Roux' Arch. **116**, 220—241.— 1933a: Über den Glykogenstoffwechsel des Organisationszentrums in der Amphibiengastrula. Proc. Akad. Wetensch. Amsterd. **36**, Nr 2, 189—193. — 1933b: Über den Glykogenstoffwechsel tierischer „Organisatoren". Proc. Akad. Wetensch. Amsterd. **36**, Nr 4, 423—426. — 1933c: Embryonale Induktion durch Geschwulstgewebe. Proc. Akad. Wetensch. **36**, 477—481. — 1933d: Über die chemischen Prozesse bei der embryonalen Induktion. Proc. Akad. Wetensch. Amsterd. **36**, 842—849. — 1934: Über die Determination der Augenlinsenstruktur bei Amphibien. Z. mikrosk.-anat. Forsch. **36**, 600—606. — WOLFF, G., 1895: Entwicklungsphysiologische Studien, I. Die Regeneration der Urodelenlinse. Arch. Entw.mechan. **1**, 380—390. — 1901: Entwicklungsphysiologische Studien, II. Weitere Mitteilungen zur Regeneration der Urodelenlinse. Arch. Entw.mechan. **12**, 307—351. — 1903: Entwicklungsphysiologische Studien, III. Zur Analyse der Entwicklungspotenzen des Irisepithels. Arch. mikrosk. Anat. u. Entw.mechan. **63**, 1—9.

ZOJA, R., 1895: Sullo sviluppo dei Blastomeri isolati dalle uova di alcune meduse (e di altri organismi). Biol. Zbl. **2**.

GPSR Compliance

The European Union's (EU) General Product Safety Regulation (GPSR) is a set of rules that requires consumer products to be safe and our obligations to ensure this.

If you have any concerns about our products, you can contact us on ProductSafety@springernature.com

In case Publisher is established outside the EU, the EU authorized representative is:

Springer Nature Customer Service Center GmbH
Europaplatz 3
69115 Heidelberg, Germany

Batch number: 10620143

Printed by Printforce, the Netherlands